高等院校建筑学专业本科系列教材

总策划　程世丹

理论类课程系列

外国古代建筑史

A World History of Architecture
(Before 19th Century)

■ 王其钧　编著

武汉大学出版社

图书在版编目(CIP)数据

外国古代建筑史/王其钧编著. —武汉：武汉大学出版社,2010.8
高等院校建筑学专业本科系列教材/程世丹总策划
　ISBN 978-7-307-07735-5

Ⅰ.外…　Ⅱ.王…　Ⅲ.建筑史—外国—古代　Ⅳ.TU-091.12

中国版本图书馆 CIP 数据核字(2010)第 077222 号

责任编辑：任仕元　　责任校对：刘　欣　　版式设计：王　晨

出版发行：武汉大学出版社　（430072　武昌　珞珈山）
（电子邮件：cbs22@whu.edu.cn　网址：www.wdp.com.cn）
印刷：湖北民政印刷厂
开本：787×1092　1/16　印张：23.25　字数：519千字　插页：1
版次：2010 年 8 月第 1 版　　2010 年 8 月第 1 次印刷
ISBN 978-7-307-07735-5/TU·85　　定价：38.00 元

版权所有，不得翻印；凡购我社的图书，如有缺页、倒页、脱页等质量问题，请与当地图书销售部门联系调换。

总 序

中国正处于一个城市化高速发展的时期，几乎所有的城市都在以前所未有的速度发生着巨变。建筑业空前繁荣，建筑人才需求激增，由此刺激了中国建筑教育的迅猛发展。不到20年时间，全国具有建筑院（系）的高等院校就从20多所发展到200多所，院（系）背景从传统的工科院校向综合性大学、艺术类大学、农林类大学，甚至师范类大学扩展，办学性质从公立学校向民办学校扩展，地域分布从大城市向中、小城市扩展，建筑教育呈现出多元发展的态势。在这种背景下，如何提高教学质量，培养高素质的建筑学专业人才已经成为当今社会的迫切需求。

教材是教学内容和教学方法的载体，是建筑学教学的重要工具，因材施教是建筑人才培养的基本原则。与当今建筑院校多元发展格局形成鲜明对比的是，建筑学专业的教材建设尚显不足，还未形成多层次、多品种、多风格的教材体系，难以满足不同院校、不同层次学生的不同要求。同时，近年来建筑学学科发展迅速，新观念、新技术层出不穷，现有教材大多未能及时反映最新的研究成果和技术趋势。有鉴于此，武汉大学出版社本着"服务高等教育"的宗旨，决定组织、出版"高等院校建筑学专业本科系列教材"，以期为建筑学专业的教材建设贡献绵薄之力，也为全国建筑院校的师生提供多一种选择。

本套教材分为"建筑设计"、"建筑理论"、"建筑技术"、"建筑表达"四个系列，基本涵盖了建筑学专业教育中传统的核心课程，也包括了绿色建筑、数字建筑等适应时代要求的新课程。丛书的编写队伍由国内十多所知名大学尤其是传统建筑名校的教师组成，他们中既有理论研究的资深学者，也有锐意进取、教学经验丰富的一线中青年教师。整套教材的编写围绕建筑学专业本科生所要掌握的基本知识与基本概念展开，同时融入最新的理论进展和实践佳作，以及国内建筑学专业教学改革的经验和成果，力图实现知识性、科学性、实践性与趣味性的结合。概括起来，本套教材主要有以下特点：

（1）在教学目标方面，注重完善学生知识结构，深化建筑学专业知识与技能，发展学生的综合素质和个性特长；

（2）在教学内容方面，力求将知识建构与技能培养相结合，引导学生正确认识建筑与建筑学的本质；

（3）在教学模式方面，充分考虑现代教育技术在课堂的利用，要求课程结合多媒体手段，实施教学，完成实践；

（4）在教学方法方面，侧重以讨论、探究与实践为基本形式，注重培养学生的批判性思维能力。

我们希望今后在合适的时机，能进一步根据教学需要和编写能力，增加其他课程的教材，以丰富本套教材的种类。同时，也真诚地欢迎读者对教材中的偏颇与纰漏之处给予批评指正，帮助我们更好地完善系列教材的建设。

高等院校建筑学专业本科系列教材编委会
2010 年 6 月

前 言

西方人常常将建筑史的断代划分为19世纪以前和20世纪以后两个时期。我国的教材一般是把包括新古典主义建筑在内的、新古典主义以前的建筑内容，作为外国古代建筑史的部分；从新艺术运动、工艺美术运动开始，将其后的内容归入近现代建筑史的范围。本书就是按照国内的习惯性做法划分的，其内容从古埃及的建筑开始，至新古典主义风格的建筑为止。这样做的目的，是为了和国内其他教材的内容相统一。

外国古代建筑的成就，是人类文明史的一部分，是社会科学技术发展的一个过程，同时又是世界艺术发展的一个重要方面。欧洲的绘画历史主要是从13世纪后期被称为"西方绘画之父"的乔托（Giotto di Bondone，1267—1337年）开始的。在此之前，还较少有经典的单幅架上绘画作品留存。而欧洲的建筑历史，则可以从公元前2000年至公元前1700年希腊克里特岛上最早的米诺斯宫殿（Palace of Minos）的兴建开始，其后就有大量的精美建筑留存至今。而古埃及和两河流域的建筑历史则更加悠久，初步建筑成就的取得在时间上可以追溯到公元前3000年之前，并且还有建筑实例或建筑遗址可供今人参观。由此可见，在古代美术的长河中，建筑艺术所占的比重是超过绘画艺术的。

人类的发展过程就是历史，而人们最方便也最直观地感触历史的方式，就是参观古建筑。无论是高大的神庙、教堂，还是华丽的宫殿城堡，抑或是神秘的金字塔，这些历史上遗留下来的古建筑，对于今天的人们来说都不仅仅是一座简单意义上的建筑，而是一个个过往历史的缩影，是不同地区、不同民族、不同信仰的人们历史的忠实记录，也是当时社会、文化的综合展现。因此，一部古建筑的发展史，其中涵盖了原始美术、壁画、镶嵌画、绘画、雕塑、图案、构成设计、材料艺术、结构艺术、空间艺术、造型艺术等许多元素，是人类文明发展过程的反映。建筑史是人类文明史的一个重要元素，综合反映了人类的宗教、信仰、审美、艺术、科学、技术等方面的发展过程。

本书是按照外国古代建筑发展的时间顺序编写的，注重对建筑设计与营造的时代背景、政治和宗教发展情况，以及社会的文化艺术特色进行一定程度的介绍，以便将特定建筑及当时的社会氛围紧密结合，使读者在获得建筑设计方面专业知识的同时，也能够更全面和更立体地了解各种古典建筑风格的产生与当时社会经济发展的关系。建筑的发展除了受到地理、气候等客观的外在因素制约之外，更多的是受到社会发展水平的直接制约，与社会形式以及社会的政治、经济、宗教、文化艺术等各个方面都有直接联系。因此也可以说，一条建筑风格发展的曲线也是人类自身历史发展状况的体现。

在相同的社会经济发展状态之下，可以出现多种不同的社会政治模式。社会政治模式是城市设计和建筑设计的前提条件。这种建筑设计及城市设计受社会模式制约的现象，是一种普遍的历史规律，这也使得在一些社会模式相似的地区，可以跨越地理、时间等方面的界限，呈现出一些相同的建筑及城市设计特色。

比如在早期奴隶制社会阶段，人们处于较为原始的发展时期，社会出现了等级分划，但人们的信仰以对自然神的崇拜为主导。因此，在各地遗存的早期文明的建筑中，一般都以祭祀建筑为主，古埃及和古印度的神庙、美洲丛林中的金字塔、美索不达米亚平原上的山岳台等，都是这方面的例证。

总体来说，外国建筑的发展是由简到繁的。通过地中海的交流，欧洲最初的建筑艺术是在学习了古埃及建筑经验的基础上发展起来的。古埃及人将石头作为构筑大型建筑的主要材料，并使用柱子和横梁结构建成大型的神庙建筑。这种柱子和横梁的结构形式为后来的古希腊建筑所模仿。

古希腊时期，其宗教信仰仍以自然神崇拜为主，只是这时古希腊已经将原始的自然神崇拜演化为一个庞大而且职责相对明确的神族体系了。因此，古希腊最为著名的仍然是卫城（Acropolis）上的诸多神庙建筑，而闻名的剧场和运动场建筑，最初也是为特定的神灵举行祭祀的场所。

希腊的庙宇建筑，不仅在柱子的形式上发展出了几种成熟的模式，而且在建筑的造型上也形成了优美的风格。山花、廊柱、雕刻等被后世公认为经典的建筑手法，一直影响着其后各个时期的西方建筑。

在经历了早期的自然神崇拜阶段之后，人类终于发现了自身力量的强大，因此世俗人的权力战胜了神，而建筑的重点也自然从奉献给神的殿堂转变为奉献给人的殿堂——奢华的宫殿代替了雄伟的神庙。这一转变在古罗马时期体现得尤其明显。

古罗马虽然沿袭和发展了早期的自然神学家族体系，但从共和时期起，世俗权力就被强调了出来，帝国的皇帝更犹如人间的神。因此反映在建筑上的表现就是，世俗建筑开始得到大力发展。罗马帝国时期包括罗马和各个行省的城市在内，虽然都有神庙建筑，但主要的建筑活动都转移到宫殿、浴场、竞技场等世俗建筑项目中去了。

罗马帝国时期，由于罗马军队对希腊的入侵，使罗马人受到古希腊建筑艺术的感染。再加上国力的强盛，社会生活的需求随之扩大，因而罗马人在学习古希腊神庙建筑的基础上发展出了更多的公共建筑类型，建筑的形式也随之越来越复杂。罗马建筑大量使用拱券和穹隆结构，使用壁柱形式和混凝土等建筑材料，建筑规模宏大，并在建筑艺术方面有多种创新，为西方古典主义后期的建筑发展奠定了更为坚实的基础。

在罗马帝国后期，由于战乱，西方社会和历史文化的发展水平大幅降低。在此之前创造了辉煌成就的希腊、罗马等古典文明地区的文化逐渐没落或中断，而与此相对的是基督教的发展由弱变强。

基督教在罗马帝国初期就已经产生，但因为基督教宣扬只崇拜一神，降低了皇帝的地位，因此一直没有得到罗马帝国官方的认可，并屡遭迫害。一直到罗马帝国晚期的公元313年，罗马帝国君士坦丁大帝（Emperor Constantine）颁布《米兰赦令》（The Edict of

Milan），才使基督教在罗马获得合法地位。在公元395年，当罗马帝国分裂为东罗马和西罗马之后，基督教却被认定为正式和唯一的宗教。因此可以说，与罗马帝国的日渐分裂同步的是基督教世俗权力的日渐集中。分裂后的西罗马帝国受外族入侵逐渐衰落，而东罗马帝国(拜占庭帝国)却一度兴盛。

东罗马时期的拜占庭帝国将基督教合法化，因而在此后的漫长历史时期里，教堂的建设变成了欧洲各地区建筑活动的主要内容。拜占庭地区在地理位置上处于东西方的交界处，而且此时正值基督教分化为天主教(Catholic)和东正教(Orthodox)，因此几乎在整个中世纪，信奉东正教的拜占庭地区的教堂建筑一直在四臂等长的希腊正十字形平面上尝试发展，并将古罗马和东方的建筑结构与技术相融合，创造出了鼓座、帆拱等新建筑形式，使圆形平面的穹顶可以坐落在正方形平面墙体的建筑之上，并修造了举世瞩目的君士坦丁堡(今伊斯坦布尔)的圣索菲亚大教堂。这座教堂的特色不仅在于凭借新结构技术创造了巨大的穹顶建筑形式，还在于整个建筑所呈现出的对东方技术与艺术的全面引入。

在拜占庭帝国之后漫长的中世纪时期，虽然欧洲各地处于罗马帝国分裂后北欧蛮族入侵和地区混战的动乱发展状态，但基督教却如星星之火燃遍了欧洲大地。正如同圣索菲亚大教堂东西方混合艺术风格所暗示的那样，此时的欧洲和基督教，都在逐渐分化为以罗马为中心的天主教文明区和以君士坦丁堡为中心的东正教文明区。

在动荡的中世纪前期，伴随地区和宗教分裂而来的，是大量古典时期的建筑、城市被毁，文明发展停滞。这个时期除了封闭的城堡建筑被建立起来之外，发展最快的就是各地的教堂建筑，在教会力量强大而统一的指导之下，天主教区和东正教区两种不同风格的教堂建筑在其统治区各地被兴建起来，教堂建筑在动乱年代反而取得了突出的建筑成就。

在中世纪中后期，随着各地政治局势的相对稳定，一种新的哥特式建筑风格逐渐发展起来，尤其以英法两国的教堂为代表。由于此时基督教在各地区的流行，各地都以营造哥特式教堂来彰显地区实力。在这种统一的社会形态和宗教背景之下，以西欧各地为中心的哥特式教堂建筑被全面兴建起来。由于带有明确的世俗目的，哥特式教堂建筑在技术和艺术上都追求外在的表现力和强烈的象征性，因此尖拱券、彩色玻璃、玲珑的雕刻与高耸的建筑形象相配合，通过绝对的物质化形象向人们暗示着一种绝对的权力性。

中世纪时期的社会相当压抑。当时欧洲建筑的发展，集中体现在教堂及堡垒两种建筑类型的营造上。在教堂的建设上，力求在不断完善技术和结构的基础上将教堂建得尽量高大。由于人们的逐渐尝试，出现了高耸的哥特式建筑，豪迈地表现出人们对于代表自己理想的上帝的崇拜，以及对美好愿望的追求。受宗教压抑的这种保守的社会状态，直到文艺复兴时期随着人文思想的发展才有所改善。人们在思想和艺术上追求解放，也使欧洲的建筑风格为之一变。这时不仅出现了大量优秀的建筑作品，还出现了许多优秀的雕塑和绘画作品。

14世纪之后，文艺复兴运动兴起，意大利作为历史悠久的古典文化区重新成为欧洲文明发展的中心。从文艺复兴和之后的巴洛克与洛可可时期，以及新古典主义时期，新兴资本主义和王权逐渐兴起。在以新兴资本主义和王权为主导的社会形态下，教堂和其他宗教建筑虽然也还在兴建，在材料技术和结构方面也不断创新，但占据社会主导地位的建筑，已经转移到府邸、宫殿、城市广场等类型中去了。

在罗马，随着富有教会的炫耀需求，奢华的巴洛克建筑由此诞生。而在正值皇权统治鼎盛时期的法国，在路易十四国王的鼓励下，繁缛的洛可可风格也孕育而生。不过真正的艺术还是要有传统和文化内涵的，因此仅以注重装饰性见长的巴洛克和洛可可两种建筑风格流行时间不长，就被端庄沉稳的新古典主义建筑所取代了。新古典主义建筑的产生和文艺复兴建筑的产生一样，都是真正的建筑师和艺术家到古希腊和古罗马建筑中去重新寻找艺术真谛，然后用严谨的比例法则创造出来的一种新的建筑艺术。

及至17世纪的英国资产阶级革命和18世纪后期的现代工业革命，使现代化的资本主义社会形态逐渐确立之后，城市图书馆、市政厅、全面的城市规划与建设、大学、银行等更新的世俗建筑也逐渐成为社会建筑发展的主流，人类开始进入新的发展阶段。

从人类历史的发展进程可以看出，社会发展状态决定了建筑和城市设计的总特色和发展趋势，但这并不意味着处于同一社会发展状态之下，就必然会产生一模一样的建筑发展特色。因为在相同或相似的社会发展状态之下，还存在着不同的传统与文化模式。如果说社会发展状态决定了建筑发展的共性的话，那么不同的传统文化和地域风俗，则决定了建筑与城市发展的个性。

比如16~17世纪的欧洲，罗马和巴黎都处于封建社会发展时期，罗马以教廷权力为主导，而巴黎以王权为主导，因此一地修建了圣彼得大教堂，而另一地则修建了凡尔赛宫。但这并不妨碍古典复兴、巴洛克和洛可可风格在两地同时流行。

由此可见，社会的发展、人们认识的发展，是新建筑风格产生的基础。但除此之外，真正关系到建筑存在发展的两大因素，还有经济和建筑技术本身的发展情况。因为建筑要满足物质和观念这两大需求，而经济因素直接关系到建筑特性的存在与否，形式因素则是满足观念需求的关键。

经济的发展是建筑发展的基础。绝大多数优秀的建筑都是人们在材料和人工两个方面倾其所能营造起来的。古希腊时期的伯里克利（Perikles）为了建造辉煌的雅典卫城，不仅预先支付了几倍于城邦岁入的资金，还挪用了同盟海军的建设费用；哥特时期雄伟的教堂，为了追求高耸的建筑效果，甚至要耗费几代人、用上百年甚至几百年的时间孜孜不倦地修造。而像凡尔赛宫、泰姬陵这样举世闻名的建筑，更是倾其国力兴建的结果，甚至到现在还是"一座建筑毁掉一个国家"历史传奇的主角。

纵观建筑历史，影响建筑风格的不外乎自然与人为两种因素。自然因素主要包括地理、地质、气候、材料的影响，而人文的影响主要是文化、宗教和传统。由于建筑艺术与民族文化的关系密不可分，因此建筑史就是人类社会进化演变过程的一个缩影。从埃及、两河流域、印度、古代美洲、希腊、罗马、拜占庭等国家和地区，直至中世纪欧洲以及文艺复兴影响到的几个国家的建筑发展就可以看出，无论什么民族，建筑与其社会、经济、技术的发展总是息息相关的。

人类历史上遗存最早的专业建筑书籍，是古罗马时期维特鲁威（Marcus Vitruvius

Pollio)所写的《建筑十书》(The Ten Books on Architecture)，这本书中列举出了"坚固、美观、实用"这三点古典建筑的营造原则。在这个被古今中外建筑师奉为圭臬的建筑原则中，只字未提的是建造成本，这是因为古今中外的建筑发展史中，在现今遗存的建筑文化遗产中，占据建筑发展主导地位的，始终是神庙、宫殿、教堂等耗费巨大人力物力兴建的建筑。在古典建筑发展时期，建造雄伟的建筑，始终是酋长、奴隶主、国王、主教等统治阶级的任务。即使是最热心于建筑专业的统治者，他有可能会关心建筑的空间、大门的样式或屋顶的装饰，但是却极少想到建筑所要消耗的人工与资金成本，因此建筑是否省钱，不是奴隶主、统治者所关心的问题。

当然，雄厚的社会经济基础，是创造伟大建筑的先决条件，历来的伟大建筑也都是在其所在时代发展顶峰时期的产物。但在此社会经济条件之上，古代的统治者们不像现代人那样在建筑之前关心建筑成本及其回收问题，唯一为统治者所关心的问题，是新的建筑形式能否足够代表新时期的面貌，能否足够让后人对营造它的君主念念不忘。而对于建筑的技术、结构和成本问题，则只要尽力地营造就是了。也正是人们的这种尽力地营造，才产生了诸如埃及金字塔、雅典卫城、罗马斗兽场、科隆大教堂等这些人类历史上宝贵的物质财富。

同一定的经济发展基础相比，建筑形式的创新往往需要在一定的社会机遇中才能产生。建筑形式的发展除受到社会发展状态、人类营造经验的制约之外，还受到材料、结构、技术等客观方面的影响，以及设计和营造者自身主观方面的限制。

这一点从希腊建筑和罗马建筑的比较中可以清楚地看到。古希腊时期实行的是奴隶共和制，充分保障联盟内公民的权益，神庙的建造以城邦公民为主，神庙的修造大多是人们出于本身的良好愿望，持着对城邦和神灵的崇敬之情而进行的工作，因此古希腊建筑不仅注重比例、样式的设置，还特别注重对各细部雕刻的精确设置，使得古希腊建筑呈现出一种精细化的神圣之美。

古罗马帝国时期也给帝国公民以自由、优厚的生存条件，但建筑的营造者却大多是帝国侵略战争中被俘虏来的奴隶。此时虽然在新型的浇筑技术和材料支持下，大型建筑活动得以迅速展开，但戴着枷锁的奴隶是在皮鞭的驱使下为主人营造享乐之所的。因此古罗马建筑虽然高大、雄伟，但却十分粗糙。虽然建筑外部采用华丽的大理石和马赛克进行装饰，但最后还是给人以华丽有余、内涵不足的印象。

优秀的建筑师和艺术家也需要"生得逢时"，才能够与客观的物质因素相结合，创造出优秀的建筑来。试想，伯鲁乃列斯基(Filippo Brunelleschi)如果生活在中世纪的法国而不是在刚刚建立共和政体、迫切需要修建圆顶的佛罗伦萨，帕拉弟奥(Andrea Palladio)如果混迹在竞争激烈的罗马而不是悠闲地在他的家乡从容地进行他的建筑设计探索，恐怕都不能获得日后的声名。米开朗琪罗(Michelangelo Buonarroti)虽然一生都生活在教廷和贵族的困囿之下，并力求脱离这种制衡，但他不朽的声名，也正是在教廷的强烈需求和优厚的物质保障下才创造出来的。

建筑是一门名副其实的综合艺术，要想完全解读一座优秀建筑作品，大处要了解建筑所在时代的背景和具体的社会发展模式，小处甚至要注意建造者自身情感经历对建筑的影响。通过对古代建筑史的学习，虽然不可能将整个古代建筑的发展了解得透透彻彻，但至少能够理解，为什么建筑史上遗留下的都是王宫、教堂、城堡、凯旋门等皇家建筑，或宗教建筑或公共建筑，而几乎没有涉及民居建筑这一事实。

　　我们希望通过这本书，可以让学生获得一份不一样的感受，藉由对各时期建筑特色及社会发展状况的介绍，让学生在学习建筑艺术的同时，也可以对外国尤其是西方整个社会发展历程有一些大概的认识。

目 录

第一章 古埃及建筑／1
 第一节 古埃及文明发展概况／1
 第二节 古王国时期的建筑／3
 第三节 中王国时期的建筑／12
 第四节 新王国时期的建筑／17
 第五节 异质化的古埃及后期建筑／25
 总结／27

第二章 古亚洲及南美洲建筑／29
 第一节 古代西亚建筑／29
 第二节 古代印度建筑／43
 第三节 古代日本建筑／56
 第四节 伊斯兰教建筑／64
 第五节 美洲古典建筑／76
 总结／87

第三章 古希腊建筑／88
 第一节 古希腊建筑概况／88
 第二节 爱琴文明时期的建筑／92
 第三节 古希腊柱式／97
 第四节 雅典卫城建筑／104
 第五节 希腊化时期的建筑／111
 总结／119

1

第四章　古罗马建筑／121
　　第一节　古罗马建筑概况／121
　　第二节　古罗马柱式体系与纪念性建筑／126
　　第三节　城市与城市建筑／136
　　第四节　宫殿、住宅与公共建筑／145
　　总结／152

第五章　早期基督教建筑与拜占庭建筑／154
　　第一节　罗马帝国的分裂与新建筑形式的产生／154
　　第二节　早期基督教建筑／157
　　第三节　拜占庭建筑／166
　　总结／182

第六章　罗马风建筑／184
　　第一节　罗马风建筑概况／184
　　第二节　意大利的罗马风建筑／191
　　第三节　法国的罗马风建筑／198
　　第四节　英国和北方的罗马风建筑／208
　　第五节　德国的罗马风建筑／214
　　总结／220

第七章　哥特式建筑／222
　　第一节　地区政权与哥特式建筑的崛起／222
　　第二节　法国的哥特式建筑／232
　　第三节　英国的哥特式建筑／241
　　第四节　其他地区的哥特式建筑／250
　　总结／258

第八章　文艺复兴时期的建筑／260
　　第一节　人文运动的兴起与建筑创新／260
　　第二节　意大利文艺复兴建筑萌芽／268
　　第三节　意大利文艺复兴建筑的兴盛／275
　　第四节　意大利文艺复兴建筑的影响及转变／286
　　总结／292

第九章 巴洛克与洛可可风格建筑/ 294
    第一节 巴洛克与洛可可风格建筑概况/ 294
    第二节 意大利的巴洛克建筑/ 300
    第三节 法国的巴洛克与洛可可建筑/ 309
    第四节 巴洛克与洛可可建筑风格的影响/ 316
    总结/ 327

第十章 新古典主义建筑/ 328
    第一节 新古典主义建筑概况/ 328
    第二节 法国的罗马建筑复兴/ 335
    第三节 英国的希腊建筑复兴/ 340
    第四节 欧洲其他国家古典复兴建筑的发展/ 345
    第五节 美国新古典主义建筑/ 350
    总结/ 354

参考书目/ 356

第一章 古埃及建筑

第一节 古埃及文明发展概况

一、地理概况与经济基础

古埃及是世界上最早创造出高度发达文化的古文明地区之一。据有关专家的推测，古代埃及所在的尼罗河流域大约在公元前1万年就已经有人类居住了，那时的居民以居住在尼罗河下游的古埃及人（Egyptians）和居住在尼罗河上游的古努比亚人（Nubians）为主。古埃及人和古努比亚人在公元前5000年之前已经各自形成了以农业经济为主，并且拥有一定人口数量的小王国。此后也是在这一富足的社会生活基础之上，在公元前5000年之后，埃及和努比亚各地，以及两个地区之间的小王国开始进行吞并式的战争。大约到了公元前3500年，古埃及和古努比亚地区都已建立了一些初级的国家，尤其是努比亚王国（Nobia Kingdom）逐渐强大了起来。

埃及古代文明主要分布于非洲东北部细长的沿河绿洲地带。这个绿洲带的西面是荒无人烟的撒哈拉沙漠（The Sahara Desert），东面隔沙漠与红海（Red Sea）相接，南面是瀑布和山川，

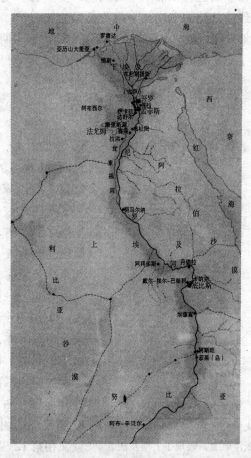

图1-1-1 古埃及地理位置图：受地理特征的影响，古埃及文明的发展成果都集中在尼罗河流域，而且以底比斯为中心。

北临地中海（Mediterranean）。埃及富饶的条形文明带长约1200公里，宽约16公里，在历史上这片领土经常被分为两个埃及：南部以尼罗河（The Nile River）谷地为中心的上埃及（Upper Egypt）和北部以河口三角洲为主的下埃及（Lower Egypt）。尼罗河每年的7月到10月间都会有周期性的河水泛滥，南部上游河流高山深谷的地形，使来自上游各瀑布区的湍急河水在到达平坦的中下游时，将河水中夹杂着的多种矿物质和腐烂植物的淤泥都沉积下来，在洪水过后会使尼罗河两岸的沙漠变为肥沃的绿洲。尼罗河水的这种水涨水落的周期，使以农业为经济基础的古埃及人花费很少的气力

图1-1-2　农夫犁地的模型：从古埃及时期墓葬中出土的这些木质模型，真实地向人们再现了古埃及人的生产和生活情况，专门的生产工具和牛的使用，表明了古埃及人在农业生产方面的先进性。

就能够获得好收成并因此衣食无忧，而因涨水期而赋闲下来的农民，又为大型的建筑活动提供了充足的劳动力，因此这里富饶的土地才得以孕育出古代世界最丰硕的文明成果。

二、古埃及文明发展历程

古埃及地区在大约公元前3100年的时候，也开始出现集权制的国家。一位名叫美尼斯（Menes）的上埃及征服者统一了上下埃及，建立了集权制的国家，也成为古埃及历史上的第一位法老。美尼斯通常被人们认为是古埃及文明的开启者。在美尼斯之后，古埃及文明的发展分成了多个阶段：第一阶段是上古王国时期（Ancient Kingdom），这一时期大约是从公元前3100年，也即美尼斯第一次统一上下埃及时算起，一直到公元前2181年第6王朝结束。从公元前2181年第7王朝之后到第11王朝初期，统一的古埃及帝国解体，进入持续约120年的各地方势力混战的第一中间期。在此之后直到公元前2060年左右，第11王朝的门图霍特普二世（MentuhotepⅡ）重新统一埃及大部分地区，古埃及文明发展进入中王国时期（Middle Kindom），但中王国的安定局面只持续了不到300年，就又在第12王朝的末期，也就是公元前1786年左右，因大规模的平民起义而灭亡了。此后的第13王朝，古埃及遇到了外来喜克索人（Hyksos）的侵略，并且直到第18王朝在公元前1567年建立之前，都一直处于喜克

图1-1-3　纳尔迈调色板：这块约公元前3000年制作的调色板浮雕上，表现了上埃及法老正在处决战俘的情景。在法老的头顶上和侧面雕刻的神化形象，象征着诸神对法老的护佑。

索人和底比斯(Thebes)等地区势力分散的统治之下。

从第18王朝开始是古埃及的新王国时期(New Empire)，这一时期大约是从公元前1567年第18王朝建立，一直到第20王朝在公元前1085年的灭亡之前。新王国时期也是古埃及历史上相对稳定的帝国统治时间最长的阶段，因此在各个领域都取得了较高的成就，是古埃及历史发展的鼎盛时期。在第20王朝之后，古埃及文明进入后王朝时期，后王朝前期的古埃及处于地方势力割据的发展状态，到了第25王朝（约公元前751年）之后，则先后处于埃塞俄比亚(Ethiopia)、波斯(Persian)等外族统治之下。而从公元332年来自马其顿(Macedonia)的亚历山大大帝(Alexander the Great)征服埃及之后，埃及又先后处于希腊人和罗马人的统治之下，虽然其间仍经历了15个托勒密王朝(Ptolemaic Dynasty)的发展，但已经沦为希腊和罗马帝国的行省了。

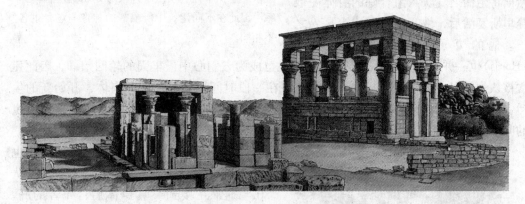

图1-1-4 菲莱岛上的图拉真亭：这座建在河岸边的小型建筑，明显是受古希腊罗马式的神庙建筑形制影响而兴建起来的，呈现出很强的混合风格特色。

第二节 古王国时期的建筑

一、神权政治与早期墓葬建筑

古埃及像所有地区古文明发展的早期一样，无论是国家的建立还是法老的统治，都是以神权思想为基础发展的。

从埃及文明诞生之初，就伴随着神话。人们根据自然界的变化和与人类生活息息相关的各种内容，想象出各种各样的神明。古埃及各个地区都有不同的神明形象，但总的来说基本上都有代表着太阳、水、土地等形象的神明。这些神明形象都是一些人形或人与兽结合的形象，是原始图腾文化的延续。这些不同的神的形象也随着国家的统一而不断融合与变化，所有的神也形成一张巨大的家族关系网络。在诸神当中，以太阳神阿蒙

（Amon）、他的妻子缪特（Mut）和儿子孔斯（Khonh），以及传说当中的俄赛里斯（Osiris）与伊希斯（Isis）这对神夫妻的故事流传得最为广泛。

俄赛里斯与伊希斯由土地之神与天空女神所生。俄赛里斯受到弟弟塞特（Set）的迫害，其尸体被塞特恶意地分散于世界各地，而俄赛里斯的妻子伊希斯则从各地找回了丈夫的遗体，并用布条将这些身体的碎块组合到一起。当伊希斯将生命之气吹入组合好的身体使俄赛里斯复活后，俄赛里斯即成为冥界之王。他的妻子与他的儿子何露斯

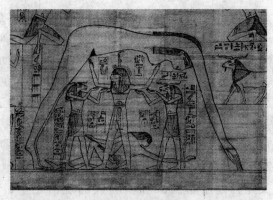

图1-2-1 有努特女神的浮雕：古埃及时期形成了一套完整而且层级、神权分划明确的神学体系，因此在不同建筑中所雕刻的神像与场景也各不相同。

（Horus）也一并被称为冥界三神。这个传说也成为人们心中最牢固的轮回信仰，因此死亡被认为是另一个轮回的开始，而灵魂将在一段时间以后重新回归肉体，开始新的生活。因此古埃及人有了制作木乃伊的高超技艺，人们通过这种方法保存肉身，等待灵魂的归来。

图1-2-2 饰物中的伊希斯女神形象：伊希斯女神是掌握灵魂复活的神，因此她的形象普遍地出现在陵墓墙壁、棺椁和各种饰物中，以保佑死者灵魂得以复活。

木乃伊的制作工艺极其复杂，因此也逐渐形成了一种制作木乃伊的专业匠人队伍。通常在接到一具尸体后，死者的肝、肺、胃和肠都要被单独取出，并分别盛入四个预先设置的瓮中。而尸体则要先放入一种特殊的物质中将水脱干，脱干后的尸体还要经历若干道工序，被涂以特制的油和各种香料。而经过一系列处理之后的尸体，不仅不会腐烂，各部分肌肉还保持着弹性。最后，用布条紧紧缠绕后的尸体被放入华丽的人形棺之中，有的还要嵌入纯金打制的面具或饰物。在古埃及的金字塔和其他形式的陵墓壁画中，经常能够见到一个狼头人身的神像在制作木乃伊。这个神名叫安努毕斯（Anubis），是古埃及神话中负责制作木乃伊和在冥界为死者指引方向的神。

在制作木乃伊的过程中，古埃及人逐渐掌握了比较科学的解剖术，也同时衍生了以研究和了解人体骨骼与肌肉为主的教

学工作。这项工作起初是与培养新一代的木乃伊制作者同时进行的,以后则逐渐分离出来,迈出了人们探究自身奥秘的第一步。

在包括法老(Pharaohs)在内的古埃及人看来,神权具有至高无上的力量,也因此使古埃及形成了独特的神权政治体系。对古埃及人而言,他们所崇信的诸神,是世间万物一切生命的缔造者,是一切死亡的守护者,也是毋庸置疑的裁判者。神祇们通过丰收、饥荒、战争、兴盛、疾病等很多方式来向人们宣布他的判决,因此人们不仅要在发生上述事件之时举行专门的祭祀活动,还要修建各种类型的建筑,作为人们日常供奉的神来到人间短暂居住的场所。

在公元前3100年,古埃及的第一代法老美尼斯(Menes)统一了上下埃及之后,古埃及建筑发展也步入了第一个繁荣时期。在这一时期,修建坚固的陵墓建筑,保护好法老的尸体,是一项最重要的国家大事,也由此催生了古埃及标志性的建筑——金字塔(Pyramid)。

图1-2-3 图坦卡蒙棺椁示意图:精心制作的木乃伊被放置在层叠嵌套的棺椁之中,并通过沥青等对棺椁进行封闭,因此被很好地保存下来。

对于平民墓葬来说,整个古埃及文明时期的平民墓葬形式变化不大,这种墓葬的形式相当简单,通常是挖一个方形或圆形的墓坑,将尸体直接裹在芦苇席或木盒中放入墓坑。墓坑上部用树枝或席子覆盖,然后再用碎石和沙子堆成凸出地面的小丘,也就是形成坟包的形式。与平民墓葬相比,富人或贵族的墓要讲究一些,墓坑多是规则的长方形平面,墓坑有时被分为多个墓室,而且墓室都是用砖砌筑而成的,尸体被放在木棺中,墓坑内除了棺材之外还有一些随葬品。墓坑木结构的覆顶之上也用砖石堆成圆形的坟包形式。

早期的王室陵墓虽然也是以这种墓坑和坟包的形式出现,但在建筑结构、造型上要讲究得多,陵墓建筑规模也更大。古土国时期最早出现的梯形王室墓,几乎可以说是对现实生活中泥房子形象的直接复制。梯形墓的平面多为长方形,用土石或泥砖结构建在地下墓室之上,四面墙体向上逐渐收缩。这种早期的梯形墓被后来的阿拉伯人称为马斯塔巴(Mastaba),马斯塔巴是阿拉伯人所坐的一种板凳,早期梯形墓的造型与这种板凳很相像。

图1-2-4 早期墓室结构复原图:早期地下墓室呈纵向格构组合形式,一般的墓室采用泥砖砌筑而成,讲究一些的墓室则以石材铺设,并拥有复杂连通的结构。

早在公元前3000年左右第1王朝的时候，一些法老和贵族的马斯塔巴陵墓就已经建造得相当讲究了。这时的陵墓包括地上建筑和地下建筑。地下建筑仍采用长方形平面的深坑形式，但面积明显增大，墓坑内被分为多个墓室，除了存放棺椁的墓室之外，还有存放各种随葬品的墓室。随葬品是按照世间人们生活所需要的各种日常用品来准备的，有雪花石的瓶子、精美的陶罐和各式珠宝，甚至还有日常食物。马斯塔巴陵墓地上建筑的样式是模仿真实的住宅和宫殿形式建造的，但由于还没有掌握成熟的梁架结构，因此用泥砖或石材砌筑的建筑中虽然开设有祭室，但这种祭室受建筑结构限制通常面积不大，有些所谓的祭室只是一条狭窄的、用于存放死者雕像的廊道。

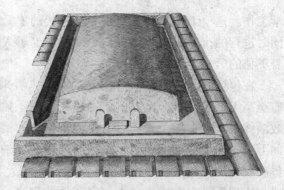

图1-2-5 马斯塔巴墓想象复原图：马斯塔巴墓虽然是金字塔建筑的前身，但在金字塔产生之后仍被作为一种较高等级的陵墓形式广泛采用，而且大型的马斯塔巴墓仍旧十分豪华。

陵墓建筑之所以仿照住宅和宫殿的形式，首先可能是埃及人按照现实中人们的日常生活来想象人死后的情景，当时的人们认为人死后的生活仍然与活着时的生活一样，因此也要按照现世的建筑形象来为死者建造永久的住宅；其次是埃及人在建造陵墓时并无先例可以依照，所以按照人们的住宅来建造陵墓也就成了很自然的事。

在古王国早期，尤其是进入第3王朝时期之后，各种权力被完全集中在法老手中，因此这时对于法老的神化和崇拜也随之被更为刻意地加强了。与这种法老统治权的不断加强相同步，马斯塔巴形式的陵墓一个接着一个地被建造了起来，而且规模越来越大，形制上也在

图1-2-6 陵墓中出土的陶质房屋：由于古埃及时期的平民住宅没有实物留存，因此这种随葬的陶质房屋，就成了人们了解古埃及平民建筑形象的重要途径。

一味模仿住宅和宫殿建筑的基础上不断改进，慢慢向着后期成熟的金字塔建筑形式转化。

随着人们对墓葬的重视，马斯塔巴建筑的纪念性开始被突出出来，人们开始增加马斯塔巴的面积和高度，在此基础上产生了阶梯形马斯塔巴，也即金字塔的最初雏形。最具代表性的阶梯形金字塔出现在公元前2686年至公元前2613年的第3王朝时期，是为昭塞尔（Zoser）王修建的墓葬建筑。昭塞尔金字塔是在一座长方形平面的马斯塔巴基础

上形成的 6 层阶梯式金字塔，它不仅是第一座全部由经过打磨的石材建造的、初具金字塔形式特点的陵墓建筑，也是一座以法老金字塔建筑为中心，带有独立祭庙、皇室成员和官员的陵墓等附属建筑的大型陵墓建筑群。

昭塞尔金字塔陵墓建筑群的建成，要归功于当时聪明的大臣伊姆霍特普（Imhotep）。伊姆霍特普传说是一位精通数学、医学、历史等多门学科的智者，在他的指挥和筹划之下修建而成的昭塞尔金字塔，完成了原始墓构向成熟的金字塔形式的转变，他的名字也因此被后世永久铭记。昭塞尔金字塔不仅为之后大型石结构建筑的兴建，在结构、施工等方面积累了经验，也为此后金字塔陵墓群建筑的组成提供了最初范例。昭塞尔阶梯形金字塔建筑的建成，以及整个建筑群的形成，可能是此时神学思想的一种外在表现，即古埃及人认为高大的金字塔可能是帮助法老升天的阶梯，可以帮助法老的灵魂步入理想的天国世界。那些被允许埋葬在金字塔周围的王室成员和重臣，则视此为一种特殊的荣誉，仿佛他们的灵魂也可以随着法老的灵魂一同进入神的世界。

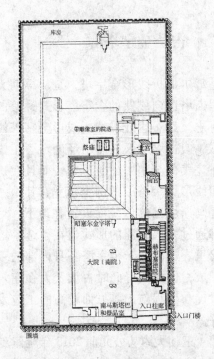

图 1-2-7　昭塞尔金字塔群平面：昭塞尔金字塔群规模庞大，除金字塔外还由多个院落和包括神庙在内的诸多附属建筑组成，为此后大型陵墓建筑群形制的成熟奠定了基础。

图 1-2-8　昭塞尔金字塔：通过营造昭塞尔金字塔的实践，古埃及人在建筑形式、建造技术、建筑组群的构成及组织形式等方面，都为此后的陵墓建筑的设计与营造提供了启示。

昭塞尔金字塔的出现，正式揭开了金字塔建筑兴建的序幕。在阶梯形金字塔建造成功之后，人们可能已经开始着手修建平整立面的成熟金字塔，但由于对金字塔建筑结构的认识不足，也导致了一些失败。比如位于达舒尔（Dashur）的，大约在第 4 王朝早期兴建的一座金字塔就明显呈现了这一特征。这座拥有四面平整立面的金字塔在中间部分突然向内收，这很可能是在金字塔兴建过程中基部发生了坍塌，人们不得不收拢顶部的结构以降低高度，因此建成了折线形金字塔（The bend pyramid）的形式。

二、吉萨金字塔群

达舒尔的折线形金字塔，是从早期大型的马斯塔巴向成熟的金字塔形式过渡的重要标志。虽然达舒尔的折线形金字塔修建失败，但古埃及人显然已经确定了正锥形这种完美的金字塔建筑形式。而且在达舒尔折线形金字塔中的两个墓室，其中一个遵循马斯塔巴的传统而设置在地下，另一个却通过多层叠涩的形式建在了金字塔的塔身里。这种位于金字塔塔身内部的墓室的建成，也象征着此时古埃及人在建筑结构设计与工程施工等方面较高的工艺发展水平。

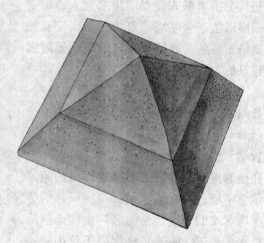

图 1-2-9 顶部弯曲的金字塔：这种顶部弯曲的金字塔形式，是由早期马斯塔巴陵墓向成熟的正锥形金字塔形式发展的最后过渡阶段，展现了人们在金字塔建筑结构构造上认识的进步。

第 4 王朝大约从公元前 2613 年延续到公元前 2494 年，吉萨（Giza）金字塔建筑群就是在此期间修建完成的。吉萨位于孟菲斯（Memphis，今开罗 Cairo）以南，是古埃及第 4 王朝祖孙三代法老的陵墓所在地。除吉萨金字塔群以外，古埃及的河谷地带还分布着百余座金字塔，但只有吉萨金字塔群是古埃及最为著名的金字塔群，也是古代世界七大建筑奇迹中唯一留存至今的建筑物。

整个吉萨金字塔建筑群由第 4 王朝时期三位法老的金字塔：胡夫（Khufu）金字塔、哈弗拉（Khafra）金字塔和门考拉（Menkaura）金字塔，及各金字塔的附属建筑组成，位于现在埃及首都开罗市的南面。这一金字塔群称得上是古埃及金字塔建筑中最为成功的范例之作，从这一金字塔群中几乎可以看到所有金字塔陵墓建筑的典型建筑特色。其中著名的狮身人面像的长度约为 73 米，高约 22 米。它位于吉萨金字塔中的第二座哈弗拉金字塔的前方，是现今世界上最大的巨石雕像，它是法老王权的庄严象征。这尊被称为斯芬克斯（Sphinx）的巨

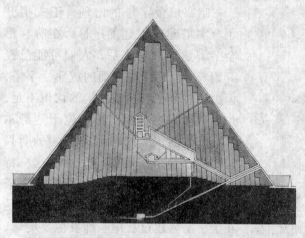

图 1-2-10 胡夫金字塔剖面示意图：胡夫金字塔不仅以其建筑规模庞大而闻名，还以其内部墓室的复杂结构而闻名于世。

像，是雄狮的身体与法老哈弗拉头部的结合体。狮身最早由一座岩石山体雕刻而成，后来由于风化严重而加入了砖石砌筑的结构部分。

胡夫金字塔是吉萨金字塔群中，也是古埃及金字塔建筑中最大且最为著名的一座金字塔，它高约146米，是平面为正方形、四个立面相同的正锥形金字塔，底部边长约为231米，占地面积超过了5.27公顷。据估计，如果金字塔用平均重量为2.5吨的石材建造，则可能共需要250000块这样的石材才能建成。

图1-2-11 哈弗拉金字塔前堤道和神庙复原图：在吉萨金字塔群的三座金字塔之前都曾建有堤道，这条堤道将金字塔前的祭庙与河谷处的祭庙联系在一起。

图1-2-12 被风沙侵蚀的金字塔：包括吉萨金字塔在内的许多金字塔，都被后世当做建筑的石料场，因此金字塔外部坚硬的石材覆面多被剥去建造其他建筑，使金字塔建筑被风沙侵蚀严重。

在胡夫金字塔建成之后，可能曾经在外部覆以一层石灰岩作为装饰，使金字塔的表面平滑而光洁。而且这种坚硬、光滑的石材表面也可大大降低风沙的侵蚀。而在胡夫金字塔的顶部则以一块包金的塔顶石封顶，塔顶石上面通常还雕刻着铭文，作为一种纪念或与神对话的途径。在金字塔建成之后，古埃及后期的法老及外族几乎都将金字塔视为取之不尽的石料场，后来阿拉伯人从金字塔上移取石材修建礼拜寺，再加上盗墓者的无序破坏，都极大地破坏了金字塔的形象，使人们已经无法考证金字塔巨大体量的确切尺度数据了。据推测，现在的胡夫金字塔顶部被损坏的部分大约在10米以上，而采石者的贪婪、岁月风沙的侵蚀等，都使金字塔逐渐走向消亡。

胡夫金字塔内部的设置也比较有代表性。首先，胡夫金字塔的正门设在北边立面离地面十几米高的塔体上。入口处的石砌拱门采用两块巨大的石体相交的形式制成，这种开设入口的方位和手法，也成为以后金字塔建筑的传统之一。胡夫金字塔的内部从上至下设置有法老墓室、王后墓室及地下墓室三个有限的空间部分。金字塔内设有三条设有装饰的走廊分别通向各个墓室，这三条通路最后汇集在一起，通过一条狭窄的通廊与外部相接。这种通向金字塔内部的廊道入口，通常都设置在金字塔北立面的某处，入口外要设置多层石材加以巧妙地掩饰。

胡夫金字塔中通向各墓室的廊道大都狭窄而低矮，以对抗塔身巨大的压力，但位于法老墓室前的一段大走廊却相当高大宽敞。这段走廊是以巨大的岩石建成的，并且为了应对塔身上部巨大的压力，对走廊两边进行了特殊的结构处理。这段走廊长近47米，高约8.5米，其空间的横剖面是梯形的，即从地面约2米以上的高度起，连续七层石材逐层对称地向内部走廊出挑。大走廊的上部空间不断变窄，在最上部两侧墙面的间距缩减至1米左右。而且走廊的顶部采用斜向错齿式的设置，这样狭窄而且呈锯齿形的顶部设计，不仅在纵向上增强了顶部盖石的抗压能力，也使横向石

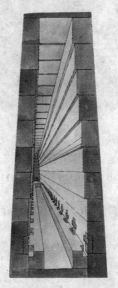

图 1-2-13　左图为胡夫金字塔大通廊剖透视：这段约47米长、8米多高的大通廊，是古埃及金字塔中最为高大的一条通道，展现了当时高超的建筑设计与施工能力。右图为胡夫金字塔法老墓室结构剖透视图。

材间的衔接更加紧密，不会因为某一块石材的破碎或滑落而产生连锁反应。

除了坚固的结构以外，法老墓室两侧的墙上还各开有一个通往外部的小孔。根据古埃及人的信仰，这两个小孔是为法老灵魂出外巡游以及巡游完毕后归附肉体而准备的通道。而且，在墓室和通道的墙壁上，大多绘制或雕刻有各种壁画。这些壁画记录了法老生前举行庆典、战争等情况的一些场面，还有人们想象出来的法老与神相接触的画面。这些壁画大多忠实而详细地记录了当时宫廷生活的方方面面，不仅仅是法老的臣民们留给后世奴仆继续为法老服务的样本，也成为今天的人们了解古埃及的重要依据。

图 1-2-14　安努毕斯制作木乃伊：安努毕斯是木乃伊和陵墓的守护神，它多以豺狼或这种狼头神的形象出现在陵墓中。

墓室内的石棺分为多层，外层通常是石质，而内层则多为木质。极为神秘的是，迄今为止，还没有从金字塔中发现法老遗体的先例。偌大的金字塔，耗费了不计其数的人力、物力和财力，与自然界事物之间有着奇妙的关系，竟然不是用来盛放法老遗体的陵墓。这种推理简直不能让人信服，但如今又没有可靠的证据来说明它确是陵墓这一事实。

吉萨金字塔群中除了金字塔之外，以狮身人面像最为著名。狮身人面像位于哈弗拉金字塔的东面，顾名思义是一座巨大的狮身守护神，但其面部却是按照哈弗拉王的形象雕刻而成的。狮身人面像又被称为斯芬克斯，这是古埃及人对这种人与动物形象互相结合的形象的称呼，埃及语为"活着的形象"之意。狮身人面像高约22米，据说是在原有的一座岩石小山的基础上，加入了修建金字塔时筛选出的石料修建而成的。狮子形象在古埃及是守护神的象征，经常被置于入口处。而此处狮身人面像上哈弗拉的头像，以及头上曾经雕刻的蛇纹与法老的头饰，则是绝对王权的象征。

图1-2-15 斯芬克斯像：古埃及的斯芬克斯像是对人与动物形象相结合的一种守护神的统称，它通常被放置在神庙和陵墓的通路上，其中以吉萨金字塔群中的斯芬克斯像规模最大。

有意思的是，斯芬克斯在漫长的岁月中几次被风沙所掩盖，历史上也留下多次清理斯芬克斯像的记载。最早的一次清理是在古埃及新王国时期。据斯芬克斯两爪前的石碑记载，当新王国时期的某位法老还是王子时，有一天在巨大的斯芬克斯下休憩。斯芬克斯即托梦给他，请示他为其拭去周围几乎埋没身躯的沙堆，并承诺如果清理工作得以完成，将保佑其登上王位，并成为统治上下埃及的法老。这位王子当然完成了神的委托，也顺利登上法老的宝座，成为图特摩斯四世（Thutmose Ⅳ）。这个传说的真实性当然值得怀疑，统治者往往借助于某种假象巩固他们的统治，并反复向民众们强调君权神授的思想。

图1-2-16 记载修复事迹的浮雕：位于吉萨斯芬克斯像两爪间的石碑，记录了图特摩斯四世因受到梦的感召而修复斯芬克斯的事件。

但是，对于斯芬克斯所进行的多次清理和修护工作却真有其事。这种清理和修护的工作从古罗马时期一直延续着，直到现在。但是，令人哭笑不得的是，尽管人们不遗余力地帮助巨像清除身边的流沙，但整个雕像也因为直接暴露在空气中受到风沙侵蚀而消亡得更快。历史就是这样矛盾：往往是暴虐而专制的帝国创造出举世瞩目的建筑成就，而这些成就也在人们有条件并尽力保护它们的同时消亡。

金字塔是古代埃及文明的标志，也是古埃及王权和神权的象征。金字塔建筑本身坚固而庞大，内部墓道错综复杂，但仍因后世毫无节制地采石和盗墓者的偷盗而损坏严重。金字塔建筑在古王国第4王朝之后的发展极为有限，而且后世再建的金字塔无论规模还是尺度都远不及吉萨金字塔。作为古埃及文明最突出成就的金字塔，在准确的定位、缜密的施工组织、高超的砌筑技术和用石量等方面的设计与施工，与古埃及低下的生产技术水平形成鲜明对

图1-2-17 门考拉及其王后雕像：这组发现于门考拉金字塔中的雕刻，以十分符合人体解剖学的比例和肌肉变化，展现了十分真实的法老夫妇形象。人物形象向前迈步的姿态和统一的神态，又突出了古埃及雕像的总体特点。

比，因此围绕这些问题和矛盾，为后人留下了数不清的谜团，千百年来一直吸引着世界各地的人们来破解这些尘封的难题。

第三节　中王国时期的建筑

一、带金字塔的石窟陵庙

古王国后期经过了相当长的一段混乱的中间期，才过渡到社会比较安定的中王国时期。可能是金字塔建筑太过招摇，容易引来盗墓者的破坏，也可能是金字塔建筑在人力、物力和财力上的投入太大，不是所有法老都承受得起，在古王国之后，以前的那种以大型金字塔陵墓为主体的陵墓建筑群形式逐渐被人们所抛弃。

此时神学思想对人们生活和建筑的影响已经形成相对固定的模式。比如古埃及人居住的城市都位于尼罗河东岸，这里是太阳升起的地方，代表着生的希望。而陵墓和祭庙等建筑都建在尼罗河西岸，那里是太阳落下去的方位，也代表着死亡。神学体系表现在建筑上则主要有两种形式：一种是为死者建造的陵墓；另一种是为生者建造的神庙。在埃及人看来，日月星辰、各种动物和自然界的怪异现象均由不同的神操控，这些神都可

以成为人们崇拜的对象。各地都有对不同地方神的特殊尊崇,因此在各地都建有供奉不同神灵的宗教建筑。

图1-3-1 麦罗埃金字塔群:一直到公元4世纪,古埃及王国的后人们仍然在建造金字塔式的陵墓建筑,只是这时金字塔在规模、样式等方面都已经大不如前。

图1-3-2 阿门内姆哈特三世金字塔、祭庙想象复原:阿门内姆哈特三世(AmenemhatⅢ)金字塔前,据记载曾经有庞大的祭庙,并以布局复杂而著称,在举行全国性大型祭祀活动时使用。

中王国时期,古埃及首都移至南部的底比斯(Thebes)一带,这里的城市主要位于峡谷中的狭长地带,因此从地理状况来看也缺乏建造金字塔的开阔场地。开凿于尼罗河沿岸山丘上的石窟墓形式,逐渐取代了金字塔陵墓群。这种凿建在山崖上的石窟陵墓的建筑规模,相对于地上的金字塔陵墓群要小得多,在建筑群布局上也发生了较大的变化。石窟墓群不再像平地上的金字塔墓葬群那样,以金字塔为中心,将附属建筑围绕金字塔建造,而是逐渐形成了从外向里层层递进的

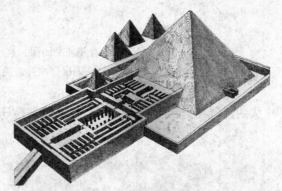

图1-3-3 佩皮一世金字塔想象复原:在佩皮一世金字塔建筑群中,金字塔被纳入按照轴线设置的祭庙建筑布局之中,使祭庙与金字塔都成了主体建筑。

中轴对称式建筑空间形式。这种形式的出现也与石窟墓的建筑条件有关。石窟墓多建在尼罗河西岸面河的岩壁中,因此整个墓葬群就以岩壁为终点向外延伸成一个深远的院落。

石窟墓建筑群主要由建在不同阶梯上的入口庭院、主体建筑和最后部真正深入岩石内的墓室组成。石窟墓入口面向东方太阳升起的地方,入口内多是柱廊环绕且层层嵌套的庭院,用于祭祀活动和存放官员的陵墓。庭院的中部是依照传统建造在多级台地上的,由柱子列支撑的主体建筑区,这个建筑区中可能会建造金字塔形的顶部,并作为主要的祭祀场所使用。同样结构复杂的法老的真正墓室,可能位于金字

塔建筑的地下，而墓室的入口则多位于院落的某一处，并被小心地掩盖起来。金字塔院落向内的空间逐渐收缩，与之相连的即是最内部深入岩体中的内室，用于存放神像和祭祀之物。

新的陵墓群虽然保留了金字塔的造型和基本功能空间的构成部分，但金字塔在建筑群中的主体地位却在逐渐消除，取而代之的是更严谨的对称轴线布局和祭祀建筑的扩张。

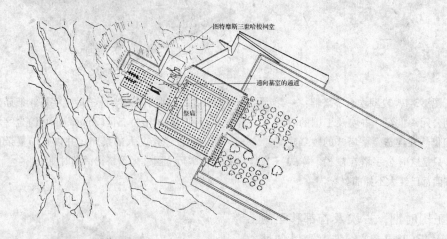

图1-3-4　门图霍特普陵庙平面图：这座陵庙向人们展示了一种以建筑为主体，轴线性强，而且具有明确层次递进关系的新建筑布局形式。

大约建筑在公元前2000年的门图霍特普陵庙（Mausoeum of Mentuhotep）就是这种新的建筑格局的代表。这座陵墓建造在底比斯城对面、尼罗河西岸一座高且陡峭的悬崖之上。建筑群采用庭院与柱廊大厅相间的形式建成，中轴明确，用来祭祀用的厅堂已经扩展为带金字塔的规模宏大的祭庙，并成了陵墓的主体建筑。

整个陵墓区除临河的入口外都有围墙封闭。进入墓区后，迎面是一条通向陵墓区的主路，主路的两侧排列着法老的雕像。再向前走是一个很大的广场，广场道路的两侧有密集的树坑，以前可能是一片人造树林。沿着庭院中心的坡道一直走，可以登上一个建有小型金字塔的平台。在平台的后面仍旧是一个

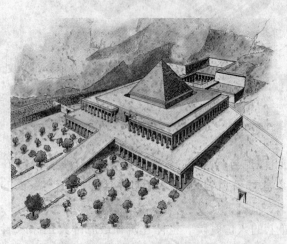

图1-3-5　门图霍特普陵庙建筑想象复原：根据建筑遗存平面进行复原的建筑，是古埃及传统的列柱建筑形式，但在建筑中部空敞的部分是否建有金字塔式建筑，则有待进一步证实。

由四面柱廊环绕的院落，但面积要明显比入口广场小得多。走过这个院落后，人们还要通过一个由80根断面为八角形的柱子支撑的大柱厅，才能进到一个开凿在山岩中的小小的圣堂。

这座陵墓的特色在于，一方面是轴线序列空间很长，另一方面轴线空间变化明显。人们从墓门到广场，再从广场到平台，会经历第一次从开敞到封闭和地平面向上抬高的空间体验，最后通过大柱厅进入山岩中的圣堂的过程。人们一方面可以感受到建筑空间的变化，另一方面也可以感受到越来越神秘和庄严的建筑氛围的转变。

二、城市和民间建筑

在中王国时期，除了法老修建的陵庙等大型建筑之外，城市和民间建筑也有了进一步的发展。而北部非洲终年炎热少雨的气候特点，也影响了古埃及房屋的形制。古埃及早期的房屋材料是河岸边最常见的芦苇与黏土。芦苇被扎成捆以后便可以作为梁、柱，人们再将编织好的芦苇席两面糊上黏土泥便形成了一面墙，而房屋就是由这样的多片泥墙组合而成的。讲究一些的贵族房屋则是由泥砖砌筑而成，房屋也是这种平顶式，并且由多座平顶房屋围合，形成院落的形式。这种泥房子制作简单，但为人们提供了必要的遮蔽。房屋的屋顶均采用平顶形式，且由于少雨水和恶劣天气的原因，在建造房屋和屋顶的时候并不用太坚固，平顶的形式也不用考虑排水问题。

古埃及住宅建筑的另一特点，是墙面中只设置很小的窗口或根本不设窗口，这是避免过量光照、保证室内凉爽的必要考虑。而且从门口和四面墙壁孔隙射进来的光线已经足够室内的照明之用。因为墙壁不设窗口因而使建筑的外形显得更加完整。大面积泥墙体不但可以阻断来自室外的酷热，而且

图1-3-6 古埃及壁画上的房屋：由于古埃及的世俗建筑基本上没有留存，因此人们只能从壁画上看到当时建筑的特点，这些建筑多以平顶、梁柱为主要结构，整个构造较为简单。

还为人们在墙体的壁面上雕刻一些花纹装饰提供了可能的条件。这种建筑形式也成为此后石构神庙建筑的原型，形成了古埃及建筑上以绘制或雕刻等方式设置象形文字、人物形象等装饰的传统。这些建筑上的文字、图像不仅是装饰，还是现代人了解古埃及人们政治、宗教、生活等方面情况的重要媒介。

此时埃及的民居建筑已经形成了两种较为固定的住宅形式：一种是上埃及以卵石为墙基，土坯砌墙，圆木屋顶的建筑形式；另一种是下埃及以木材为墙基，芦苇编墙的建筑形式。由于建造法老陵庙等建筑的需要，使得在这些建筑区附近逐渐形成了大规模的

工匠村，继而发展成为多功能的城市。由于这些村镇和城市多是经过事先规划而兴建的，因此呈现出很规整的布局和严谨的功能性分区。

这种城市中的民居显然也经过统一规划，各个街道中分布的住宅面积、建筑形式和布局都很相似，显示出很强的统一性。除了普通民居之外，在城市中贵族和官员的府邸建筑已经演化为颇具规模的庭院建筑群。例如在三角洲上的卡宏城（Kahune）中建造的许多贵族府邸，较大规模的建筑其占地面积已经超过了2700平方米。在这些府邸建筑中包括了多个相套的院落、多楼层的建筑和诸多不同功能的房间。

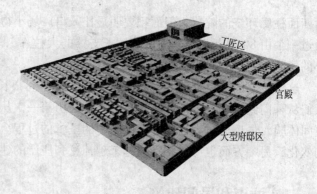

图1-3-7　卡洪城遗址想象复原：这座城市在兴建之前经过了严谨的布局规划，因此城区规划整齐，建筑样式统一。考古学家在城市遗址中发现了筒拱屋顶的建筑，表明此时古埃及人已经掌握了砖砌拱的技术。

图1-3-8　新王国时期的工匠村落：这座位于国王谷附近的工匠村落，可能是专门为那些在国王谷中工作的工匠建造的。因为村落周围有封闭的围墙环绕，只有唯一一个出入口，显示出很强的保密性。

由于埃及的气候十分炎热，在府邸建筑的空间布局设计中突出了通风和遮阴这两方面的需求，院落中的住宅均向院落内部开敞。柱廊和主体建筑构成的开敞式院落多为公共活动或会客空间，此外还要设置一个比较私密的家庭内部使用空间，而一些带有独立出入口与外部公共空间相通的建筑部分，则可能是家庭女眷的房间。

总之，在古王国时期，无论金字塔、陵庙还是普通住宅，都显示出很强的统一规划性。由于各种建筑的营造事先都有一定的计划，因此早期比较自由的各种建筑形制逐渐呈现出统一化和模式化的发展倾向。此外，由于古埃及独特的气候条件，使得各种建筑都呈现出对外封闭、对内开敞的特点。除了金字塔建筑之外，古王国时期的宫殿、住宅和陵庙建筑中都已经形成了梁柱形式的建筑结构特色。而且在柱子的样式和建筑细部的基本组成、柱子、梁架和墙壁的装饰手法等方面，都形成了较为固定的做法，这些做法和建筑模式也成为古埃及建筑传统的早期起源。

第四节 新王国时期的建筑

一、岩墓和祭庙建筑

到新王国时期，继18王朝的第一位法老之后，古埃及传统的墓葬形式发生了变化。法老们出于防盗等原因，不再热衷于修建早期的那种造型上十分招摇的墓葬形式，而是向早期底比斯的贵族官员学习，开始将自己的陵墓设置在尼罗河西岸山谷险峻的岸壁上。产生这种变化的原因很多，而主要原因则可能来自两个方面：一方面是随着社会的发展，法老的神权逐渐淡薄，人民的反抗意识增强，因此再进行大规模强制性的劳动恐怕会引起人民的反抗，导致政局的波动；另一方面也是来自于金字塔安全性的顾虑。事实证明，巨大的金字塔并不能保证法老尸体的安全，许多金字塔都因盗窃而毁坏严重。

鉴于此，随着金字塔陵墓形式的消失，巨大的陵墓建筑和日渐隆重的仪式蓬勃发展起来。而且，此后的陵墓建筑中，埋葬法老的陵墓与祭祀的神庙建筑也逐渐分开，这样做既可以保证陵墓的安全，又为人们提供了一个公开祭祀的场所。真正停放法老尸体的陵墓是在高高的山崖上开凿的石窟墓。位于底比斯城对面，尼罗河西岸山谷地带，就是众多法老的石窟墓所在地，因此又被称为国王谷（The Valley of the Kings）。而离此不远，还有各时期的王后、高官、贵族的石窟墓聚集区，称为王后谷（The Valley of the Queens）。

图1-4-1 国王谷：位于底比斯尼罗河西岸山谷中的国王谷，大约集中了新王国图特摩斯一世之后的60多位皇室成员陵墓，但也是因为太过著名，使得这些陵墓后来几乎都被洗劫一空。

在这种岩墓建筑中，主要空间由前厅、中厅和墓室三部分构成，各部分之间通过长长的廊道相连接，有些还带有库房和祭祀等其他功能的附属空间。墓室和廊道都是在岩石中开凿出来的，但其形制依照地面建筑，室内也采用了平顶或拱顶的形式。为了保证结构的坚固性，还多在内部预留有各种粗壮的支撑柱。墓室内部还大多进行雕刻或彩绘装饰，在官员和地方贵族岩墓中的壁画装饰尤其精彩，因为这些壁画多采用反映世俗生活的题材，旨在对墓主生前的生活进行记录。

岩石墓多建造在地势险要的崖壁上，建造好的石窟墓由岩石封闭并制作掩饰性的岩石表面，以防止盗墓贼的侵扰。在岩石墓内为了防止遭受盗墓者的破坏，还特别设计建造了一些假楼板、假墓室和陷阱等防盗设施。这些设计表现出了当时建造者们独具匠心的设计，同时也体现出了当时高超的建筑水平。但遗憾的是这些人们精心设置的防

图1-4-2 描绘日常生活的壁画：在宫廷官员的墓室内，大多描绘着反映人们日常生活的精美壁画，这些壁画题材涉及人们生活的各个方面，为后人了解古埃及人的生活提供了重要资料。

盗设施大多没能起到作用，它们很容易被盗墓者所破解，随之堆满大量珍贵陪葬物的岩墓被洗劫一空。这使得今天的人们缺乏文献或实物资料而无法对岩墓的情况进行研究。

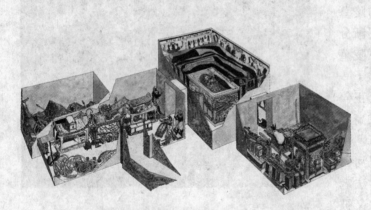

图1-4-3 图坦卡蒙墓室结构剖视图：图坦卡蒙墓是国王谷中唯一没有被洗劫过的帝王陵墓，虽然墓室规模较小，结构也比较简单，但却从中出土了数量众多而且珍贵的随葬品。

这种情况直到近代图坦卡蒙墓（The Tomb of Tutankhamun）的发现才得到改善，而图坦卡蒙墓没有被盗的原因也很具有借鉴性。因为这位年轻的法老死得突然，因此他被匆匆葬于一个嫔妃或高官的墓中，这才躲过了劫数。

在新王国时期岩墓的形式普及之后，原来庞大陵墓群的建筑形式被废弃了，随之而来的是祭庙作为独立纪念性建筑的大发展时期。这种祭庙也从隐秘山体中的岩庙形式逐渐向开放平原区的祭庙群形式转变，也同古埃及政治情况的变化相吻合。因为此时法老绝对的统治权已经遭到质疑，各地区的军政长官也纷纷出现割据分治的现象，为了加强与民众的联系，大型的祭庙建筑就成为法老与民众增进感情的工具。而也正是通过这些祭庙和祭祀仪式的举

办，更加强了民众对于神的信赖，因此间接加强了法老稳固的统治。新王国时期的法老们，大多在尼罗河西岸山谷入口处的岩壁下修建大型的祭庙建筑，新兴起的祭庙形式延续了早期岩石陵庙的中轴对称布局形式，但彻底抛弃了金字塔的建筑形式，形成了一种新的祭庙建筑类型，此类祭庙的代表之作是第18王朝的一位女法老哈特舍普苏特的祭庙（Queen Hatshepsut's Funerary Temple）。

图1-4-4 哈特舍普苏特祭庙：这是古埃及新王国时期留存下来的规模最大且建筑保存相对完好的帝王祭庙建筑。借助背后山体的衬托，使整个建筑群体现了威严的王权。

哈特舍普苏特女法老的祭庙位于底比斯地区尼罗河的西岸，据说是由女法老的宠臣森麦特（Senmut）负责选址和设计建造的。这座神庙位于此后安葬法老的岩石墓聚集地——国王谷的前面，整个祭庙从河岸一侧的入口开始呈层级升高的台地形式建造，各台地升高的立面均设置柱廊，并通过中轴坡道向上延伸。在祭庙的最尽头，也是地势最高处，设置柱廊厅和祭坛，用来祭祀太阳神拉（Ra），祭坛之后则是深入岩壁开凿的神圣祠堂和内殿。

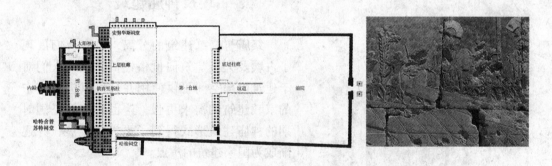

图1-4-5 哈特舍普苏特祭庙平面：这座建筑层级向内深入的空间布局，也成为此后神庙建筑空间的设置特色，面积广大的广场则使身处其中者更能感受到建筑的庞大规模。右图为描绘出航的壁画：在哈特舍普苏特女王祭庙墙壁上的壁画，表现了古埃及大型船队出航，并为女王带回大量外国货物的情景。

哈特舍普苏特女王是历史上有记载的埃及第一位执政的女帝王，也是古埃及历史上一位颇具传奇性的法老。她出生于帝王之家，是第18王朝的第三位法老图特摩斯一世（ThutmoseⅠ）的女儿，也是第四位法老、图特摩斯二世的妻子。图特摩斯二世统治了不足10年便去世，将王位传于他与前妻之子图特摩斯三世。但当时的图特摩斯三世年纪尚幼，因此哈特舍普苏特便总揽朝政。在获得了实际的政治权力之后，哈特舍普苏特即废除图特摩斯三世，正式登基成为统治上下埃及的法老。她的这座祭庙不仅规模庞大，而且在早期可能被装饰得极为华丽典雅，除了雕刻有女法老神化形象的雕塑和柱头之外，建筑墙壁上还雕刻有描绘女法老的神化出生，和她在任内进行的战争、商贸活动等的故事场景。

然而令人遗憾的是，在哈特舍普苏特死后，终于继任法老的图特摩斯三世（Thutmose III）为了发泄他对哈特舍普苏特的篡位之恨，马上下令砍下了这座祭庙中的所有女王头像，作为对自己加冕的庆贺。而从此之后，哈特舍普苏特祭庙也就日渐荒废了。但与同时期修建的其他祭庙相比，哈特舍普苏特祭庙还算幸运的，因为这座祭庙所处的位置比较偏僻，在之后漫长的岁月中所受损坏较小，因此成为现今留存较完好的祭庙建筑。

图1-4-6 戴假须的哈特舍普苏特像：哈特舍普苏特女王的许多雕像，都遵循以往的法老雕像传统，因此一些雕像中女王也戴有假须，以突出其作为法老的特殊身份。

二、古埃及神庙建筑

祭庙与陵墓建筑的分离，也向人们展现了古埃及大型建筑向世俗性的转变。人们对于建筑内部空间可供使用并且可以进入其中的宗教建筑的需求更强，这也促使新王国时期的神庙建筑形式得到了更大的发展，并逐渐成为国家建筑的重点。

新王朝时期神庙是除金字塔以外最为重要的建筑，埃及人的神庙在古代世界中是第一个完全用石头砌筑而成的建筑，并且也是第一个大规模使用过梁（beam）和柱子（column）的建筑。庄严肃穆的神庙象征着法老所拥有的至高无上的神圣权力与财富。

埃及的庙宇属于非民用建筑，它是专供法老及僧侣们举行仪式和瞻礼的地方。虽然整个神庙从塔门起，到内部柱厅的墙面、柱子等处都布满了宗教和现实生活题材的浮雕

图1-4-7 塔哈卡柱廊：这座神庙柱廊中的列柱柱距被拉长，而且柱身高细、装饰精美，人们由此推测这可能是一座开敞的无顶柱廊。

壁画，但实际上内部空间大多数情况下都处于黑暗之中。因此，神庙中的这些彩绘和壁画也可以说并不是为现实中的人们所准备的，而是为了神而准备的，是人们借以与神沟通的方式之一。神庙的塔门以内一般只限法老和僧侣们进入，而最后的圣堂则只允许法老或高级祭司进入。因而从这个角度上来看，神庙中精美的装饰就具有神祭性了。

在古埃及神庙中，人们大规模运用了柱子和过梁结构，这一结构也成为此后西方建筑的基础和最大特色。作为神明在世间短暂居所的神庙在当时被大量兴建，但由于新修建起来的神庙都与早先建造起来的神庙建在了同一个基础之上，这样就导致了大多数早期神庙被新建筑所取代，因而很少有早期神庙能够保存下来的。

古埃及神庙是为活着的人提供的日常祭祀和与神灵通话的场所，因此古埃及神庙同城市、宫殿和住宅一样，都建立在尼罗河东岸。在诸多神庙建筑中最著名的是位于底比斯城附近的卡纳克神庙（Great Temple of Karnak）和卢克索神庙（Temple of Luxor）。

图1-4-8 岩墓内的精美装饰：与法老和王室成员的墓室装饰相比，高级官员和其他高级人员的墓室装饰风格要灵活得多，墓室壁画中的题材更加贴近生活，色彩也更加丰富。

在新王国时期，埃及的神庙建筑已经成为国家建设的重点工程，其中规模最大的是建造于底比斯尼罗河西岸的卡纳克神庙区。由于修造时间较早，卡纳克神庙区也成为古埃及神庙中结构最为复杂的建筑。卡纳克神庙不同于一般神庙的单轴建筑形式，而是有两条互相垂直的建筑轴线。在两条主轴线中，面对尼罗河的东西向轴为主轴，即在中轴对称的布局基础上，由庙前广场、带方尖碑的塔门、柱廊院、大柱厅和圣堂这几个主要的建筑部分排列构成狭长的封闭建筑形式，其中柱廊院和大柱厅都可以不断重复建造多个，圣堂后还可以建造仓库，但总体空间越向内，屋顶和地面越接近，空间也越封闭，以营造出一种神秘和神圣的氛围。

除了主轴的一系列建筑以外，卡纳克神庙还有一条南北向与尼罗河平行的轴线。这条轴线北面与主神庙

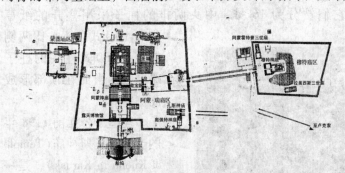

图1-4-9 卡纳克神庙区平面图：庞大的卡纳克神庙区由于后世不断增修扩建，因此形成纵横两个带塔门的轴线形式，古埃及神庙讲究序列式的空间构成，因此神庙建筑的平面和空间构成并不复杂。

的第三、四个塔门相接,并通过一个设有方尖碑的大门通向另一个院落。这个长长的院落又由四个高大的塔门组成四个庭院,在卡纳克阿蒙神庙区与祭祀阿蒙神的妻子缪特女神庙区之间形成一个通道。而在这条通道的一侧还有供奉着阿蒙与缪特女神之子孔斯的神庙区。除了两个互相垂直并带有塔门的轴线建筑和孔斯神庙区以外,纳克神庙所在的基址中还有各个时期法老修建的一些小神庙,如战神庙等,而且除了一个巨大的方形圣湖以外,这个神庙区中还有各种供神职人员居住和使用的建筑。最后,所有这些建筑都被高大厚重的围墙围合成一个巨大的近似于方形的院落,形成了古埃及规模最大的卡纳克神庙区。

在卡纳克神庙区则以阿蒙神庙为主体。阿蒙神(Amon)是底比斯地区崇拜的诸神之主,也是古埃及人崇拜的历史悠久的主神。而这一主神与传统的"瑞"(Re)神崇拜结合,就形成了阿蒙-瑞神的崇拜体系。而且阿蒙-瑞与他的妻子——万物之母缪特(Mut)、儿子月亮神孔斯(Khonh)一起被称为底比斯三神。可以说,卡纳克

图1-4-10 阿蒙神庙:古埃及神庙由一系列连续的柱廊空间构成,所有功能空间都按照同一轴线展开,这种单一的轴线对称性空间设置,是古埃及神庙最突出的特色。

神庙区同时也是埃及新王朝的宗教信仰中心。当时的神庙建筑已经取代了金字塔而成为纪念活动的中心。

在规模庞大的卡纳克阿蒙神庙中,柱廊大厅是其最著名的建筑组成部分之一。这座柱廊大厅大约是由拉美西斯二世(Ramesses Ⅱ)于公元前1312年至公元前1301年建造的,共由134根柱子组成,它们被分为16排,中央两排的柱子采用盛开的纸草(papyrus)式柱头,比两侧花苞(bud)式柱头的柱子略高,并由此在顶部形成高侧窗。

建造于公元前1198年的卡纳克孔斯神庙(Temple of Khonh in Karnak),是一座建筑形式较为普通的埃及神庙。在这座神庙中建有庭院、柱廊、厅堂、塔门和僧侣们的居室。在庙

图1-4-11 阿蒙神庙柱廊大厅:这座大厅借由中部柱式和柱子高度的变化,形成高敞的中厅与相对高度较低的侧厅,与古罗马的巴西利卡式大厅形式非常相像。

外大道的两侧分别排列着狮身像，沿着大道向前有一个带方尖碑的塔门，塔门的中间也就是神庙的入口处，人们可以通过此入口进出神庙。从入口处进入即来到了一个三面有双排柱廊的宽敞露天院落。再向前走就来到了连柱厅，在连柱厅的后方依次还建有圣殿和小型的带柱厅堂。

卢克索神庙区相对于卡纳克神庙区规模较小，但建筑保存相对完好。卢克索神庙区更靠近尼罗河，它被认为是太阳神的圣婚之所，因此许多卡纳克神庙区举行的大型祭祀活动都来到卢克索神庙区举行，作为其重要的一项活动内容。卢克索神庙现

图1-4-12 神庙结构剖视图：神庙空间越向内越小，尤其以供奉圣物的祭室最为封闭。在祭室后部还通常设置有几间存放供奉物的仓库。

今遗存的建筑大多是由阿蒙霍特普三世(Amenhotep III)主持修造的，其神庙的基本形制也遵循了卡纳克神庙的固定模式，由带有方尖碑的塔门、柱廊院、大柱厅与圣堂所构成。

除地面上兴建的神庙建筑之外，新王国时期还出现了一种直接凿建在岩壁上的岩庙形式，其中以大约建造于公元前1301年的阿布-辛贝尔神庙(Temple of Abu-Simbel)为代表。阿布-辛贝尔神庙分为献给法老拉美西斯二世及其王后的一大一小两座神庙，分别凿建在两座相隔不远的岩壁上。两座神庙的布局相似，都是由门前巨像、内部轴线对称但逐渐封闭的系列空间和轴线外的一些附属空间构成，只是拉美西斯二世的神庙规模较大。

图1-4-13 阿布-辛贝尔神庙大庙：这座神庙以巨大的雕刻和精准的定位而著称于世。立面中的雕像尺度被扩大，成为立面的主体构成部分。右图为阿布-辛贝尔大庙平面图：内部空间遵照地面神庙建筑的空间设置特色，越向内越隐秘，储藏空间则受岩壁的限制，被设置在主轴之外。

大神庙开凿在一块巨大的岩石表面，立面由四尊20多米高的巨像与中部的入口构成，岩庙内部建有一个高9米的主殿，它的屋顶由两排雕刻成俄赛里斯神像(Osiris)的柱子支撑起来。主殿之后是逐渐缩小的后殿及圣堂，这三个空间构成完整的轴线空间，圣堂中放着四尊神像。每年2月和10月，都会有两天，太阳穿过层层大门，逐一照亮其中的三尊神像，而永远坐落在黑暗中的则正是代表冥府的神灵。

23

三、城市建筑

新王国时期法老的宫殿建筑大多像神庙那样留下残址。但可以肯定的是，此时的宫殿建筑已经脱离了与神庙合为一体的建筑形式，逐渐发展为轴线对称的独立建筑群。它不仅有柱廊和柱厅构成的主轴线，还有与主轴线垂直的多条辅助轴线，用以安置各种不同功能的建筑空间。

与宫殿建筑相比，城市中的一些大型住宅建筑留下较为清晰的建筑布局。在短暂兴盛的首都阿玛尔纳（Tel-el-Amarna）城，有一些大型贵族府邸的遗迹。这些府邸通常可以分成三个部分。

第一部分：在建筑中央是一个有柱子的大厅，在大厅的旁边围绕着附属性的房间，且这些房间的门均朝向中央的大厅，位于中央大厅的南面是供妇女和儿童们居住的房间；北面设置一间可以直达院子的大房间。在一些建筑规模较大的府邸中，除了中央及南北两面建造的房间外，还在西面建有一间带柱子的大厅。

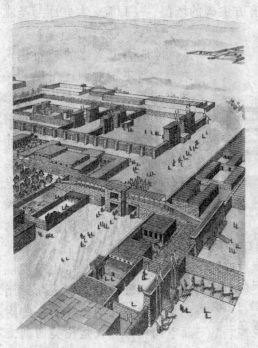 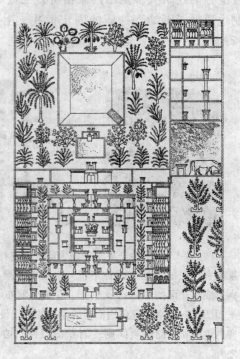

图1-4-14 阿玛尔纳城想象复原：阿玛尔纳城是由法老支持而被迅速建立起来，又在法老死后被迅速遗弃的城市。由宫殿、神庙建筑为主形成的中心区，显示出很强的统一规划性。

图1-4-15 古埃及壁画中的大型庄园：从壁画和遗址复原图中，可以看到这种大型庄园的两大基本建筑特色，即建筑与花园两部分明确分开，建筑内部以层叠嵌套的柱厅院落为主。

第二部分：除了这些供主人居住的房间外，在府邸中还建有供仆人们居住的居室及贮藏粮食的谷仓、浴室、厕所、厨房及牲畜棚等一些小型的附属建筑。为了显示主次有别的地位等级关系，这些附属性建筑的地面均比主人们居住房间的地面低一米左右。

第三部分：在这些府邸中通常还建有大型的鱼塘、菜地及花园、果林等。其中果林和菜地可以为主人们提供多样的食品，花园和鱼塘则可以为主人们作观赏娱乐之用。

这一时期的府邸建筑中还出现了一种多层楼的建筑形式，这种多层楼的府邸大多是以木质结构为主的建筑。它的墙垣是用土坯所建造，房屋为平屋顶的设计，在它的上面还建有可以供人们夜晚乘凉的晒台。

第五节　异质化的古埃及后期建筑

一、外族统治下的埃及

古埃及虽然地处非洲，但在地理上通过北部的地中海与东部的红海及欧洲南部，尤其是古希腊(Ancient Greece)文明区和亚洲文明区毗邻。古希腊文明区在公元前8世纪之后逐渐形成了奴隶制城邦(City-State)的政体形式，虽然各城邦间也时有战争，但多数情况下各城邦处于相对和平的发展状态。虽然希腊各城邦先后受到波斯人(Persians)和斯巴达人(Spartans)的统治，也在公元前4世纪之后逐渐落入希腊本土北部马其顿人(Macedonians)的统治之下，但各城邦内部是相对安定和协调的。在这种安定的社会条件下，古希腊人不仅在哲学、数学、戏剧等文化艺术方面取得了较高的成就，也创造出了诸如古希腊卫城(Acropolis)这样的辉煌建筑成就。

马其顿-希腊最著名的统治者亚历山大大帝(Alexander the Great)在公元前336年继位之后，继续其对亚、欧、非三大洲的征战。公元前332年古埃及被亚历山大大帝征服之后，古埃及帝国结束了波斯人

图 1-5-1　菲莱岛建筑遗址：菲莱岛位于古埃及疆域边缘，因此这里的建筑风格最早受努比亚建筑风格影响，此后又引入了古希腊-罗马风格，呈现出很强的混合风格特色。

的统治历史，又迎来了古希腊的统治者。公元前331年，建立在尼罗河入海口三角洲地区的新城亚历山大里亚(Alexandria)初步建成，这座城市完全按照古希腊城市传统兴建，不仅吸引了众多古希腊学者前来，还以丰富的古代典籍收藏而著称，一度成为古希腊文明发展的中心。而在古希腊人的统治之后，古埃及此后又被强大的罗马帝国(Roman Empire)纳入版图，成为罗马帝国的一个行省(Roman Province)。

二、古埃及后期建筑发展

虽然古埃及后期的异族统治者大都继续尊重古埃及原有的宗教神学统治系统,并继续修补和增建古埃及传统神庙建筑,但同时也带来了一些本地区之外的建筑特色。在这种背景之下,古埃及后期的神庙建筑开始呈现出异质化风格发展倾向。

在公元前305年至公元前30年,是希腊罗马式建筑在埃及发展的鼎盛时期。比如在伊德富(Edfu)地区供奉着鹰神何露斯的神庙(The Temple of Horus),就是一座最为完整的希腊罗马式建筑,这座建筑前后大约共建造了180年的时间。另外一处重要的异质化建筑遗迹,是位于菲莱岛(Philae Island)上的伊希斯神庙(The Temple of Isis)建筑群。由于对伊希斯女神的崇拜在古罗马时期也依然十分盛行,作为伊希斯圣地的菲莱岛上的伊希斯神庙,也显示出很强的罗马建筑特色。

古埃及建筑在被亚历山大大帝征服后的异质化发展,也是古埃及文明传统衰落的标志。

图1-5-2 航标灯塔:希腊统治者在亚历山大里亚城兴建的灯塔,大约在公元前281年到公元640年都在为海上的船只提供导航服务,因其规模庞大和塔身高大而著称,此后传闻因海水上涨而沉入海底。

图1-5-3 亚历山大里亚城想象复原:这座位于古埃及尼罗河入海口三角洲地区的城市,是古希腊人建造起来的,因此在布局和总体建筑设置上都显示出很强的古希腊特色。

古埃及建筑在几千年的发展过程中,体现出以神学体系和陵庙、祭祀的建筑为主的极为独特的建筑发展模式。尼罗河上游丰富的石材资源和便捷的水运条件,是古埃及时期营造大规模宏伟石造建筑群的保障。金字塔和神庙是古埃及建筑的两大突出代表,早期金字塔的建造使古埃及获得了营建大规模石质建筑的相关经验，而后期神庙建筑群的兴建，则使古埃及建筑形成其最终的特色。

总　　结

由于古埃及建筑主要采用梁柱结构，尤其是为了支撑建筑顶部厚厚的石板屋顶，建筑底部的支柱排列更是密集。在这种建筑形式的室内，几乎没有什么宽敞的空间可供使用，而且室内的照明完全来自于顶部开设的高侧窗，因此内部也十分昏暗。然而即使是这样，神庙中的每根柱子、墙壁却都布满了各种雕刻或彩绘的装饰，甚至在神庙建筑最内侧完全黑暗的圣室中，也都有大面积精美的壁画。可以看到，古埃及人在神庙建筑所做的装饰并不全是为了给人看，而是一种与神的交流方式，因此这些壁画的设计与制作就更加讲究和用心。从原始时期建筑中用草绳捆扎的纸莎草支柱到后期古埃及神庙中雕刻精美的巨大石柱，古埃及以梁柱系统为主的建筑体系逐渐发展成熟，并形成了初步的柱式(Order)使用规则。

古埃及人已经初步掌握了视觉平衡的原理，因此柱子大多是向上逐渐收拢的形式。柱子的形象一般经过雕刻装饰，尤其以柱头的形象最为多变。装饰柱子的图案主要以古埃及特有的植物为主，其中最常见的是纸莎草与莲花的形象，因为纸莎草与莲花分别是上、下埃及的代表。除了这两种标志性的植物图案之外，以棕榈树等植物图案和法老、神灵的雕像为主进行装饰的柱头，和具有花边、象形文字与各种标志装饰的柱身，已经和不同柱础(Base)、柱顶盘(Abacus)等形成相对固定的多种柱式，并具有各不相同的隐含象征意义，因此形成了按照建筑的不同功能、性质设置不同柱式的建筑规则。

除了建筑构件及细部装饰以外，古埃及人还开始注意对建筑内部空间氛围的设置与营造。无论是早期金字塔建筑封闭、狭窄的墓室，还是后期庞大神庙聚落中轴线明确但层层缩减的空间形式，都显示出设计者对使用功能以外的空间的深入认识，设计者对人心理感应影响的重视和精心的设计，才创造出古埃及建筑这样辉煌的成就。古埃及文明虽然在此后的发展中被伊斯兰(Islam)文明所取代，其发展戛然而止，但因其独特的地理位置和曾经长时间地被古希腊、罗马人所统治等原因，却对后来的古希腊建筑、古罗马建筑这两大西方建筑文明的起源产生了极大的影响。

古埃及建筑主要由柱子和横梁结构支撑，而且已经形成柱式的初级形式，在组成上不仅有柱础、柱身和柱头之分，而且各部分都具有不同的样式变化和装饰规则。在柱式的各组成部分中，又以柱头的样式变化最为多样，已经出现了按照建筑不同的使用功能来区别使用不同样式的柱头的规则。通过遗存到现在的古埃及金字塔、神庙等建筑可以看出，古埃及人不仅在大型石材的开凿、运输、结构设计、定位和施工等方面具有很高的技术水平，在建筑空间氛围的营造、雕刻装饰的象征意义等的处理手法上，也已经在结合传统神学思想的基础上，具有了较高的艺术水准。

古埃及建筑是世界建筑史上的第一批奇迹，不仅是因为这些建筑的规模庞大，其蕴含的复杂、精确的工艺至今仍令人们无法破解,还因为这些古代建筑一直被保存到了今天,这在古代几大文明中是较为罕见的。人们现在看到的一些古埃及时期的建筑依然保存完好,这一方面得益于所选材料的优良质地,另一方面则是得益于埃及的天气情况。埃及尼罗河中上游山谷中的石料资源十分丰富而且建筑石材质地坚硬,其中以中部出产的沙石、南部出产的正长石和花岗石、北部出产的石灰石最为著名。埃及的日照时间很长,天气十分炎热,但年平均气温变化幅度不大,由于没有风霜雨雪的腐蚀和温度巨变造成的热胀冷缩对于建筑材料的摧毁,故而古建筑能够保存得很好。

  古埃及时期大型石构建筑在建筑结构、布局和柱式体系等方面形成的宝贵经验,通过其北方征服者传播到地中海另一端的古希腊和古罗马,对此后古希腊和古罗马文明所取得的辉煌建筑成就具有很重要的影响。因此可以说,古埃及建筑不仅是古代建筑文明的重要组成部分,也是开启欧洲古代建筑文明发展的主要源头。

第二章 古亚洲及南美洲建筑

第一节 古代西亚建筑

一、历史背景与社会概况

古老的美索布达米亚(Mesoptamia)文明也被称为两河文明,几乎是古代西亚文明的代名词。美索布达米亚这一名称的英文词来源于希腊语,在希腊语中是"两河之间"的意思,它位于亚洲西部伊朗高原的边缘与阿拉伯半岛之间,以今天的伊拉克地区为主,还可包括叙利亚和巴勒斯坦地区。美索布达米亚地区正位于亚、欧、非三大洲的边缘地区,这一地区在东北和东南分别与里海和波斯湾临近,西南虽然远隔阿拉伯半岛与地中

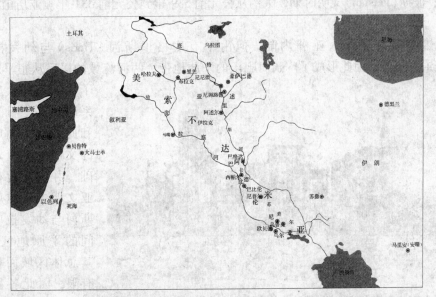

图 2-1-1 美索布达米亚地理位置图:位于高原与群山环绕的美索布达米亚文明,是在两河冲积平原上发展的文明,由于文明发展区域有限,也造成了两河流域文明互有渗透和借鉴的发展特色。

海和红海相邻,但通过西奈半岛(Sinai Peninsula)的陆上通道与古埃及文明区相通,在西北部则通过黑海边缘与欧洲大陆相望。

以美索布达米亚地区为中心的两河流域,是人类最重要的文明发源地之一。这里不仅是犹太教(Judaism)、基督教(Christianity)和伊斯兰教(Islam)产生的摇篮,也是地球上最早形成城市和文明高度发展的地方。在欧、亚、非三大洲的各种文明中,都可以看到与美索布达米亚文明的联系,古老的美索布达米亚文明,是世界文明发展的重要源头。

西亚的美索布达米亚文明,按照文明发展的时间顺序可以分为四个高潮时期:苏美尔(Sumerian)文明时期,大约从公元前3000年到公元前1250年;亚述(Assyrian)文明时期,大约从公元前1250年到

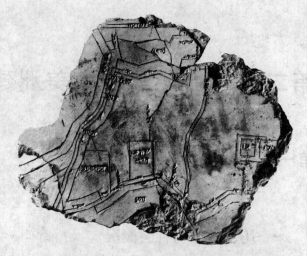

图 2-1-2　泥板上的地图:这块两河流域早期文明时期的泥板,明显是一幅残缺的地图。人们由此推测,两河流域早期文明时期可能已经存在发达的商贸活动和比较固定的商贸路线。

公元前612年;新巴比伦(New-Babylonian)文明时期,大约从公元前612年到公元前539年;波斯(Persian)文明时期,大约从公元前539年到公元前331年被亚历山大大帝征服。

虽然两河流域深入亚洲内陆,但由于有底格里斯河(Tigris)与幼发拉底河(Euphrates)流经,因此形成了广阔而肥沃的平原地带,两河流域的居民从很早就建成了大面积的人工灌溉系统,为文明的发展和此后取得高度成就的文明发展奠定了基础。由于美索布达米亚文明主要在底格里斯河与幼发拉底河之间的平原地区发展,其总体区域面积十分有限,因此各种文明不仅在时间上是并列和前后相继的关系,在文明的发展上也表

图 2-1-3　大流士一世宫殿遗址:从大流士一世的宫殿遗址中,可以明显看到来自古埃及神庙建筑的样式,说明当时两河流域文明已经有较为发达和深入的对外交流活动。

现出很强的联系性。

这种联系性尤其在建筑传统和总体结构特色、一些细部做法及装饰图案与样式等方面，表现得相当突出，而且越到后期，这种通过建筑所表现出的文化融合现象也越明显。除了本地区各文明之间的联系之外，也是由于地理上的便利性，使得两河流域的古代文明与古埃及和欧洲古代文明有不同程度的联系，这种联系在建筑领域同样表现得相当突出。

比如在地中海沿岸地区，不仅将古希腊、古罗马和古埃及三地区的建筑历史联系起来，还使两河流域和其他西亚地区的古代建筑发展与埃及和欧洲的古代建筑发展产生了交集。

二、建筑特色概况

从大约公元前8000年开始，美索布达米亚地区就已经形成了有组织的村落和一定的文明基础，而且在史前时期似乎还与同时期发展起来的古埃及文明有所联系。

美索布达米亚地区也同古埃及一样，兴起了砌筑的金字塔式高台的纪念建筑，所不同的是这一地区的高台不像古埃及金字塔那样形成规整的正锥体，而是以同样庞大的梯形形体示人。由于这一文明区主要位于干旱和广袤的内陆地区，因此形成了与古埃及石砌文明所不同的泥砖文明。但另一方面，人们可以从古埃及早期大型的马斯塔巴建筑和西亚地区庞大的山岳台（Ziggurat）这两种建筑中找到某种共同点，即利用泥砖砌筑的、高高叠起的建筑，来作为一种表达崇高敬意的方式。

两河流域文明区所处的美索布达米亚平原区，既没有大片的森林，也没有陡峭的山谷，有的只是河流冲积而来的大量黏土，因此建筑材料也主要以黏土为主。黏土最普遍的应用方法是用模具制作成统一规格的泥砖，晒干或烤干的泥砖再被广泛地用于建造房屋、山岳台、城墙或铺设地面。而且此地区蕴含的丰富石油资源此时已经被人们所利用，人们将沥青与泥砖相结合建造房屋，使房屋结构更坚固，还把沥青铺设在路上或屋顶上用来防水。石材和木材的应用量相对较少，而且大多是从远方运来的，其中石材主要被作为建筑基础或大片浮雕的装饰面板，而木材则被作为支撑柱、屋顶梁架、门框和窗框等使用。

图2-1-4 乌尔纳姆石碑：在这座乌尔纳姆出土的石碑上，明显表现了人们登上高台祭拜的情景，也印证了人们关于山岳台主要作为祭祀场所的猜测。

两河流域文明在其发展的四个时期，其建筑均各自具有独立的建筑特色。苏美尔文明发展的时间较早，主要以高台式祭祀建筑为主要代表；亚述时期庞大的宫殿建筑中，以大量装饰性的浮雕装饰为特色；新巴比伦则以蓝色为主的彩色上釉瓷砖贴饰的巨大城门而广为人知；而波斯帝国则以饰有双牛头柱廊支撑的百柱大厅为突出建筑成就，而且令人不可思议的是这座大厅还曾经满饰以绚烂的色彩装饰。

图2-1-5 空中花园想象图：空中花园是古代几大建筑奇迹中最具有神秘性的建筑，因此引得各个时期的人们提出了许多关于空中花园的设想。

古西亚文明发展的时间与古埃及文明的主体部分发展大致是同步的，但不同的是西亚文明在建筑方面所表现出的前瞻性。因为在苏美尔文明时期以泥砖砌筑的梯形塔式高台建传统与古埃及的金字塔建筑特征十分相像；亚述和新巴比伦文明中所出现的大型拱券和釉面砖贴饰的建筑特色，以及事先规划的整齐城市，则与古罗马时期的建筑特征十分相似；而在波斯文明时期诞生的百柱大厅，则明显与古希腊文明时期的列柱神庙一样，在梁柱建筑结构系统方面进行了深入的探索。

图2-1-6 亚述宫殿入口处的釉面砖：大量保存完好的彩色釉面砖，向人们展示了当时高超的制砖工艺水平和较为真实的风土人情。

古西亚地区因为地理上的关系，从很早起就与埃及和欧洲古代建筑文明发源地区产生了密切的关联，这些在古西亚建筑与欧洲古代建筑中所出现的共同点，并不能确切地说明两地建筑文明的延续性或师承性，但在表明两地建筑发展关联性方面的作用却是肯定的。

三、苏美尔文明建筑

直到今天，关于苏美尔人的确切来源问题仍旧是一个谜困扰着人们，人们对这支两河流域最早文明的创造族系的起源一无所知。目前人们所知的，就是苏美尔人可能在公元前4500年就已经存在了，而且他们在古埃及美尼斯王统一上下埃及的公元前3100年左右，也已经形成了统治阶级明确的国家，当时的人们已经拥有发达的贸易活动，而且发明了最早的楔形文字。

作为西亚美索布达米亚地区最古老的文明，苏美尔文明时期的建筑绝大部分都已经没有踪迹可寻，但当时所建的大型祭祀神庙却留存了下来。建造高大的梯形基台或称山岳台的建筑作为祭祀建筑的做法，在埃及、美洲、中国等古文明时期都曾经有过。在世界各地的早期文明之中，人们都有以天为最高神灵的共同信仰特征，这可能是从原始时期所遗留下来的自然崇拜的产物，因此人们建造高高的建筑，以求尽量贴近神灵。

图 2-1-7　带楔形文字的石碑：苏美尔人发明的楔形文字，是两河流域文明时期最早出现的文字形式。随着大量雕刻有楔形文字的泥板和石碑的发现，为人们了解两河流域古代文明提供了钥匙。

苏美尔人最早的高台祭祀建筑是大约建于公元前3000年左右的白庙（White Temple）。这座位于乌鲁克（Uruk）地区（今伊拉克境内）的建筑，完全采用泥砖砌筑，显示出与古埃及和欧洲石结构建筑所不同的极强的地区化特色。与古埃及将高大的台基式建筑金字塔作为陵墓，而且建在远离人群的基址所不同的是，处于城邦发展阶段的苏美尔人的聚居区，往往以这种高大的塔庙及其附属建筑为中心建造宫殿和民居等其他类型的建筑，而且其他建筑类型的营造不那么被重视，因此少有建筑遗存。

除了普通建筑之外，与早期文明的许多石建筑被彻底损毁所不同的是，西亚古文明中这种采用最普通的泥砖材料砌筑的塔庙建筑却遗存了下来，这与西亚地区干旱少雨和较少居民与战乱破坏的历史背景有关。

乌鲁克的这座高台基的神庙建筑因为在泥砖外墙上涂刷了一层白色的石灰防护层而得到了白庙的称号。白庙建在泥土砌筑的约12米高的梯形台基之上，这个台基的内部采用夯土形式，外墙则用泥砖砌筑成向内收缩的墙面。整座高台的四个角分别朝向四个方位，而顶部的神庙入口则朝向西南。从底部向上延伸出向上的阶梯，但这个阶梯并

图 2-1-8　乌尔圣区及城市想象复原：位于美索布达米亚平原南部的乌尔城，曾经在很长时期内都是两河流域的文明中心，也是人类文明最早建立的城市之一。

图2-1-9 乌鲁克白庙遗址现状：乌鲁克白庙位于整个城市的中心祭祀区，是祭祀区多座祭祀建筑中的一个组成部分。

不像古埃及和其他的高层建筑那样是通直的，而是呈折线形，在转折了几次之后到达白庙的顶端。白庙上部有多间神殿建筑，这些神殿建筑内部空间不大，这说明苏美尔人在这座高台神庙中的祭祀活动可能不是公共活动，而是只供少数祭司和统治者使用，也是其特权的体现之一。

此时期的建筑上很少有装饰，人们只在塔庙基底的遗存建筑中发现了一种类似马赛克的花纹墙面，这种墙面是由不同颜色的泥条垒砌的，这种垒砌墙体的泥条是细长的圆锥体形式并在大的底部一端染色，在砌筑墙面时采用锥体与填充料相混合的形式按照不同色彩叠砌，锥体的尖部插入墙体，底部朝外，许多个锥体底部的彩色截面构成统一的图案，最后就形成了由圆形色点所组成的彩色墙体形式。

除了乌鲁克白庙之外，另外一座遗存下来的高台式建筑是晚于白庙1000年的乌尔纳姆山岳台（Ziggurat of Urnammu）。这座山岳台上的神庙已经遭损毁而消失了，只留下高大的台基。这座平面为四边形的台基高度在15米以上，内部采用夯土泥砖填实，外部则采用焙干泥砖与一种类似沥青的物质混合砌筑。乌尔纳姆山岳台的表面较白庙要成熟得多，其四面墙体不仅向上逐渐内缩，而且每隔一定距离还出现了突出的扶垛墙体形式。

通向山岳台的坡道式阶梯不是一条，而是三条，它们设置在同一立面上，一条位于立面正中与建筑垂直，另外两条在中央梯道的两边，顺着山岳台的墙体设置。在这三条坡道的上层汇合处，是直接修建神庙，还是另外又修建了多层台基，并通过另外的梯道通向顶部的神庙，因为建筑上部已毁，因此成了永远的谜团。

图2-1-10 由锥形泥条砌筑的柱子和墙面：这种以锥形泥条砌筑的柱子和墙面上的图案，主要有"之"字、"人"字和菱形块三种，色彩则以黑、红、黄三色为主。

图2-1-11 乌尔纳姆山岳台：外层包有烧制砖墙体的乌尔纳姆山岳台，是两河流域保存最为完好的山岳台建筑。

四、亚述文明建筑

在苏美尔人之后短暂兴起的是古巴比伦王朝。古巴比伦人可能是来自阿拉伯半岛上的游牧民族,但发展到公元前1792年左右进入汉谟拉比(Hammnrabi)国王的统治时期之后,却已经成为具有高度秩序性的强盛国家。但由于对古巴比伦文明遗址的发掘有限,因此现在除了一部刻在石碑上的汉谟拉比法典(The Code of Hammnrabi)之外,几乎没有什么文化遗迹留存下来,而且古巴比伦王朝在汉谟拉比去世后很快就被亚述人所取代了。

但古巴比伦人却给后人留下了一个最大的建筑谜团,那就是传说中的巴别塔(Babel Tower)。关于通天的巴别塔的传说存在多种版本,这些传说向人们介绍了古巴比伦城里曾经建造过的一座巨型大塔式的建筑。可以肯定的是,巴别塔的传说肯定与本地有建造高台式祭祀建筑的传统有关。一些考古专家曾经列出了几座可能是传说中的巴别塔的高台建筑遗址,但传说中的巴别塔是否真的存在过,以及巴别塔的确切用途,却直到现在还没有定论。

图 2-1-12 汉谟拉比跪像:汉谟拉比统治时期,是古巴比伦帝国最为强盛的发展时期,但由于此后帝国灭亡,也使古巴比伦的建筑被大规模地拆毁,成为最具传奇性和神秘性的古代文明。

图 2-1-13 尼尼微亚述巴尼拔宫浮雕:这块浮雕表现了英勇的亚述军队对外征讨的情景。战争场景也是亚述宫殿建筑中最常见的浮雕装饰题材。

古巴比伦的历史非常短暂,在大约经过400年的文明发展之后,就被亚述人(Assyrians)所取代。亚述人早在公元前3000年就已经建立城邦体制的国家,虽然其间也曾经有过短暂的强盛并脱离了被统治的地位,但在其发展的早期,大部分时间都臣服于苏美尔人和古巴比伦人的统治之下。一直到公元前14世纪中期,亚述人才逐渐强大起来,逐渐成为统领整个西亚的霸主。亚述人不再将敬神的塔庙作为其主要建筑,而是更重视人们的真实需要,因此人群聚集的城市和王室的宫殿建筑成为此时的建筑主体。在亚述帝国600多年的发展史中,先后出现了三个具有大城市遗址的区域,它们是尼姆鲁德(Nimrud)、尼尼微(Nineveh)和豪萨巴德(Khorsabad)。

在这三个地区发现的城市与宫殿建筑群中,反映出亚述时期建筑上的一些共同的特色。首先,从不同时期形成的城市中都可以看到,整个城市有城墙围绕,而且城中的建筑密集,拥有高台的塔庙已经不再像乌尔城那样位于城市中心,亚述人城市中的塔庙规模大大缩小,并且作为皇宫的一部分与皇宫一

图2-1-14 豪萨巴德城想象复原:这座在尼尼微附近修建的新都城虽然并未完全建成就已经停工,但带有高大宫殿的内城却已经建造完毕,因此城中保留着高大的建筑和大量精美的装饰。

图2-1-15 尼姆鲁德宫大门上的浮雕:尼姆鲁德宫是整体保存相对完好的亚述宫殿建筑群,因此从这里出土的各种浮雕壁画、雕像以及各种艺术品的数量也较多。

起坐落在城市的一侧。其次,城市中的皇宫都另外有一圈城墙围合,形成相对独立的建筑群。最后,各个时期的宫殿建筑中都发现有浮雕装饰,而且这些浮雕主要由记叙性的场景和文字所组成,为后来的人们了解当时的建筑与社会状况提供了重要的参考。相同装饰题材在不同时期建筑中的反复出现,还形象地为人们勾勒出了一条亚述建筑雕刻的发展轨迹图。

最具代表性的亚述时期的建筑是萨尔贡二世城堡(Citadel of Sargon II)。这座占地约2.6平方公里的城市已经形成规整的形象特征,城市的平面为长方形,由高而厚的城墙围合,而且城墙每隔一段距离都设突出的塔楼。在四个方向的城墙上都对称地设置了两座城门,除了后部被宫殿占据的一座城门外,其他7座城门都是公众可以使用的。

位于城市中后部的王宫建在一处被抬高的基址上,并另有一圈内城墙围合以便与城市中的其他建筑分开。在王宫内部的建筑主要以围绕庭院布局为主要营造形式,并由庭院将会客、居住等不同功能的空间分开。带螺旋形坡道的高塔式神庙为主的祭祀区位于王宫的一角,除了主体神庙之外还包括一些供祭祀和供奉的殿堂式建筑。

到亚述文明时期,世俗的城市、宫殿被大规模兴建,而祭祀建筑则变成了宫殿的附属建筑。亚述城市和宫殿中的重要建筑内都大面积地采用生动的浮雕装饰,这种装饰既是高超工艺水平的标志，也是人们逐渐重视建筑观赏性的表现。在诸多种雕刻装饰中，以一种设置在宫殿入口两侧的人首、带有翅膀的公牛形象最具代表性。这种公牛的头部采用圆雕的形式，身体和侧立面则采用高浮雕的形式，而且在正面和侧面共雕刻了 5 条腿，以保证分别从正面和从侧面看公牛时的形象都是完整的。有趣的是，从正面看公牛是昂首站立的姿态，而从侧面看它却正处于行进状态。它象征着亚述人无比的活力与不可战胜的力量。

图 2-1-16 尼姆鲁德宫大厅想象复原：这座大厅目前只有石材砌筑的台基尚存，但人们根据由此出土的彩色釉砖和雕像，推测这座大厅的内部很可能曾经布满色彩斑斓的装饰。

五、新巴比伦文明建筑

在亚述帝国之后是经历短暂兴盛的新巴比伦时期。新巴比伦王国几乎占据了亚述帝国在美索布达米亚的全部领域。而且在建筑领域新巴比伦人也继承了亚述帝国以城市为中心的发展模式，并以空中花园和伊什塔尔门（Ishtar Gate）而闻名世界。空中花园和伊什塔尔门这两项古代文明的建筑杰作都位于尼布甲尼撒二世（Nebuchadnezzar Ⅱ）统治下兴建的新巴比伦城中。

巴比伦王国虽然只经历了 70 多年的发展，但在这 70 多年中以神庙和城市为主的大规模建筑活动一直在延续，因而在建筑设计与布局、建筑结构和装饰等方面都取得了显著的成果。新巴比伦城是在古巴比伦城的基础上建造的，可以说是世界上第一座经过严格规划了的城市。新城位于幼发拉底河流域，河水穿城而过，这可能是从城市居民用水方面来考虑的。整个城市由长方形平面的内城与河东岸三角形平面的城墙围合的外城两部分构成，王室的宫殿区和主祭祀区位于幼发拉底河东岸，又另外由城墙围合，城墙上每隔一段距离设置一座观望塔楼，总数约有 360 座。整个内城城中的主要道路以 9 座

图 2-1-17 新巴比伦城想象复原：新巴比伦城内的建筑多采用泥砖砌筑而成，城内以规模庞大的宫殿、神庙著称，其中最著名的是用彩釉砖贴面装饰的伊什塔尔城门和巡游大道。

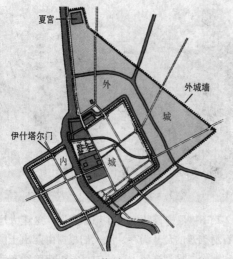

图 2-1-18 新巴比伦城地形图：幼发拉底河从新巴比伦城中穿过，解决了城市居民饮水和对外交通等问题。因此宫殿和神庙区也靠河而建，而不是设置在城市的中心位置。

城门为起点，在城内形成类似网格形的主道路网，著名的伊什塔尔门就是内城城门中的一座。

伊什塔尔门实际上是新巴比伦城东岸城市的北门，它通过城市中连通南北的一条被称为游行大道的通道与城市南部的大门相通。伊什塔尔门的城门，以及城市中与大门相对应的一条可能用于祭典的街道的墙面上，都镶嵌着一种十分漂亮的蓝色彩釉砖，在蓝色的背景之上是由白色彩釉砖和黄色彩釉砖所组成的狮、熊及各种动物图案。

除了伊什塔尔门之外，新巴比伦城最著名的建筑就是传说中的空中花园。根据传说中的描述，空中花园应该是建在高台基上的一处自然景观花园。而要让高台基式建筑上长满高大的树木和被各种植物覆盖，还必须有发达的灌溉系统以保证这个花园的繁茂。关于空中花园的传闻是使美索布达米亚文明如此著名的重要原因，但这座花园究竟是宫殿中真正的花园，还是像早期苏美尔人那样的高台祭祀建筑，以及这座花园的具体位置在哪，至今都在学界存在争议。

图 2-1-19 有神牛形象的彩色釉砖：新巴比伦城中保存相对完好且最具观赏性的，就是这些带有神化动物形象的彩色釉砖。不同形象的动物是供奉给不同神祇的圣物，人们希望由此得到神的护佑。

图 2-1-20 新巴比伦城遗址：新巴比伦城遗留了大量泥砖砌筑的墙体，部分城市布局也依然存在，因此在现代人的修复之下，一些城市建筑区域已经被重建起来。

新巴比伦王国的发展时间相较于此前的其他文明要短得多，但却在吸取前人技术与经验的基础上创造出了辉煌的建筑成就。关于新巴比伦城的空中花园、巴别塔等一系列建筑问题，到现在还未被人们所真正了解，因此这也为新巴比伦建筑文明的发展蒙上了一层神秘的面纱。

六、波斯文明建筑

创造了庞大城市和辉煌文明成就的新巴比伦王朝实际上在历史上存在的时间很短，只经历了70多年的发展期就被强大的波斯帝国（Persian）征服。"波斯人"是古希腊人对居住在今伊朗高原地区居民的称谓。波斯文明从很早就处于美索布达米亚地区的统治之下，因此其建筑明显趋向两河流域的风格。

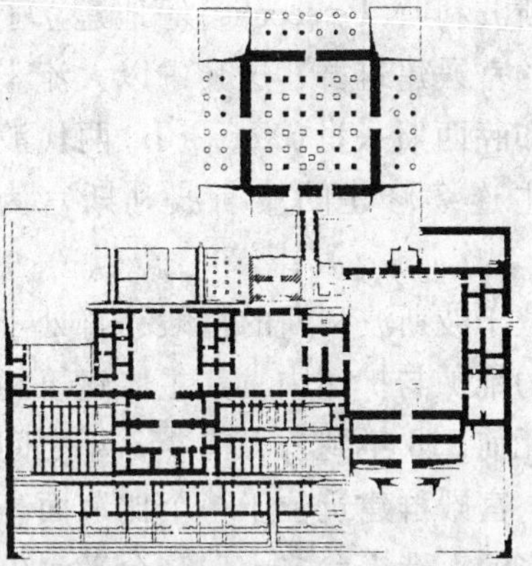

波斯在公元前539年攻克巴比伦王朝之前，就已经是占据在伊朗高原的国力雄厚的国家了，而且在公元前546年还攻克了希腊城邦，此后波斯帝国在居鲁士（Cyrus of Persia）和大流士一世（Darius Ⅰ）的统治之下，逐渐发展成为拥有地跨亚、欧、非三大洲领土的大帝国。

图2-1-21 苏萨大流士宫殿平面：苏萨宫殿是大流士皇帝早期兴建的一座大型宫殿建筑，为此后宫殿建筑的平面设置提供了布局方面的经验，以集中多个地区的混合建筑风格而著称。

严格地从地理分划上看，波斯帝国并不完全属于两河流域文明的范围，但由于长期受美索布达米亚的统治，以及此后波斯帝国对埃及和希腊等地区的征战，使波斯的建筑发展呈现出很强的混合特色。波斯建筑主要建造于公元前6世纪至公元前4世纪，在这一时期的建筑中不但汲取了埃及帝国、亚述帝国和巴比伦帝国所有的城市和建筑风格，还将不同文明建筑中的装饰和标志性形象运用于建筑的装饰之中。

波斯人的代表性建筑是供帝国君主居住的宫殿，这些宫殿往往建在古代苏美尔山岳台式的高大台基之上，其建筑外部也有坚固的城墙围合。波斯宫殿的内部以来自希腊的柱廊形式为主，在宫殿的入口处遵循着亚述人的传统，要在大门两边雕刻那种带双翼的人首牛身（Lamassu）形象。

图2-1-22 波斯波利斯宫遗址：波斯波利斯宫虽然建在平原区，但整个宫殿都被建在一个巨大的石砌平台之上，因此显现出高大、雄伟的气势。

波斯人的宫殿虽然是吸取了各古文明地区的建筑特色之后建成的，但波斯人并不是生硬地将这些建筑元素组合在一起，而是将这些建筑特点进行有效地调和与重组,因此最终形成了鲜明的波斯建筑特色,创造了形式更为自由、装饰更为精美的新建筑类型。强大的波斯帝国先后在帕萨加德(Pasargadae)、苏萨(Susa)和波斯波利斯(Persepolis)等地建立了大型的宫殿建筑群,这其中以大流士一世和薛西斯一世(Xerxes I)两代波斯君主连续修建的波斯波利斯宫为代表。

位于波斯波利斯的宫殿一直处于不断的维护与扩建中,其主体建筑约于公元前518年到公元前463年之间建成。宫殿群建筑位于一个比地面高出很多的人造平台之上,这个平台由石块和天然岩石共同构筑而成,但在各部分的标高略有不同。平台地下部分有预先建造的供水与排水系统,西北面设置宫殿的主入口,这个入口采用顺平台挡土墙面相对设置一对楼梯的形式。从这

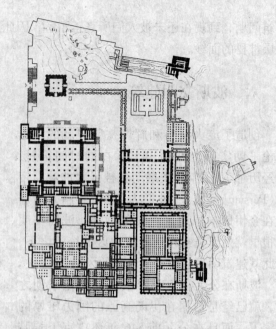

图 2-1-23 波斯波利斯宫平面:整个宫殿建筑以两座正方形平面的柱厅为主,其他附属建筑也都采用梁柱结构,并各自围合出不同规模的庭院。

种顺墙面相对设置楼梯的做法中,很容易看到来自苏美尔人山岳台模式对其的影响,只是波斯宫殿中的这种楼梯坡度较缓,而且具有宽度加大的特点,呈现出了阶梯坡道的形式。

在平台边缘处的挡土墙面处,连同楼梯坡道的挡土墙面上,都密布着浮雕装饰,其内容主要是进贡中的武士和臣民形象。这些散布在宫殿台基和坡道墙壁上的进贡者都有着统一的面部形象和表情,但手持的物品、穿着的服装和动作各不相同。由此人们可以分辨出这些朝贡者有来自周边的亚述人、米底人(Medes)、埃兰人(Elam),还有来自远方的犍陀罗(Gandhara)人、印度人和爱奥尼亚人(Ionians)等。通过这些来自各地区的进贡者的形象,再加上气势恢弘的宫殿残骸,人们可以想象当时波斯帝国的强大,以及万国来拜的壮观场景。

图 2-1-24 上图:进贡浮雕群像:在波斯波利斯宫殿的台基立面上,浮雕着各式朝贡者的形象,从这些人物的不同穿着,可以很清楚地看出他们来自哪些地区。

下图:波斯波利斯宫殿遗址:人们从宫殿的残存的建筑遗址中,看到许多不同地区的建筑做法。

在平台之上建有波斯帝国伟大的建筑——壮观而气势宏伟的宫殿。宫殿建筑中最主要的建筑是两座由列柱支撑的方形平面大型厅堂，它们分别是大流士一世的觐见厅（The Royal Audience Hall）和薛西斯百柱大厅（Hundred-Column Hall）。觐见厅是一座约75米见方的大殿，其内层大约60米见方的主要空间除服务用房外，由36根细高的圆柱支撑。在方形觐见厅的四角各设有一座小的四边形建筑体，而且在方形的三条边上都建有双层柱的柱廊。

图2-1-25 薛西斯百柱大厅想象复原：由于残存的柱厅石柱细而高，因此人们推测百柱厅的屋顶应该是木结构的，柱厅中应该开设有多个天窗，内部较为明亮。

宫殿中另一座最为著名的殿堂是百柱大厅。这座大厅由10×10的列柱矩阵而得名。但这座大厅相对独立，没有在外设辅助建筑，而且也只在一面设置了双排柱廊。这座殿堂内的每一根柱子的高度均为12.2米，大殿的柱廊是由深灰色的大理石所构建的，柱廊外的围墙处满饰浮雕装饰，而且这些浮雕是由上釉砖所构成的，直到现在还带有鲜艳的色彩。在这些宫殿的外墙上还可能开设有窗户，以便为庞大的室内提供自然光照明。

除了这两座方形大厅之外，宫殿中的其他建筑主要位于这两座大厅周围。不同大小的各种建筑空间多是以正方形或长方形平面与列柱支撑的结构形式建成的。整个建筑组群在总体上并没有体现出统一和严谨的对称关系，但在各单体建筑中，无论建筑还是装饰，却往往显示出很强的对称性与轴线性。这种以一座或几座列柱大厅为主体，在主体建筑周围再设置其他建筑的布局特点，也同时体现在其他地区的波斯宫殿建筑中。

以波斯波利斯宫殿为代表的波斯建筑，除了上述的建筑总体造型和布局的这些特点之外，这一时期的建筑构件还呈现出了以下几种特色：首先是柱子大都采用的是一种受古埃及风格影响的样式，柱身上带有凹槽，柱础有时做成覆钟形，有时则采用高柱础的形式，柱头上设置带有牛头、棕榈叶和涡卷形状的雕刻装饰。建筑入口处设置如亚述宫殿中那样的人头牛身兽装饰，墙面也都采用彩色釉面砖装饰。而且在一些建筑的墙面上，甚至还出现了古罗马式的拱券形式。

波斯各地的宫殿中虽然采用来自美索布达米亚各地的装饰主题和形象，但在将这些装饰元素集中到一起时，也形成

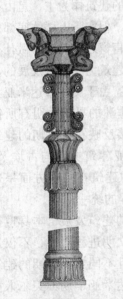

图2-1-26 波斯柱：波斯柱式极具装饰性，而且从柱子本身的形象来看，明显是集中了多个地区的柱式特点而形成的。

了一定的艺术规则。比如在总体构图方面，无论人物、动物还是其他形象都要遵循同一朝向的设置特色，而在较大壁面上设置多排装饰图案时，也通过花边和线脚图案将整个壁面横向平均地分为多层。浮雕壁画中出现的各种形象都是程式化的，有着统一的面部形象、神态和动作，但在细节方面，如发式、服装等方面又存在诸多变化。有一些明显来自于异族的形象，在这里可能也已经形成了较为固定的象征意义，因此反复出

图2-1-27　带双翼的国王神像：这种双翼的形象是来自古埃及神庙中的象征符号，而中部的人像又是纯正的波斯帝王形象，可见这一符号是受古埃及神化符号影响而产生的。

现，比如一种带双翼的圆盘图案，明显是来自古埃及的王室标记，在波斯这仍旧被当做王室标记出现在墙面壁画中，只是中心的圆盘变成了穿戴波斯服装的国王形象。

除了宫殿之外，波斯人还早于古罗马人修建了连接帝国重要城市之间交通的公共道路网，并且在岩壁上修建帝国的岩石墓穴。由于波斯人是从半游牧民族发展而来，因此不像早期的苏美尔人那样热衷于修建大型的祭祀建筑。虽然波斯人信仰一种拜火宗教，但为此而修建的拜火神庙却只是简单砌筑的塔楼式建筑，而且建筑规模也不是很大。此类拜火神庙最常见的是一种独栋的塔楼式祭坛建筑。祭坛建筑多以单一的建筑体为主，是由石材或泥砖砌筑的，平面为正方形的小楼，楼体外部都开设有假窗，但实际上楼体底部是实心的，只有上层才开设有作为祭室的空间。祭坛建筑内外除了盲窗之外几乎不做什么装饰，相比于简朴的宗教祭祀建筑，尤其可见波斯建筑是以世俗建筑为主进行发展的。

美索布达米亚文明是世界人类文明进程中最重要的起源之一。由于美索布达米亚与非洲和欧洲相近的特殊地理位置，使其从很早就已经同欧洲和非洲的早期文明有所接触，而且这种接触也直接反映在各时期的建筑中。但是，美索布达米亚建筑文明与古埃及、古希腊和古罗马等地的建筑在一些方面呈现出的一致性，又不是纯粹的统一。

图2-1-28　波斯祭坛：这种独立的碉楼式波斯祭坛建筑，规模一般较小，而且建筑往往独立建造在一片下沉式的基址当中，与其他文明的那种大型的祭庙建筑在模式上形成强烈对比。

美索布达米亚地区的建筑发展，本身遵循着既有变化又有联系的文明进程规律，不仅地区性特色十分突出，而且不同文明时期的建筑也各具特色。从美索布达米亚早期苏美尔人高高筑起的山岳台，到波斯人同样建在高台基上的宫殿，建筑的发展重点从宗教性建筑向世俗性建筑转变，这也说明了人类自身文明发展在逐渐强大。各个地区和各个时期的建筑在结构、砌筑技艺、装饰方法与样式等方面的联系性都很强，突显了建筑的地区特性。

第二节 古代印度建筑

一、社会概况与早期文明发展

印度位于亚洲南部,这块三角形的大陆因深入海洋之中而成为一个巨大的半岛。半岛北部和东北部的青藏高原、喜马拉雅山和横断山脉,使印度与中国和缅甸在地理上分隔开来,也在很大程度上阻碍了这些地区间经济、文化等方面的联系。印度西北大部分地区也被群山阻隔,但有几处山口成为印度文明对外交流的重要途径,因此古印度文明早期通过中亚大陆桥与两河流域文明有过一定的交流。此后,随着亚历山大大帝对印度的征服,还使古印度文明的发展受到了波斯和希腊文明的一些影响。但总的来说,印度大陆的这种相对封闭的地理环境,是孕育出独立和具有地区特色的印度文明的重要原因,也直接导致了印度古建筑独特魅力的形成。

古印度文明很早就已经取得了较高的建筑成就,其早期被称之为印度河文明时期的建筑成就突出表现在哈拉帕(Harappa)和摩亨佐达罗(Mohenjodaro)两座城市之中。这两座城市大约兴盛于公元前2500年到公元前1700年之间,此后被废弃,但原因至今不明。

图2-2-1 摩亨佐达罗城遗址:摩亨佐达罗城是公元前3000年古印度文明发展的中心区,从规划整齐的城市和公共建筑的建造情况来看,此时已经形成了按照等级和功能对建筑进行分区的规划思想。

在这两座早期的城市建设之中,人们发现了与西亚美索布达米亚,以及非洲古埃及早期文明所不同的建筑发展之路,即在哈拉帕城和摩亨佐达罗城中,用于祭祀的神庙并不是城市建筑的中心和主体,整个城市建筑的世俗生活气息浓郁。

在哈拉帕和摩亨佐达罗城中已经有了严谨的统一布局与规划。这些城市的营造显然事先就经过统一的设计,因为考古人员所发现的包括哈拉帕和摩亨佐达罗在内的此时期的其他几座城市,其城市周长都为5公里左右,而且城市中明显分为地势不等的城区和内城区两个部分。市区的基础设施建筑十分完备,如建有发达的地下排水管网,市区道路以南北和东西方向的棋盘式网格大道为主,建筑和小巷都设置在这个棋盘的网格内。

地势较高处的内城区面积较小,由单独的城堡围合,而且内城与外部市区之间还通过壕沟分隔开来。内城中建有谷仓、公共浴室、作坊和大会议厅等多种功能的建筑,是城市的经济和权力中心。

外城区的民居建筑显然是经过统一规划而建造的,这些建筑和城墙一样,由统一规格的烧制砖砌筑而成,显示出很高的砖工水平。城市中的住宅建筑在体量和占地的规模上显示出贫富的差别,既有多层而且院落相套的大宅,也有泥坯砌筑的简陋小间。

印度早期文明的发展,在公元前1750年左右突然停止而且迅速消失了。关于像哈拉帕和摩亨佐达罗城这样人口繁密的大城市,怎么会如此迅速地消亡,直到现在仍是一个谜,虽然人们提出了疾病、战争、自然灾害等种种假说,但还没有一种假说能令大多数人信服。总之,在印度早期文明神秘地结束大约200年之后,新的文明才逐渐崛起。

图2-2-2 古印度文明时期的城市遗址:古印度早期文明时期的城市建设,不仅具有十分严谨的布局,还有着相当完备的公共设施,图示是贯通城市的排水管道系统。

二、佛教建筑

印度文明以其独特的发展状态和所取得的丰硕成果,在世界文明中占据着一席之地。古印度所占据的南亚大陆有着非常复杂的文明发展关系,这是因为印度历来是一个由诸多民族构成的、民族与文化关系复杂的国家。

总的来说,印度南部主要以土著民族达罗毗荼人(Dravidian)为主,北部主要以雅利安人(Aryans)为主,这两大民族和许多其他少数民族的内部又分成诸多分支,而且随着各民族长时间的混居,又在此基础上形成了更为复杂的民族关系。再加上印度各民族和部落之间又都有着各自不同的语言,这些语言大概包括印欧语系(Indo-European Languages)、达罗毗荼语系(Dravidian Languages)、印度伊朗语系(India-Iran Languages)、汉藏语系(Sino-Tibetan Languages)等几种大的类型,但在不同部落和不同种族之间,这些语系往往又衍生出更多的变化,形成500种左右不同的语言分支。

图2-2-3 雅典娜像:这是公元2世纪末古印度贵霜帝国时期的人物雕塑作品,呈现出古希腊与本土雕塑特色相混合的风格特征。

作为这种民族和语言的多元化发展状态的必然产物,印度的宗教状况也较其他地区要复杂得多,印度本土的宗教以佛教(Buddhism)、印度教(Hinduism)、耆那教

(Jainism)和锡克教(Sikhism)为主,而且即使是同一种宗教在不同地区的分支教派也不尽相同。此后随着外族的入侵又增加了伊斯兰教(Islam)和基督教(Christianity)。这种宗教上诸多教派和教系的分立与民族和地区的分立一起,造成了印度文明长期以来都处于分裂状态发展的特色,产生了极为复杂的多元化发展特征。印度诗人泰戈尔(Tagore)曾经对此发表感慨说,"印度"这个词与其说是一个国家,还不如说是一个地理概念。

但也是由于印度以印度教为主体的发展特点,使得包括佛教在内的诸多本土宗教之间具有天然的联系。这种宗教上的联系性和差异性不仅表现在教义和教理的相似上,还通过建筑更突出地表现了出来。而且印度历史上占据建筑发展历史主流的建筑类型,主要以佛教、印度教与耆那教、伊斯兰教这几大宗教性的建筑类型为主,显示出与混乱的政权更替所不同的发展特色。

图 2-2-4　古印度国王像:从摩亨佐达罗城出土的这尊男像,被认为是一尊国王或祭司雕像,整尊雕像的雕刻手法十分写实,可能反映了当地居民的真实形象。

从公元前 1700 年高度发达的印度河文明突然衰落之后,直到公元前 300 年左右兴起的孔雀帝国(Maurya Dynasty)时期之前,古印度处于吠陀(Vedic)时代。吠陀时期是雅利安人与印度本土的达罗毗荼人在人种和宗教、文化上不断融合的时期,由于这一时期列国纷争、战争不断,因此在建筑上并没有取得太大的成就。此后,在大约公元前 6 世纪左右产生了佛教和耆那教,成为影响印度人精神世界和建筑发展的重要因素。

图 2-2-5　建筑上的雕刻装饰:古印度文明发展的混合性,表现在各种宗教建筑形象的混合方面,图示的雕刻显示出代表佛教的大象与代表印度教的药叉女形象的组合。

2-2-6　华氏城出土的柱头:这座柱头明确显示出波斯和古希腊柱头的样式特征,但在柱头上遍饰雕刻花纹的手法,却是古印度建筑中最为突出的装饰特色。

古印度早期第一个文明发展高潮是约公元前325年建立的孔雀王朝时期，公元前272年到公元前231年左右在位的阿育王（Ashoka），在他统治下的孔雀帝国也是发展最强盛的时期。这一王朝使印度建筑文明在印度河、恒河流域都得到很大发展。这时期产生了规模庞大的城市，以帝国的都城华氏城（Pataliputra）为代表。据说华氏城的城墙上有64座城门和570座望敌塔楼。尽管华氏城古迹损毁严重，人们已经不能再现华氏城的原来面貌，但从当地的一些建筑遗迹和出土的一些建筑构件来看，当时的古印度文明显然受到了波斯和希腊文明的影响。

除了城市之外，因为阿育王皈依了佛教，成为一位佛教徒，而且对诸如阿耆毗伽教（Ajivikas）等其他门类的宗教也持宽容态度，使得此时期包括佛教建筑在内的各种宗教建筑也得到了不同程度的兴建。

由于王朝统治者尊崇佛教，因此早期的建筑遗存以佛教的石窟和窣堵坡（Stupas）两种类型为主。而且此时无论是雕刻还是建筑，

图2-2-7　早期仿木构石窟立面：仿照木结构建筑雕凿的石窟，最早是为宗教修道者提供的隐秘修道之所，因此石窟规模较小，装饰风格也相对简单和朴素。

都在早期显示出一种近似希腊地区的艺术风格，这与此时期王国与希腊文明区的接触有关。但总的来说，石窟和窣堵坡都是一种在印度出现和发展成熟的，具有本地区传统特色的建筑形式。

佛教建筑是在印度兴起较早并取得较大成就的宗教建筑类型。印度的佛教建筑在阿育王时期得到极大发展，作为弘扬佛教理念和供人瞻仰的标志，孔雀王朝时期的佛教建筑类型主要有窣堵坡（也称舍利塔、塔婆）和石窟，此外还有一种单体耸立的石柱形式。

石柱是一种雕塑式的纪念碑，这种镌刻着官方诰文的独立石柱被作为标志物在帝国各处竖立，起到了推广佛教的作用。石柱通身由石材雕刻而成，光滑的柱身雕刻有铭文，柱顶部则以圆雕的雄狮形象结束。有些石柱上还刻有涡卷、马、公牛和大象的图案，呈现出受波斯文化影响的迹象。

图2-2-8　四狮柱头：这是阿育王时期遗存下来的最精美的柱头，蹲狮象征着佛法能够广布，底部相轮间的四种动物则象征着世界的四个不同的方位。

除了柱子之外，最具纪念性的佛教建筑形式是窣堵坡。这种建筑可能来自于古印度早期带半球形顶的

民居或坟包的形象，它是埋葬佛陀和佛教徒的坟墓，后来则演变成为一种重要的祭祀性建筑和圣地。在早期还没有出现雕刻佛像的石窟，窣堵坡自然成为佛教徒们祭拜的主要对象，而窣堵坡的所在地也成为圣地，并逐渐演化出一种以窣堵坡为中心，还带有诸多供奉圣物、供僧侣使用的附属建筑的大型宗教建筑群。

窣堵坡在阿育王统治时期被官方鼓励而大加兴建。有关记载显示，仅阿育王组织兴建的窣堵坡就有8万多座。但是印度古文明时期兴建的诸多窣堵坡至今绝大多数都已经无踪可寻，而留存下来且保存较好的就只有位于印度博帕尔（Bhopal）地区的桑奇大塔（Great Stupa of Sanchi）。

桑奇大塔最早在阿育王时代就已经开始兴建，此后在贵霜王朝和笈多王朝（Gupta Dynasty）都被修复和扩建。在桑奇大塔的周围兴建了大量的佛塔、神庙和多种附属建筑，因此形成庞大的佛教建筑圣地，使得桑奇大塔的主体地位反倒不那么突出了。

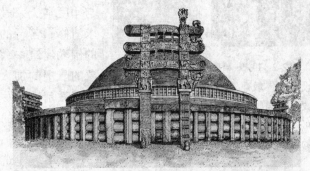

图 2-2-9　桑奇大塔：桑奇大塔是古印度时期遗存下来的最重要的佛教建筑群，它的整个修建过程持续了几个世纪之久，以糅合了印度教等其他宗教风格的精美雕刻而闻名。

整个桑奇圣地建筑群在13世纪之后被丛林所覆盖，但也因此被较为完整地保存了下来。桑奇大塔的主体建筑是一座直径为33米的巨大实心半球体，球体上部有仿木构的方形石栏围合的一个具有三层伞状的顶，它们都具有丰富而复杂的宗教内涵。

半球体整个坐落在一个高不到5米的平面为圆形的基台之上，这个基台在南部有顺墙对着设置的两组阶梯通到上层的缓坡阶梯，基台外则有一圈带有雕刻的栅栏围合。而且在栅栏与基台之间和第二层基台上都设置有环绕半球体的走道，这是供某种祭祀仪式所使用的通道。巨大的栅栏最早可能是木结构的，因为在此后修建的石栅栏明显是模仿木栅栏的结构形式进行雕刻的。

图 2-2-10　桑奇大塔及围栏：桑奇大塔及围栏中的各种设置都富含深刻的寓意，其中大门上的栏杆和伞状塔顶都是三层，以象征三维的曼荼罗世界。

在外围一圈石栅栏的四个方向都建有石门，这种被称为陀兰那（Torana）的石门，也明显是仿照最初

的木结构大门的形象制作的,它由纵横交叉的梁所构成。四座石门上除了以佛本身故事为题材的雕刻之外,还布满了蕴意深刻而且精细的植物、动物形象和象征符号的雕刻装饰。

但令人不解的是,在一些塔的楣梁边缘上,还雕刻着一些几近赤裸的体态丰满的药叉女(Yakshi)的形象。这种在今天看来仍然可称得上是搔首弄姿的女性形象的加入,可能是佛教与印度本土宗教相融合的产物。因为无论在追求清修、苦行的佛教体系中,还是在其他地区的佛教建筑中,都没有发现过这种极具异教形象的雕塑的加入。而在以自然和生殖崇拜的原始宗教基础上发展起来的几种印度本土宗教中,这种具有丰满的胸脯和肥硕臀部的女性形象却是十分常见的。

图 2-2-11 窣堵坡上的浮雕装饰:一般设置在佛教建筑上的浮雕,都是以佛教故事为题材进行雕刻,相邻的雕刻面则可以形成连续浮雕带,通过各浮雕场景的组合表现完整的故事情节。

窣堵坡建筑的形态并不是固定的,在贵霜王朝时期流行的以希腊罗马建筑风格为基调的犍陀罗(Gandhara)艺术的影响下,人们还兴建过像古希腊罗马的神庙建筑那样的、立面上带有壁柱形象的窣堵坡。而且窣堵坡也不只在印度被大量建造,它还流传到了东南亚各国以及中国。其中建造于公元13世纪至公元18世纪的缅甸仰光的大金塔就是依照窣堵坡的形式而建造的,中国的喇嘛塔也是从窣堵坡的造型中发展变化而成的一种佛塔形式。

 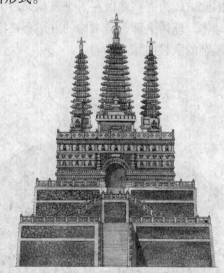

图 2-2-12 桑奇大塔北门上的雕刻装饰细部:在建筑四面的入口栏杆上,都雕刻满了密集的浮雕装饰,这一装饰特色同时也体现在印度教和耆那教等其他印度宗教建筑中。

图 2-2-13 碧云寺金刚宝座塔:位于北京香山碧云寺中的喇嘛塔,虽然已经颇具中国特色,但从其高台和多塔的造型,仍能够很容易地看到与古印度神庙建筑的紧密传承关系。

在古老的佛教法规中，为了使僧侣们免受世俗的影响，提倡他们遁世隐修。因此僧侣们开始大量地聚集于窣堵坡的周围，并建造经堂、住所等建筑以宣讲教义。这样便形成了以窣堵坡为中心的佛寺布局模式。除了这种专门的寺庙建筑之外，阿育王时期还产生了最早的石窟寺建筑。这种最早的石窟建筑是阿育王恩准为阿耆毗伽教（Ajivikas）徒在一些人迹稀少的火山岩地带凿窟而居的修道场所。这也就形成了早期古印度纪念性建筑的另一种重要形式——石窟寺建筑。

图 2-2-14　阿旃陀石窟：规模庞大的阿旃陀石窟虽然是以佛教为主的建筑群，但在一些石窟中，也出现了十分写实的世俗性人物和场景形象，展现了古印度人的生活。

位于孟买（Mumbai）东北文迪亚山麓的阿旃陀（Ajanta）石窟是印度石窟的代表。整座石窟可分为毗诃罗窟和支提窟两大类。在这座阿旃陀石窟中共有石窟 26 个，其中有 22 个毗诃罗窟，4 个支提窟。这 26 个石窟的建造规模依其建造的时间而各不相同，建造时间越晚的建造规模也就越大。其中一个最后时期建造的石窟，它的规模大到可以同时容纳 600～700 位僧侣在此修行。

公元前 2 世纪以后 500 年左右的时间里，各种形式的支提窟不断地被开凿和重建。到公元 9 世纪为止，开凿于印度北部的石窟已经达到了 1200 个左右。在这些各个时期开凿的石窟中，不仅包括佛教石窟，还包括印度教和耆那教的一些石窟。石窟寺最初的规模很小，它只是一个带有仿木立面的、供僧侣在雨季暂时修道的场所。后来，因为石窟中雕刻或绘制的各种形象能够被长久保留，因此石窟寺获得了佛教、印度教等多种宗教团体的青睐，石窟的规模也越来越大。古印度时期的石窟大体上可以分为两大类：一种是供僧侣们居住修行之用的毗诃罗窟；另一种是举行宗教仪式的支提窟。

图 2-2-15　毗诃罗窟平面：毗诃罗窟按其建筑规模大小，可分为两种平面、空间形式，两种毗诃罗窟都留有公共的中厅，而且呈现出很强的空间秩序性。

毗诃罗窟是僧徒们居住、集会和求学修佛的地方。毗诃罗窟立面形象较为简单，它的一面设置有入口，通过立面开凿的一排柱廊与内部的一个较大的方厅相连接。建筑内部在方厅周围再凿建尺度规格相等的小方室，作为僧侣的居住地。有些比较大型的毗诃罗窟，在方厅中有成排的列柱，还专门留有供奉佛像的小室。毗诃罗窟的窟顶是平的，其内部可依据自身的特点进行一些雕刻和彩绘的装饰。

支提窟是大型和装饰华丽的洞窟，其立面多为两层仿木结构建筑的形象，但在上层多设有马蹄形的大开窗。窟的底部平面呈马蹄形，可以是幽深的单窟形式，也可以由多个窟室组成。在多室的支提窟中，通常建造有列柱、前室和后室。主厅为筒形拱的结构形式，侧廊则为半个筒形拱依附于主厅，这种形式是支提窟建筑的一种典型的特征。这些拱的建筑材料有时采用木质的，有时是石制的。虽然所选的材料不同，但在形制上均呈现出木质结构的形态。

图 2-2-16　仿木构建筑形象的支提窟内部：各种石窟的内外立面，大都仿照木结构建筑的形式进行雕刻装饰，必要时还进行染色装饰，以求达到更逼真的建筑形象效果。

图 2-2-17　阿旃陀第 19 窟立面：这座大约雕刻于公元 5 世纪末期的石窟，展现了一种佛教与婆罗门教相混合的建筑风格，暗示着佛教发展的没落。

在孔雀王朝的佛教建筑时期之后，印度再次陷入动乱的征战时期，而在下一个安定期到来之后，建筑的发展则转移到印度教建筑类型上去了。

三、印度教建筑

印度教是印度文明发展的主流，大约在公元 7 世纪之后，佛教从发展的鼎盛期逐渐走向衰落，而以印度原始宗教婆罗门教（Brahmanism）为基础的印度教（Hinduism）却逐渐发展壮大起来。在公元 7 世纪到 13 世纪，也即是西方文明的中世纪时期，印度教达到发展的顶峰，此后虽然受外来伊斯兰教的影响而日渐衰落，但对后世的影响却长久存在。

图 2-2-18　卡久拉霍寺庙群中的印度教神庙：举世闻名的卡久拉霍寺庙群，是由印度教和耆那教的几十座寺庙组成的庞大寺庙建筑群，因建筑形象统一和保存有大量精美的浮雕装饰而闻名。

由于受此前流行的佛教建筑的强烈影响，早期的印度教建筑也和佛教建筑区别不大。这一时期印度教建筑尤以帕拉瓦王朝（Pallava Dynasty）在印度南部马哈巴利普的姆（Mahabalipuram）开凿的神庙最具代表性。

马哈巴利普的姆神庙在当地被称为"Ratha"，是战车（Chariot）之意。这个建筑群的5座神庙都是由整块的岩石仿照砌筑神庙建筑的样式雕凿出来的，但建筑的外部造型各不相同，既有层叠屋顶的塔状样式，也有按照茅草屋和石窟拱顶形式雕刻的建筑形象。不知道建造者是在诸多样式的雕琢中来寻求一种独立的全新建筑组合样式，还是单纯地想展示多种不同的神庙形象。

图2-2-19　战车神庙群：这座神庙群的特别之处在于，5座神庙中的4座都是由同一块巨岩切割雕刻而成的，而且在供奉不同神的神庙旁边，还对应着雕刻有象、狮子和牛几种不同神的坐骑。

在马哈巴利普的姆神庙中所呈现出来的多样化的神庙建筑样式，是不同地区的印度教神庙在外观样式上呈现不同面貌的一个缩影。因为各地建筑传统的不同，使印度教神庙的风格大致分成了南北两派。总体上来看，南北两派神庙建筑大都将正门朝向东方或北方，但也并不绝对。

此后，印度教建筑逐渐摆脱了早期佛教建筑形制的影响，开始形成另一套独立的建筑体系。印度教的神庙式建筑都是建筑、雕刻艺术的结合，雕刻似乎已经不再是建筑中的一种装饰，而是成了建筑必不可少的组成部分。因为地区传统不同，印度教的宗教神庙可以分为南方、北方和德干三种不同的地区风貌，其中南、北方的神庙都是带有院落和附属建筑的组群形式，但神庙主体建筑的塔式顶端却分为尖锥形的方塔和拥有浑圆轮廓的笋状尖锥两种形态。

图2-2-20　海岸神庙：位于马摩拉普拉姆的海岸神庙由花岗岩砌筑而成，整个神庙建造在一个带锯齿边缘的台基之上，方锥形的尖顶展现了南方神庙建筑的造型特色。

两地神庙都有围墙闭合的院落式组群的布局方式。北方也有一种建筑按照轴线前后依次排列，但不设庭院的建筑形式。尽管南北方神庙建筑的平面组合方式上略有不同，但大都在主殿之前设置独立的前厅式建筑，而且这两座建筑与前方的主入口一起，构成神庙布局的主轴线。在建筑上，南北方神庙都以带塔式屋顶的主殿为中心，而且全部建筑都是采用石结构并附以密集的雕刻装饰。

北方庙宇的典型布局是以门厅和神堂两座建筑为主，并搭配一些附属建筑，整个建筑群的门厅、神堂和塔按照前后轴线的布局形式被设置在一个有着不规则的锯齿形外缘的台基之上。而南方神庙中的建筑则是被设置在一块规则而独立的台基上，这样，院落的形象就较为突出。除了这种布局上的变化之外，南北两派神庙建筑最大的不同主要体现在建筑的塔式造型上。

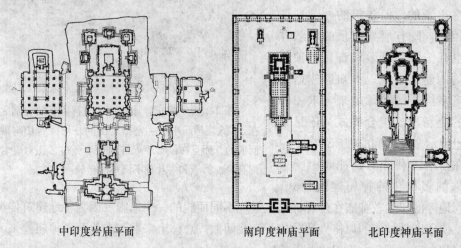

中印度岩庙平面　　　　南印度神庙平面　　　　北印度神庙平面

图 2-2-21　印度神庙的三种平面形式：印度神庙多以明确的轴线和对称的构图设置其中的各种建筑，而且神庙建筑的内部空间很有限，主要雕刻装饰都集中在外部的立面上。

图 2-2-22　北方式神庙屋顶细部：古印度神庙在顶部设置代表不同神祇的盖石，无论采用何种造型的尖顶形式，在尖顶和建筑上遍布雕刻装饰的做法，却是各地区都相同的特点。

北方神庙的尖顶主要集中在殿堂建筑本身，前面门厅的屋顶虽然是尖顶，但却是低矮的尖锥形。神庙建筑组群以后部神堂的尖塔为视觉中心，神堂的尖塔是一种如竹笋的尖拱顶形式，这个尖拱顶从底部到顶部都刻有密集的横向线条，但在纵向上也有凹凸变化，并由此将圆形的高塔分成多瓣的形式。在这个尖拱顶的最上部，覆有一个圆盘式的盖石，在盖石之上插有象征不同神灵的标志物，这个标志物也是人们分辨庙中所供之神的主要依据。

北方印度教神庙以卡久拉霍神庙群最为著名。在这个包括 20 多座印度教和耆那教建筑的组群中，又以维斯瓦纳特神庙（Visvanatha Temple）最为著名。这座神庙也是印度教建筑中突出的代表性作品，因为在这座神庙中不仅有着层叠向上的多座尖拱顶，在塔身上还布满了各种神化爱侣的雕像，而且许多雕像都直接表现了爱侣间的性行为，这让所有看到这些雕像的人都惊愕不已。

图2-2-23　左图：卡久拉霍神庙群中的雕刻装饰：除了在建筑外立面设置多层密集的雕刻装饰之外，在神庙中还出现了诸多独立的雕塑形象，如图示的狮子是金德拉王朝的象征，暗示这组神庙是在该王朝时期兴建的。

右图：卡久拉霍寺庙中的交媾雕像：神仙爱侣之间的各种性行为，被认为是特定宗教仪式的组成部分之一，而对这种行为的直接表现，是卡久拉霍神庙群雕刻装饰最突出的特色。

南方以庭院为主的神庙建筑多采用直线轮廓的锥形顶，而且锥形顶的建筑一般都位于围合庭院的大门或神庙平面端头处。这种锥形顶建筑的外部通过凹凸的线脚变化分成向上退缩的多层造型，每层都有雕刻装饰。真正的人可进入的神庙空间是位于一种柱列支撑的平顶石构建筑中，在这些建筑的内外也都布满了雕刻。建筑中辟有供奉不同神像和圣物的小室。南方式神庙以坦焦武尔（Thanjavur）的拉加杰斯瓦（Rajarajeswar）神庙为代表，这座神庙中的几座建筑都位于一条前后方向的轴线上，其中最突出的是坐落在主轴线上的几个带卷棚顶门塔式的建筑。

除了印度教之外，位于西北地区阿布山上的印度耆那教的神庙群也十分著名。这个耆

图2-2-24　阿布山耆那教神庙群：由于阿布山的耆那教神庙是由坚硬的大理石开凿而成，因此神庙中的雕刻不仅像其他印度教神庙中的那样密集，而且十分精细，是古印度雕刻艺术的巅峰之作。

那教神庙群主要由4个神庙区构成，其中3个形成了规整的方形庭院形式，第四座可能并未最终完成，由于受基址的影响，其总平面呈不规整的长方形。这个神庙群全部由岩石建造而成，以其内部大量精细的雕刻而著称，堪称古印度的"洛可可"式神庙。阿布山神庙群建筑所呈现的这种密集雕饰与建筑体块的有机结合，也是古印度各种宗教建筑最突出的特色。与其他神庙中的雕刻形式一样，阿布山神庙的雕饰也仍以花边、动植物和动作优美的人物形象为主，尤其是裸露的丰满女性形象最为突出。

图 2-2-25　母与子：除了各种神和怪兽的形象之外，印度神庙中还出现了大量富于世俗情感的人物形象，以写实的手法反映了当时的一些社会生产、生活情况。

印度古文明时期传统建筑的特色，在于建筑艺术与宗教艺术的紧密结合。没有宗教艺术的雕刻，也就没有建筑艺术；而没有建筑的实体，宗教雕刻也无处呈现。多样化的地区文化差异还导致了建筑单体和组合等方面的地区特点。以宗教为主导的古印度建筑最大的特色，除了雕刻与建筑密不可分的联系之外，还在于建筑雕刻的处理手法。印度建筑中的雕刻以高浮雕甚至圆雕的手法为主，雕刻的题材从程式化的花边到各种形象的动、植物图案，再到各种人物以及抽象的神怪，形象无所不包。这些雕刻往往以密集繁多的数量堆积在建筑之上，其中不乏像卡久拉霍神庙那样直白地表现爱侣形象的令人不解的雕刻题材。可以说，题材和装饰的多样是古印度各式神庙建筑的典型特色，也是古印度所孕育的这种复杂而统一、充满差异又紧密联系的文化特征的一种物质表现形式。

印度古代文明的发展与宗教联系紧密，其建筑受宗教发展状况的影响很深入。印度的古代社会处于地区和跨地区的战争与和平相交替的状态中而不断向前发展，因此其社会的宗教发展也不像其他地区那样呈现出总体上的延续性，而是处于一种断裂和新宗教不断代替旧宗教的发展状态。

由于长期的动乱与征战等原因，古印度地区曾经辉煌的宫殿、城堡等世俗建筑，大都已经损毁，而与之相反的是不同时期兴建的各种宗教建筑却在很大程度上得以留存下来，其中尤其以佛教、印度教和耆那教的各种建筑遗存数量最多。以印度教神庙为代表的印度古代文明时期的建筑，主要以多样化的建筑造型和精美的雕刻为主要特点。早期佛教建筑所创造的石窟建筑形式，虽然是在模仿世俗木结构建筑的基础上发展起来的，但在此后不仅逐渐形成了一套独立的建筑形制，还深入影响了中国等周边国家佛教石窟建筑的发展。

在佛教建筑之后，以印度教、耆那教等为主导的印度本土宗教建筑的发展，为古印度文明贡献了最重要的建筑遗产。散落在印度各地的神庙建筑，虽然在建筑群的组成形式、布局和建筑形象等方面存在较大差异，但也具有很强的总体化特征。这些神庙建筑

图 2-2-26　吴哥窟：印度神庙建筑借由宗教的传播而影响广泛，位于柬埔寨的吴哥窟是东南亚最著名的佛教圣地之一，整个建筑群呈现出与印度神庙的密切联系。

不再像佛教的石窟建筑那样追求室内空间感，而是以建筑自身的外部形象，尤其是各式带雕刻的尖塔状屋顶为主要建筑特色。

繁密的雕刻装饰是印度各地神庙建筑外部形象最突出的特色。相比于建筑内部有限的使用空间，印度神庙更注重用雕刻装饰的建筑和各种雕刻形象，来作为感动和教化众人的手段。而且印度神庙多层的高塔状建筑造型，也为大面积的雕刻装饰提供了条件。同其他地区的宗教建筑极力塑造一种神圣感与清新脱俗的做法不同，印度教神庙尤其以各种世俗化的雕刻而著称于世，其中以各种丰满的裸体药叉女形象和以卡久拉霍神庙为代表的、赤裸裸地表现性爱场景的雕刻最为独特。

图 2-2-27　左图：维马拉神庙柱厅：作为耆那教的代表性建筑，维马拉神庙以精致、细腻的雕刻而闻名于世。

右图：女药叉：身体呈 S 形的丰满女药叉形象极具世俗性，也是同时出现在佛教、印度教和耆那教等不同宗教建筑中最多的形象，展现了古印度多种宗教之间的融合。

到公元 10 世纪之后,随着印度逐渐处于信奉伊斯兰教的莫卧儿王朝的统治之下,印度建筑的发展也逐渐转向了伊斯兰教风格,并以莫卧儿王朝时期的宫殿、陵墓和礼拜寺建筑为代表。这种新的伊斯兰教建筑风格与叙利亚等西亚、北非的建筑传统联系紧密,但与印度本土的建筑传统却呈现出较大的差异。古印度本土化的建筑文明传统从此时开始,被新的伊斯兰教建筑传统所取代,但幸运的是许多前期修建的印度本土宗教建筑得以留存下来,向后人展现早期文明曾经拥有过的辉煌。

第三节 古代日本建筑

一、社会概况与神道教建筑

日本位于亚洲东部,日本国主要由南北向分布的北海道、本州、四国和九州四个大岛及其周边的近 4000 座小岛屿组成,是名副其实的岛国。日本各岛上丘陵和山脉纵贯南北,人们就生活在山脉和丘陵之间狭窄的平原地区。多山地的地理特征使日本的森林资源丰富,因此从很早就形成了以木结构为主体的建筑发展特色。虽然世界各国的民间建筑都十分重视对于自然材料与地方材料的利用,但可以说,古代日本的建筑传统更加突出地显示出了这种特点。

图 2-3-1 京都俯瞰:日本在现代另外选择新首都东京进行现代城市的建设,因而保持了原首都京都的传统面貌,同时也保护了诸多古建筑。

在佛教传入日本之前,日本已经发展起了一种本土的宗教——神道教(Shinto)。神道教是在原始图腾崇拜和自然崇拜的基础上发展起来的,这套神学崇拜体系以天皇家族所崇拜的天照大神(Amaterasu)为最高崇拜对象。各地区和不同家族也都有对山神、树木神等不同的崇拜对象,但都统一于以天照大神为主的同一神系之中,是一种重要的日本本土宗教。

这种以自然崇拜为基础发展起来的宗教,长久以来一直存在于日本社会之中,即使是在佛教传入日本之后,甚至是今天,神道教也依然是日本传统文化中的一个重要的组成部分。

作为天照大神降临人间的临时居所,以及人们用以纪念和朝拜各种自然神的标志物,一种被称为神社(Shrines)的建筑被兴建起来。基于崇拜自然的神学理念,神社建筑一般都选择建在风景秀美的环境中,而且整个建筑群位于单独划定的一块圣地之内。

这块神圣的区域以一种称为"鸟居"的大门为起点,内部由主神殿和几座附属建筑构成。神社大多不对外开放,皇家神社只有神职人员、皇室成员才可进入,而各地的神社也只有各地家族的首领才能定期在其中进行祭祀活动。

图 2-3-2　出云大社:位于日本岛根县的出云大社,是一座具有地区建筑特色的神社建筑。建筑中的大部分结构都由不剥树皮的原木建成,建筑风格极为朴素、自然。

图 2-3-3　伊势神宫:这座神宫是日本最著名的神社建筑,整个建筑群采用木结构建筑与草覆屋顶。这种形式是较少受中国建筑影响的日本传统建筑样式的代表。

神社的建筑形象可能是由早期的一种居住或谷仓式建筑为原型兴建的,而且每隔20年都要在原址上重建一次。虽然后期所造的神社,也会随着历史的发展而加入一些新的样式,但这种改动很小,神社中绝大部分的构件都还保留原有的尺寸和式样,比如有的神社中至今还保留着来自中国宋代的斗拱结构样式。这种复制式的翻修在日本是一种被称为"式年"(shikinen-sengu)的风俗,这种做法使传统建筑样式得到了很好的保存与继承。

定期的建筑翻新总是在严格保证与原建筑相同的原则下进行的,为此专门有一支代代相传的工匠组织负责神社的翻建工作。每次建筑的翻新重建,都由几代工匠协同工作,因此在实际的建筑工作中,工匠们要同时完成建造、监督、传授技艺、学习等多项工作,以使神社建筑在长时间的历史传承过程中,小到每个组成构件,大到整个建筑,都保证是原建筑的原样重组。

这种相隔固定时间然后严格按照原样重建的建筑传统,与西方建筑传统中通过坚固的石材使建筑得以永久保存的观念截然不同,体现出日本建筑和建筑文化的特色。

图 2-3-4　日本古画中的建筑:从诸多日本古画中表现的建筑可以看出,日本传统建筑的基本样式和特点在长期的历史发展中并没有产生太大的变化,体现出较强的传承性。

二、佛教建筑的发展

日本主要建筑风格和建筑规则体系的形成，受中国建筑传统、尤其是唐代建筑传统的影响很大。在我国的历史记载中，最早在南朝（约公元5世纪）时，日本就已经开始向中国派遣使者了。而大规模的文化交流，则可能始于公元6世纪通过朝鲜半岛的使者往来和通过中国传入日本的佛教。在飞鸟（Asuka）、奈良（Nara）、平安（Heian）、藤原（Fujiwara）、镰仓（Kamakura）、室町（Muromachi）这几个日本历史的主要发展时期，虽然政治、经济和文化上的发展受战争和统治者喜好等因素的影响，而导致其发展有所变化，但佛教建筑却在各个时期都被统治者所重视。

图2-3-5 东大寺金堂：东大寺最早在奈良时期由皇室敕建，后由于火灾在镰仓时期重建，通过斗拱和双重檐等形象，体现出受中国建筑的强烈影响。

公元6世纪时中国正处于隋唐强盛的文明阶段，因此中国中原地区的建筑文化也随佛教一道传入了日本。从公元6世纪起，日本国开始大量吸取中国的封建文化。除了佛教这种宗教文化之外，在其他各个领域日本也都呈开放学习之势，而建筑也是日本国深度学习的项目之一。日本建筑也以中国唐代建筑规则为基础，逐渐形成了以木结构为主的日本建筑体系。

日本建筑继承了中国唐代建筑以木结构为主体的结构形式、深远出檐的造型特色和古朴淡雅的色彩传统，但同时也在长时期的发展中逐渐形成了具有自身特点的地区特色。比如日本建筑无论单体还是组群，都很注重建筑与室外环境的协调以及室外园林的设置。这种室外园林的规模大小不一，但都以清幽、素雅的风格为主，往往蕴含深刻的哲学或佛学思想，因此常常表现出一种耐人寻味的宁静、平和之感。

随着佛教的流入，陆续有朝鲜和

图2-3-6 春日大社：位于奈良的春日大社是祭祀藤原家族守护神的神社建筑，由于受地形影响，整个神社的布局相对灵活，而且在建筑上引入了一些中国建筑的做法。

中国的工匠被派驻到日本帮助当地营造佛教建筑。公元7世纪日本人在奈良营造起了第一座佛教建筑——法隆寺（Horyuji）。随着这座世界上现存最古老的木结构建筑的建成，也标志着佛教在日本宗教地位的确立。

包括法隆寺在内的日本佛寺，继承了中国早期府邸式佛寺建筑的特色，基本上都以院落为单元。小的佛寺可能只有一个庭院，而大的佛寺如兴隆寺，则是由几个不同时期修建的院落共同构成的。各个院落大都以入口建筑和主殿为轴，并采用在主轴线两侧对称设置附属建筑的形式。只是到后来，随着日本建筑的发展，院落中的主轴还在，但主轴两侧不再对称地设置同样式的建筑，而是可以分别设置塔和金堂。

图 2-3-7　法隆寺：始建于约 601 年的法隆寺，是日本早期拥有完整规划和建筑布局的佛寺建筑代表，其建筑形制和整体平面布局方式都对后世的佛寺建筑有深刻影响。

后来，还出现了一种以塔为中心、在塔周围设置其他建筑的寺庙形式，这是仿中国伽蓝寺的建筑样式兴建的寺院。可以说，日本早期的佛寺建筑，在总体上遵循中国建筑传统的基础之上，又加入了本地文化的诠释。这种与中国建筑既有联系又相区别的特点，也是日本建筑发展的特征之一。例如在法隆寺中，总体的轴对称式布局以及带深远出檐的建筑样式，都具有浓郁的中国特色。但在建筑的细部设计上，比如塔的样式上，就可以看出一些日本本地的创新来。因为当时在中国除了比较流行的平面为正方形的木塔外，也还有平面为 6 角或 8 角的砖塔或石塔的形式，而日本营造的仅有一种平面为方形的木塔。

随着日本政治环境的改变、木构建筑技术的成熟以及佛教的发展，日本开始兴建不同佛教宗派的寺院建筑。日本从飞鸟时期到奈良时期的早期建筑历史发展中，以隆兴寺、药师寺、东大寺、西大寺和招提寺为代表的几大寺院，都很大程度上保持着中国中原佛寺的风格。早期的寺院无论在整个建筑的设置与布局还是在建筑的造型样式上，都显示出受中国建筑风格的影响，建筑一般规模较大，带有大出檐和深沉的基调。

图 2-3-8　药师寺东塔：这座塔是受中国建筑形象影响而建造的汉地式塔的代表，日本人以单数为吉，因此建造了这座三层、每层两重檐形式的高塔。

但此时的建筑也还是有很多日本人的创新，比如位于京都(Kyoto)的清水寺(Kiyomizu-Dera)。这座始建于平安时期的建筑虽经多次大火焚毁，但每一次重建几乎都遵循着最初的设计，虽然现存寺院建筑重建于1633年，但仍在很大程度上保留着最初的建筑样式。这座建筑最突出的特色在于正殿与侧翼建筑屋顶的山墙面的相接，呈现出鲜明的日本风格。而且整个建筑临悬崖而建，建筑底部由支撑在悬崖上的复杂木结构形成一片半悬空的基座作为舞台，显示出极高的技术性。

图2-3-9　清水寺：清水寺正堂位于一处悬崖边上，因此在正堂外设置了一座木柱结构支撑的悬空平台，成为这座寺院建筑最突出的形象特色。

三、世俗建筑的发展

除了佛教的寺院建筑之外，日本早期的宫殿建筑也是中国风浓郁的建筑样式。平安时期早期的宫殿尤其是这种中国风格。整个宫殿建筑群以中轴线上的议政、寝宫等承担各种主要功能的殿堂为主，其他次要功能的建筑设置在主要建筑的两侧并各自形成院落。整个宫殿建筑群包括带水池的庭园在内，都遵循这种对称的布局关系。

但这种规模庞大和颇具气势的豪华宫殿在平安时代晚期就逐渐不再流行了。因为武士阶层(Samurai Class)的兴起，使这种大规模的豪华宫殿建筑被更简单组合的庭院式建筑所代替。由于此时日本在文化上主要受佛教禅宗教义的影响，追求清雅的格调，在建筑上则受到宋式营造的影响，因此武士阶层风格的简单布局的宫殿建筑形式被保留下来。而且后期的日本建筑无论在规模上还是样式、装饰上，在保持皇家建筑的肃穆、威仪的内涵的同时，大都以简朴、雅致的外观风格呈现。

除了奢华的宫殿建筑之外，庭园也是建筑必不可少的搭配。日本多山林的自然条件，为人们营造优美的庭园提供了优越的先天条件，

图2-3-10　江户时代的京都景色：这幅古画十分生动地向人们展现了江户时期的建筑情况，其中既有与外界相隔的大规模神社，也有茶楼酒肆密集的商业区。

而对于自然神的一贯崇拜，则是日本建筑重视庭园建设的思想基础。因此，上到占地庞大的宫殿建筑群，下至平民的一间草屋，都很重视建筑外部优美自然环境的营造。

日本建筑中的造园思想同中国"师法自然"的造园思想类似，主要通过在庭园中引入水池、怪石、小桥和植物等相搭配，并通过人工造景与自然景色的配合，营造出富于自然形象又具有意趣的园林景观。在诸多造园形式中，又以一种被称为枯山水的庭园景观最具特色。所谓枯山水，是在庭院中以石子代替水池，这种石子地面上可以整齐地梳拢出代表水流的曲线，而且庭院中也依然设置怪石、小桥、植物等，营造出优美的庭园景色。

图 2-3-11　桂离宫庭院：桂离宫中的建筑本身按照不对称式的布局建造，以便与富于自然情趣的庭园水池相契合，营造出具有哲学之感的宁静庭院意韵。

日本庭园中景色的营造，除了要模仿自然和照顾坐在建筑中抬高地板处的人们的观赏角度之外，还很注重对于庭院意境的营造。这种通过对景观的设计，来达到某种意境的造园特色，在佛教寺院中的庭园以及枯山水庭园中表现得尤其明显。这类富于意境的庭园，无论建园规模的大小，在整个园林氛围和各种组成元素的搭配与设置上，都追求一种朴素和自然的风格。

在日本，还有一种多建在深山水边或附属于其他建筑而建造的茶室建筑，也以追求乡野质朴风格和深远的意境为主要特点，这种建筑是专门的茶道场所，是十分富有日本民族特色的建筑形式。

茶室建筑除了在结构上不追求新奇之外，内部风格也简约到了几乎没有装饰的地步。这种茶室的面积一般不大，主要是作为人们饮茶冥想的空间。茶室以自然作为建筑的装饰，因此内部朴拙原始的氛围需要与外部自然的景观完美融合，是崇尚与自然合一的简朴

图 2-3-12　龙安寺枯山水：枯山水庭园的特色，受佛教禅宗思想影响，主要利用白砂、块石和植物三种元素的不同组合，营造出发人深省的庭院景致。

日本建筑风格的典型体现。虽然与朴素的茶室相对应，日本历史上也出现过非常豪华的茶室建筑，但这种建筑只为少数统治者所享用，而且因其作风太过张扬而不被人们所认可。

不管是因为日本早期崇拜自然神的传统，还是受佛教和禅宗思想的影响，日本建筑总体上都表现出一种与自然的亲近和尚简、内敛的基调。但也并不是后期所有建筑都遵循着这种尚简的建筑风格。在进入公元14世纪的幕府（Shounate）封建统治时期之后，在足利（Ashikaga）家族的统治之下出现了两座奢华的建筑特例，这就是金阁寺（Kinkkakuji）和银阁寺（Ginkakuji）。

金阁寺修建于公元14世纪末期，最早是足利义满在京都修建的一座私人庭院中的主体建筑。方形的亭台式建筑面水而建，有三层，建筑同时是供奉佛祖的庙堂和将军本人的寝宫。这座亭台式建筑的外部以油漆粉刷另加金箔贴饰，而且屋顶还有一只展翅的凤凰。虽然金阁、银阁以及建筑所在的庭院后来被将军全部捐献给寺院，但整个建筑的金

图2-3-13　妙喜庵茶室：以千利休为代表的日本文人主张营造朴素和富于山野气息的草庵茶室，以追求自然的情趣，位于京都的妙喜庵茶室是此类草庵茶室的代表。

碧辉煌的奢华形象始终没有改变过，显示出与以往简朴、内敛的日本建筑完全不同的风格特征。

银阁是足利义满的孙子在京都主持建造的。这座建筑也建在水边，建筑内外采用银箔装饰，并因此而得名。但银阁并没有金阁那般张扬，它的建筑只有两层，规模也没有金阁那么大，因此整个建筑的形象更加沉稳，流露出一种禅宗建筑的深刻哲学意蕴，更大程度地回复了日本传统、朴素的建筑风格。

在幕府将军统治的封建时期，由于各地征战不断，还产生了一种独特的堡垒式城郭建筑（City Walls）。这种堡垒式建筑位于各统

图2-3-14　金阁寺：金阁寺是一座楼阁式住宅与佛殿合为一体的建筑，具有很强的中国唐代建筑风格特色。

治区域的政治和经济中心，类似中世纪欧洲出现的堡垒式城镇。但日本的堡垒式建筑同中国"城"的构造类似，它通常是由几道围墙围合而成的坚固防御体。城郭堡垒式的建筑是社会动乱时期的产物，无论是在城关要塞还是重要都城的堡垒建筑中，坚固的城墙和一种被称为天守阁（Osaka Castle）的建筑，都是其必备和最突出的建筑防御组成部分之一。

所谓天守，是一种由城郭堡垒的望敌楼演化而来的建筑。天守一般都位于堡垒最重要的地势之上，其建筑本身是多层的塔式建筑，不仅规模庞大、体量高耸，而且具有很强的防御性和便利的攻击性。天守建筑有时还是城郭统治者的居住地，因此建筑内外有时会进行特别的装饰，是一种极具防卫性和观赏性的建筑。

图 2-3-15　银阁：银阁是仿照金阁寺凤凰台修建的另外一座住宅与佛殿合而为一的楼阁式建筑。与金阁相比整体建筑风格更加朴素，对后世楼阁式住宅具有很深的影响。

图 2-3-16　三丸：在天守阁外兴建有多圈带有壕沟的护城墙，每圈城墙间的区域被称为"丸"，一丸和二丸大多是高级居住区，三丸以外为商业、低等级官员和平民住宅区。

建造于 1601—1614 年的姬路城堡（Himeji Castle）是一座宁静且异常华丽的城堡建筑，也是日本同类建筑的代表。这座城堡墙壁的颜色完全是纯白的，这也成为城堡最为独到的特色之一。姬路城堡的天守建筑位于庭院的中心位置，是一座 6 层的塔楼，每一层的上面还都设置着曲线形的屋檐与披屋，从外部看十分宏伟壮观。在日本，这座姬路城堡素有"白鹤"之称，这也许是从远处看这座城堡的造型就有如一只振翅飞翔的白鹤的缘故。

从总体上说，日本建筑在结构和造型上受中国建筑、尤其是隋唐时期的中国建筑的影响很大，以木梁架结构为主，并形成独特的建筑体系。日本建筑以木结构为主体，建筑底部高高抬起于基址之上，以达到防潮和防虫等目的，建筑室内主要以一种日本传统的"榻榻米"式铺地为模式形成大小不同的空间，显示出很强的秩序性。在建筑内部主要通过一种横向开合的板门分隔空间，板门闭合时在内部形成一个个独立的房间，而当板门全部打开时，室内则可以与室外连成一体，具有很灵活的空间使用性。

图 2-3-17 姬路城天守阁：姬路城天守阁是日本最为著名的天守建筑，这座天守阁由7层的主阁与三座附属建筑构成，以规模庞大和内部结构复杂而著称。

图 2-3-18 古画中的日本住宅内部：通过古画中表现的住宅内部形象，可以清楚地看到榻榻米铺地的形式，这种按照固定的榻榻米尺度来建造住宅的形式，也被日本现代建筑所沿用。

在长期的发展过程中，日本建筑逐渐形成了一种亲近自然、于简约中追求深刻哲学思想的艺术特色。无论是组群还是单体、建筑室内或与室外环境的配合，人们都十分注重建筑实体与外部环境之间的协调关系，由此形成和谐、宁静的日本建筑及园林形象，这也是日本建筑最突出的特点。

第四节 伊斯兰教建筑

一、影响范围及建筑特色

伊斯兰教（Islam）发源于麦加（Mecca），伊斯兰教的创始人穆罕默德（Muhammad）公元570年生于沙特阿拉伯的麦加，于公元632年去世。由于最初信奉伊斯兰教的阿拉伯人是游牧民族,所以并没有形成固定的宗教建筑形式。到大约公元7世纪穆罕默德逝世后,由他的弟子及后人形成了以"哈里发"(Caliph)为最高领导的政权。这个阿拉伯人的政权趁波斯和拜占庭这两大帝国处于政权混乱时期,先后征服了叙利亚、巴勒斯坦、伊拉克、波斯、埃及等,并采取凡归信伊斯兰教者免交人丁税的鼓励政策,吸引被征服地的居民多改奉伊斯兰教,使伊斯兰教发展成为一种世界上多民族信仰的主要宗教。

从公元7世纪起,生活在中东的信奉伊斯兰教的阿拉伯人逐渐强大起来。到8世纪时,这个阿拉伯人的政权占领了阿富汗和印度西北部,继而征服了外高加索(South Caucasus,也叫 Transcaucasia),控制了中亚大部分地区,形成了东起印度河

图 2-4-1 圣城麦加的瓷板画:通过瓷板画可以很容易地看到被一圈围廊式建筑包围的圣石,而在这圈建筑之外的堡垒和帐篷,则表现了当时城市的建筑组成情况。

流域,西临大西洋,北界咸海(Aral Sea),南至尼罗河(Nile)的地跨亚、非、欧三洲的大帝国。9世纪后伊斯兰国家分裂,其发展走向下坡。直到13世纪伊斯兰国家势力渐强,又建立起了一个大帝国。随着来自土耳其的苏丹穆罕默德二世(Muhammad Ⅱ)于1453年攻陷君士坦丁堡(Constantinople),消灭了拜占庭帝国以后,这个伊斯兰帝国迁都于此,君士坦丁堡被更名为伊斯坦布尔(Istanbul),伊斯兰政权也再次成为占领整个小亚细亚及巴尔干半岛的大帝国。其影响势力又将伊斯兰教传入西南欧地区。

图 2-4-2 摩尔式的塞维拉拱廊:这种带有花瓣形小拱券的拱廊,是受欧洲古典建筑影响而产生的,尤其在欧洲南部各地的伊斯兰教建筑中最为常见。

伊斯兰教建筑以耶路撒冷(Jerusalem)为发展中心,遍布于阿拉伯人生活的西亚、北非的广泛地区,同时还包括信奉伊斯兰教的穆斯林(Muslim)曾经征服和统治过的西班牙南部等。

伊斯兰教建筑与亚、欧等地的其他建筑体系交流频繁,因此会在不同地区呈现出一些当地建筑的风格与具体做法。比如早期的伊斯兰教建筑,就明显受到了古罗马和拜占庭建筑的影响,尤其是在建筑材料、结构方法等方面的影响。但因为伊斯兰教有着

严格的宗教规定，也使伊斯兰教风格的建筑很明确地与其他风格的建筑在造型上明显地区别开来，呈现出强烈而独特的面貌。

图 2-4-3　德贾尼礼拜寺：位于非洲地区的礼拜寺为了抵御强烈的日照，采用当地民居以黏土与木材为主的建筑形式，是最具地区特色的伊斯兰教礼拜寺建筑。

比如伊斯兰教义规定不能用人物、动物的形象作为装饰纹样，因此伊斯兰教建筑中主要以几何纹、植物纹和《古兰经》的经文为主进行装饰，而且整个装饰以淡雅的蓝、绿等色调为主。各种建筑中都使用拱券，这其中有半圆拱、二圆心尖拱、桃心拱等多种形式，都极富于装饰性。建筑以封闭的外部形象为主，建筑的外墙上多采用一种被称为"佳利"（Jali）的有细密镂空雕刻的尖拱窗作为装饰门面构图要素。建筑主殿中心大厅内部的穹顶多被做成由诸多小穹顶分割的形式，而且布有精美繁密的雕刻装饰。由于伊斯兰教义中有对洁净的要求，因此在礼拜寺中的庭院中几乎都设有水池，有些礼拜寺甚至还设置有浴室供人们使用。

伊斯兰教的教义中规定，凡教徒每天要面向圣城麦加的方向跪拜5次，每逢周五还要信众们集中到一起进行统一的朝拜祭礼，因此使礼拜寺成为伊斯兰教在各地最普遍和最具代表性的建筑形式。随着伊斯兰教影响的不断扩大，礼拜寺的修建在各穆斯林统治地区也逐渐达到高潮，并通过与不同地区的建筑传统相结合，创造出了多种建筑形式和风格，以地区为标准可以划分为早期发源地式、拜占庭式、印度式和西班牙式等几种。

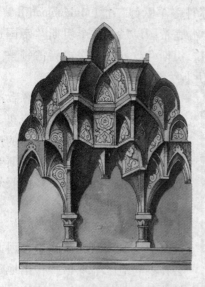

图 2-4-4　钟乳石状穹顶：在大穹顶内部设置布满雕刻、彩绘装饰的蜂窝状或钟乳石状小穹顶，是伊斯兰教建筑中的特色之一，显示出极高的建筑与装饰技艺。

二、早期发源地式

早期发源地式是伊斯兰教建筑发展的第一阶段。这时期的建筑受穆斯林最早占领的叙利亚集中式教堂的影响,形成了最初固定的礼拜寺的建筑形式,其突出代表性实例就是公元7世纪时在耶路撒冷修建的岩石礼拜寺(Dome of the Rock)。

岩石礼拜寺的平面为八边形,其内部有24根柱子围成一圈同样呈八边形的列柱,列柱与墙体之间保持了一定距离,因此形成了一个环绕建筑的步道。在八边形列柱之内,另外由16根圆柱围合一个圆形平面的中心空间以支撑上部木结构的屋

图2-4-5 岩石礼拜寺:这座礼拜寺只是其所在的一个大型礼拜寺的中心建筑之一。由于整个建筑由拜占庭工匠按照当时流行的集中式教堂的样式兴建,因此在建筑上呈现出基督教与伊斯兰教的混合风格。

顶。中央直径达18米的半球形屋顶采用双层木结构外覆金箔,其他周边的屋顶则采用斜屋面的形式,但底部加高的女儿墙将外围的斜顶遮盖住,以获得更为理想的建筑造型效果。为了突出中央穹顶,还在穹顶底部加设了一圈鼓座,使穹顶大大高出于周边的屋顶,形成比较完整的穹顶式建筑形象。

图2-4-6 岩石礼拜寺内部:礼拜寺内部以彩色大理石和金箔为底进行装饰,集中式的建筑空间突出了珍藏在建筑中心的圣石,这块圣石传说是穆罕默德升天时所蹬的石块。

这座礼拜寺虽然采用集中式的建筑样式,而且入口也是柱廊与拱券相组合的形式,但并没有像罗马和拜占庭建筑那样具有集中式的教堂空间模式。这座礼拜寺原本是被简易的马赛克镶嵌装饰的,但此后经过多次修复,到公元16世纪的时候,这座建筑的内外均被几何图案的大理石和彩色陶瓷的马赛克镶嵌,变成了几何纹样和《古兰经》经文构成的艺术殿堂,再加上透雕精细的窗口,使这座礼拜寺成为华丽、精巧的珠宝盒一般的建筑。

这座珠宝盒式的建筑虽然精美,但建筑规模很小,不能够满足聚众举行礼拜活动的使用需要。而如果继续营造这种集中式的大规模建筑,则对穹顶构造技术要求较高,因此这种珠宝盒式的礼拜寺建筑模式,并不适合作为普遍推广的建筑形式在各地兴建。此后,人们又受

到罗马-拜占庭地区的巴西利卡式建筑的启发，逐渐在巴西利卡式大厅的基础上发展出了比较成熟的礼拜寺建筑形式。

罗马-拜占庭的巴西利卡式建筑平面，是以东西向为长边的长方形，内部有柱廊和拱券的结构支撑。这种建筑形式的优点被伊斯兰教礼拜寺建筑所继承。但由于穆斯林们朝拜时必须面向南面的麦加城，因此巴西利卡式的大厅被横向使用，这也形成了此后礼拜寺建筑面宽长、进深短的建筑特色。这种早期风格的礼拜寺中比较著名的建筑实例有大马士革（Damascus）的倭马亚礼拜寺（Umayyad Mosque）、耶路撒冷的阿格萨礼拜寺（Al-Aqsa Mosque）以及突尼斯（Tunisia）的凯鲁万欧格白礼拜寺（Masjid Uqbah）。

图 2-4-7　倭马亚礼拜寺：由于这座礼拜寺由一座教堂改建而成，因此建筑中保留了原有教堂的一些构件，尤其是礼拜寺的主立面，颇具罗马式建筑特色。

在此基础之上形成的成熟礼拜寺建筑组群，是以规整的庭院形式出现的。平面为长方形或正方形的庭院，可以在不同的方位建造，只要保证主殿的穆罕默德宝座以及教众们举行仪式时能够面向麦加的方向即可。庭院内部要在中央留出一块露天广场，整个庭院除了礼拜大殿之外的三面，往往也都以柱廊围合。礼拜寺中另一座固定建筑宣礼塔，设置在与礼拜大殿相对的庭院的另一端，它和礼拜大殿中的主厅一样，都位于庭院的中心线上。

图 2-4-8　装饰精美的穹顶：位于伊斯法罕（Isfahan）的国王礼拜寺（Masjid-Shah）中的穹顶，以蓝色为主基调，使得彩色陶砖贴饰的巨大穹顶显得华丽而沉稳。

通常位于朝向麦加方向的礼拜大殿是一个长方形平面的建筑，其内部由按照统一规模尺度设置的网格形柱子支撑拱券结构形成屋顶。在这个长方形平面与宣礼塔连成的中轴部分，要强调并划分出一道狭长的中厅作为大殿的主厅。这个主厅面向庭院的一端设置一道高敞的长方形屏门，屏门内通常开设通高的巨大拱券，其上满铺以植物和经文为主要内容的雕刻或镶嵌装饰，形成高大精美的立面。

在主厅的另一端则设置一个带穹顶的空间。这里的建筑虽然也采用方形平面上接穹顶的形式，但却不采用拜占庭式的帆拱作为过渡，而是从底部向上设置许多层叠的小穹顶，至顶部形成最终的大穹顶。还有一种通过叠涩状的小龛形成穹顶的手法，在穹顶内部形成蜂巢顶的形式。

作为整个内殿的核心部分，穹顶下通常设置一个高高的讲坛，讲坛位于楼梯最上部的圣台上，讲坛的最高处为宝座，以象征伊斯兰教的创始人穆罕默德。在阿訇举行仪式时，他就坐在楼梯的最后一级，也就是宝座下的台阶上，而所有教众则对着阿訇，也就是麦加的方向。

礼拜大殿中除了主厅之外，在内部设置网格式柱廊和拱券结构，形成庞大的室内使用空间，可以满足伊斯兰教聚众举行仪式的使用要求。但同时，密集的柱子也在很大程度上破坏了空间的完整性。

整个建筑群中除了主殿之外，另一座重要的建筑就是与主殿隔广场相对的宣礼塔（Minarets）。宣礼塔原本是阿訇登高以昭告信徒和提示时间的一种建筑，它最普遍的建筑形象是呈高耸的塔状。比如在凯鲁万（Kairouan）礼拜寺中那种平面为方形，向上层逐级退缩，并在顶部设置小穹顶的造型模式。但在其他地区，比如西亚，可能是受两河流域地区古文明城市中所建的那种带螺旋坡道的基台建筑的影响，伊斯兰建筑中也出现了诸如伊拉克地区那样带螺旋坡道的巨大宣礼塔的形式。

图 2-4-9　礼拜寺内部的讲坛：讲坛通常设置在一个通过阶梯特别抬高的位置上，包括讲坛、讲坛穹顶和整个阶梯在内，通常都要以精细的雕刻或彩绘图案进行装饰。

图 2-4-10　宣礼塔：宣礼塔是礼拜寺中必不可少的建筑组成部分之一，它的建筑形制同礼拜寺建筑一样充满地区性的变化。阿富汗地区充满雕饰的八角宣礼塔和伊拉克地区螺旋形的宣礼塔，是其中较具特色的代表。

三、拜占庭式

公元 15 世纪穆斯林攻陷君士坦丁堡并将其改名为伊斯坦布尔后，穆斯林摧毁了城内的大部分建筑，但留下了气势宏大的圣索菲亚大教堂，并将其改造成了礼拜寺。此后人们按照圣索菲亚大教堂的样式又在城内和其他地区修建了多座集中式带穹顶的礼拜寺，因此拜占庭式礼拜寺也可以说是圣索菲亚式。

这种集中式的礼拜寺除了在伊斯坦布尔的圣索菲亚大教堂之外，还有苏莱曼（Suleyman）皇帝指派当时伟大的建筑师希南（Mimar Sinan）在伊斯坦布尔设计的苏莱曼礼拜寺。这座礼拜寺是拜占庭式的带穹顶大殿与中亚那种庭院式礼拜寺风格相结合的混合型的建筑，其主体的建筑形式直接模仿自圣索菲亚大教堂。

图 2-4-11　苏莱曼礼拜寺结构空间剖面：位于君士坦丁堡（伊斯坦布尔）的苏莱曼礼拜寺的建筑形制，完全参照了位于它附近的圣索菲亚大教堂，只是在主穹顶大厅之外又加入了连续的拱廊，作为信众的参拜之所。

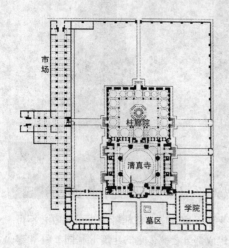

图 2-4-12　塞利姆二世礼拜寺平面：大约建于公元 16 世纪中后期的塞利姆二世礼拜寺，是一座以礼拜寺建筑为主体，包含大学、陵墓、图书馆和医院、市场等多种附属功能建筑的庞大建筑群。

此后，到了塞利姆二世（Selim Ⅱ）时期，由希南在今土耳其埃迪尔内（Edirne）设计的塞利姆二世礼拜寺（Selimiye Mosque），则是这种将拜占庭建筑特色与传统礼拜寺庭院式建筑形式相组合的成熟范例。这个 16 世纪后期建造的巨大建筑群平面呈长方形，并有墙体围合，通过两条贯穿基址中心垂直交叉的道路分划出明确的纵横轴线关系。主要建筑群都顺着纵向轴线展开，经过一个无柱廊的广场后集中在院落的另一端。

信众在进入礼拜寺亭院之后要先经过开敞的无柱广场，之后进入一个四面环有小穹顶的小广场内。小广场的平面与后部礼拜寺的平面几乎是相同的，这种半闭合的形式，是从广场到礼拜寺内殿的空间过渡。后部礼拜寺的平面虽然是长方形，但主体以穹顶为中心的建筑部分的平面是正方形的，它在底部由 8 根墩柱划定了内接于正方形中的八边形以及其上穹顶和主殿的范围。

塞利姆二世礼拜寺的主穹顶建在八边形基座之上，在主穹顶四周也依照拜占庭的传统设置层叠支撑的半穹顶建筑支撑，并由此在内部形成以穹顶所在的主殿为中心，附带小穹顶空间的主次分明的空间形式。

在主殿建筑的外部四角各设有一座细高的宣礼塔，塔高在 60 米以上。主殿建筑后部，也是庭院的最后侧，被大略平均分成四个正方形空间，其中两端头的方形平面建筑为穆斯林学院和诵经室，中间的两个方形平面是公墓。

塞利姆二世礼拜寺建筑群，也是拜占庭式集中穹顶建筑与亚洲中西部礼拜寺建筑传统相组合后的产物，它体现出一种轴线与空间的对应关系，其集中式穹顶建筑的形式，也是伊斯兰风格建筑中最动人的形象，并在此后影响到北非等地礼拜寺形制的确定，其中印度的伊斯兰教建筑就体现出了这种影响。

图 2-4-13 拜占庭风格的礼拜寺立面：葱头形穹顶与开有尖拱的立面相组合的形式，是伊斯兰礼拜寺最具代表性的立面形象。

图 2-4-14 帖木儿陵墓：帖木儿陵墓以华丽琉璃砖装饰且带细密棱线的穹顶为中心，大穹顶建造在八边形的墙体上，通过独立的鼓座将穹顶与墙体连接起来。

四、印度式

阿拉伯人最早在公元 8 世纪开始进入印度地区，此后来自今阿富汗、土耳其等地的穆斯林都来到印度，建立起各种伊斯兰统治区。从那时起，印度已经开始兴建礼拜寺。

早期修建的礼拜寺中，以位于德里的库瓦特乌尔（Quwwat ul-Islam）礼拜寺最为著名。其修建的目的，既是为穆斯林入侵者提供一个行礼之所，也是向印度本土居民昭示新宗教权威的象征。这座礼拜寺仿照伊斯兰世界的传统兴建，但嵌套式院落的形式也与传统礼拜寺略有不同。由于修建礼拜寺的材料主要来自本地印度教和耆那教神庙，因此建筑内部带有印度传统雕刻样式的柱子和墙面随处可见。而且，这座礼拜寺中的宣礼塔不设在与主殿相对的中轴线上，而设置在礼拜寺庭院的东南角，塔身的形象也受波斯或西方建筑影响，呈现带凹槽的、向上层叠退缩的巨塔形式，以往那种外露的螺旋坡道，也被设置在塔身内部，塔外只以带印度风格的枝蔓与伊斯兰经文的雕刻装饰的墙面为主。

库瓦特乌尔礼拜寺在遵循发源地式的伊斯兰教建筑传统之外，还明显加入了印度本土的建筑艺术风格。这种在原有伊斯兰教建筑基础上，通过不断加入地区化建筑元素，而形成一新建筑风格的发展轨迹，在印度伊斯兰教建筑中很明显地呈现了出来，而真正使印度伊斯兰教建筑风格得以发展壮大并取得卓越建筑成就的，是在16世纪的莫卧儿王朝时期。

图2-4-15　库瓦特乌尔礼拜寺塔：作为这座礼拜寺遗存的最完整建筑，这座高大的宣礼塔显示了一种将印度本土建筑特点与伊斯兰教建筑形式相结合的全新建筑形象。

莫卧儿王朝的发展高潮是在胡马雍（Humayun）、阿克巴（Akbar）和沙贾汉（Shah Jahan）三位皇帝执政期间，从其开创者阿克巴大帝时期起，就采用一种开放的文化政策，因此也使得莫卧儿时期的伊斯兰教建筑风格糅合了伊斯兰教、印度教和耆那教的多种民族与宗教建筑特色。

在德里较早建立起来的胡马雍陵，虽然主体建筑采用伊斯兰风格明确的穹顶形式，而且建筑立面也是按照礼拜寺主殿的立面传统所做，但从设置在高台基之上和设置多个小穹顶等建筑做法中，仍可以明确看出其与印度教将建筑建在高台基上传统的对应关系。而在另一座阿克巴大帝未能完全建成的法特普尔西克里宫中，那种多层带穹顶式的平台和贯通的柱廊形式与印度神庙建筑形象更为相像。

图2-4-16　阿克巴陵墓建筑：阿克巴统治时期是伊斯兰教建筑与印度本土建筑风格的初步融合阶段，因此从总体上来看，建筑仍显示出很强的伊斯兰教建筑特征。

第二章 古亚洲及南美洲建筑

图 2-4-17　胡马雍陵：胡马雍陵采用八角形建筑平面，并将带穹顶的主体建筑建造在高大台基上，其建筑形制被认为是泰姬陵所参照的模本。

莫卧儿王朝时期建成的最著名也是最动人的伊斯兰风格建筑，是沙贾汉皇帝为其皇后建造的泰姬陵（Taj Mahal）。泰姬陵是一座以陵墓建筑为主，包括建筑与园林的组群建筑，整个陵墓建筑群平面呈长方形，统一于闭合的围墙之内。从正门进入陵墓内部先经过一个小院落，此后过第二道门进入主院落后人们眼前会豁然开朗，展现在人们眼前的是一片被十字形水道分隔的绿色园林区，而在绿色的草坪和标示着建筑中轴的水道的尽头，就是立于高台上的泰姬陵。

陵墓建筑由位于中轴上的白色泰姬陵和它两边的两座红色辅助建筑构成，所有这些设置，包括绿色的草坪、红色的附属建筑，以及广阔的蓝天背景，都是为突出位于院落的最后部由白色大理石建造的泰姬陵主体建筑部分。

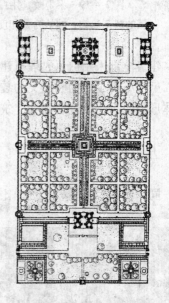

图 2-4-18　泰姬陵平面：泰姬陵是一座轴线明确和严谨对称的庞大建筑群，陵墓和附属建筑位于整个建筑群轴线的末端，在陵墓之前则是规划整齐的水池和花园。

泰姬陵是一座平面呈方形的建筑体，但在四角抹角，因此形成八边形平面形式。整个陵墓位于一个高出地面约 5.5 米的大理石台基上，这个台基的四角还各设有一座 40 多米高的塔楼。泰姬陵本身的形象很容易看出是来自于早期的胡马雍陵，只是在形制上更加成熟。整个建筑的部分与整体之间有着严密的比例关系，如建筑从台基到穹顶的高度是其所在台基高度的一半，而入口立面的宽度则与顶部穹顶的直径相同等。通过这些简单比例的设定，使整个建筑呈现出稳重、优雅的气质。

73

■ 外国古代建筑史

图 2-4-19 泰姬陵：用白色大理石建造的泰姬陵有着严谨的比例关系、精美和细腻的雕刻装饰，被认为是印度莫卧儿王朝时期最高建筑技术与艺术的杰出代表。

建筑全部采用白色大理石建造而成，整个外立面主要由大小不等的尖券装饰。但在立面上还布满了植物和经文的装饰图案，这些图案从远处看并不影响陵墓纯净、简单的总体形象效果，但近看则给建筑增添了华丽之气。

五、西班牙式

同印度的伊斯兰教建筑相比，伊斯兰教深入欧洲大陆的建筑风格就显得混杂多了。从公元 8 世纪早期阿拉伯人打败西哥特人（Visigoth）成为西班牙地区的统治者开始，在此后三个世纪的时间里，人们开始大量兴建伊斯兰风格的建筑，这些建筑因此后基督徒对西班牙的征服而大部分遭到了损坏，遗留下来的建筑主要以科尔多瓦礼拜寺（The Great Mosque of Cordoba）和格拉纳达（Granada）的阿尔罕布拉宫（Palace of Alhambra）为代表。

科尔多瓦礼拜寺大约在公元 8 世纪到 10 世纪之间建造起来，这座建筑虽然是按照源自西亚的礼拜寺样式建造的，但内部却显示出很强的西方建筑特质。除了大殿里的马蹄形拱券之外，建

图 2-4-20 科尔多瓦礼拜寺内部：这座礼拜寺内部采用深浅两种石材砌筑的马蹄式连拱廊形式，是西班牙伊斯兰教建筑最突出的特色之一。

74

筑内部的拱券还有尖拱的形式，以及明显带有多层叶饰的柱头形象，也显示出西方建筑风格的影响。

阿尔罕布拉宫是穆斯林政权在西班牙衰落前最后的辉煌时期的产物。由于西班牙的大部分已经被基督徒征服，而偏安一隅的穆斯林宫廷也正处于帝国时期的落日余晖之中，因此阿尔罕布拉宫作为王室的避世之所，其宫殿建筑极尽豪华享乐之能事。

阿尔罕布拉宫是一座建在半山腰上的宫堡式建筑，虽然外部宫堡的平面并不规整，而且有高大封闭的城墙围合起来，但在内部的宫殿区却是开敞和华丽的。宫殿区内各院落都有水池，且院落之间有或明或暗的水道相连接，以便为院落内部提供更舒适的生活环境。

图 2-4-21　狮子院：这座带有狮子喷泉的院落是阿尔罕布拉宫中最著名的庭院之一，以多头狮子围合的中心喷泉和四周围廊中精美的雕刻装饰为主要特色。

阿尔罕布拉宫中最具特色的是精细的雕刻装饰。这些雕刻装饰无处不在。从院落外连券的拱廊到门楣、窗楣，再到建筑内部的穹顶，都如同织锦刺绣般地布满了以植物和经文为题材的雕刻装饰。这种雕刻装饰的做法具有统一性，且事先在需要雕刻的柱子、拱券和建筑的楣檐处塑上灰泥，然后再在其上进行雕刻，因此可以进行十分精细的雕刻。除了雕刻之外，宫中还遍饰彩色瓷砖镶嵌装饰和木雕装饰，这些装饰使建筑所呈现出的华丽形象与静静的水池、绿色的植物相配合，营造出一种奢华而不浮躁、雅致而不失尊贵的王室宫殿氛围。

作为世界建筑史重要组成部分的伊斯兰风格建筑，不像基督教、佛教等其他宗教建筑那样，都集中于一地发展成较为统一的风格，而是随着穆斯林政权的转移散布于欧、亚、非三大洲的多个地区。由于伊斯兰教义有着严格的教理规定，因此也使各地的伊斯兰教建筑在建筑的一些形态和装饰方面具有一些明显的共性，比如都设置宣礼塔，建筑中出现各种尖拱和以植物和经文为主的装饰图案、素雅的色彩等。在建筑的内部空间营造上，各地的礼拜寺虽然造型和布局各不相同，但都以营

图 2-4-22　阿尔罕布拉宫中雕刻精细的环廊立面

造一种闭合式的内敛空间氛围为主要设计目标，而且礼仪大厅中的方向性很强，都以朝向麦加圣地为主导方位。

伊斯兰教与各种地方建筑相互融合，使各地的伊斯兰教建筑既遵守统一的建筑原则，又各有不同发展状态。因此伊斯兰风格的建筑所呈现出来的地区差异虽然明显，但仍然能很容易地被人们分辨出来。这种独特的、既分散又统一的建筑文化形式，在世界建筑中占据了重要的地位。这种既统一又有差异的建筑形态，也是伊斯兰教建筑最突出的特色。

第五节 美洲古典建筑

一、文明发展与建筑特色概述

美洲位于大西洋与太平洋之间，远离欧洲和亚洲的文明地区，是一种以宗教为主导发展起来的文明，因此其建筑发展也呈现出以宗教建筑为主体的特色。美洲古代文明在总体上的发展时间都较世界其他古文明地区要晚。从时间上说，虽然美洲古典文明也早在公元前3000年到公元前2000年左右就已经开始出现大型纪念性建筑，但美洲古典文明的发展进程缓慢，直到16世纪初外来的西班牙统治者将其文明灭绝之时，其社会构成还是奴隶制的，而文化发展则基本上还停留在非常原始的自然状态下。由于与外界毫无联系，使得美洲文明的建筑风格和世界上其他地区相比，尤其具有独特性。

美洲古代文明在北美洲和中南美洲都有分布，但取得较大成就，且在建筑方面结出丰硕成果的，则大多集中在中南美洲地区。虽然人们将整个美洲的土著人统称为印第安人（Indians），但实际上美洲古代文明的缔造者，是由多个地区的人种共同构成的。美洲古代土著人的主要构成部分，是来自亚洲北部的蒙古利亚人。原始的蒙古人（Mongols）可能从当时还是陆地的白令海峡地区迁移到美洲大陆上来，此后这些人中的一部分通过与北美的西伯利亚人（Siberian）混居，形成了爱斯基摩人（Eskimo）。另一部分蒙古利亚人则继续向南深入，与来自大洋洲和南太平洋小岛上的人混居，形成了玛雅人（Mayas）、印加人（Incas）等，也就是中南美洲的土著居民。而关于南部来自大洋洲和南太平洋小岛上

图 2-5-1 身着盛装的祭司：美洲文明是在相对原始的奴隶社会发展阶段灭亡的，对自然神的崇拜是这一文明发展的基础，因此美洲的各种公共活动都显示出很强的原始宗教特征。

的土著人的根，是来自非洲的黑色人种还是其他人种，则直到现在仍在学界存在较大争议。

总之，美洲的古代文明，无论从人种还是地域上，都分成了北美洲和中南美洲两大部分。北美洲生活在高纬度寒冷地区的爱斯基摩人，以石屋、冰屋和雪屋的建筑形式为主，这种住宅一半深入地下，尤其以用冰块和雪砌筑的房屋最具特色。但这种建筑以单体建筑为主，而且建筑规模十分有限。

生活在平原地区的北美印第安人，则保持着游牧民族所独有的帐篷式建筑和由此形成的原始村落的生活方式。这些帐篷首先以家庭为基本单元，属于不同家族的帐篷聚集在一起，最后各家族的帐篷群再统一以一座部落公用的大帐篷为中心围合，形成整个部落和村落的帐篷聚居地。部落公用的大帐篷多用于部落议事和举行祭祀活动时使用，是整个部落的行政、宗教与经济中心。

图 2-5-2 奇琴伊察勇士庙入口：奇琴伊察勇士庙的遗址，向人们展现了美洲的一种梁柱结构大厅的建筑形式，以及独特的美洲人像柱形式。

同北美印第安人还处于原始状态的文明发展相比，中南美洲各地区的文明已经发展到相当高的水平，那里广大地区的建筑，以石结构的、带有各种神祭建筑的规模庞大的城市为主。无论是发现了金字塔建筑的早期文明城市特奥蒂瓦坎（Teotihuacan），还是盛期神秘的奇琴伊察（Chichen Itza）、特诺奇蒂特兰（Tenochtitlan），抑或是后期印加人建在山顶上的马丘比丘（Machu Picchu），这些大型的城市都曾经是人声鼎沸的美洲古代文明中心。在这些不同时期的城市中，除了各种大型的祭祀建筑以外，还有着规则的城市规划和不同功能的分区。城市中不仅不像人们想象的那般混乱，反而存在一种现代都市般的井然生活方式。

图 2-5-3 绘有印第安帐篷的风貌画：通过美洲早期殖民者的绘画，可以看到北美印第安人用兽皮制作的独特帐篷式住宅。

图 2-5-4 特诺奇蒂特兰城想象复原：建在盐湖上的特诺奇蒂特兰城以城中的祭祀区为中心建造而成，城市以设施完善和景色优美而著称。

二、中美洲的早期建筑

中美洲地区的地形复杂,既包括尤卡坦(Yucatan)半岛和墨西哥谷地,又包括墨西哥高原连绵的山脉、平原和热带雨林,这里可以说是美洲土著文明发展的中心地区,其中最早的文明高潮是由奥尔梅克人(Olmec)创造的。

公元前1500年到公元前400年左右是奥尔梅克文明的主要发展时期,此时已经形成了最初的,由农业生产者、军事统治者和神职人员构成的等级社会,和比较完善的神学崇拜体系。这个基本的社会生活体系不仅在此后被中美洲地区的许多文明区所沿用,而且也成为中美洲各地建筑发展的特色所在。在各文明区的建筑体系发展中,都是以神庙和祭祀建筑为主,以政治和神学统治人员使用的议事厅和住宅为主,形成中心的城市区,而其他的普通居住区则位于这个中心区的外围。

奥尔梅克文明时期的建筑并没有留下很好的遗存,人们通过对此时期文明聚居地遗址的研究发现,这一时期已经形成了一种以祭祀建筑和广场为主,所有建筑沿一条轴线进行设置的传统。从此时期所特有的一种艺术遗迹,即奥尔梅克巨大的岩石头像的物理和技术表现也可以看到,奥尔梅克文明时期人们已经具有搬运、雕刻等处理巨大石材的能力,以及轴线明确的艺术规则思想。

图2-5-5 奥尔梅克巨像:作为早期文明的代表,奥尔梅克文明留存下数量众多的陶质、石质人物雕像,而且雕像以残缺不全和怪异变形的形象为主。

图2-5-6 抱婴孩的男子坐像:怀抱婴孩的男子像表现了向神献祭婴孩的场景,这种表现人祭场景的雕塑、雕刻和绘画作品,显示了美洲血腥的活人祭祀传统。

也就是以这种对于大型石材处理能力为基础,出现了美洲文明中最令人瞩目的、与非洲古埃及文明代表性的金字塔建筑相似的一种塔式高台建筑。同古埃及金字塔相比,美洲的金字塔建筑并不是表面平整的正锥形,而是表面布满装饰的阶梯式造型。美洲金字塔的顶端另外建有神庙，而且包括塔体和塔顶部的神庙建筑在内，都是人们举行祭祀活动的主要场所。

美洲人虽然从很早就掌握了大型石材的采集、运输与建造技术，但在石材的使用过程中没有发明拱券结构，而是普遍使用一种叠涩出挑很少的两坡顶建筑形式。这种叠涩出挑的结构，使建筑只能在一个方向上延伸，虽然墙体很厚，但内部只有一个狭窄的开间，实际的使用空间不大。但同时也由于开间很浅，因此室内可以借助门窗采光，内部相对较亮。因此无论是建在高高金字塔上

图 2-5-7　铭文神庙下的宫殿：由于采用叠涩出挑结构，因此美洲各地的建筑室内空间的尺度都极其有限，建筑中的装饰以集中在外立面的雕刻为主。

的神庙还是建在矮台基上的宫殿建筑，最常见采用的是向两边横向延伸的建筑形式，形成规则的窄长条形建筑平面。

奥尔梅克文明发展高峰期的城市，也是中美洲早期文明突出代表的象征，是位于墨西哥城附近的古代城市特奥蒂瓦坎（Teotihuacan）的建成。这座城市显然是经过特奥蒂瓦坎人严谨的事先规划才开始建造的，因为从现存的遗址中可以看到，整个城市已经按照格子式布局分布，在这种统一的布局分划中，来自不同地区和从事不同职业的人分区聚居，共同组成了以商业贸易为主的庞大的早期城市。

此后，特奥蒂瓦坎不知道因为什么原因而衰落了，但整个城市又被阿兹特克人重新兴建了起来。城市中心被东西向和南北向的两条长约 6 公里的轴线大道垂直分割，其中以南北向的死亡大道（Avenue of the Dead）为主轴，城市中的两座主要的金字塔建筑——月亮金字塔（Pyramid of the Moon）和太阳金字塔（Pyramid of the Sun），就分别位于这条大道的尽头和一侧。其中太阳金字塔是美洲早期文明时期兴建的最大型金字塔建筑，其底部的主体建筑平面边长达 210 多米。

图 2-5-8　特奥蒂瓦坎城市遗址：这座城市以死亡大道为中轴，将祭祀建筑设置在中轴和中轴广场两侧的做法，也是许多美洲古代文明城市的总体布局特色。

古代美洲文明城市中出现的这种阶梯形的金字塔与古埃及文明早期的阶梯形金字塔类似，但美洲金字塔的端头并不是尖的，而是成为

一个平台，祭祀的神庙建筑就建在这个平台上。除了巨大的阶梯之外，金字塔外往往还设有一条拥有细密台阶的坡道从塔底通向顶部的神庙区。这种将建筑设置在平台之上，通过阶梯登上平台顶端建筑区的做法，也成为一种建筑传统被后世所沿用。世俗建筑的分布区域位于南北向主轴道路的另一端，在道路两侧分别是市场和行政区域，在行政区域之中还建有一座羽蛇神庙（Temple of Quetzalcoatl）。

图 2-5-9　特奥蒂瓦坎城中的羽蛇金字塔：对蛇及其各种衍生神像，如羽蛇的崇拜，同时在托尔蒂克、阿兹特克等多种不同的文明部族流行，羽蛇神庙也成为多个文明祭祀区的重要组成部分之一。

这座羽蛇神庙至今还残存有一些饰满雕刻装饰的墙面，不仅墙面上密布着拥有恐怖表情的蛇神形象，而且建筑上还有一些突出到建筑墙体外的雕刻。这些突出在建筑体表面之外的雕刻也多有其特殊的设置意义，据人们在羽蛇神庙周围发现的大量骸骨来判断，这里曾经应该是经常举行人祭活动的祭祀场所。

早期特奥蒂瓦坎城的布局形式，在后期被阿兹特克人所推崇，阿兹特克人还在许多之前的建筑基址上重新修建了新的金字塔式的台基和神庙建筑。像特奥蒂瓦坎城这样，以祭祀建筑为中心的城市布局形式，也是此后玛雅和阿兹特克人许多城市布局的共同特点，但祭祀区以一条大道为轴线的做法，则是不太常见的。

三、玛雅建筑和阿兹特克建筑

玛雅人的历史是美洲古典文明发展中的真正高潮阶段。玛雅人创造出了文字，并在数学、天文历法等方面都取得了相当高的成就，更为重要的是，玛雅人在中美洲地区的丛林中创造了相当繁盛的文明。玛雅文明时期形成了多个城邦制的国家，这些国家以各自的城市为中心进行发展，这引起城市的布局与规划在统一中也有诸多变化，而且各城市都取得了相当高的建筑成就。在玛雅城邦文明发展时期兴起的包括蒂卡尔（Tikal）、科潘（Copan）、帕伦克（Palenque）、乌斯马尔（Uxmall）和奇琴伊察（Chichen Itza）、马雅潘（Mayapan）等诸多城市，其中在公元 12 世纪兴建的新城马雅潘不再像以往的城市那样保持开放的状态，而是在城市外围建造了坚固的城墙。在诸多玛雅城市中以蒂卡尔和奇琴伊察最具代表性。

图 2-5-10　蒂卡尔城遗址：蒂卡尔城以南北向大道为轴设置各种建在金字塔基座上的神庙建筑。金字塔的底部还设置有诸多的王室陵墓。

蒂卡尔是玛雅文明中出现较早的一座城市，也是规模最大的一座城市，其发展与繁盛期大约在公元3世纪到8世纪之间，到9世纪后则逐渐衰落，此后湮灭于热带雨林之中，直到19世纪才重见天日。蒂卡尔城市面积大约在65平方公里，城市内有着明确的轴线和分区，作为主要建筑的金字塔神庙、祭坛等都设置在南北向主轴的两边。蒂卡尔城的金字塔建筑具有坡度陡和高度大的特点，塔的角度和高度都在数值70左右。而且塔的底部通常被作为城邦统治者的陵墓。

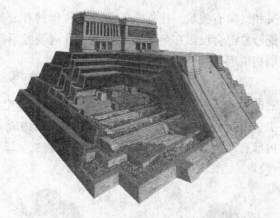

图2-5-11　不断扩建的金字塔神庙：阿兹特克文明时期的许多金字塔都是在之前兴建的金字塔建筑基础上扩建而成的，这也使得许多金字塔神庙都呈现多层嵌套的建筑特征。

除了金字塔神庙和祭坛建筑之外，蒂卡尔城内的中心广场周边还立有诸多写满文字的石碑。这些写有文字的石碑是记载诸如胜仗、宗教、政权、自然现象等各方面城邦重大事件的纪念碑，其记录的历史绵延几近600年，也成为后人解读玛雅文化的重要参考资料。

奇琴伊察是后期玛雅文明的发展中心，虽然奇琴伊察早在10世纪之前已经形成城市，但其真正的大发展时期却是在10世纪托尔特克人（Toltec）统治时期。托尔特克人除了遵循以前城市的建造传统，修建了顶端带有库库尔坎神庙（Temple of Kukulcan）的金字塔建筑之外，还建造了螺旋塔观象台、有柱列支撑的武士神庙和球场等几种新式建筑。

图2-5-12　螺旋塔与金字塔神庙：螺旋塔虽然远离奇琴伊察城金字塔所在的祭祀区，但它在城外与两口祭祀井另外构成了一个重要的祭祀建筑的轴线。

库库尔坎神庙是一座平顶的石构建筑，承托这座建筑的大金字塔是传统的阶梯形金字塔形式，但在四面都设有通向顶端的坡道。四面坡道上的阶梯与顶层的一阶台基之和正好是365个，代表着一年中的365天。此外，这座神庙的方位设定很可能也与多种天文和气象有关系。比如人们发现在每年的春分与秋分的当天，建筑栏杆上雕刻的巨大羽蛇形象都会投影在金字塔北立面，此时羽蛇形象的影子随着照射光线的移动而移动，人们相信那是真神眷顾人间的证明。

除了金字塔神庙所体现出的精确方位性之外，另一种螺旋塔更明确地向人们暗示了它的天文观测功能。这种螺旋塔多位于一片空旷的基址上，塔体建在四边形的基台之上，由圆柱式的塔身和一个圆锥形的尖顶构成。建筑的主入口正对着天上金星的方位，内部有螺旋形阶梯通向塔顶，塔体高度约为12.5米。

图 2-5-13　螺旋塔：设置在城外开阔基址上的螺旋塔本身，也是一座有着精确结构设计的建筑，其塔身与窗口位置的设置，都与相应的天文观测对象相对应。

除了具有精准方位性的建筑之外，奇琴伊察还出现了由列柱支撑屋顶构成的神殿建筑。在这座被称为武士神殿的建筑遗迹中，无论是台基下设置的列柱还是台基上有围墙围合的列柱，都有曾被覆盖过屋顶的迹象。可能屋面是采用木、草或其他易腐材料制成的，因此并未留存下来。这种由柱子支撑形成建筑空间的做法在西方古典建筑中十分常见，但在美洲古典建筑中的应用却是不多见的。在神殿入口处的柱子上，雕刻有人像和一些装饰性的花纹装饰。人们由此推测，这种平顶的神殿建筑在当时一定有着非常壮观的建筑形象。

图 2-5-14　武士雕像柱：将柱子雕刻成各种武士的形象，是美洲各地古文明建筑中常见的做法，除了结构性的人像柱之外，一些地区还另外设置有独立的武士雕像纪念柱形式。

另一种最为特别的形式是球场建筑，这是为玛雅人独特的一种宗教活动而建的仪式场地。由于玛雅人居住的热带雨林地区盛产橡胶，因此人们就利用橡胶制成的球发展出了一种以比赛为主要形式的宗教祭祀活动，球场也是为这种比赛而专门修建的。这种球场实际上是一片带有围墙的开阔之地，通常平面为长方形，长方形的长边带有围墙并设置球门圈，球场周围还要修建观众席和神庙。参赛的双方可能以进球数来决定胜负，但这种比赛和胜负并不是作为一种娱乐，而是作为一项严肃的宗教活动来举行，输球的一方很可能被当做祭品杀掉以谢神灵。

虽然这种球类比赛的结果听起来很血腥，但真正崇尚血腥祭祀的并不是玛雅人，而是在14世纪之后逐渐强大起来的阿兹特克人。阿兹特克文明大约在14世纪后期兴起，此后直到16世纪被西班牙人推翻之前，其文明发展中心都是它的首都特诺奇蒂特兰，也就是今天墨西哥城的所在地。

图 2-5-15　描绘祭祀场景的绘画：在阿兹特克人遗存的手稿中，记叙着许多宗教仪式的场景，图示中的这一画面表现了活人祭祀和人们烹食人肉的场景。

通过早期人们绘制的一幅草图可以看到，特诺奇蒂特兰城原来是一片位于沼泽地和水面中央的城市，它通过堤道和浮桥与岸上相连通。特诺奇蒂特兰城中的景象与早先玛雅的城市相似，都是以祭祀性的神庙和宫殿组成城市中心区。阿兹特克人的神庙同样是建立在阶梯金字塔顶部的平台上，并附有精美的雕刻装饰，不同的是这些神庙上往往还设置有成排的支架用以放置大量的人头祭品。在祭祀平台上还建有献祭平台，用来作为剖开献祭人心脏的工作平台。

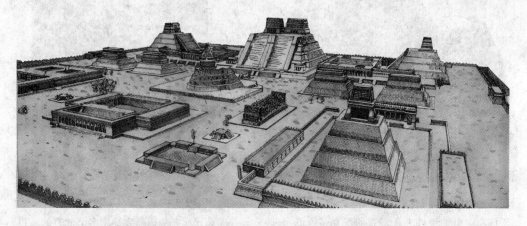

图 2-5-16　特诺奇蒂特兰祭祀区想象复原图：祭祀区位于整个城市的中心，这里建有多座金字塔神庙和王宫、贵族学校等高等级建筑，而且整个建筑区有独立围墙与外界城市分开。

总之，中美洲出现的各种人类文明遗迹的建筑中，都是以城市为中心发展的。城市中又以建在高大金字塔台基上的主神庙建筑为中心，并在周围设置其他辅助神庙和宫殿建筑。城市中的民居住宅和市场等建筑，都分布在这个由神庙和宫殿组成的中心区周围。到现在，几乎所有中南美洲古代文明城市，以及城市中的建筑都受到了很大程度的破坏。以往这些庞大的城市中，简陋的世俗建筑早已不见踪迹，残留下来的也只有位于城市中心区的这些高大的祭祀建筑，显示出中美洲地区浓厚的宗教性建筑文化特色。

四、印加建筑

在中美洲古典文明范围之外发展起来的印加建筑，是南美洲建筑文明的突出代表。虽然印加文明同玛雅文明和阿兹特克文明并称美洲三大文明，但印加文明呈现出一种更加成熟的城市建筑特征。

印加人早在公元 1000 年左右就生活在南美洲安第斯山脉的库斯科（Cuzco）山谷地区，在公元 1000 年之后其势力不断扩张，并最终发展成为大帝国。如今曾经作为印加人重镇的库斯科，早已被后来的西班牙人改造成为现代都市墨西哥城（Mexico City），唯一留存下来的印加文明的遗迹，是位于海拔近 3000 米的两座山之间山脊上的城市马丘比丘。

虽然马丘比丘与印加文明时期其他地区兴建的城市相比是一座小型城市，但它却是诸多印加城市中保存相对完好的一座。因为这座城市建在深山的山顶上，而且长期被密林所覆盖，所以没有受到很大的破坏。

图 2-5-17 马丘比丘城：马丘比丘城由于隐没于深山中而免遭外来入侵者的洗劫，因此也是美洲古代文明中保存较为完好的一座古城。

图 2-5-18 通向马丘比丘的道路：通向马丘比丘的道路要穿越多个危险的隘口，在这条道路的结点处还存留有一些早期城镇的遗址，这些城镇隶属于马丘比丘城，并为城中提供各种生活供给品。

马丘比丘按照山脊的走向分为上城和下城两部分，整个城市外部都被巨大的石块砌墙所围合，不仅设置有侦察敌情的望楼，还有带垛口的城墙，显示出很强的防御性。城市内部也由磨光的石砌墙体与自然墙体相组合的形式构成错综复杂的城市道路网络。这座城市是在顺着山势变化的基础上先建造梯田形的平台，再在平台上进行建筑形成的。上城主要由神庙祭祀区、高级居住区、议政区和平民居住区构成，各区之间有广场分隔。下城则主要是农业区，建有大量顺山势而开辟的梯田。

马丘比丘是一座依照地势进行科学规划的美洲古代城市的代表。由于受地势影响，祭祀建筑不再设置在城市中心区，而被设置在地势最高也是最为壁垒森严的上城区。各种建筑，包括神庙、祭坛、住宅和广场等建筑在内，都采用石材为主的建筑结构，显示出很高超的大型石材加工与砌筑技术。城

图 2-5-19 神鹰庙：神鹰庙是一座利用基址原有的块石与砌筑的建筑共同构成的神庙，显示出印加人因地制宜的灵活建筑思想。

市中的一些建筑，比如建在巨石上的太阳神庙、位于城市最高处的拴日石等，可能是当时重要的宗教祭祀场所。同时，这些建筑中往往还蕴含着一些玄妙的设置，比如拴日石所处的位置，正是附近几座大山连线的中心点，而在根本没有先进仪器的时代里，人们如何确定这一精确位置，就成了永远的谜团。这种从城市规划到具体建筑细节上的高品质，向人们展示了美洲古代文明后期所达到的较高文化水平。

图 2-5-20 拴日石：由于这块巨石坐落在整个马丘比丘古城的最高点，因此人们将其命名为拴日石，拴日石十分精确的定位方法及喻义是马丘比丘城所遗留的诸多谜团之一。

美洲古代建筑文明的发展呈现出很强的地域性,其中主要以中美洲和南美洲两大地区的建筑发展为主。受此时美洲各地文明的发展还处于较为初级阶段的影响,美洲各地的建筑都呈现出以宗教建筑为主的特色。而且这些宗教建筑多是被建在高大的、布有雕刻装饰的台基之上。产生这种高台基建筑特色的原因,可能与中南美洲地区多雨水的气候条件有关。这种对宗教祭祀建筑高度的追求,也是世界许多其他地区古代宗教性建筑所呈现出的共同特色,这也同时解释了为何美洲出现金字塔式高台建筑,为何与毫无联系的古埃及金字塔及美索布达米亚地区的山岳台建筑形象十分相似的原因。

图 2-5-21　特奥蒂瓦坎的太阳金字塔:这座金字塔顶上的神庙建筑已经被损坏,但金字塔本身庞大的规模仍使它成为与古埃及金字塔齐名的古代著名高台式建筑之一。

美洲的古建筑在世界古建筑之中,是唯一没有受到其他地区建筑风格影响而发展起来的。这块庞大面积的陆地直到公元 1492 年才被探险家哥伦布(Christopher Columbus)发现,而在此之前,其建筑受宗教思想影响而建立起来的、以宗教性建筑为主的独立建筑文明体系已经发展成熟。

虽然美洲各地的古代文明发展始终处于比较原始的状态,但就是在这种较为原始的宗教与生产水平的发展状态之下,美洲各地却也创造出了先进的城市、大规模的神庙和堡垒建筑。而且在美洲各地兴建的以宗教建筑为主的城市中,不仅有着宏伟的各种神庙和祭祀建筑,

图 2-5-22　特奥蒂瓦坎城遗址:特奥蒂瓦坎城的统一规划和按照轴线设置祭祀建筑的城市布局,也是美洲古代文明城市的共同特色。

还有着规划整齐的城市和明确清晰的生活分区。从这些城市和城市中的建筑所反映出来的规划思想、建造特色等方面来看，与现代城市建筑还有许多相似之处。这种在原始生产状态下产生的、具有现代先进规划思想的城市与建筑，是美洲古代建筑文明最突出的成就。

灿烂的美洲文明在16世纪开始面临灭顶之灾，美洲建筑的发展也因此戛然而止。同世界其他地区古代文明及古代建筑文明广泛的影响和悠久的延续性相比，美洲古代建筑文明的结束也显得更加决绝。

总　　结

现存的古代建筑，是世界各地区古代文明曾经取得的辉煌成就的主要记录和展示载体。这些产生于人类文明初期的建筑，虽然因所处地区不同，其设计与营造受地理、气候、文化、宗教等各方面因素的影响，而最终建成的作品呈现出巨大的差异性，但存在于古代建筑中的一些同一性也不得不被人们所注意到。譬如建筑大多数为规则的长方形平面，而很少用圆形、异形平面；建筑大多是由墙体和屋顶构成的；墙体大多是垂直的；建筑设置门和窗分别作为出入口与通风采光之用。这说明在满足人们对建筑基本要求时，人类的一些智慧又都是相通的。

相比欧洲古代建筑来说，古代西亚、日本和美洲建筑虽然都形成了独特的建筑体系，但体系自身的发展时间较短，而且日本建筑还是受到来自邻国的中国建筑影响才逐渐形成的；印度建筑和伊斯兰教建筑虽然发展历史相对较长，但因为受到建筑所在区域不同地区文化的影响而变化较多，缺乏体系的严谨性。但是，这几个地区以及本书未提及的更广范围内的各种地区性建筑，却仍然同其他地区创造了伟大成就的建筑体系一样，都是人类文明发展的见证和各地区当代建筑发展的宝贵遗产。在当代建筑突破早期现代主义建筑统一模式，创造适应新时代需要的建筑形式的探索中，回复地区建筑历史，借鉴地区历史建筑的优势，正成为一种越来越突出的建筑发展特征。

第三章　古希腊建筑

第一节　古希腊建筑概况

一、地理概况与经济基础

古希腊文明是在一个由散布在爱琴海（Aegean Sea）、爱奥尼亚海（Ionia Sea）和地中海（Mediterranean Sea）中的 1000 多个星罗棋布的岛屿，与巴尔干半岛（Balkan Peninsula）南端及伯罗奔尼撒半岛（Peloponnese Peninsula）为主体组成的复杂地理环境下产生的。这个地区在陆地上有着陡峭山峰的狭窄谷地，在海上有散落的诸多岛屿，并位于亚、欧、非三大洲的交界处，因此这也使古希腊文明的发展从一开始就带有多元性的特色。

图 3-1-1　古希腊地理位置图：希腊国土深入海洋中且临近亚洲的地理位置，使得这一地区不仅拥有发达的航海活动，还拥有十分开放的思想文化，造就了兼收并蓄的建筑发展特点。

古希腊文明所处的地理环境多山而少耕地，崇山峻岭间盛产各种供建筑和雕刻的石材，为创造辉煌的石结构建筑成就提供了优越的天然条件，使古希腊自然形成了以石结构为主体的建筑特色。

古希腊地区不适宜大规模的农业生产。相反，古希腊地区及诸岛却盛产各种优质的石材和铜等金属。从公元前3000年之后，希腊各岛开始与小亚细亚等爱琴海周边地区以及古埃及等更广泛的地中海地区开展海上贸易，用希腊所产的大理石、黑曜石等，换

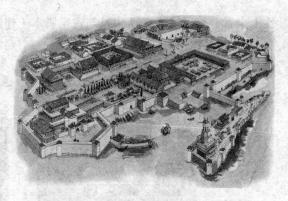

图3-1-2 亚历山大里亚港口想象复原图：位于埃及尼罗河口附近的亚历山大里亚，是古希腊早期重要的文化中心，以聚集诸多古希腊学者和拥有庞大的图书馆而著称。

取其他地区包括粮食在内的各种农业产品，并由此在基克拉泽斯群岛、克里特（Crete）岛等岛屿以及希腊本土形成了许多繁忙的贸易城市。

而发达的对外贸易在为古希腊人带来富裕生活的同时，也将周边亚、非文明区的建筑风格和经验带回了希腊。这些多样的建筑风格、建筑技术和形制，与希腊本土以石材为主的区域建筑特征相结合，在之后创造出了辉煌的建筑成就。

二、文明分期与建筑风格综述

古希腊的建筑发展按文明发展历史来看，大概可以分为三个主要阶段：第一阶段是大约从公元前3000年至公元前1100年的爱琴文明时期；第二阶段是大约从公元前750年至公元前323年的希腊时期；第三阶段是希腊时期之后的希腊化时期。

爱琴文明时期是古希腊建筑发展史的开端。爱琴文明早期的米诺斯（Minos）文明发源于距希腊本土较远的克里特岛上，由于克里特岛位于非洲与亚洲的海上交界地带，因此其建筑经验可能更多地来自小亚细亚（Asia Minor）和古埃及地区的建筑传统。此前也有很多学者对将克里特米诺斯文明归入古希腊前期文明的做法提出质疑，认为从克里特米诺斯文明的风格等方面来看，似乎更应该归入东方建筑传统，但这种做法最终被人们所否定。因为无论从地理关系还是文明发展序列上的联系，以及建筑中柱廊、柱式、雕刻等从总体到局部的建造形式的延

图3-1-3 弹竖琴的女子：这种大约制作于公元前2500年到公元前2200年的艺术性雕塑，表现出古希腊早期文明中的浪漫气质，也显示了古希腊地区悠久的艺术发展历史。

续性上来看，克里特米诺斯建筑与古希腊本土建筑之间的联系都是非常紧密的。

图3-1-4　左图：房屋形状的陶片：这些房屋形状的陶片可能是一种建筑中的装饰，但也向人们展示了当时的一些真实的建筑特征。

右图：米诺斯王宫曲折的廊道：由于米诺斯王宫建在平面并不规则的山坡上，因此各部分建筑之间主要通过这种曲折的廊道相通，这也是造成王宫建筑空间复杂的原因之一。

图3-1-5　迈锡尼卫城狮子门：这座雕刻有对狮形象的大门，是迈锡尼卫城最著名的一座城门，显示出当时高超的营造技术和艺术水平。

爱琴文明后期的迈锡尼（Mycenae）文明建筑的发展已经转移到希腊本土。迈锡尼建筑是从早期米诺斯建筑向正统古希腊建筑发展的重要过渡阶段。迈锡尼人是好战和善于航海的部族，他们攻占了米诺斯，并将贸易和战争扩展到更广泛的周边区域，因此广泛吸收了各地的建筑经验。迈锡尼人在砌石与建造拱券等方面颇为见长，他们修筑的坚固卫城和蜂巢般的石拱券墓室，都具有很高的工艺水平。从迈锡尼时期开始，虽然古希腊人已经掌握了石砌拱券和穹顶结构的制作方法，但除了在墓室和少部分建筑中应用之外，却并没有将拱券和穹顶结构大规模地使用在各种功能的建筑中。

迈锡尼人更普遍地使用梁架结构，由此也奠定了古希腊建筑以梁柱结构为主的传统特色基础。除了大型宫殿之外，更多建筑内部采用木结构梁柱，这种木结构梁柱的结构做法和外观形象，也在很大程度上被后期

第三章 古希腊建筑

成熟的石结构建筑所继承。

爱琴文明高潮过后，古希腊地区经历了几百年的黑暗发展时期，直到公元前750年之后进入希腊时期才逐渐好转。希腊时期也是古希腊文明、尤其是建筑文明发展的黄金时期。此时在奴隶主城邦制的民主政治氛围之下，形成了城邦以卫城（Acropolis）为中心、卫城以神庙为中心的建筑格局特色。古希腊以多立克（Doric）、爱奥尼克（Ionic）和科林斯（Corinthian）三种柱式为主导的梁柱建筑体系逐渐发展成熟，神庙作为最重要的建筑类型在各地被大肆兴建。尤其是神话传说中各神的守护地，如雅典（Athens）、德尔斐等都被作为圣地而兴建各种大型神庙建筑。

图3-1-6 阿波罗神庙剖面复原图：古希腊建筑多采用列柱与墙面承重，屋面则以木结构为主，因此造成建筑外部雄伟，而内部空间狭小的特征。

与此同时，以单体建筑为主构成的不规则建筑组群、以人性化的喻义基准形成的柱式使用规则、建筑中柱式与建筑、整体与细部之间复杂的比例关系等做法均已形成。

除了神庙建筑之外，作为古希腊民主政治下高度发达文明的衍生物，一些富于地区特色的公共建筑也已经出现。公共建筑主要以大型集会建筑和剧场为代表。大型集会建筑的平面为长方形，内部以设有阶梯形坐椅的会议厅为主。早期这种建筑为露天形式，晚期则演化为一种较为封闭的大型建筑形式。

剧场建筑的出现与古希腊戏剧的发展密不可分。古希腊戏剧和临时演出舞台的结合，本来是酒神节（The Dionysia）的一项祭祀活动，之后这项可供全民参与的活动随着戏剧演出的成熟而逐渐与戏剧分离开来，人们开始兴建专门的剧场。古希腊剧场多是露天形式，以依附山势开凿的逐渐升高的扇形阶梯式坐椅构成观众席，观众席底部通过圆形或半圆形的广场与舞台相连接。

图3-1-7 酒神剧场：位于雅典卫城山下的酒神剧场，是举行酒神狄俄尼索斯祭祀节时的主要场所，因为戏剧表演是酒礼节中的一项重要的祭祀活动。

可以说，在古希腊文明时期，建筑的类型、功能与形制已经基本确立。因此到了后期所谓的希腊化时期，即希腊被来自马其顿（Macedonia）的亚历山大大帝征服之后，古希腊时期确立的建筑体系并未发生太大的变化，只是在此基础上出现了柱子与墙壁合而为一的壁柱形式。在建筑方面，建筑组群和内部空间的轴线被有意突出出来，建筑内部空间的重要性已不再是优美建筑外观的附带设施而可有可无，建筑的内部空间开始成为影响建筑性质与风格的因素之一，弥补了希腊时期忽略室内空间的功能，而把建筑外部精加工成雕塑般完美的内外不匹配的缺点。

图 3-1-8　古希腊神庙结构剖视图：古希腊神庙外部讲究柱式与比例的配合，以及雕刻对建筑的装饰，因此为了保持建筑的完整性，建筑墙壁上大多不开窗，造成内部空间较为黑暗。

总之，古希腊逐渐形成的以梁柱结构为主要特色的石结构建筑体系，在此后漫长的古希腊文明发展过程中不断得到完善并逐渐发展成熟，对后世的影响十分巨大。所以，古希腊建筑史不仅是地区建筑的发展历史，在此时期形成的建筑造型、建筑规则、柱式体系以及细部做法等，都成为之后影响古罗马和整个欧洲建筑发展的重要因素，是欧洲古典建筑最主要的源头。

第二节　爱琴文明时期的建筑

一、克里特岛的米诺斯文明

古希腊的早期文明发展及取得初步的建筑成果是从克里特岛开始的。

图 3-2-1　米诺斯建筑遗址中的壁画：壁画表现了米诺斯人华丽的宫殿、发达的海上贸易以及丰富的物产，暗示出人们生活的富足。

大约从公元前 3000 年到公元前 1450 年的米诺斯文明，是希腊文明发展史上的第一个文明高潮。生活在克里特岛上的米诺斯人在公元前 2000 年至公元前 1800 年期间在菲斯托斯（Phaistos）、马里亚（Malia）、扎克罗斯（Zakros）和克诺索斯（Knossos）等地建造了许多华丽恢弘的宫殿建筑。虽然这些宫殿建筑呈现出受西亚、北非等地区建筑的影响，但却真正拉开了古希腊建筑发展的第一篇章。

在米诺斯文明中，宫殿不仅是王室成员的居所，还是宗教中心和重要的行政中心。在各地米诺斯文明时期的诸多神殿建筑中，地位最为重要的是克诺索斯皇宫（Knossos Palace），由于它是米诺斯文明最突出的代表，因此有时也被人们习惯性地称为米诺斯王宫。它可能早在公元前2000年前就已经开始兴建了，后来可能因为地震或火灾等原因被毁，但很快以更大的规模被重建，直到公元前1450年的时候才因天灾和战争等原因被废弃。

米诺斯王宫中的宫殿建筑区的平面略呈方形，虽然总体上并没有明确的轴线与对称关系，但已经形成了围绕中心庭院设置各种建筑空间的固定模式。宫殿内的建筑多采用石质梁柱结构营造而成，并由柱廊相互连接。由于宫殿建在基址不平的山坡上，因此各种高低不平的建筑空间被曲折回环的柱廊连接在一起。这些三层至五层的建筑与套间形式和很长的楼梯、游廊以及上百个小的房间，形成极为复杂的空间组群结构。

由于米诺斯王宫建在火山多发带上，而且内部结构复杂，因此当地流传着关于这座王宫一个诡异的传说。传说在这座迷宫般的宫殿中生活着一头名叫米诺托（Minotaur）的人首牛身怪兽，他发怒时

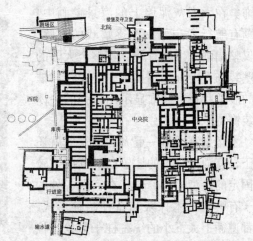

图3-2-2　米诺斯王宫平面图：整个王宫建筑都围绕中心的大庭院修建，总体布局上没有对称统一的关系，而且整个王宫外围也没有城墙等保护性的建筑设置。

整座山都会颤动不已，而只有当他吃掉人们进贡给他的活人之后，才会平息怒气。后来古希腊英雄忒修斯（Theseus）在米诺斯公主的帮助下，不仅杀死了米诺托，还顺利地走出了迷宫。

图3-2-3　米诺斯王宫内部天井：米诺斯王宫内部，在错落的柱廊和建筑围合中预留有许多这种形式的天井，以便各建筑内部通风和采光。

根据这则神话故事，人们推测：所谓的米诺托发怒，很可能是火山运动引起的地震。而神话中所说的迷宫，也正是对布局错综复杂的米诺斯王宫的最恰当比喻了。

米诺斯宫殿整体的布局复杂而精巧，不仅有外室、内室、浴室、厕所等功能齐全的房间，其建筑底部还有由陶管组成的先进的上下水管道系统，以保证建筑各处的使用便利性。除了建筑本身之外，在石材砌筑的房间内还有雕刻、彩绘壁画等装饰的精美房间。也许是由于良好的气候条件，米诺斯宫殿中的建筑大多通过柱廊与外部直接相连，或开设有较大面积的窗

口，而且建筑内部连同柱廊一起，都采用红、蓝、白、黄、黑等鲜明的色彩装饰。

在最具代表性的中央大殿中，门框与相邻的浴室上布置有波浪状的美丽花边图案，并且还伴有明快的天蓝色调的装饰。在大殿灰泥墙上的海景壁画中，刻画有航行者和五头追逐嬉戏的海豚，不仅整幅画面生动有趣，将整个大殿的墙壁装饰得十分优雅美观，还通过门框上的波浪状花边装饰显示出极强的一体化装饰特色。

米诺斯宫殿另一重大的建筑成就还在于，宫殿建筑中的柱子已经形成了较为固定的造型模式。分布在宫殿各处的柱子有整根圆木抹灰和石柱两种形式，但都遵循上大下小的统一柱子形象。柱础、柱基、柱头和柱顶石的构成部件形象也已经初步完善，柱子的色彩装饰也趋于固定。有红色柱身、黑色柱头和黑色柱身、红色柱头两种形式。这种柱廊建筑形式和柱式形象的确立，也为之后古希腊建筑形制的成熟奠定了初步的基础。

图 3-2-4　中央大殿上的壁画：米诺斯王宫遗址中留存了大量壁画。这些壁画题材广泛、风格活泼而且色彩艳丽，表现出很高的艺术水平。

二、迈锡尼文明

从大约公元前 1400 年，克里特岛的米诺斯文明逐渐衰落之后，迈锡尼王国文化的兴起，使文明的发展真正转移到了希腊本土。迈锡尼人建立了许多独立的小王国。他们与小亚细亚和北非各地区之间进行着贸易往来，他们以黄金、象牙、纺织品和香料等物品来换取地方产品，因此拥有着大量的财富。从后来人们在迈锡尼的墓室和宫殿遗址中发现的大量黄金饰品与器具等考古发现上便可以证实上述情况。

迈锡尼是好战的民族，因此其最突出的建筑不再是豪华的宫殿，而是建在地势高处森严壁垒的卫城建筑。迈锡尼散居的各部落都有此类的卫城建筑，各聚落的宫殿和行政中心、墓

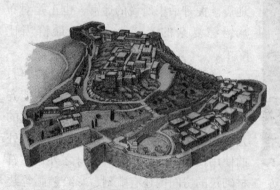

图 3-2-5　迈锡尼卫城想象复原图：严密的防御性和坚固的城防建筑，是迈锡尼文明时期最具代表性的建筑形式。

地和祭祀之所都设置在卫城之中。当遇到紧急情况时，人们可以迅速进入卫城避难，因此卫城是极具防御性的堡垒建筑形式。

迈锡尼人曾经把侵略的触角伸到克里特岛上，虽然此时克里特岛的米诺斯文明已经衰落，但在文明鼎盛期所创造的诸多建筑，仍然成为迈锡尼人直接学习的对象，使日益强大起来的迈锡尼地区的建筑，从早期坚固、粗犷的城防建筑向华丽的宫殿建筑转变。

图 3-2-6　迈锡尼帝王室想象复原图：迈锡尼卫城的中心建筑空间，包括帝王宝座和祭祀台的各种设置均围绕中心火塘设置，显示出一种向心性的建筑特色。

图 3-2-7　叠涩法砌筑的城堡：这种采用叠涩法砌筑的城防建筑，是古希腊本土文明早期最突出的建筑成果，也代表着人们在大型石材处理技术方面的成熟。

在迈锡尼卫城中最具代表性的一种尖拱顶的墓穴已经以石头为主要材料兴建，因而此时人们的石材砌筑水平也有了更进一步的提高。人们不仅掌握了用规则的块石和条石砌筑城墙的方法，还掌握了利用不规则石块砌筑坚固墙体的乱石砌筑法。在城门和岩石墓中，采用两块斜向搭石构成的斜楣拱顶和采用叠涩法构成的尖拱顶形式十分常见。这种更复杂的石结构砌筑建筑的大量出现，不仅表明了此时人们在石材加工、运输等加工方面技术的成熟，也表明了人们在大型建筑工程的计划、施工组织等方面能力的提高。

值得一提的是，迈锡尼人大约从公元前13世纪，就已经将小亚细亚地区利用大型石材建造拱顶的技术引入到城防建筑中。但在此后，这种巨石拱顶结构的应用很有限，不仅并未再进一步地被人们在其他类型的建筑中所使用，而且在城防建筑中的应用也不多见。在早期文明之后的整个古希腊文明发展过程中，古希腊一直都对拱券结构提不起兴趣，而是十分热衷于对石材梁柱结构的应用。

除了受小亚细亚地区建筑影响而出现的拱券结构之外，发达的海上贸易，使古希腊早期的米诺斯和迈锡尼文明，也在很大程度上受到了古埃及文明的影响。人们很容易通过一些建筑特色看到古埃及和古希腊两个地区文化上的一些联系。比如迈锡尼墓葬中流行一种用薄金片按照死者面部敲击而成的随葬黄金面具传统，迈锡尼墓室中流行采用一种用睡莲纹样作为雕刻装饰主题的做法，都很容易让人联想到古埃及的金棺和睡莲花边的纹样。

以克里特岛的米诺斯文明和希腊本土的迈锡尼文明为代表的早期建筑发展，虽然在风格、结构和具体细部做法等方面呈现融合多地区建筑特点的混杂风格，但一种明晰的、以石质梁架结构为主要特征的建筑特色也正在形成，并在以后逐渐发展出了一套独具特色的石建筑结构体系。

图 3-2-8　迈锡尼墓葬面具：在死者面部覆金片敲击面具的做法最早可能来源于古埃及，但此时的艺术风格却已经显示出希腊本土特征。

三、希腊神学体系的形成

在早期的米诺斯和迈锡尼文明时期，古希腊的神学崇拜体系也正在形成，它很可能吸取了古埃及神学体系的内容，因为古希腊的神学体系同古埃及一样，也是由一个庞大的神灵家族组成的。

图 3-2-9　帕提农雅典娜神像复原：雅典娜像衣服上细密的褶皱和充满寓意的神兽与标志物的设置，显示出早期宗教图腾崇拜的痕迹，也显示出多地区的混合文化特征。

希腊宗教崇拜的是奥林匹亚（Olympia）诸神，他们在整个希腊社会中以各种方式向人们展现了神的形象及传说故事。《神的系谱》是一个由赫西俄德（Hesiod）于公元前 8 世纪所著的神话文学作品。这部文学作品向人们揭示了神的由来：有两位神明在混沌中诞生，一位是代表大地的女神盖亚（Gaia）；另一位是代表天际的女神乌拉诺斯（Uranus）。

在这两位女神之后，出现了代表人世间一切灾难的泰坦（Titan）巨人——克洛诺斯（Cronos）。他娶了他的妹妹——大地女神瑞娅（Rhea）并推翻了他父亲的统治，而成了新的统治者。有寓言说，在他和瑞娅的孩子中将有一人会推翻他的统治，为了阻止这个寓言的发生，他把自己的孩子全部吞掉，其中一个孩子被瑞娅所救并被带到了克里特岛，而这个孩子正是后来的宙斯（Zeus）。到了后来克洛诺斯吐出了他所有的孩子，也正如寓言中所说的那样宙斯推翻了他父亲克洛诺斯的统治。

宙斯日后也娶了他的妹妹赫拉（Hera）为妻，他们的孩子有阿波罗（Apollo）、阿耳忒弥斯（Artemis）、阿芙罗狄忒（Aphrodite）等。关于这些神明的故事完全是希腊人按照自己对生活的理解而创造的。众多的神明形象也是以希腊人自身为原形而塑造的。他们象征着生命的永恒和非凡的法力，他们充满了青春的活力并且永远美丽。

古希腊的神学体系明显比古埃及的神学体系更加复杂和具体。因为这个庞大家族系谱中的诸神，不仅分别掌管着风、雨等各种自然现象，还掌管着与人自身和生活相关的智慧、情感、商贸、狩猎、航行等方面的内

图3-2-10　左图：绘制有神话场景的陶器：古希腊文明中浓郁的神话情结，不仅表现在艺术品中，也突出表现在各种神庙建筑的营造上。

右图：神庙建筑上的彩陶板装饰：这种恐怖女神形象的彩陶板多设置在神庙建筑的屋顶或顶梁上，可能有保护神庙免受水、火等自然灾害破坏的寓意。

容。此外，古希腊神学崇拜体系中的诸神不再是完美无缺的形象，而是像世间的人一样有优点、有缺点、会嫉妒的更具世俗化性格变化的神。另外，除了共同尊崇的神家族（Family Tree of the Greek Gods）体系之外，在古希腊不同地区还都有各自的地区保护神，如雅典的保护神是雅典娜，而得洛斯岛作为阿波罗的诞生地而尊崇阿波罗神等。

古希腊时期形成的这套神学崇拜体系，在此后被古罗马和其他文明所继承和改进，也成为雕刻、建筑、绘画等多种艺术形式在千百年来的重要主题与灵感来源。

图3-2-11　阿波罗神庙遗址：位于德尔斐圣地的阿波罗神庙，可能最早是一座带双层柱廊或外柱廊、内环墙的圆形平面的庙宇，建筑形式新颖。

第三节　古希腊柱式

一、古希腊柱式的形成

古希腊时期发展出的柱式体系，是对后世建筑发展影响最大的建筑成果之一。在古埃及和早期的爱琴文明时期，柱子都是建筑中的重要结构，并同时具有象征性、装饰性

等多种实用功能之外的作用，这些都为古希腊柱式体系的形成奠定了基础。

古希腊地区多处于地中海气候影响之下，冬季温热多雨，夏季炎热干燥，因此建筑中设置的半开敞式柱廊，既可以有效地遮挡风雨，又有利于采光和通风，就成为营造最实用建筑空间的结构形式。柱廊作为古希腊建筑中最突出的组成部分之一，并不像古埃及建筑中的那种柱廊，主要是为了营造出神秘的空间氛围和作为建筑内部装饰的主要承托部分而存在的。古希腊无论在神庙、公共会堂、市场还是普通民宅中，柱廊都被作为一种必不可少的实用建筑部分而被广泛采用。

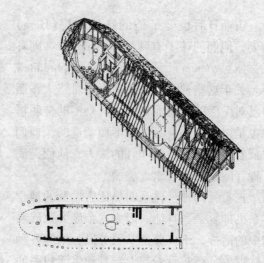

图 3-3-1 原始神庙遗址平面和建筑想象复原图：这座可能带木柱廊的泥砖结构建筑，在中央厅堂两边建有附属空间，建筑一端还带有半圆形平面的小室，可能是早期住宅或神庙建筑的雏形。

在对柱廊形式长久的使用过程中，古希腊逐渐形成了固定的柱子使用规则，柱子的样式、比例等做法，同建筑的立面形式、功能与建筑性质结合起来，形成了最初的柱式体系。古希腊人主要由生活在希腊本土地区的爱奥尼克(Ionic)人和生活在西西里(Sicily)地区的多立克(Doric)人构成，因此最初在这两个地区诞生的两种柱式也以此命名为爱奥尼克柱式和多立克柱式。古希腊建筑发展后期，在科林斯地区又出现了科林斯(Corinthian)柱式。这三种柱式构成了最初的希腊柱式体系。

古希腊的柱式体系有一个特点，就是追求数字化的准确比例，这一特点此后也被全面应用于整个建筑各组成部分之间，以及部分与整体之间尺度关系的设定上。希腊人希望建筑物应该是完美的，他们认为只要能够设计出建筑的地基平面、立面、柱式以及细部等各建筑

图 3-3-2 阿塔罗斯柱廊：由于古希腊文明后期更广泛的地区交流，使得更多混合风格的新柱式出现，而且柱式的具体做法和使用规则也变得更加灵活多变。

元素尺度和距离之间合理的比例，就可以使建筑物的总体效果形成完美的平衡。在希腊人看来，神与人之间沟通的语言就是那些精确的数字，而通过精细比例的设置与把握，就可以使建筑达到他们和神所希望的完美形象。

古希腊在建筑材料方面主要以大理石和石灰石为主。因为大理石较适宜于雕刻，所以希腊人便将雕刻装饰与建筑融为一体，各种雕刻装饰同梁架结构一样，是建筑必不可少的一部分。在这种背景之下，古希腊一种以人物雕像作为柱子的人像柱形式的产生就是很自然的事了。至此，包括爱奥尼克、多立克、科林斯和人像柱的古希腊柱式体系形成。虽然在这个柱式体系中主要以前三种柱式为主，但人像柱形式的影响也不容忽视，它也是一种极富感染性和被后世广泛采用的柱式形式。

由于希腊气候温暖，人们大多喜欢进行一些室外活动。设置在希腊建筑中的室外柱廊就会引起人们特别的关注，建筑师在建造它们的时候也为其美观性而进行了精心的设计。各种柱式在立面上形成柱廊时，柱子与柱子的距离关系、柱子的数量、额枋和檐部的处理、山花的形式等，也逐渐形成了较为固定的模式。

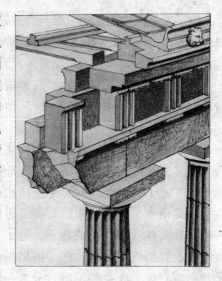

图 3-3-3　柱上结构：古希腊神庙建筑上部的结构，是由早期木构形象演化而来的，因此带有很强的木构建筑痕迹。

为了弥补人眼近大远小的视觉偏差，以及使柱式看起来更加美观，多立克、爱奥尼克和科林斯三种柱式的柱身在制作时都要进行收分和卷杀处理。所谓收分，即是柱子被雕刻成越向上越细的上小下大的圆柱造型，以便使柱子显示出更稳固的承托力。卷杀则是将垂直的柱身轮廓雕刻成梭状的凸肚曲面形式，以缓和柱子的刚硬之感，使柱身看起来更富于弹性。

图 3-3-4　女像柱：伊瑞克提翁神庙中的女像柱，是古希腊文明时期最著名的人像柱作品，以同时兼顾结构性、装饰性和艺术性著称。

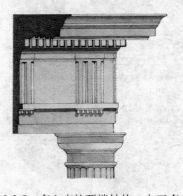

图 3-3-5　多立克柱顶端结构：由于多立克柱式是一种样式简单的承重柱式，因此与之相对应的柱上端结构也以简化的形象出现，以突出坚固的承重特性。

外国古代建筑史

除了在柱式中通用的收分与卷杀处理之外，每种柱式都通过柱底径与柱高的比例形成各自不同的一套比例尺度与细部装饰方法，由此形成不同的风格象征。关于古希腊柱式比例的由来，最通行的说法是，找到既美观又实用的柱子比例关系是困扰建筑师们的一个问题。经过反复思考，建筑师按照人的身长和脚长的比例来建造柱子，从而达到能够载重的目的。

柱子按照男子脚长是身长六分之一的原理，建造出了柱子的高度是柱身下部粗细尺寸6倍的柱子。至此显示男子身体比例的多立克柱式便产生了。后来建筑师又建造出了一种具有女性身体比例的柱子，为了显示女性亭亭玉立的优美姿态，柱子的粗细与高度的比例由原来多立克柱子的六分之一改为了八分之一。在实际应用中，柱子的比例并不是固定不变的，而总是浮动在某一数值的范围内。

图 3-3-6　赫拉第一神庙：这座建造于公元前6世纪的多立克式神庙位于南意大利，神庙内部在中轴线上还设置了一排柱廊，是早期建筑形制最为新颖的神庙。

二、柱式比例规则及具体做法

由于多立克柱式被认为代表着男性的力量感，因此多立克柱子的柱身都比较粗壮，以营造出一种富有力度感和较大承重力的柱子形象。多立克式柱的柱底径与柱高的比例大多控制在1:5.5左右，但这一数值并不是固定的，柱高通常保持在柱底径的4~6倍

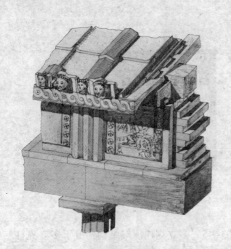
图 3-3-7　特尔蒙阿波罗神庙建筑上部：建筑屋顶的石结构装饰板和出檐不仅具有美化作用，还可以有效保护内部的木结构免受风雨的侵蚀。

之间。多立克柱身的收分和卷杀都很明显，柱间开间较小，而且多立克柱式没有柱础，其檐部高度可达柱身的1/3。简洁的柱子形象、密集的排列以及大比例的檐口形象，使多立克式柱子给人很坚固的承重印象，这样多立克式的建筑则自然给人以庄重、严肃的感觉。

多立克柱式的檐壁（Frieze）由"三垄板"（Triglyph）与"垄间壁"（Triglyph）组成，檐口部分由泪石（Corona）与托檐石（Mutule）组成，也是一种最具有早期木结构遗风的建筑立面形式。

在细部装饰方面，多立克柱身的凹槽约为20个，各个凹槽之间的连接处为尖锐的棱线形式。多立克柱式的柱头只是简单的圆锥

100

形式，柱头和柱身的线脚多为方线脚形式，简单而且数量较少。

多立克简洁、粗壮的柱身形象给人庄严、朴素之感，采用多立克柱式的神庙等建筑类型，在建筑总体设计上，通常也以这种风格基调为主进行设计。比如，在采用多立克柱式的神庙建筑中，建筑底部也大多采用三层无装饰形式的台基，建筑细部的装饰也相对简约，以突出建筑刚硬、雄伟的特色。

爱奥尼克柱式修长、挺拔，它往往被认为象征着女性的柔美风韵。同多立克柱式一样，爱奥尼克柱式的柱高浮动于 7~10 倍的柱底径之间，并以 1:9 的柱底径与柱高之比例最为常见，柱身的收分与卷杀幅度较小，柱间开间较大。爱奥尼克柱式底部有柱础承托，上部檐高只相当于柱身的四分之一甚至更少，柱身上的凹槽较多立克柱式的凹槽更深，并且有 24 个之多，但凹槽之间不再是尖锐的棱线形式，而是形成断面为半圆形的小凸脊。这种细长且明暗变化更突出的柱身，通常还要搭配多种复杂线脚装饰的

图 3-3-8　爱奥尼克柱式：爱奥尼克柱身的收分和额枋高度都低于多立克柱式，但柱身凹槽更深，以配合高挑的柱身并获得高挑、柔和的形象效果。

柱础和柱头，因此使采用爱奥尼克柱式的建筑立面显得高挑而柔美。

爱奥尼克柱式的柱头不再是简单的倒锥形式，而是带有倒垂下的涡卷形装饰部分，而且侧面与正面形象不同。爱奥尼克式柱头正面的涡卷较大，螺旋形的涡卷在中心处形成涡眼，涡卷之间的线脚下还可以雕饰忍冬叶等植物图案的装饰。而柱头涡卷的侧立面则呈栏杆式的横柱形象，这部分的装饰纹样要与柱头上檐部的装饰图案相协调设置。而处于建筑拐角处的爱奥尼克式柱头，其两边的涡卷并不垂直设置，而是互成 45°角设置，以便在建筑的不同立面和柱头的正反两方面都获得良好的视觉效果。

爱奥尼克柱式带有涡卷的柱头和细瘦、高挺的柱身形象，给人优雅、含蓄之感，因此爱奥尼克柱式除在神庙、公共会堂等正式建筑中使用外，还被广泛应用于商业和住宅

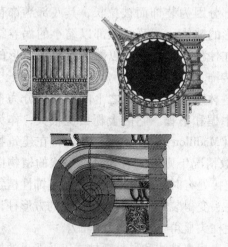

图 3-3-9　上图：爱奥尼克角柱：爱奥尼克角柱最重要的是柱头涡卷的角度，要通过角度设置让外侧每一面的涡卷都获得理想的观赏效果。

下图：爱奥尼克柱头涡卷立面：爱奥尼克柱头上涡卷的螺旋形凹槽设置，也有着严格的尺度变化，以保证涡卷的饱满形象。

建筑中。爱奥尼克式的神庙建筑中，建筑底部的台基和上部的檐口，以及各种细部装饰，都采用多种变化线脚组合的复合线脚和精细的装饰图案，以突出建筑的高雅情趣。希腊多立克柱式中最常见的是一种被称做"爱欣"（Echinus）的线脚，这种线脚的柱头与柱身以弧曲线脚相连接，从而使柱身形成了一种有弹性的变化。

图3-3-10　爱奥尼克柱式柱头垫石立面：除了带有涡卷的柱头立面要精心设置之外，带涡卷垫石的侧立面也要通过纹饰和线脚的变化加以装饰，以便与整个柱式和建筑上的雕刻装饰相协调。

爱奥尼克柱式是一种典雅、轻巧、精致的柱式。希腊爱奥尼克柱式的柱头不仅具有独特的涡卷形式，而且在柱头上部的额枋由从下而上一个个挑出的两个或三个长条石组成，在檐壁之上以人物雕刻和花饰雕刻代替了"三垄板"。希腊爱奥尼克柱式在柱头及连接涡纹间均呈现曲线型，使整个柱式看起来优雅柔美。

图3-3-11　科林斯柱式柱头涡卷装饰：涡卷内部也可以设置莨苕叶、玫瑰花等各种雕刻装饰，但样式一般较为简单，以不破坏涡卷主体形象为宜。

希腊的科林斯柱式是在爱奥尼克柱式的基础上形成的，但比爱奥尼克柱式的比例更加纤细、修长。除了柱底径与柱高的比例改变为1∶10之外，柱身与檐部的做法与爱奥尼克柱式相同。科林斯柱式最具特色的是柱头的形象，其柱头宛如插满了鲜花的花瓶，柱头的部分因为装饰而被拉长，其底部满饰莨苕叶形的雕饰，莨苕叶上部以缩小的涡卷结束，在柱顶的边缘还可以雕饰有玫瑰花形的浮雕装饰。

科林斯柱式柱顶盘之上的檐壁也分为上楣、中楣和下楣。它的上楣出挑很大，作为屋檐挑出部分的挑口板是以一种被称为莫底勇（Modillon）的托架来支撑的；在建筑物中，中楣大多数情况下是没有任何装饰的，少数情况下则雕刻有连续旋涡状的植物图案；下楣处呈三条倒梯状横带，在横带的上下连接处有时雕刻着一些精美的装饰性植物图案线脚。到古希腊文明后期，科林斯柱式的柱头变得装饰性更强，柱头上的方形柱顶盘越来越薄，而且原来平直的四边都向内凹，使柱头显得更加轻巧和华丽。

在希腊建筑中，除了发展出多立克柱式、爱奥尼克柱式和科林斯柱式以及严谨的柱式比例和使用规则以外，还创造出了一种独特的柱式形式——希腊人像柱。希腊人用这种按照真人雕刻而成的人像柱代替了普通的柱子。可以充当柱子的人物形象众多，但在应用中也要考虑到与建筑的搭配问题。一般也同三种柱式一样，在人物形象的选择上视建筑自身形制与功能而定。

女性形象则多被处理成高细的人像柱形象，并与装饰精细的建筑相搭配，突出其装饰性。相对应的，采用男像柱的建筑顶部也同多立克柱式一样，檐口较高以突出厚重感；而采用女像柱的建筑檐口则较低，以突出轻薄感。例如位于雅典的伊瑞克提翁（Erechteion）神庙中，在一个视觉上很轻的檐口下部设置着头顶花篮、身着长衣的女人像柱。她们以优美的姿态、飘逸的衣饰向人们呈现出了特有的女性魅力。这些女人像柱的使用为建筑物本身增添了独特的艺术性，使其更具感染力。一般来说，男性人像柱多被表现为肌肉强健的形象，相对低矮的柱身与装饰简洁的粗犷建筑风格相搭配，以突出表现一种承重性。

图 3-3-12　科林斯柱式：科林斯柱身的设置基本同爱奥尼克柱式相同，但柱头装饰更为精美，除了柱头之外，柱顶垫石的边缘一般也雕刻一些花卉图案的装饰。

图 3-3-13　左图：雕刻成神像的托座：不仅是承重柱被雕刻成人物形象，诸如剧场和舞台等处的基座立面也多雕刻出各种怪异的神像，以增加建筑的表现力。

右图：人像柱：除了有承重功能的人像柱之外，还有在承重墙面和承重墩柱前设置浮雕或圆雕人像的做法，这些人像柱只承受很少一部分重量，或者只是一种纯粹的装饰性设置。

希腊建筑中的雕刻在世界建筑中有着极其重要的地位，希腊人运用了圆雕、浮雕等多种雕刻手法来对建筑进行装饰。建筑雕刻装饰所涉及的形象有神、人、动物、植物等，题材几乎无所不包。在造型方面也是有单独或组合、动态或静态等各种形式，为建筑增添了更强的表现力。

从古希腊柱式的逐渐发展可以看到，虽然古希腊柱式的起源可能是受到了古埃及与亚洲早期建筑文明中的柱式使用规范的影响，但在后期则彻底脱离了其他地区建筑风格和做法的影响。古希腊柱式体系的确立，是本地区建筑工程与希腊的哲学、数学等文明成果相结合，

图 3-3-14　帕加马卫城：柱式在世俗、宗教等各种类型的古希腊建筑中，都是主要组成部分，因此柱式规则的形成，使古希腊文明时期的建筑显示出既统一又具地区性特征的发展特色。

建立在符合希腊神学思想和独特审美观的基础上所结出的硕果。

古希腊时期形成的柱式体系,不仅是一种柱式使用的规范,还是一套对建筑有极大影响的设计思维方式,建筑各部分与柱式在细部和整体风格上的配合,可以使建筑呈现出鲜明的风格差异。古希腊时期产生的这种柱式对建筑风格、表情的影响,也在之后成为西方建筑传统中的一大重要特色。

第四节　雅典卫城建筑

一、雅典卫城的兴建背景

古希腊文明在经过迈锡尼文明的高潮之后,沉寂了相当长的一段时间,直到公元前750年之后才逐渐繁荣起来。此后在古希腊各地区兴起了许多富足的城邦,它们在同希腊以外的其他地区的频繁贸易活动中,也逐渐形成了自己的文化和建筑特色。

大约在公元前450年左右,古希腊各地城邦打败了波斯人的进攻和各异族地区军事力量的侵略,开始进入文明发展的盛期阶段。古希腊文明发展的这一盛期尤其以雅典城邦的卫城建筑群为代表。

图3-4-1　雅典娜节时的卫城:卫城是古希腊文明时期建筑技术与艺术的突出代表,这座建筑群主要是在节日期间供人们祭拜和瞻仰,因此建筑重点都集中在建筑外部形象的设置上。

以雅典卫城为代表的城邦文化盛期发展的时间较短,因为从公元前431年开始,希腊城邦陷入了旷日持久的伯罗奔尼撒(Peloponnesian)战争和科林斯战争之中,并以公元前404年雅典的陷落为标志开始走向衰落。在经过马其顿的亚历山大大帝的短暂统治之后,公元前323年亚历山大大帝突然去世,希腊也连同亚历山大四分五裂的大帝国一样,处于地区势力割据的发展状态下。

各地区的统治者大都是亚历山大的手下,主要来自马其顿地区。因此希腊各地进入以希腊传统建筑为主体,各地糅合不同外来建筑风格的希腊化时期。希腊化时期古希腊建筑受到北方马其顿建筑、波斯建筑、亚洲和后期古罗马建筑等诸多建筑风格的共同影响,使希腊后期的建筑呈现出很强的混合风格特色。

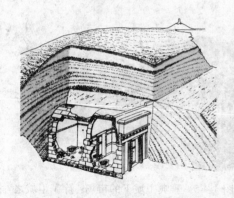
图3-4-2 腓力二世墓剖视图：希腊文明中后期的建筑发展显示出更大的地区性差异，如马其顿地区腓力二世墓，就明显采用了筒拱式屋顶，显示出建造技术上的革新。

图3-4-3 迪迪马阿波罗神庙：这一地区的神庙建筑群修建历史长达300多年，因此整个神庙区集中了古埃及、希腊和部分波斯建筑风格，并突出表现在柱式各部分的不同雕饰上。

古希腊人虽然建立了最早的民主制度，并且在哲学等其他文化领域取得了突出的成就，但其神学体系在社会生活中的作用也十分突出。因此随着社会和建筑的发展，专门营造的祭祀和神庙建筑，也逐渐同住宅等建筑形式相分离，开始脱离早期附属于其他建筑内部的传统做法，形成独立的建筑形式。这种独立的祭祀建筑以神庙、祭坛为主体，或建于有神迹传说的圣地，或建于城市中单独开辟出的卫城中。比如位于奥林匹亚的宙斯圣地（Holy Land）位于平原区，因此整个圣地就是用围墙与外界分隔的。而作为希腊文明发展史的巅峰之作，雅典卫城则是古希腊建筑文明最突出的标志。

图3-4-4 宙斯圣地复原想象图：奥林匹亚的宙斯圣地，是具有代表性的平原区圣地之一，其建筑设置延续了早期的建筑传统，不同功能的建筑分散设置，并没有明确的轴线或对称关系。

雅典卫城在公元前5世纪80年代经过一次较大规模的修建，形成了现在卫城的雏形。但这次修整工程之后，雅典被波斯人占领，卫城也受到很大程度的破坏。早在公元前447年，雅典人同波斯人的战争结束之前，人们已经开始对卫城一些主要的建筑进行重建。在雅典城邦最著名的执政官伯里克利（Perikles，公元前495至公元前429年）执政时期，开始全面启动卫城重建计划。首先新建的是卫城的主体，也是雅典城邦守护神雅典娜的神庙，即帕提农神庙。

当时在建造雅典卫城时考虑到三个主题：第一是为了庆祝希腊反侵略战争的胜利；第二是装饰和歌颂雅典（这时雅典已被作为全国政治、文化和经济的中心，所以在地位上要格外突出);第三是为了繁荣经济(雅典如此大规模的建设使得全国人民都来此进行庆祝,因此雅典的经济收入也相应地大幅度提高,工作机会也大大增多了)。在雅典进行轰轰烈烈建设的同时,大批有识之士也聚集于此。在这些人中有艺术家、科学家、戏剧家、画家以及诗人,他们的到来使雅典在文化上取得了很高的成就。

图3-4-5 雅典卫城下的市场:除了卫城之外,雅典卫城的山下还有一处面积广阔的广场建筑群,主要由神庙、祭坛、公共柱廊和法庭等一些公共建筑构成。

建成后的雅典卫城建筑群,成为一部复杂深奥的古希腊建筑教科书。在其建成后的漫长岁月中,卫城上以帕提农神庙为代表的各座建筑,成为各地建筑竞相模仿的对象,甚至为整个西方古典建筑的发展指明了方向。

二、雅典卫城上的建筑

雅典卫城占据着一块不规则的岩山顶,早在迈锡尼文明时期这里已经形成了拥有坚固城墙的堡垒,其内部也已经建成了一些供奉守护神的神庙和附属建筑。在伯里克利时期新建的雅典卫城建筑群,其整体布局是按照朝圣路线上的最佳景观观测点来布置设计的。相传在泛雅典娜节大庆的时候,游行的队伍必须先环绕着卫城行进一圈才可以上山,可能是为了使山下的人更好地进行观赏。卫城中几座主要的神庙建筑均建在了城中的几个制高点、靠近卫城山边缘的位置上,这样一来便使得卫城作为城市中心的地位更加突出了。

图3-4-6 繁盛期的雅典卫城:雅典卫城的兴建吸引了各地区的人们前来朝拜,因此也使卫城的建筑作为标准模本被推广到古希腊城邦的各地区。

随着朝圣人群的行进,卫城中的景色要在众人穿过拥有庞大体量的山门之后才能被尽收眼底。在卫城建筑中,帕提农神庙以其最高、最大的建筑外观和最鲜艳的色彩、最华丽的装饰占据着卫城建筑中的主导地位。以帕提农神庙建筑为主、其他建筑为辅的建筑集群,主次分明地突出了"歌颂雅典"这一主题。

卫城四周都是陡峭的岩壁,因此人们选择在坡度较缓和的西面设置山门。伯里克利时代新修建的山门保留了原有山门中的部分建筑和H形的平面形式。由于山门正位于一处地理断裂带上,因此入口处采用多立克柱式以显示出坚实感。入口之后的门廊内部则随着地势的升高采用爱奥尼克柱式,而且爱奥尼克柱底径与柱高的比值加大到1:10。

山门仍旧采用5柱门廊的形式，两边的两个门廊较窄，底部采用阶梯形式以供朝圣队伍通行，中间的门廊较宽且采用坡道形式，以供朝圣的车辆通行。

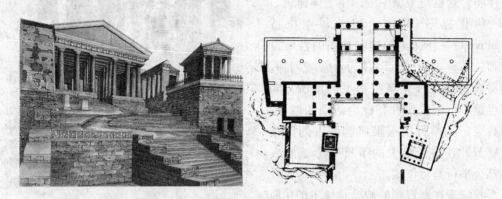

图3-4-7　左图：卫城山门：卫城山门是在极不规则基址上营造出雄伟建筑形象的成功范例，综合运用两种新比例柱式的做法，是卫城建筑既遵守规则又勇于创新的体现。

右图：卫城山门平面：山门的修建不仅包括一座可供人们进入的带顶门廊，还包括对门廊两边原有建筑的整建，因此整个山门的建筑规模庞大。

在山门一侧突出的高地上，建有一座小型的雅典娜·奈基神庙（Temple of Athena Nike），这也是一座造型新颖的爱奥尼克小神庙的经典建筑实例。这座神庙由克拉提斯设计，建筑时间为公元前427年至公元前424年。这座神庙的体型非常小，面积大约只有44.28平方米，采用的建筑材料是名贵的彭忒里克大理石。这座神庙的主体建筑平面是正方形的，但没有采用传统的围廊建筑形式，而是在建筑前后各加入了一段四柱的爱奥尼克门廊，由此形成新颖而优雅的新建筑形象。小神庙另外一大特色，是三面带有精美浮雕的栏板，以及檐壁上雕有战争场景的连续装饰带。

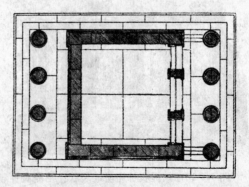

图3-4-8　雅典娜·奈基神庙：这座位于山门一侧突出的山岬上的小神庙可能受所在基址的限制，因此采用前后柱廊的形式，并以建筑栏板上精美的浮雕而著名。

进入山门之后，人们很容易看到圣路尽头的帕提农和它旁边的伊瑞克提翁两座神庙，这也是卫城中的两座主体建筑。

伊克提诺（Iktino）和卡利克拉特（Callivrat）被任命为帕提农神庙的首席设计师，菲狄亚斯（Phidias）为首席雕刻师。帕提农神庙不仅是祭祀神灵的场所，同时也是举行宗教典礼和社会活动的地方。雅典会定期举行庆祝雅典娜诞生的泛雅典娜节，在这个重大的节日中全城的人们都会举行游行仪式。

图 3-4-9　帕提农神庙内部结构想象复原图：帕提农神庙内部曾经摆放雅典娜神像的中心室，很可能是通过双层柱廊的设置来达到理想的空间高度的。

我们现在所看到的帕提农神庙是在原来的遗址上重新建造的，修建工程大约从公元前447年开始，直到公元前432年雕刻工作完成之后才算最终建成。这座帕提农神庙与原来的帕提农神庙采取了相同的建造结构，在长方形的平面内包容着东、西两个不同的建筑空间，东部较小的空间用于储藏贡奉和收藏档案，西部空间在内部由两层爱奥尼克柱式支撑，是放置有雅典娜神像的主要祭祀大厅。

帕提农神庙的建筑规模极为宏伟。它长约69.5米，宽约30.8米，高约13.7米，是一座8×17柱的多立克式围廊建筑，也是古希腊建筑与数学成果相结合的产物。建筑中的所有设置都是为矫正视差所做。纵观整座帕提农神庙，无论是水平或是下垂的线条看起来都是直线，而事实上在这座建筑中并没有一条真正的直线，那些所谓的直线不过是建筑师们凭借着超人的技艺和非凡的判断力，通过对人眼视差的估算进行巧妙弥补后的结果。

神庙外部环绕一圈的廊柱，同时略向建筑中心和各边的中心倾斜，四边角柱不仅被加粗，柱间距也被缩小。与柱子相配合，额枋和台基也都向中部略微隆起，建筑檐部并没有一般多立克建筑中的檐部那样厚重。

图 3-4-10　帕提农神庙遗址现状：帕提农神庙自建成以来，就成为古代建筑的理想标准，千百年来一直吸引着人们前去研究和测量，并成为古希腊文明的重要标志。

图 3-4-11　帕提农神庙西立面细部：在西立面残存的双层门廊上，还留有一些表现战争的精美檐壁雕刻带。

除了各组成部分的这种不易被人们察觉的设置之外，还有一些更隐蔽的比例设置，如柱底径与标准柱轴间距之间、台基宽度与长度之间、立面的高度与宽度之间的比值都是4:9。而在此之外，柱子、平面、内部等各部分之间，也都存在着一定的比例关系。这些各部分之间、部分与总体之间密切的比例关系，将整个神庙建筑凝聚成协调的统一体，由此营造出一种庄严而不显厚重、雄伟但不封闭的建筑形象。

图3-4-12　帕提农神庙北立面：保存较为完好的帕提农神庙北立面柱廊，是人们研究古希腊神庙在柱间距、地基平面和柱子收分与卷杀等方面细微尺度变化的重要建筑部分。

整座帕提农神庙最令世人赞叹的是它那无与伦比的雕塑艺术。神庙中最突出的是两座雕刻于公元前438年至公元前432年间的山花。这两座山花以雕塑的方式向我们展示了两个古希腊神话故事。其中西山墙山花雕塑的是雅典娜（Athena）女神与海神波塞冬（Poseidon）之间的对峙情景，东山墙山花雕刻着雅典娜从宙斯眉宇间诞生的瞬间。此外，在建筑外墙的额枋上，环绕建筑雕刻一圈在泛雅典娜节上诸神明与雅典娜在庆典上的情景。在这一组浮雕中雕刻了将近600个各具形态的人物造型，如翔实的史诗向人们展现了古希腊人的节庆场面。

卫城上另一座主要建筑伊瑞克提翁神庙位于帕提农神庙北面，是一座敬献给希腊先祖的神庙，而且也是传说中雅典娜与波塞冬争夺雅典保护权的圣地。

图3-4-13　伊瑞克提翁神庙西立面复原图及现状透视：这个保存相对完好的西立面，从建筑外观上真实地反映出神庙本身所在基址不规则的变化性。

在伊瑞克提翁神殿中供奉着雅典娜与波塞冬两位神明，这两位神明为了能够获得雅典城的守护神资格，进行了一场法力比试。波塞冬用他的兵器三叉戟（Trident）击打着雅典象征海上权力的海水，结果海水从岩石中喷涌而出；而雅典娜则用她的兵器长枪击打象征雅典土地的地面，结果生长出一棵枝繁叶茂的橄榄树。由此奥林匹斯山的众神明作出一致的判定，雅典娜对于雅典城的作用更大，所以便将雅典城赠予了雅典娜。

伊瑞克提翁神庙比帕提农神庙的面积要小得多，大概只相当于帕提农神庙的三分之一，而且由于神庙建在一处地理断裂带上，因此由主体长方形平面的神庙与设置在建筑西端南北两侧的两个柱廊构成。主体建筑只在东侧入口设置有一个6柱门廊，两侧实墙面没有柱廊，南立面则采用壁柱配长窗形式。神庙西端北侧的门廊在平面上低于神庙主体建筑，采用高大

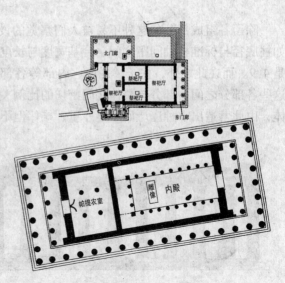

图3-4-14 帕提农神庙和伊瑞克提翁神庙位置关系图：人们推测建造伊瑞克提翁神庙的目的，一是为了纪念原有的一块圣地，二是为了与帕提农神庙相衬托，以便在视觉上起到平衡作用。

的爱奥尼克式柱廊，西端南侧面对帕提农神庙的一侧，则是著名的女像柱廊部分。

由于地势变化而使伊瑞克提翁神庙具有东、西两个门廊，也同时具有东西两个独立的内部空间。东部经由东立面进入的空间形式较简单，而西部通过西北门廊转向进入的室内则相对复杂，它由一间外室与两间内室构成。由于伊瑞克提翁神庙在后期曾经被大规模改建，因此关于神庙内真实的空间及功能分布，直到现在还是一个具有争议的问题。

图3-4-15 伊瑞克提翁神庙南门廊：由于这座人像门廊面对帕提农神庙，正好被帕提农神庙白色大理石壁反射的阳光照亮，是十分巧妙的建筑设置。

伊瑞克提翁神庙最引人注目的，是西南部设置的女像柱廊部分。女像柱廊平面为长方形，由6尊古希腊女神像构成，其中正立面四尊、左右立面各一尊。四尊女像柱都被统一雕刻成头顶花篮身披长袍的少女形象，与承重柱的功能性相配合，六尊少女像被左右分为两组，一组少女微屈左膝，另一组少女微屈右膝，仿佛是因为头顶檐部劳累暂时休息的样子。而少女头顶的花篮，则正好与柱顶盘一起，形成良好的过渡。伊瑞克提翁神庙中的6尊栩栩如生的女像柱形式，不仅形象优美，而且向世人展现了一种全新的柱式与优雅建筑形象。

在卫城圣地中，除了几座主体建筑之外，在山门入口处还曾经矗立着高大的雅典娜雕像，而在帕提农神庙与伊瑞克提翁神庙周围，则分布着一些不同时期兴建的神庙与附属建筑，用于储藏、放置神像和供圣职人员居住等。

在几座主要的神庙建筑中，柱头和建筑檐部都设置有一些隐蔽的铜针。据有关史料记载，这些铜针很有可能是为了在节日期间悬挂装饰用花环和装饰物的。根据当时的一些记叙文字显示，这些神庙建筑很可能延续了早期克里特米诺斯文明的传统，其外部都被覆以艳丽的

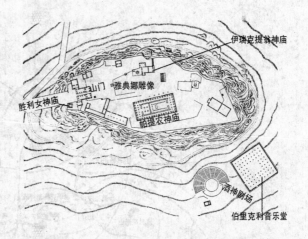

图 3-4-16　雅典卫城平面图：卫城上的各座建筑都分散在围墙边缘，这样使得人们在山下就能够隐约看到山上的建筑，同时还在卫城中获得了宽敞的圣路和广场空间。

色彩装饰过。虽然人们无法理解古希腊人为何要用现代人看来十足俗气的色彩来装饰神庙，而不是任其显示纯白的本色，但毫无疑问的是，当年的卫城是一座充满热烈、高昂氛围的建筑，而非像现在人们看到的那样，孤傲地屹立于山巅与蓝天之间。

雅典卫城的神庙建筑群，基本上涵盖了古希腊建筑的一些突出特色与建筑文化的精髓。帕提农神庙的环廊式建筑造型，柱式、细部与整体上所蕴含的严密数理关系，以及精确的雕刻手法，都成为此后希腊神庙以及后世神庙建筑所遵循的规则。可以说，古希腊人通过一座建筑不仅体现出他们高超的建造技能，还体现出他们严谨的设计态度和严格、规范化的建筑思维。但希腊人又不是僵死地严守规则，卫城山门和伊瑞克提翁神庙在非理想基址上对建筑、柱式等组成部分进行的灵活变体，又表现了希腊建筑灵活和富于创造性的一面。除此之外，建筑与精美雕刻装饰的结合，也使建筑具有一种浓郁的艺术气质，这也成为古希腊建筑能够在千百年中深深吸引人们的重要原因。

第五节　希腊化时期的建筑

一、柱式和建筑的转变

伯里克利（Perikles）领导的希腊城邦时期，也是古希腊文明各方面发展最为兴盛的时期，各城邦除了兴建城邦实力与荣誉象征的卫城及神庙建筑之外，各种公共建筑类型和世俗建筑也在蓬勃发展之中。

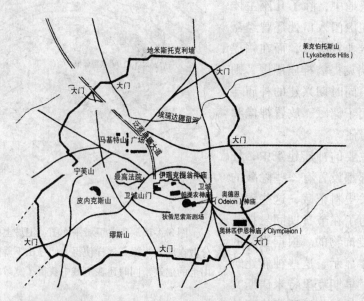

图 3-5-1 雅典城平面图:雅典本身也是一座具有坚固城墙围护的独立城市,整个城市的主要公共建筑都设置在泛雅典娜大道旁边,这条大道通向城市中心的卫城建筑区。

古希腊城邦制后期和希腊化时期,专政政权逐渐取代了民主体制,建筑的服务对象从城邦民众转化为少数上层人士,因此造成世俗性建筑的兴起和神庙建筑的衰落。同时,一些在早期就已经存在的建筑形式,也随着建筑经验的累积和外来建筑风格的引入而出现了变化,并且逐渐形成了新的建筑规则。

图 3-5-2 得洛斯岛:作为古希腊重要的城市,直到古罗马统治时期得洛斯仍保持着作为宗教与经济中心的地位,因此岛上的建筑风格极为多样。

亚历山大大帝在埃及兴建的新城亚历山大里亚,虽然远离希腊文明发展的本土,但却对此后希腊文明区建筑的发展产生了很大的影响。在这种新的城市中,神庙和卫城圣地的主体地位表现得不太明显,而会堂、剧院、浴场、市场、图书馆和学院等新建筑形式却层出不穷,并逐渐成为城市建筑中最吸引人的部分。而在一些希腊文明后期兴起的海上商贸城市中,则以密集的商业化建筑为主体,并且更多地显示出地区建筑风格交流的特色。

在建筑中变化最大的是柱式。柱式只在希腊本土应用的地区化特色被打破,各种柱式开始在希腊以外的地区通行,并在不同地区呈现出略微的变化与不同。粗犷、坚毅风格的多立克柱式逐渐不被用于单体建筑中,因为这种柱式太过简约,多立克柱式粗壮的柱子形象和沉重的檐部也使建筑基调变得沉重，与此时人们对新颖、精致建筑形象的审美观不一致，因此多立克柱式逐渐变成了一种柱廊专用的柱式。爱奥尼克和科林斯柱式则以其高挑、优雅的形象广受欢迎，尤其是制作简单又极具表现力的爱奥尼克柱式，被人们用在各种类型的建筑中。

除了柱式使用上的变化之外，另一种重要的改变是壁柱形式的出现与普遍应用。希腊化时期的许多建筑都逐渐抛弃了围廊式的建筑形式，转而直接采用实墙面承重，但为了与传统相呼应，因此多采用壁柱形式。

壁柱早在公元前6世纪末的希腊文明时期就已经出现，但当时使用得很少，而且多用在室内作为装饰出现。到了希腊化时期，壁柱不仅很快被用在建筑外部，而且还普及到各种建筑、大门的装饰之中，有时还被涂以色彩，以强化其装饰作用。

图3-5-3　腓力二世墓立面：这座陵墓的入口立面，是按照古希腊神庙立面的样式雕凿而成的，显示出古希腊风格在马其顿地区的深刻影响。

希腊化时期的建筑理论家赫尔莫格涅斯（Hermogenes）总结出一套较为规则的爱奥尼克柱式比例规则，对柱子的底径、高度、柱间距等组成部分之间的比例尺度进行了重新调整。赫尔莫格涅斯总结的这套柱式比例关系最大的特点，是在石结构允许的情况下，按照柱间距的宽窄将采用不同柱间距的神庙分为了多种形式。这套新的比例规则和单层柱廊与墙壁的组合形式在此后被固定下来，并且对古罗马时期的建筑发展起到了较大的影响。

希腊化时期的神庙建筑，虽然在很大程度上继承了早期雅典卫城的建筑模式，多采用围廊式建造而成，但此时的各种神庙建筑已经不再像早期神庙那样谨守规则，在柱础、柱头、檐部等部位的雕刻装饰、三垄板的设置以及不同部位的尺度搭配等方面，都显示出一种更灵活和自由的设置倾向。因为这些不完全按照传统建筑规则兴建起来的神庙，不再像之前那样被作为城邦的荣誉而被兴建，而更多的是出于一种权力与财富的炫耀而建造，因此更自由的比例、构图与更多的装饰的出现，也就成了必然的发展趋势。

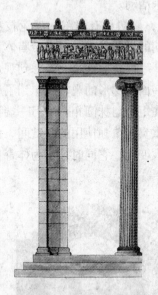

图3-5-4　伊瑞克提翁神庙北廊：虽然形成了比较固定的柱式使用规则，但人们也能够很灵活地运用这些规则，如伊瑞克提翁神庙的北门廊就使用了一种加高的爱奥尼克柱式。

二、世俗建筑的发展

在希腊化时期，神庙除了展现出世俗化倾向之外，也不再是唯一的建造重点，更多世俗性质的建筑被兴建起来，其中以剧场和体育场最具代表性。剧场和体育场这类公共建筑的大量出现，也是文化娱乐生活加强的表现之一。这两种建筑逐渐被人们所重视，正是世俗生活取代神祭生活成为社会生活重点的反映。

图 3-5-5　绘有火炬接力赛的红像陶瓶：许多出土的古希腊陶器上都绘有不同项目的体育竞赛场景，为人们展现了当时发达的体育竞赛活动情况。

希腊人创造了音乐剧、喜剧、悲剧、滑稽剧等。狄俄尼索斯（Dionysus）是象征着丰收和葡萄酒的神，也是戏剧之神，狄俄尼索斯酒神节（Bacchanalia）是为了向狄俄尼索斯表示敬意而每年举行的两个宗教节日中更为重要的一个节日。公元前534年雅典大狄俄尼索斯酒神节期间上演了希腊的第一场悲剧，它的创作者是诗人、悲剧创始人——忒斯庇斯（Thespis）。

古希腊的戏剧和体育竞技活动都始自宗教活动中的祭祀仪式，但二者都逐渐从宗教节日的祭祀活动中分离出来，形成了极具独立性的文化娱乐活动。

体育场中的比赛作为古希腊一项历史悠久的活动项目，最初只有赛跑一项竞技项目，后来才逐渐加入了掷铁饼、格斗等其他项目。在长时期的发展过程中，古希腊体育场的形制变化不大，它一般是一块平整而狭长的矩形场地，一端抹圆。早期考虑到观众的观赏需要，体育场多建在山脚下，以便顺着山坡开凿出一面阶梯形的观赏席。到了后期体育场在另一面的平地上对称堆叠出阶梯形的观众席，在矩形与抹圆相对的另一端设置带拱顶的起跑门。再之后，体育场在观众席中开辟出了供贵客单独使用的观赏间，而且建筑规模也日渐扩大。总之，体育场的建筑形制没有太大变化，它同时被作为体育比赛场和赛马场使用。

图 3-5-6　德尔斐体育场遗址：这座体育场还较完好地保存着开凿出来的观众座席，由于体育竞赛最早与宗教祭祀活动有关，所以体育场也多建在神庙所在的圣区附近。

图 3-5-7　奥林匹亚体育场入口拱门：古希腊人已经掌握了用砖石砌筑拱券的技术，但对拱券结构的运用十分有限，因此留存的拱券结构实例并不多见。

与体育场相比，剧场建筑的变化更明显一些，它的建筑形制在希腊化时期发展成熟。希腊的气候十分适合人们在室外活动，剧场也建在室外。剧场最初的功能是进行合唱和表演舞蹈的地方，因此规模较小，到了后来剧场成为表演喜剧和悲剧的主要场所。随着观众数量的增加，其建筑规模也逐渐

图3-5-8　陶器上表现祭祀场景的绘画：由于戏剧表演最早是神祭活动的组成部分之一，因此早期的戏剧也大多是以神话故事为题材创作的。

扩大。所有的剧场均设计成露天的形式，剧场也同体育场一样都是建造在小山的山脚下，座位一排排地开凿于山体的斜坡之上，剧场底部中央用于表演舞蹈的地方视观众席的形状而定，大多数情况是圆形的。

此后人们开始在山脚下的平台后兴建另外的高平台作为表演用的舞台，这样设计的目的是为了便于观众们更好地观看表演。而在表演平台之后，则多兴建柱廊作为背景墙。至希腊化时期，露天剧场的建筑规模扩大，其建筑形制也逐渐固定下来。由于古希腊戏剧最早是作为酒神祭祀活动而举行，所以剧场往往还与酒神庙组合建在一起。

位于雅典卫城山下酒神圣地的狄俄尼索斯剧场和埃比道拉斯（Epidaurus）地区的剧场是现在保存最好的两座古希腊剧场，其建筑形制也差不多，都由靠山开凿的阶梯观众席与底部圆形的表演席、表演席后带柱廊背景墙的舞台构成。狄俄尼索斯剧场有78排座席，最多可容纳约1.8万观众，埃比道拉斯剧场有55排座席，最多可容纳约1.2万名观众。两座剧场的座席除了纵向有放射形过道之外，横向也通过弧形通道隔开，以利观众的疏散。观众席大都是简单的阶梯形式，但前排有雕刻精美的石坐凳区，显然是剧场的贵宾席位。

图3-5-9　阿斯克勒庇俄斯圣地：这组圣地建筑群是古罗马统治时期兴建和完善的，因此整个圣地布局遵循古罗马广场建制，以广场为中心，其他建筑围绕广场建造。

图3-5-10　埃比道拉斯剧场：这是古希腊时期保留下来的较为完好的剧场建筑之一，整个剧场依靠山体开凿而成，观众席通过一个圆形的过渡性空间与表演舞台建筑相对应。

演出区域通过石栏墙或排水沟与观众席分开，舞台和柱廊背景墙已经成为统一的建筑形式。高大的背景墙不仅起到烘托戏剧演出的目的，它的独特设置还与观众席底部掏空的座位及特别放置的共鸣器相配合，组成原始而有效的音响系统。

除了各种活动建筑之外，此时随着各地在文化、建筑和商业贸易等方面的交流日渐加强，大型城市开始出现。作为城市日常公共生活中心的广场建筑和普通市民住宅建筑的形制也逐渐固定下来。

广场多位于城市中心区，作为城市之中社会活动与商业活动的中心，广场可能由柱廊围绕，也可能是由诸多建筑自发围合而成。广场内部通常建有许多重要功能的建筑，例如议院、行政办公室、敞廊（人们用来躲避风雨的地方）和浴场等。

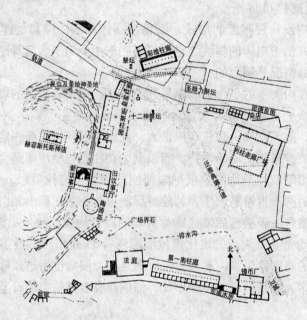

图 3-5-11 雅典广场平面图：建造有各种类型建筑的雅典广场，也是整个城市中纪念性和公共性建筑的聚集地。

雅典卫城山下的广场是在长期的修建过程中形成的，因此整个广场区域的平面并不规整。广场建在通向卫城的圣路两侧，主要由神庙组成的建筑区和长柱廊组成的市场区共同围合而成。带有长长的柱廊式的建筑，是广场上最主要的构成部分，这些用于商业的柱廊建筑形式往往更加自由，不受严格的柱式使用规则限制。除了雅典之外，在一些新兴的城市中，由于广场大多经过事先设计，因此往往以柱廊建筑围合的规则广场形式呈现。

三、纪念性建筑与城市住宅的发展

在古希腊后期，城市广场中还经常兴建一些纪念性的建筑，其中以奖杯亭和祭坛最具代表性。奖杯亭是一种小型的纪念性建筑,基本建筑模式是一段立在方形台基上的圆柱体上设一个石头的屋顶。方形台基除了石材贴面外一般不加装饰,上部的实心圆柱体则加科林斯壁柱装饰。奖杯亭的上部依照建筑的额枋形式建造,并雕刻华丽、细密的装饰图案,最后以卷草形的尖顶结束。这种奖杯亭多是为了纪念荣誉事件而建,是一种颇具观赏性的小型纪念建筑。

图 3-5-12　奖杯亭:奖杯亭是一种纯粹的纪念性建筑,这种建筑依然采用带柱廊的建筑式立面装饰,同时也催生出了一种新型的壁柱形式的出现,为壁柱形式的发展奠定了基础。

希腊化时期产生了一种全新样式的大型纪念性建筑——祭坛。在帕迦玛(Pergamon)城卫城上兴建的宙斯祭坛,是古希腊文明时期最大规模的祭坛建筑,这座祭坛主体建筑平面呈"凹"字形,宽大的阶梯填补建筑平面上的缺失部分。祭坛实际上是建在高大台基上的柱廊,并在建筑中部建有祭台,是一种开敞的建筑形式。

图 3-5-13　宙斯祭坛:位于帕迦玛的宙斯祭坛原建筑已经塌毁,但以基座上留存下来的大量精美雕刻而闻名。

此时祭坛建筑追求庞大、华丽的建筑效果,因此忽略了早期建筑对协调比例关系的遵守,底部的基座往往过于高大,而上部的柱廊则相对显得矮小。基座上以高浮雕的形式满饰雕刻装饰,因此无论建筑重点还是人们的视觉重点都集中在下部,整体建筑略显沉重。

除了城市中心的广场建筑群之外,古希腊后期的城市规划及城市建筑都显示出很强的规划性与统一性。城市内基本形成了网格形式的布局。除了城市中心广场的纪念性建筑区和圣地卫城之外,城市其他部分也开始按照功能分为不同的区域,而这个分区的标准是自然按照贫富两级形成的。

城市住宅区最早都是按照统一的尺度进行规划的,因此平民的住宅都呈现出统一的面积与相似性,以柱廊院为中心设置各个使用空间。而在富人居住区,由于多采用三合院、四合院等庞大的合院形式,因此往往一座富人府宅就能够占据一个街区的面积,而且往往还采用多层建筑的形式。

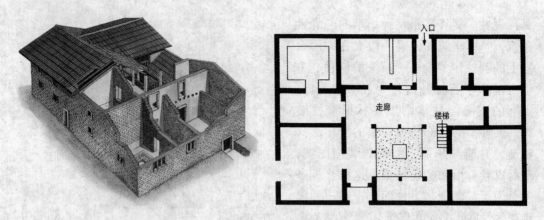

图 3-5-14 好运别墅想象复原及平面图：从奥林索斯发掘出的好运别墅，是以天井为中心建设的住宅代表，此类住宅布局较为灵活，并且可以天井院作为构成单元，组成多进合院的形式。

图 3-5-15 公元前四世纪的希腊城市住宅：古希腊各城邦从很早就形成了按照统一的方格网建造城市住宅的布局规则，因此城市住宅的格局大体相似，而且以二层的楼房为主。

在古希腊城市的民宅中，柱廊被很普遍地使用。人们在门口建立了一个不是十分宽阔的通道。在通道的两侧分别建有门房和马棚。内眷室建在一个有三面柱廊的围柱式院落里，这里有一个宽大的正厅，在这个正厅里设置了专门供主妇和纺织妇女们使用的座位。正厅的前方有一个凹间，凹间的左右两侧分别是两间卧室。另外，卧室、日用餐厅和奴仆室还分别用柱廊围绕起来。

穿堂屋连接的是一个十分宽大和华丽的围柱式院落，在这个院落里，四周的柱廊高度均是相同的（也有一些南面的柱子高出其他三面的形式）。在这种院落中有着专门供主人及贵宾们使用的出入口和装饰异常华丽的门厅。这座院落是一个属于男人们专享的地方，而这样的设计也将建筑内部分为对外接待区与内部生活区两部分。

希腊富人住宅的建筑格局大体上是：在建筑东面的位置设图书室，南面是方形的正厅，这间正厅是专供男子们集会的场所。西面是欢聚室，北面是餐厅和画廊。在整个围柱式院落中所有的柱廊均是用白色的灰浆、普通灰浆、木造顶棚来进行装饰的。

希腊化时期，是古希腊建筑发展后期的成熟阶段，同时也是逐渐吸纳外来建筑文化的异质化发展阶段。位于基克拉泽斯群岛中的得洛斯（Delos）岛，自古典时期起就是重要的商贸之地，这里在希腊化时期及以后的罗马时期都是著名的港口城市，因此岛上的各种建筑发展都非常繁盛。这座岛上建筑的总体布局较为凌乱，这是长时期断续修建工作的结果，岛上以圣湖为中心设置各种神庙和祭祀建筑，剧场、竞技场和普通民居建筑则围绕在圣所周围兴建。

作为一个以商业贸易为主的城市，得洛斯岛上居民建筑也显示出很特别的建筑形式。在密集的居住区中，显示出一种横盘格式的规划思想，拥有开敞列柱廊的公寓明显是作为商业用途而建的。而在真正的居所内部的柱廊，则大多有题材广泛、画面生动的各式马赛克铺地，显示出一种此地世俗生活的富裕程度。

在希腊化时期，古希腊主要的神庙、广场、住宅、剧场和体育场等建筑形式在长久的历史发展中逐渐成熟。包括广场、音乐厅和其他纪念性建筑等新形式也在结合古希腊建筑传统的基础上发展，最终为古希腊灿烂建筑文化的发展画上了圆满的句号。

图 3-5-16 得洛斯剧场：得洛斯岛的公共和宗教性建筑，都建造在毗邻港口的基址上，而散落在这些建筑周围的城市建筑，则以建筑密集而著称。

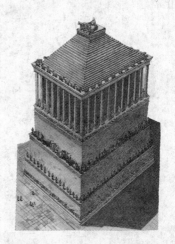

图 3-5-17 莫索列姆陵墓想象复原图：这座位于小亚细亚地区的陵墓将亚洲的高台式建筑传统与古希腊的神庙样式相结合，虽然没能留存至今，却是一座在古代世界十分著名的建筑作品。

总　　结

古希腊建筑造型的典型特点是建筑通常以带有屋山的一面作为正立面，而屋面的两侧则为侧立面。建筑下面有基座，建筑的正立面设置柱廊，柱廊之上是额枋和山花。山花内常常安排一些雕塑。建筑的屋顶为平缓的人字坡屋顶，以木构架作为房顶的支撑方式。建筑的基座和墙体以石头为材料。许多建筑都设置有四面回廊。建筑的内部采光不好，但建筑的外部却拥有雕塑般的层次和厚重感。古希腊建筑给人的视觉形象是高贵、典雅、庄重、沉稳。由于希腊终年气候温暖，因而希腊建筑在很大程度上是供人们从外部来欣赏的。

古希腊时期形成的建筑类型和各种建筑规则，在很大程度上都被古罗马人所沿袭下来，不同的是古罗马更注重营造建筑的实用性空间。此后，古希腊建筑规则连同古罗马的建筑经验一起，成为欧洲各地区建筑发展的基础。因此可以说，古希腊建筑是欧洲建筑重要的发展源头之一。古希腊时期创立的许多建筑规则和建筑样式，直到现在仍被人们所使用，如现代的体育场建筑，就完全是古希腊运动场的翻版。

　　古希腊人在哲学、数学等文化领域获得了极高的成就。晴朗的地中海气候也造就了古希腊人开朗、乐观的性格。完整的神学崇拜体系的确立，则使古希腊人的思想和生活极富浪漫主义气息。而作为综合艺术的古希腊建筑，吸收了古希腊文明的种种特色，在严谨、精确的比例关系中表现出高雅的情趣，同时又以庞大的气势和精美的雕刻让人叹为观止。

第四章 古罗马建筑

第一节 古罗马建筑概况

一、古罗马的起源与建筑特色

关于古罗马的诞生，有一个著名的故事：传说战神马尔斯（Mars）和努米托尔（Numitor）国王的女儿瑞亚·西尔维亚（Rhea Silvia）有一对孪生子名叫罗慕洛斯（Romulus）和瑞慕斯（Remus）。努米托尔的兄弟阿姆里乌斯（Amulius）在谋夺王位后为了确保其王位的稳固，便将前国王努米托尔的两个外孙罗慕洛斯和瑞慕斯放进了一个篮子里顺台伯河（Tiber）漂流，企图杀害他们。恰好这时候有一头母狼将他们救起并哺以他们狼乳。兄弟俩长大成人并得知了自己的身世之后，便将阿姆里乌斯杀死了，他们回到他们长大的地方共同建造城市，在一次争执中罗慕洛斯失手错杀了瑞慕斯，因此整座城市便以罗慕洛斯的名字命名，称为罗马（Rome）。这个故事一直流传至今，成为罗马城创建的起因。

图 4-1-1 母狼雕塑：这尊母狼哺育幼子的雕塑，是古罗马的象征。罗马城的建立时间为公元前 753 年，也是从这一传说而来的。

以意大利半岛为起源中心的古罗马文明，据传说以公元前 753 年罗马城的建立为标志开始。而据科学家们的推测，罗马人可能是由早期来自多瑙河操印欧语系的人种如高卢人（Gaul）与来自小亚细亚的伊特鲁里亚人（Etruscans），和一些当地的居民不断融合形成的。罗马可能进入奴隶制王国的发展时期，大约在公元前 5 世纪建立自由民（Free Citizens）的共和政体之后，开始不断地对外扩张。古罗马在大约公元前 30 年进入帝国政体阶段，并在随后的公元 1 世纪至 3 世纪发展至鼎盛，成为横跨欧亚的大帝国。从此，在以罗马为中心的帝国各行省都进行大规模的建筑兴建工作，创造了辉煌的古罗马建筑文明。公元 4 世纪之后，强大的罗马帝国逐渐衰败，不仅分裂为东、西两大帝国，还以公元5世纪西罗马的灭亡为标志,结束了古罗马帝国的辉煌发展历史。

古罗马人的建筑主要承袭来自古希腊人的建筑传统,并加入了本土早期伊特鲁里亚(Etruria)文明的一些建筑特色。古希腊时期被普遍使用的梁柱结构,在古罗马时期被拱券结构所取代,这是由于罗马的地质情况与希腊的地质情况有所不同,人们可以获得的建筑材料也有所不同。在希腊的建筑中以石材、尤其是以大理石为主要材料,而罗马的建筑材料除大理石之外,还有许多种石料、砖料和火山石。

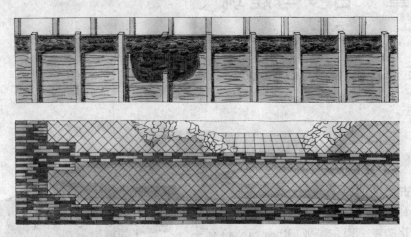

图4-1-2 两种墙体砌筑方法:利用三合土砌筑墙体的方式有很多种,但主要以图示的模板浇筑法,以及三合土与砖石混合砌筑两种方法为主。

图4-1-3 两种墙体装饰方法:砌筑而成的墙外立面可以通过贴饰砖、石等不同材料装饰。用大面积壁画连续装饰的墙面,一般都仿照建筑外立面的形象分划出不同的区域,同时也可以作为不同场景的自然分隔。

在诸多的建筑材料中有一种由火山灰与砖、石等骨料加水混合搅拌后形成的有黏性的三合土材料。这种材料在最初搅拌时具有十分自由的造型特性,可以随着浇注的模板变化出各种结构形式,但当这种混合物干透后则变得极为坚硬。罗马人称之为"人造大石块"的这种材料,可以用来砌筑各种样式的墙体和拱券,而且会自然形成坚固无比的建筑结构。唯一的不足是这种"人造大石块"砌成的墙面十分粗糙,因此罗马人往往在这种墙体的外面加入了一层形状大小较一致的石块或是砖块,造成整齐的砖石砌墙的形象,或在这种粗糙的墙体之外以大理石板或马赛克进行贴饰。

这种采用三合土浇筑后再由人工贴面装饰的结构,不但造价便宜,而且进行建筑的工人也并不需要什么专业的技术,所以在整个罗马建筑中，大规模普及性地采用了这种三合土浇筑技术与拱券结构相结合的建筑形式，这样全国的建筑也因此形成了较为统一的建筑结构形式和装饰风格。

拱券结构与浇筑技术相结合的建造方式，也是古罗马时期最突出的建筑特色。古罗马时期的建筑是由大批奴隶建成的，由于浇筑拱券的结构易于快速建造，而在皮鞭驱动下的奴隶可以从事大规模的营造任务，因此古罗马建筑形成了规模庞大和数量众多的特色。但也是由于这一特点，使得古罗马建筑在规模大、施工快的另一面，是较为粗糙的建筑形式，更不像古希腊建筑那样拥有精细而考究的细部处理。由于缺少熟练和高水平的工匠，罗马建筑中的雕刻装饰比古希腊建筑大大减少，而且精细的雕刻已经不再是建筑中主要的装饰形式，另一种以彩色大理石或马赛克拼贴的装饰，由于可以快速施工和技术性相对较低，成为建筑中最普及的装饰形式。

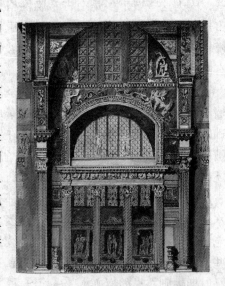

图 4-1-4　罗马浴场内部：罗马时期的浴场，是综合体现古罗马建筑与装饰等方面艺术发展水平的展示场所，这里的浇筑墙体多采用大理石贴面装饰，还要设置各式雕塑摆设。

作为古罗马建筑标志性特色的浇筑拱券结构，其优势不仅在于操作上比雕琢石块更简单，而且在于与拱券结构相结合可以营造出跨度更大的室内空间。而这种利用拱券组合营造更大室内空间的建筑形式，是一种与古希腊的梁柱结构完全不同的新结构体系，是古罗马时期所取得的一系列建筑成就的结构基础与前提。

二、城市建筑与公共建筑

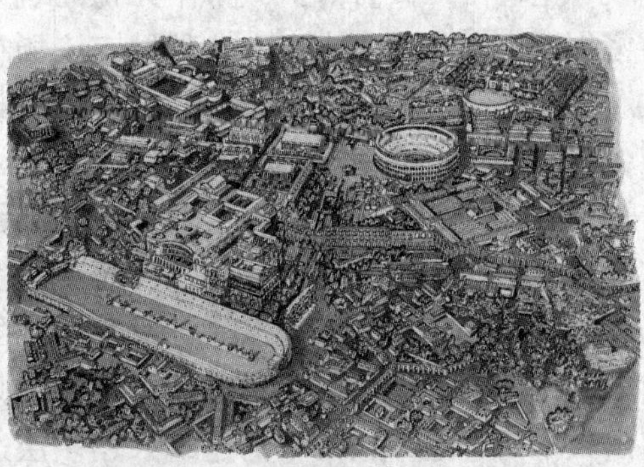

由于不断对外征战和殖民，使得古罗马的经济脱离了早期以农业经济为主的发展模式，而形成以殖民经济和城市生活为主的社会发展模式。由于大量掠夺自殖民地的财富供养，使得古罗马帝国的主要建筑成就都集中于城市中，并且以能为城市居民提供服务的世俗建筑为主要构成内容。同时，这种密集地区的建筑活动也因为人力、物力和财力的集中而变得更加庞大和辉煌。

图 4-1-5　古罗马城景观：古罗马城以建筑密集和大型建筑云集而闻名，各种普通建筑均围绕大型公共建筑建造，并由密集的道路网相互连通。

除了城市中的单体建筑之外，城市经济生活的确立也使城市的整体规划思想在古罗马时期得到了更深入的发展。位于偏远山区或城防城市的布局相比大城市要规则一些，因为这些城市多是在古希腊网格形的城市规划基础上兴建而成的。而且由于城市规模较小，人口有限，因此基本上能够保持原有的规划。

古罗马时期发展起来的这种由坚固的城墙围合，在内部形成以网格式平面布局为基础的营寨式城市的规划形式，不仅在罗马帝国所在的意大利和欧洲内陆的各行省推行，还在环地中海的非洲和亚洲各地推行。由于古罗马时期各行省的大城市建设，都是选在水陆交通便利的地区进行，所以许多这种古老的城市在罗马帝国灭亡之后也继续作为这些地区政治和经济的中心存在和发展，因此在许多城市中，甚至今天仍能看到一些古罗马时期规则布局的痕迹。

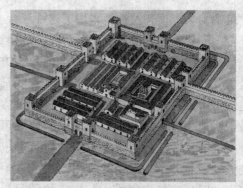

图4-1-6 哈德良时期的营房：哈德良时期在帝国边界处修建了许多兵营，这些兵营在此后逐渐发展成为世俗性质的城市。统一的布局与规划特色，在兵营与城市中是共通的。

图4-1-7 凯撒广场想象复原图：凯撒广场是早期兴建的帝王纪念性广场，整个广场以带柱廊的高墙围合。以广场一端的神庙建筑为主体建筑的做法，成为此后帝王广场的固定建筑形制。

但在大城市，尤其是罗马城中，这种早期规划已经踪迹全无。罗马城作为强盛的罗马大帝国的首都，不仅人口众多，而且吸引着来自帝国各行省的大量求学者、参观者和工匠等各色人员。因此，虽然古罗马城的规模一再扩充，但城市中的建筑用地依旧紧张。

古罗马帝国时期繁荣城市以古罗马城为代表，呈现出几大特点。城市中无论建筑如何密集，都以广场为中心，这种城市广场在共和时期是开敞的，但到帝国时期则变成封闭的。

像现代的大都市一样，古罗马城到处都挤满了建筑。除了大型的剧场、浴场、比赛场、城市广场和贵族府邸区之外，平民区的建筑密密麻麻地填满了街道之间的空地，只留出狭窄的过道。城市中的建筑采用多层造型的形式，以便形成分租公寓以满足更多人的需要。住宅建筑常常围绕中间的天井建造，但通风、采光和卫生条件极差，为此有钱人都选择到罗马城外的郊区另购土地建造别墅居住。

由于城市建筑，尤其是平民区的建筑过高、过于密集，所以在治安、卫生、防火等方面问题频发。这种现象在帝国的各个时期都会发生，其中最严重的一次大约是在公元64年尼禄皇帝（Emperor Nero）统治时期，罗马城的大火摧毁了大半个罗马城。其后有多位古罗马帝王都曾下达规范城市住宅的法令，对住宅的层数、高度和街道尺度做出严格规定，以防止此类悲剧的再次发生，但像古罗马城这样人多地少的城市境况无法从根本上得到改变，所以每次的法令都没能对城市居住环境的改善有实质性的作用。

除了居住状况不令人满意之外，古罗马人的日常生活还是十分美好的。城市中兴建了大量的浴场、斗兽场、竞技场和剧场作为供人们消遣的去处。帝国时期的历代统治者，都深知自由民对战争和维护政权的重要意义，于是不仅赋予自由民很优厚的国家福利，还兴建各种享乐建筑供人们消遣。在罗马，人在现世的享乐代替了敬神带给人的愉悦。因此神庙建筑虽然也有所兴建，却已经不再像古希腊时期那样是国家主要的建造项目。但也有政府主持的神庙营造计划，譬如哈德良（Hadrian）皇帝主持修建的罗马万神庙（Roman Pantheon）就是其中一例。

图4-1-8　古罗马城市景象：在许多古代典籍中，都记录了古罗马城市的拥挤建筑状况。

图4-1-9　万神庙内部：万神庙的建成，不仅是高超建筑技术水平的象征，也向人们展现了一种新的集中式建筑的空间魅力。

万神庙是一座用来供奉罗马神祇和包括奥古斯都（Augustus）在内的古罗马先贤的庙宇。但这座神庙完全颠覆了希腊式神庙的形象，是一座将古罗马原始混凝土浇筑技术与半球形穹顶的新建筑形式相结合的产物。

除了享乐建筑、为帝王歌功颂德的神庙以及供人娱乐的大型剧场、浴场以外，古罗马帝国还兴建了诸如输水道、公共道路等许多大型的公共基础服务建筑。而所有这些不同类型、不同规模的公共服务建筑的目的，就是为了让帝国公民能够享受更舒适的生活，并以充分的自豪感来加强人们捍卫罗马帝国的信心。

第二节 古罗马柱式体系与纪念性建筑

一、古罗马五柱式与壁柱的应用

由于三合土和拱券结构的普及应用,使建筑在结构和空间上都获得了更大程度的解放。此时,古希腊传统的梁柱体系不再是建筑中主要的支撑结构,但希腊的柱式体系却被保留了下来,而且与罗马的建筑形制相结合,又创造出了一套新的柱式与比例尺度使用规则。

图 4-2-1 古罗马五柱式:被后世广为采用的五种柱式及其使用规则,在古罗马时期已经逐渐形成,但这些柱式的承重结构功能已经减弱,而装饰性日渐加强。

图 4-2-2 混合柱式细部:混合柱式是在科林斯柱式的基础上在柱头上又加入爱奥尼克式涡卷而形成的,它的装饰性更强。

首先,古罗马人在古希腊原有三种柱式的基础上又创造出了两种新的柱式,一种是结合古罗马本土早期伊特鲁里亚建筑柱子形式而形成的塔司干(Tuscan)柱式,另一种是在科林斯柱式基础上发展形成的混合柱式。塔司干柱式本来是伊特鲁里亚式的一种传统柱式,但被罗马人加以变化,加入了更多古希腊柱式的形象处理,因此形成了一种全新的简约柱子形式。而混合柱式的出现则是强大的罗马帝国内部追求享乐、奢华风气的表现之一。混合柱式是将爱奥尼克柱式的涡卷与科林斯柱式的莨苕叶相结合后,形成的华丽柱子形式,也是一种最富于装饰特色的柱式。

至此,被后世广为使用的古典建筑五柱式全部产生,罗马人又赋予了这些柱式全新的比例规则。塔司干柱式的柱身无凹槽,柱头无装饰,而且柱头与上部额枋之间没有柱顶石过渡,檐板上也没有雕刻装饰。塔司干柱式的底径与高度比为 1:7,是五种柱式中最为粗壮和简约的柱式,其风格质朴、粗犷,是一种表现坚固与承重的结构性柱式。

多立克柱式的比例相比古希腊时期被拉大,柱底径与柱高之比为1:8,柱身刻有20条凹槽,且凹槽之间的锐尖角变成了圆滑的弧线形式。柱头的檐部也因雕刻上的变化而呈现出两种不同的样式。

爱奥尼克柱式底径与柱高的比例相应拉长到1:9,柱身采用24条凹槽,整个柱子的形象显得更加轻盈。科林斯柱式与混合柱式的底径与柱高之比都是1:10,混合柱式的柱身设置与科林斯柱式相同,但柱头是科林斯莨苕叶饰与爱奥尼克双涡饰的结合。两种柱式柱头上的莨苕叶由多层相错的叶片构成,而且比早期这种叶片的形象更加突出、更加肥厚,这显然是为了加强装饰效果而进行的改变,但其视觉效果反而令柱头显得更矮,影响了原有柱式的协调比例。

图 4-2-3　壁柱柱头:在古罗马的许多壁柱中,柱头的装饰样式都较基本的五柱式要灵活,纹饰的组成也更为复杂多样。

图 4-2-4　古罗马建筑中的几种柱式:除了独立起支撑作用的柱式之外,古罗马建筑中还使用多种壁柱形式。

同古希腊时期柱式的应用具有一定程度的灵活性一样,古罗马五种柱式的比例尺度、细部设置、搭配标准等也并不是固定不变的,人们在具体的建筑项目中会依照建筑的具体造型在这些柱式基本的比例关系上进行更多的变化。更重要的是,由于古罗马建筑多采用三合土浇注的墙体和拱券作为主要承重部分,柱子在建筑中的承重功能被取代,变成了一种建筑外立面的装饰,因此其装饰也更加灵活了。

在这种情况下,柱式不再像古希腊时期那样以单层建筑中的独立应用为主,而变成了以多层建筑中的组合应用为主,并形成了柱式组合使用规范。

这种柱式的组合使用规范,也是根据柱子本身的形象特征制定的,即在多层建筑中使用的柱子,要按照从底层向上层逐渐纤细、华丽的顺序规则使用。即柱子从底层到上层的分布应该按照塔司干柱式、多立克柱式、爱奥尼克柱式、科林斯柱式和混合柱式的顺序使用,底层柱式总要比上层柱式简洁。这一柱式使用的顺序,也在此后成为柱式使用规则的一部分。

设置在各种外墙面上的装饰性柱子,因柱身没入墙面的程度不同,而分为多种壁柱形象。人们按照柱身突出墙面以外的比例,将壁柱分为一半柱身露出墙面的1/2壁柱、多半柱身露出墙面的3/4壁柱,以及独立的全壁柱形式。但在这三种壁柱形式之外,在具体建筑中则还有一些不按照比例设置的壁柱形式。

壁柱虽然是一种纯粹的装饰性柱式，但也会因柱子样式、柱间距和柱身突出墙面的不同等变化，对建筑的形象、风格起到影响。连续的墙面会因壁柱的加入而产生变化，不会显得过于封闭和僵硬，柱身露出墙面不同程度的壁柱，会在其所在的墙面上产生不同的光影效果，并由此营造出不同的建筑氛围。人们对壁柱的使用也沿用五柱式使用规则，而对柱身露出墙面深浅与建筑效果的关系则未形成固定的规范，其使用由建筑师视具体情况而定。

古罗马帝国长时间繁荣发展的社会背景，与三合土浇筑技术以及拱券应用的结合，使此时期的建筑数量、规模和类型都极大地丰富和发展起来。由于社会富足，建筑中的各种装饰都变得更加重要，而对装饰日益增加的需求与新旧柱式相结合之后产生的突出成就，就是新五柱式使用规则的产生。这套柱式规则的形成，不仅令古罗马时期的建筑具有更为协调、统一的形象，也影响了之后西方各个时期的建筑发展。

图 4-2-5　壁柱装饰的拱券及平面：壁柱与拱券的搭配，是古罗马建筑中一种最为普遍的形象组合，也是西方古典建筑最为经典的立面形象特色。

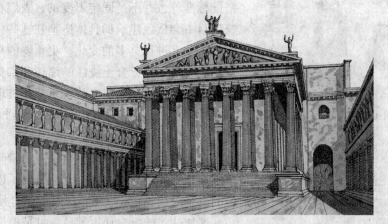

图 4-2-6　玛尔斯神庙想象复原图：这座神庙是奥古斯都广场末端的主体建筑，被建立在一个抬高的长方形基座之上，建筑两旁有柱廊环绕，建筑后部可能还带有一个半圆形的后殿。

二、广场建筑

虽然古罗马建筑实际上是由墙体承重，而柱子不再是建筑中主要的承重部件，但它除了作为建筑中主要的装饰部分出现之外，也被大量用于建造柱廊。各种用柱廊围合的广场建筑，是古罗马时期的一种常见的建筑组群形式，无论是共和时期神庙建筑中开敞的广场形式,还是帝国时期封闭的广场形式,柱廊都是不可缺少的广场围合手段。

作为从古希腊文明中继承而来的两种重要的纪念性建筑,广场与神庙在古罗马多个时期也依然得到了兴建,但其作用和性质也在发生着变化。开敞的广场是古罗马共和制时期公共建筑的重要形式,它不仅是城市的地理中心,也是城市的权力中心。

罗马共和时期的广场是多条主要城市道路的汇集点,在广场的一端建有凯旋门。执政官和守护神的雕像以及宣讲台等设置在广场上。广场周围则围绕着修建有元老院、灶神庙、宫殿和存放国家档案与财富的神庙建筑。广场开敞的形式和与道路相通的建筑特点,方便人们从四面聚集而来倾听元老院新近发布的政令,而宣讲台是公民们对新政令进行畅所欲言评论的舞台。因此可以看到,带有宣讲台的广场,实际上为民众议事提供了场所,它与元老院建筑毗邻,是民众审议与讨论公事的场所。围绕广场的建筑底层多采用柱廊形式,这种灰色空间一方面可以缓和建筑的坚硬之感,另一方面也为人们提供遮阳、避雨和谈话的场所。

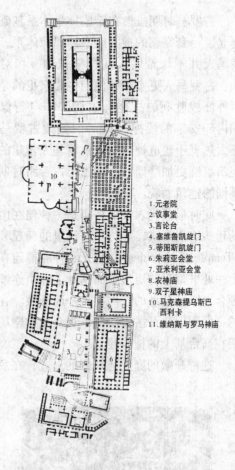

1. 元老院
2. 议事堂
3. 言论台
4. 塞维鲁凯旋门
5. 蒂图斯凯旋门
6. 朱莉亚会堂
7. 亚米利亚会堂
8. 农神庙
9. 双子星神庙
10. 马克森提乌斯巴西利卡
11. 维纳斯与罗马神庙

图 4-2-7 古罗马共和时期广场平面示意图:城市中的各种公共性建筑顺着一条大道建造,四周没有围墙界隔,显示出很强的开放特性。

图 4-2-8 古罗马共和时期的广场想象复原图:共和时期的广场是整个罗马城的政治和公共生活中心,这种以凯旋门为标志的广场建筑形式,此后也在帝国各地的行省中推广开来。

古罗马时期虽然在希腊神学体系基础上也建立了一套完整的神家族崇拜偶像体系，但古罗马人并不像希腊人那样祭祀神。相对希腊人，古罗马人更实际，他们主要祭祀的是保佑对外征战胜利的战神马尔斯（Mars）与保佑家国内部安宁的灶神（Vesta），因此古罗马人并不太热衷于建造神庙。但古罗马人营建的神庙建筑组群更加严谨，呈现出与古希腊时期完全不同的建筑面貌。

图 4-2-9　赫丘利神庙想象复原图：这座建造在山上的神庙群，将开敞的柱廊、神庙和剧场建筑集中在一起。开阔的广场和开放性的建筑形式，都表明了这个建筑组群的公共使用特性。

此时最具代表性的神庙是一种建在山坡处的建筑组群形式，如位于蒂沃里的赫丘利神庙（Temple of Hercules）。赫丘利神庙群建在山坡上一处平整过的矩形平面基址上，由连续柱廊围合出矩形基址的三面，另一面开敞。在开敞的一面顺山势开凿带阶梯形观众席的剧场，柱廊院内部与剧场对应的庭院中心设置一座架在高台基上的神庙建筑。

这种开敞的庭院建筑群的形式，在意大利罗马附近的普洛尼斯特（Praeneste）命运神庙建筑群中取得了令人瞩目的成果，这个建筑群呈现出向内逐渐封闭和轴线对称的建筑特色，并且还包括一座山脚下的会堂建筑。这种早期开放的广场形式到古罗马帝国时期被废弃，但中轴线对称式的布局却被保留下来，并逐渐得到了强化。由高大实墙封闭的广场建筑群，成为帝国时期广场建设的重点。这种封闭式的广场多是皇帝的私人纪念场，通常是一座柱廊环绕的庭院，庭院内由雕像与一座神庙构成中轴线，中轴线两边多设置一些简单功能的建筑空间，整个广场并无实际用途，如奥古斯都庭院。

古罗马广场建筑形制真正发展成熟和最具代表性的作品，是大约在公元 113 年建成的图拉真广场（Forum Trajan）。图拉真广场的设计者据说来自东方，因此整个广场建筑群糅合了东方层层递进的庭院式空间，并强化了以往轴线对称的建筑特色，从前至后分别由侧面带半圆形空间的长方形柱廊院、横向矩形平面的会堂建筑、带记功柱的图书馆院

图 4-2-10　图拉真广场想象复原图：图拉真广场是第一座具有明确轴线对称关系的大型建筑组群，也是在广场中开辟出公共市场建筑的唯一帝王广场。

和最后部的图拉真神庙院这几个柱廊院落构成。

广场入口处带半圆形空间侧翼的长方形柱廊院，也是整组建筑中面积最大的场所。这座广场的特别之处，在于将一边半圆形的多层建筑空间开辟为市场，供普通的市民进行商品交易，这在封闭式的帝王广场中是不多见的。

在图拉真广场中，最具特色的是柱廊院后部的会堂建筑。这种会堂建筑是古罗马时期的一种新建筑形制，被称为巴西利卡（Basilica）。所谓巴西利卡，是一种平面为矩形，在矩形内部沿长边设置两排连拱柱廊支撑上部屋顶的大型公共建筑形式。巴西利卡被作为公共建筑的典型形式，在古罗马时期被广泛应用于法庭、议会、市场等各种大型公共建筑类型之中。

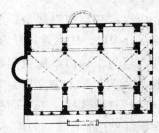

图 4-2-11　巴西利卡建筑室内：巴西利卡是利用浇筑技术与拱券结构相结合而产生的会堂式建筑，也是一种具有广阔室内使用空间的新型建筑，是古罗马时期出现的新型建筑形式。右图为巴西利卡建筑平面。

古罗马时期，还没有解决用浇筑拱顶覆盖巴西利卡的技术问题，因此巴西利卡大厅的屋面主要采用木结构形式。随着巴西利卡大厅的建筑规模不断扩大，对建筑屋顶的木质结构构造要求也越来越高，因此一种桁架的拉杆和压杆的功能结构被创造和广泛使用。在这种新结构的支撑之下，罗马城图拉真广场上巴西利卡的木桁架跨度已经达到了 25 米。

巴西利卡之后，是由两座图书馆围合而成的记功柱院落。这个院落因为矗立着外表通身呈螺旋形雕刻的图拉真记功柱而得名，也是在图拉真广场中第一次出现的、颇为奇特的新型纪念性建筑。这座雕像巨柱的高度是 38.13 米，是一座完全采用大理石建造的内部有旋转台阶楼梯的空心建筑。在巨柱之上共雕刻着 150 幅描写图拉真两

图 4-2-12　图拉真记功柱：图拉真记功柱是一种独特的纪念碑性质的建筑，它是建筑、雕刻艺术紧密结合的产物。

131

次攻取匈牙利和罗马尼亚场景的浅浮雕,以 200 米长的饰带形式盘旋在其周围。巨大的尺度和精美的雕刻使记功柱这种创新型的建筑形式在此后被沿用下来,作为一种富有特色的纪念物被许多人所采用。

三、神庙建筑

广场和巴西利卡并不是唯一展现古罗马人建筑创新才能的例子,在创新方面表现最突出的是哈德良皇帝执政期间督造的罗马万神庙。营造于公元 118 年至公元 128 年的万神庙,代表了古罗马建筑设计和工程技术方面的最高水平。

图 4-2-13 古罗马万神庙:万神庙由一个传统的希腊式前柱廊与圆形平面的建筑体共同构成,显示了建筑设计思想上传统与创新并重的特色。

万神庙由入口柱廊和内部全新形式的主殿两个建筑部分构成。柱廊入口是希腊式的,可能为了在入口与主殿间形成空间过渡,设置了三排柱廊作为过渡。主立面为 8 根白色花岗岩雕刻的科林斯式柱,主立面柱廊后是两排各由四根红色花岗岩雕刻的科林斯式柱。门廊在柱头、额枋和顶棚天花等处还采用铸铜包金进行装饰。

图 4-2-14 万神庙墙体结构图:由低到高逐渐变薄,以及在上层墙体开设通廊和壁龛等做法,都可以有效地减轻墙体自身的负重,体现出万神庙墙体较高的设计水平。

神庙内部的建筑形式和装饰手法,是建立在三合土浇筑技术之上的纯正的罗马创新形式。整个神庙的平面是直径大约为 43.3 米的圆形,这同时也是内部从地面到穹顶顶端的距离。整个穹顶的承重和抗张力体系是穹顶底部 6 米多厚的墙壁。这圈围绕中心大厅的圆柱体的墙壁底部采用大理石,随着墙体高度的向上墙壁逐渐变薄,但每隔一段距离就用砖砌一层结构,并采用掺有火山岩、凝灰岩骨料的三合混凝土浇筑在结构之中,其中骨料的选择标准是墙体越向上,骨料质量越轻。

万神庙内部除穹顶以外的地面和墙体,都采用大理石贴面装饰。为了减轻墙体的负担,围绕墙体一圈向内部开设 8 个大壁龛,其中 6 个壁龛设置成二柱门廊的形式,另外两个不设柱,一个用做主入口,另一端与主入口相对的作主祭坛。各壁龛外部立面都由独立的科林斯圆柱与两边的科林斯方壁柱构成。壁龛与壁龛之间的墙面上还另外开设希腊式的小壁龛用于存放雕像。在底层大壁龛之上是一圈内部连通的拱廊，但拱廊外部仍采用小壁龛与大理石贴面装饰，形成半封闭的拱廊形式。

穹顶中心开设一个直径8.9米的圆洞，既为神庙内部提供自然照明，又可减轻穹顶重量。在内部，穹顶从下至上设置逐渐缩小的方格藻井式天花，这种通过方格大小变化而起到拉伸空间作用的设置同样也出现在地面方格大理石铺地上。但屋顶天花并不用大理石装饰，而是采用与外部相同的铜板包金形式。

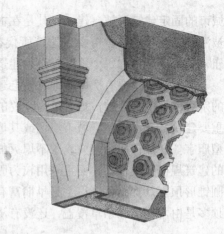

图4-2-15 万神庙屋顶结构：万神庙巨大穹顶内部设置的藻井，采用深凹入穹顶的方法，有效减轻了穹顶的总重，同时通过藻井格构大小的变化，还起到拉伸空间的作用。

罗马人是一个注重感官的民族，这一点从他们的建筑中便可以得到有力的证实。罗马人同时又是极具包容性的民族，因为在其建筑中总是呈现出多样化的风格趋势。譬如位于叙利亚的罗马神庙就是一个与古代传统完全不同的建筑组合。在这组建筑中，居于中庭位置的神庙、城堞之上的神庙和楼塔上的神庙，就呈现出很强的东方化的设计风格。

图4-2-16 梅宋卡瑞神庙：位于法国尼姆的梅宋卡瑞神庙，是较为完好地留存至今的古罗马神庙的代表，这座神庙由希腊式的门廊与带壁柱的罗马式厅堂两部分组成。

还有建筑于公元前509年的朱庇特神庙（Temple of Jupiter），坐落于罗马的卡皮托利山（Capitoline Hill）。这座神庙的建筑与希腊的平台式基座不同，它是阶梯式的基座。罗马神庙只有入口门廊的柱子才是真实的，其余侧面和背面均是以壁柱的形式贴在神厅外墙之上的假围柱廊。由此我们可以看出罗马神庙正立面的柱子是真正具有承重力的，而凸出在外墙之上的壁柱其实是墙体上的砌石雕刻，仅仅是作为装饰之用。

实际上在大多数的神庙建筑中，柱顶盘之上的中楣和上楣处大多没有雕像和浮雕。这些神庙虽然没有明显的雕刻主题，但是在殿内却有题记或是碑文。这样一来，人们便可以从文字上面了解这座神庙及其具体的背景。

古罗马时期的神庙建筑并不兴盛，虽然每个城市和地区都有神庙建筑，但几乎在各地区，神庙建筑都不再像古希腊时期那样是城市中的标志性建筑，而只是作为一种护佑城市的固定建筑群被兴建。尤其是在古罗马帝国时期，神庙作为城市主体的建筑地位，被浴场、竞技场等世俗娱乐建筑所代替了。除了大型神庙建筑之外，有一种小型的神庙，是每座城市和每个地区都必须建造的，这就是灶神庙。

在罗马，只要有房屋的地方便会建造一座用来供奉家神和灶神的祭台。因为在罗马的宗教信仰中，灶神占据着极为重要的地位。城市中的灶神庙是保佑城市与国家安宁的重要建筑，它一般位于城市广场或其他城市中心区的一端，是一种圆形平面的围廊式小型庙宇。在灶神庙中燃放着永不熄灭的圣火，还有精心选择的灶神庙圣女守护。灶神庙的建筑规模一般很小，而且采用较为固定的围廊式圆形平面的建筑形式，建筑顶上覆以圆锥形顶。灶神庙可算得上是早期富有代表性的一种集中神庙建筑形式，但灶神庙的圆顶多是由木构架和茅草覆盖，还没有浇筑的穹顶结构形式。

图 4-2-17 女灶神庙立面：灶神庙是罗马各地区城市中最基本的公共建筑类型之一，也是造型最为独特的一种建筑。

图 4-2-18 古罗马广场上的灶神庙：这座神庙的建筑形式较为简单，采用了圆锥形的瓦顶。

从建筑意义上来说，罗马神庙与希腊神庙相比，宗教意味已经削弱了很多。希腊人建造神庙的目的是以宗教信仰为出发点，而罗马人建造神庙的目的则大多是以炫耀为出发点的。由于罗马神庙的宗教意义越来越弱，人们用于满足炫耀心理的建筑类型逐渐转向奢华的世俗建筑，所以古罗马时期的神庙建筑无论在建筑整体还是细部装饰方面，都渐渐变得平凡，反而不如古希腊时期精致。

四、凯旋门建筑

虽然神庙建筑的兴建在古罗马时期逐渐衰落了，但并不代表古罗马人不需要一些标志性的建筑来作为大事件的纪念物，这就促成了古罗马时期另一种公共纪念性建筑的出现和迅速崛起，甚至在以后成为古罗马纪念性建筑的象征。这种建筑形式就是凯旋门。

凯旋门是战争胜利的纪念碑，同时也是雕刻艺术的精品。凯旋门建筑是由古罗马时期凯旋而归的战士们须从一道象征胜利的大门中行进穿过的习俗演化而来的。其基本建筑形制为规则的立方体建筑形式，中间开设有一大两小三个拱券门洞。在凯旋门正反两面各设置四根装饰性壁柱，柱子上部按照建筑额枋形式用线脚进行装饰，但上部额枋立面被拉高，用以雕刻铭文。

包括古罗马皇帝在内的许多执政者都热衷于修建凯旋门。比较著名的有罗马共和时期广场上的塞维鲁凯旋门，而最具代表性的则是君士坦丁凯旋门。虽然各地修建的凯旋门在柱式、雕刻、额枋等细部做法上会略有不同，但大都会遵循着四柱三拱券的基本形制。

图 4-2-19 塞维鲁凯旋门：塞维鲁凯旋门这种一大两小的拱券门洞形式，在很长一段时期内都被作为标准的凯旋门样式而广为流传。

图 4-2-20 奥兰治凯旋门：这座位于法国奥兰治地区的凯旋门，是早期三洞式凯旋门的珍贵实例。从中可以看到当时工匠缺乏比例经验而加高的顶层阁楼，以及采用希腊神庙式的立面装饰手法。

到了罗马帝国末期的时候，罗马城中凯旋门的数量已经超过了60座。而整个罗马帝国中凯旋门的数量更是不计其数。此时的凯旋门也在不断变化中形成了更为成熟的、脱离了古希腊建筑风格影响的独立建筑形式，可以说开拓了一种新时代的建筑之风。

在罗马地位最为重要、建筑规模最大的凯旋门要算是君士坦丁凯旋门，这是在一个矩形平面上建起的传统三拱式凯旋门。位于正中间的是主拱门，在它的两侧分别有一个小一些的附属拱门。从凯旋门底座处升起的高台基上有四根柱子，这四

图 4-2-21 君士坦丁凯旋门装饰细部：由于这座凯旋门上的一些雕刻装饰板是由其他建筑中拆移而来，所以主要人物的形象因后期的再加工而显得有些比例失调。

根柱子将三个拱门分隔开来，并与上楣连接在了一起。在每一根独立柱子的上方——上楣凸起的地方都刻有字母和浮雕，并且在这些凸起的位置上还可以有雕刻、雕像装饰，人们把上楣上方的部分称为"顶楼"。

这样，整个凯旋门在纵向上通过柱式和拱门分为三部分，横向也由高基座、主体雕刻区和上部高顶楼分成三部分，形成了将拱券与柱式、雕刻相结合，采用古典三三式构图的、形制成熟的凯旋门建筑模式。这一建筑形式也是古罗马建筑在自我创新基础上产生的、真正的古罗马建筑的代表。

凯旋门作为一种极富象征性的建筑，不仅能够记载和反映出丰富的寓意，还是古罗马帝国强盛国力和永恒的象征。

图 4-2-22　君士坦丁凯旋门：君士坦丁凯旋门是仿照古罗马广场上早期的塞维鲁凯旋门兴建的，是古罗马帝国后期最为著名的一座纪念性建筑。

第三节　城市与城市建筑

一、古罗马城市概况

在人类古代建筑发展史中，古罗马文明缔造了诸多的第一：第一个如此注重基础公共设施建造的古代文明；第一个创造出多种建筑类型，并且在各个建筑类型领域都取得较高成就的古代文明；第一个将世俗和公共建筑的规模扩展到如此之大规模的文明。古代希腊和罗马建筑是西方建筑传统的两大源头，如果说古希腊建筑为西方建筑的发展奠定了形制和结构基础的话，那么古罗马建筑则在建筑类型、建造结构、方法和装饰、设计与施工、城市规划等各个方面都为之后建筑的发展积累了经验。

能够全面而综合地反映古罗马人在建筑方面所取得的成就的，是古罗马时期的大型城市，而且无论是单体建筑的设计，还是组群建筑的布局，抑或是全面的建筑规划以及各方面建筑关系之间的联系，也更多地是通过大型城市及城市中的建筑所

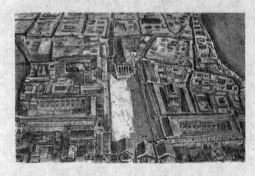

图 4-3-1　庞贝城想象复原图：庞贝城的城市建筑都围绕中心的广场而建，而且广场遵循共和时期罗马广场的形制，显示出十分开放的特性。

体现出来的。

由于对外征战，古罗马城市中的自由民、商人、雇佣兵和有战功的武士，成为国家最为重要的人口组成部分，而且他们大多居住在城市中。以商贸和战争为经济主体的古罗马经济体制中，虽然也有大批人从事专业的农业生产，但从很早以前就形成了以城市生活为主的生活方式，因此其城市与城市建筑的起源也较早。

在古罗马文明时期最具代表性的城市自然是罗马城，这座城市不仅人口众多而且建筑密集，甚至已经十分具有现代城市的意味。早在奥古斯都（Augustus）屋大维（Octavian）时期，罗马人不仅在城市中通过修建广场和神庙来确立统治者的功绩，还通过推动国家建筑项目和个人出资等方法，进行修路、引水、修造剧场、浴场等大规模的建筑工程，并以此来改善城市中罗马人的生活环境和生活质量。

图 4-3-2　奥斯蒂亚城遗址：奥斯蒂亚城是由一座军事重镇发展而来的，因此城市早期建筑都沿一条轴线建造，后期则因为商业的繁荣而建筑密集，并不太讲究轴线关系。

图 4-3-3　图拉真市场遗址：通过遗址可以看到原奥古斯都广场的后部，以及保存相对完好的弧形平面的图拉真市场。

几乎每一任罗马的统治者都很注重城市建设，比如图拉真（Trajan）皇帝就在他封闭的帝王广场中单独开辟出一侧半圆形平面的建筑空间用作市场。广场前半圆形的广场可以很好地容纳车辆与人流，而上部筒拱结构的多层半圆形连通空间，则容纳了按照商品类型而划分的多个售卖区，其设计之先进使它成为帝国时期重要的商业贸易市场之一。

可见，共和末期的罗马城已经形成了一定的规模，需要统一的规划与建造来满足人们的新需要了。公元 64 年，罗马城发生大火，虽然大火发端于贫民区，但由于城市中的建筑过于密集，因此大火竟然烧毁了城市的大半。这次大火使罗马人损失惨重，但同时也给人们一个重新规划与兴建新城市的机会。

新建成的罗马在城市规划与基础设施建设方面所取得的成就足以令现代人惊叹。首先，城市按照功能分区，并且在住宅建筑中按照贫富分区，这使得古罗马城形成了一定的城市布局特色；其次，在城市建筑之前先进行了引水渠、地下污水管道和蓄水池、道路等公共项目的兴建。这些基础设施的兴建不仅避免了大火的再次发生，也在很大程度上改善了罗马城的卫生、消防状况。

除了罗马城之外,在帝国各行省之中、帝国疆域边缘和水陆运输要塞等地,也兴起了相当一批城市。这些城市有些是在当地原有城市的基础上发展起来的,因此总体上并不讲究整体的布局与规划,只是在城市中添建了诸如浴场、竞技场、剧场等古罗马帝国标志性的大型公共建筑。还有一些是由驻扎在要塞之地的兵营逐渐衍化而来的。

在这些新兴建起来的城市中,整个城市的建筑都遵照古罗马城的形式建成,但总体布局上不像罗马城那样混乱,而是都采用规整的网格式布局。各行省的城市都选择建造在陆上或水上交通便捷的要塞地区,而且大都是由早期驻扎在要塞地区的兵营经不断扩大而形成的。

图4-3-4 罗马城的地下墓穴:早在古罗马帝国后期,基督徒有将废弃不用的地下排水洞窟当做坟墓的墓穴使用的习俗,因此使一些早期排水系统的遗迹得以留存下来。

图4-3-5 厄尔古兰诺遗址:厄尔古兰诺是一个以希腊移民为主的古罗马城市,显示出整齐的棋盘格式布局。由于整个城市被火山爆发的泥浆淹没,因此被较为完整地保存了下来。

图4-3-6 君士坦丁堡城墙:作为罗马帝国的第二个首都,君士坦丁堡最初是仿照古罗马城兴建的,只是这时城墙的修建更加注重防御性,高大的堡垒式入口城门显示出很强的警戒性。

除神庙建筑之外,以军事首领或行政长官的办公建筑为中心,形成中心建筑区。城市中带长柱廊的市场等公共建筑,往往也建在这一区。其他供洗浴、戏剧表演和进行各种比赛娱乐的公共建筑,则分布在城市之中。各个城市中往往都有横向和纵向相互垂直的主要通路,在这些大道的尽头或起点,还通常建有一座凯旋门建筑。

总之,古罗马时期已经在城市的规划、城市基础设施的建筑以及城市建筑的组成等方面,形成了一整套较为固定的建造规范,这也是古罗马时期在建筑方面所取得的突出成就之一。古罗马时期在城市建筑方面的一些固定做法和经验，对以后欧洲和各地区城市的建设，都有很积极的影响，而且当时的一些城市规划的思想和做法，甚至也成了现代城市建筑的基本指导思想之一。

二、斗兽场和赛马场建筑

古罗马城市建筑中最引人瞩目，也最能够代表古罗马建筑水平的，是以斗兽场、赛马场和浴场这三类建筑为主的大型娱乐服务建筑。而在这些大型建筑之中，尤其以古罗马斗兽场最具代表性。

位于罗马城中的大斗兽场位于原尼禄兴建的庞大宫殿——金宫的遗址之内，而且正好位于原有的一座湖泊基址上。斗兽场从外看为平面椭圆形的柱体形式，其长轴约 188 米，短轴约 156 米，周长约 527 米。内部除中心留有一个长轴约 87 米、短轴约 55 米的椭圆形铺上地板的表演区之外，都围以阶梯形升高的观众席。

斗兽场外部采用石材饰面，从上到下分为四层，其中底部三层为连续的拱券式立面，上部一层以实墙为主，但与下部拱券相对应，间隔地开设有小方窗。各层立面都加入壁柱装饰，且四层壁柱摆放的位置上下对应。四层壁柱严格按照古罗马的柱式规则设置，从下至上分别为多立克柱式、爱奥尼克柱式、科林斯柱式和混合柱式。底层拱券作为建筑的入口共有 80 个，满足了大量人流的需要，上两层拱券中分别设置雕像，使整个建筑立面显得华丽而具有震撼性。

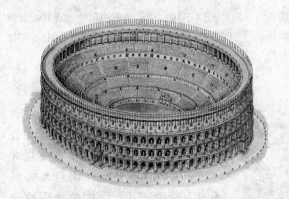

图 4-3-7　古罗马斗兽场：斗兽场是古罗马文明时期最具代表性的建筑，也是古罗马帝国文明的象征，以庞大的建筑规模、精巧的结构和复杂的空间构成著称。

图 4-3-8　斗兽场外立面：斗兽场的外立面共有四层，每一层都使用一种不同的柱式，是古罗马柱式在多层建筑中应用的最具代表性的建筑实例。

斗兽场庞大的坐椅系统采用砖、石材和三合土材料与拱券体系相搭配建成，底部采用石材拱券与三合土浇筑墙体，向上则逐渐缩减了石材的使用量而以砖拱代替以减轻重量。斗兽场内部的看台约 60 排，从下向上逐渐升起，总体上从下向上分为贵宾席、骑士席和平民席，其中贵宾席与表演场之间设有高墙和防护网，并为皇帝设置包厢，为元老院成员、神职人员设置专门的有柱廊顶棚的看台。其他贵宾席和骑士席采用大理石或高级石材饰面，最下面前排的贵宾席可以带自己的椅子，而上层的平民席则采用木结构坐椅以减轻建筑的承重量。各不同座位席之间通过环绕的围廊分隔开来，同时这些环廊上设置多个出入口与内部拱券走廊和底层出入口连接，以保证交通的顺畅。

斗兽场顶部设有一圈木桅杆的插孔，长而细的木桅杆通过插孔将一端固定在外部的墙面上，另一端则通过系绳共同撑起环绕斗兽场顶部的帆布屋顶。

斗兽场的底层表演区，也是由木板架设在底部密集的拱券空间之上形成的。底部以筒拱为主要结构，形成带有诸多独立房间和错综通道的地下建筑层，这里是关押角斗士与野兽的主要场所。在特定的出入口设有升降机，可以将野兽和角斗士快速地运送到铺满沙地的表演区。

图4-3-9　斗兽场内部通道：在斗兽场座位席的底部，包含着一个庞大的层叠拱券结构体系，这个复杂的拱券结构体系中的一部分被开辟为走廊兼休息大厅。

图4-3-10　斗兽场表演区遗址现状：表演区的地下建筑部分主要采用筒拱作为其支撑结构形式。

图4-3-11　古罗马赛马场：古罗马赛马场建在平地上，四周没有坡地可以利用，所以比赛场两边的座位席都是采用拱券结构建成的，并在不同区域设置不同阶层的座位席。

大斗兽场可容纳5万~8万名观众，从约公元70年开始建造，至公元82年建成，建造速度之快在古代大型建筑中是极为罕见的。而且斗兽场在不同人员的流通、结构的合理性与多种使用功能的配合等方面的设计，既科学又细致，显示了此时营造大型建筑工程的实力和能力。

与斗兽场的竞技项目相配合，往往还要建造巨大的赛马场。古罗马人的赛马场建筑形制沿袭自古希腊人的体育场，只是将体育场的平面改成了两端抹圆的狭长矩形，其中一端可能设置柱廊或拱券廊,作为起跑门使用,就可以作为赛马场了。在场地中央要设置一道不高但狭长的隔离墙,这种隔离墙多用一些大型石雕排列构成,用来分隔场地两侧的赛道。赛马场的建筑展开面积较大,观众席呈阶梯状围绕比赛场地设置,充足的基址使观众席不用过分向上延伸,赛马场也没有地下结构部分,因此构造没有斗兽场复杂。由于跑道长,因而占地大,其建筑规模更大,据推测罗马城的马克西姆(Maximus)赛马场大约可容纳25万名观众。

三、浴场建筑

除了斗兽场和赛马场这两大娱乐建筑之外,在罗马所有的公共建筑中最为人们所喜爱,也是最能够体现罗马特色的,就是大型的公共浴场建筑。古罗马各城市兴建的引水渠为城市生活提供了充足的水源,而异常拥挤的居住情况使公共浴场的设置显得十分必要。但像古罗马帝国时期这样如此重视卫生建筑,并且如此大规模修建公共浴室建筑的做法,是在各地的古文明中非常罕见的。古罗马浴场的功能不仅限于提供洗浴服务,它同斗兽场一样,既是古罗马人重要的休闲、娱乐场所,也是一种重要的社交场所。

浴场功能的特殊性使得其建筑结构也更为复杂。由于洗浴的功能需要,使得浴场建筑在传统拱券的基础上又创造出十字拱券的新建筑结构。作为一种重要的公众服务建筑类型,古罗马帝国时期几乎每一位执政的皇帝和每个城市和地区的管理者,都极力试图营造出建造精美和规模巨大的浴场建筑来。起初,浴室都是男女混浴的,后来在哈德良执政期间颁布了法令,才规定了男女洗浴的不同时间。

图 4-3-12 戴克利先浴场剖视图:由于浴场主要以中间的几个大浴室为轴进行建造,因此浴场建筑内部的空间具有很强的轴线对称性,条理清晰,功能明确。

图 4-3-13 卡拉卡拉浴场想象复原图:在沐浴空间两侧开辟锻炼和娱乐空间,是卡拉卡拉浴场所开创的新浴场建筑形式,这一形式被各地浴场所效仿,使浴场成为多功能的娱乐场所。

经过长时间的兴建,浴场建筑逐渐形成了比较固定的建筑形制。整个建筑的平面呈矩形或方形,主体建筑大多设置在一个高台之上,下层的服务性空间与上层的使用空间

外国古代建筑史

分开。浴室建筑的结构大致可以分为三个部分：主体部分、外圈部分和露天部分。

主体部分由里向外建在一条轴线上，包括一系列洗浴房间，如蒸气浴室、极热浴室、热水浴室、温水浴室和冷水浴室。在这条室内轴线空间的外部，通常就是巨大的蓄水池。在这条主体浴室两边设置有理疗室、更衣室、抹油室等。而在这一序列主体建筑之外，对称着还可以建有游泳池、运动场、商店、演讲室等。露天部分则可以设置喷水池、雕像，并且还栽种着树木。

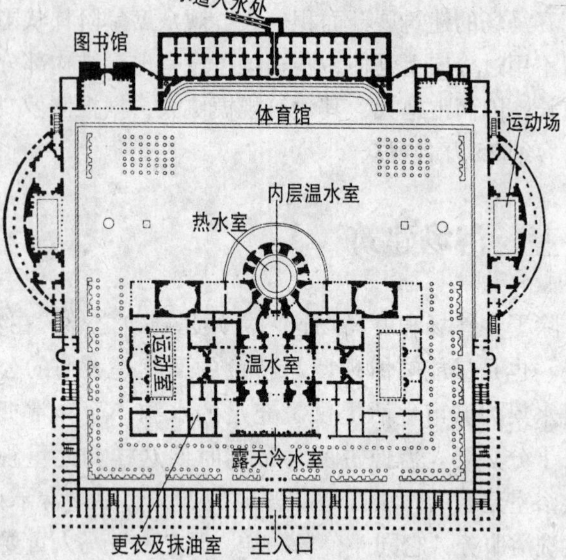

在古罗马城的浴场中，以戴克利先浴场和卡拉卡拉浴场最具代表性。卡拉卡拉浴场约建于公元 211—217 年，戴克利先浴场约建于公元 305—306 年。

图 4-3-14 卡拉卡拉浴场平面：卡拉卡拉浴场除了洗浴功能的主体建筑之外，还修建有大量的附属建筑空间和庭院，为其他休闲娱乐功能的发挥提供了宽敞的用地。

为满足人们全年洗浴的需要，浴场在建造时经过了细致的设计。浴室和室内服务空间的底部庞大的地下服务空间采用拱券结构支撑，锅炉房和仓库等都设置在这里。地下空间之上的浴场地面和墙面都采用空心砖形成四通八达的网道，以便将地下烧制的热水或热气通过这个庞大的网络输送到各个空间，起到供暖的作用。

图 4-3-15 古罗马浴场供暖系统示意图：由于浴场的地面和墙面都是中空设置的，因此从地下锅炉房而来的热气可以流通到各个室内，起到加热池水和房间的作用。

但真正的结构创新不仅在此，最大的创新在于中心大浴池空间上部的一连串十字拱结构的巨大屋顶的设计。在浴场建筑中，只能联通两边空间的筒拱结构不再适用，因此人们将正向两个方向上的筒拱垂直相交后，将拱券的支撑点落在相交处的四个墩柱上，由此形成四方联通的开敞空间形式。

巨大的浴场主体空间由多个十字拱连续构成，因此浴室内部十分高敞。与这种高敞的空间相配合，浴场内部的地面和墙面采用大理石、马赛克拼贴装饰，并与拱券和柱廊相配合，营造出华丽、奢靡的空间氛围。

在古罗马浴场中，沐浴的功能只是其中之一，更多的是其中设置的体育馆、游泳池、饭店、酒吧、花园、娱乐厅和图书馆、体育场等休闲的功能部分。此外，浴场为了能够更加吸引客人，还设置有妓院。尤其是大型公共浴场，不仅收费相当低廉，而且功能相当完备，人们完全可以在其中消磨一天的时光。因此，浴场同斗兽场和竞技场一样，是人们重要的社交和休闲场所。

图 4-3-16 郊区小型浴室内部：通过这个图片可以看到拱券的支撑结构和华丽的大理石铺地，以及雕刻有神像的出水口。

四、剧场建筑

图 4-3-17 雕刻在石板上的庞培剧场平面：这块石板虽然残破不全，但显示了与剧场相连的还有一些公共柱廊或神庙类的建筑，剧场似乎是作为这个巨大建筑组群的一种附属建筑而存在的。

古罗马人似乎对戏剧这种源于古希腊的艺术形式不太热衷，人们都不喜欢悲剧，而且似乎也对冗长的喜剧不感兴趣。浮华繁荣的城市生活状态让人们将大量的时间都消磨在浴场、斗兽场和赛马场中，因此剧场建筑基本上就是利用古罗马的浇注技术优势，仿照古希腊剧场在平地上的复建。

公元前 509 年至公元前 29 年，第一座永久性的剧场"庞培剧场"正式建成。在此前的时间里剧场一直受到罗马保守派贵族政治的抵制，后来因为宗教的原因才建立起了这座剧场。三头政治期间，据说庞培曾经在罗马城兴建了一座颇为壮观的大型剧场，但真正形成古罗马剧场成熟形制的是大约公元 11 年建成的马塞勒斯（Marcellus）剧场。

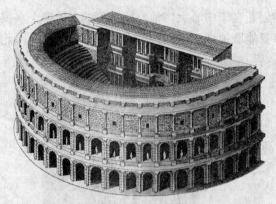

这座剧场依照古希腊剧场的形式而建,其平面为半圆形,由弧线墙部分的观众席与直线墙部分的背景墙围合成封闭的建筑形式。弧形墙外部分为三层,底部两层为连续拱券与壁柱相间的形式,最上层则是实墙面开设小方窗的形式。三层的立面从下至上分别设置多立克、爱奥尼克和科林斯柱式。

剧场内部的观众席采用拱券结构支撑的层级形式,但为了与观众席的变化相适应,采用了一种一头高一头低,且向高处逐渐放大的放射拱形式,使内部的整个观众席大约可容纳 2 万名观众。出于完善视觉效果的目的和建筑结构的

图 4-3-18 马塞勒斯剧场:马塞勒斯剧场是古罗马帝国早期仿照希腊剧场形式兴建的,其内部坡形观众席和外部连续拱券的立面等设置被后来的斗兽场建筑所引用。

需要,观众席的平面没有采用古希腊式的多半圆的形式,而是严格控制为半圆形,以保证位于最边上的观众也能获得很好的观赏角度。

古希腊剧场中观众席与舞台之间的圆形空间,在古罗马剧场中很可能被作为贵宾席使用。舞台与高大的带柱廊装饰的背景墙紧密连接,背景墙的内部还往往开设有通道,让演员可以从柱廊的出口甚至是半空中出场,以增强演出效果。

这座马塞勒斯剧场极有可能是之后斗兽场建筑的外部造型与内部结构设计灵感的来源之处,尤其是在呈放射形逐渐增高变大的拱券结构形式上。在这座早期剧场建筑之中,诸如拱券与壁柱的分层、拱券承重体系等结构和立面造型特色都已经出现,且为之后各地剧场建筑直接借鉴。

图 4-3-19 梅里达剧场:这座位于西班牙的剧场,拥有现今保存较为完好的古罗马时期双层列柱舞台背景墙,观众席依山凿建,可容纳约 5000 名观众。

图 4-3-20 奥兰治剧场:法国奥兰治剧场是遗存至今且保存较为完好的古罗马剧场之一,直到现在仍可使用。

在古罗马帝国的其他地区，也都兴建此类的剧场建筑，并根据实际的应用衍生出诸多变体形式。如在今法国奥兰治（Orange）地区的罗马时期剧场，虽然整体上是按照罗马的剧场样式建造的，但由于此地有得天独厚的地理优势，因此后部的大部分观众席是按照古希腊传统，顺山坡的走势从山岩中雕刻出来的。而根据古罗马的剧场建筑，还兴起一种与其建筑形式相似的室内音乐厅建筑，这种音乐厅的建筑规模一般较小，将坡形观众席建在室内，以供小型演出使用。

在古罗马时期，神庙建筑的兴建高潮落幕，社会的发展重点转向以世俗生活为主。古罗马时期各地大中型城市的出现，以及在此基础之上，建筑发展以剧场、浴场、斗兽场和竞技场等休闲、娱乐建筑为主的特色，正体现出了古罗马的这种以世俗享乐生活为主的社会发展模式。一系列大型建筑和大型城市的崛起，以及这种娱乐、休闲建筑成为城市建筑主体构成的情况，不仅反映出古罗马时期帝国的强盛，也反映了此时人们在大型建筑工程施工方面的进步。

第四节 宫殿、住宅与公共建筑

一、宫殿建筑

国家的强盛与富足，除了反映在大城市的兴起以及诸多新功能建筑类型的出现方面之外，也直接催生了华丽宫殿建筑的兴建。

最早也是历史记载最为奢侈的皇帝宫殿建筑，是由古罗马帝国历史上最残暴的皇帝尼禄（Nero）主持建造的，其基址大约就在今古罗马斗兽场附近。公元 64 年罗马发生了一场大火，这场大火共持续了六天七夜，烧毁了罗马的大部分地区。据说这次大火是当时的皇帝尼禄为了建造一座更华丽、规模更大的宫殿而故意下令纵的火。他下令收集所有大火中的砖石瓦砾，不允许任何人私自捡拾。在这场大火之后，他征用大约 50 公顷土地，建造了一座颇具规模并且壮观华丽的宫殿，被称为金宫。

图 4-4-1 奥古斯都宫遗址：位于帕拉蒂诺山上的宫殿区，集中了奥古斯都等多位皇帝修建的宫殿建筑群，这些建筑多采用拱券结构。在宫殿区后部还留存有图密善体育场的遗址。

在这座金宫宫殿的建筑中，尼禄不仅开

掘了一座圆形的人工湖，还大胆地采用了拱券、三合土浇筑等新技术。这些新的结构和材料相配合，不仅建造出了八角形、十字形等多种几何平面的建筑空间，还建造出了一个建立在八边形墙面上的直径达14米的穹顶大厅。

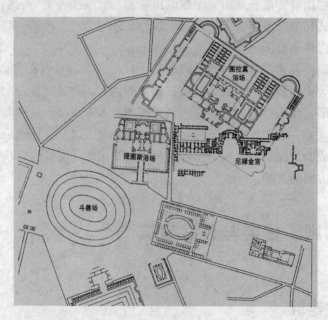

图 4-4-2　尼禄金宫建筑平面：尼禄金宫是古罗马早期兴建的庞大宫殿建筑组群之一，这座宫殿建筑群相对自由的建筑布局方式，也是此后一些皇帝宫殿建筑群的共同特色。

这座大厅的穹顶从八边形的墙体之上升起，在底部的墙体上又开有门洞，与其外围的小房间相通。这些外围的小房间上开有窗口，既可为穹顶提供支撑，又可为建筑内部提供采光。穹顶的中心也开设了一个透空的圆洞，同样起到减轻结构重量和透光的作用。此后罗马帝国时期修建的万神庙穹顶，可能就是以金宫的这个穹顶为建筑原型设计建造而成的。

自认为是世界上最为杰出的艺术家的罗马皇帝尼禄，在金宫建成四年之后自杀身亡，他精心督造的宫殿也被后世所废弃。整个宫殿区沦为废墟后又被其他建筑所占据，如著名的罗马斗兽场是在宫殿区人工湖的基址上兴建起来的，其他部分则被后来兴建的图拉真浴场占据。所以，整个宫殿区的建筑早已踪影全无，只有金宫的八角室因为被后世的浴场所利用，所以部分被留存下来。

尼禄黄金宫是古罗马早期探索三合土浇

图 4-4-3　八角室：在这座八边形建筑屋顶上的穹顶中央，开设有一个圆形天窗，这座建筑被认为是传说中的尼禄黄金屋，其形制也为此后兴建的万神庙所借鉴。

筑技术与穹顶相结合的成功之作。也许是通过金宫八角穹顶的营造成功，给人们继续研究浇筑结构的穹顶形式提供了信心。后期古罗马帝国时期皇帝的宫殿大都位于帕拉蒂诺山（Palatino Hill），那里集中了各个时期皇帝新建、增建或改建的宫殿建筑。这些宫殿建筑大都采用拱券结构三合土浇筑的方法建成，密集的建筑各自围绕柱廊院等部分建造，而且在一些房间中，也部分和小规模地尝试了多角形空间和穹顶的形式。而这种在宫殿建筑中对多边形穹顶浇筑结构的使用，也使人们在这方面逐渐

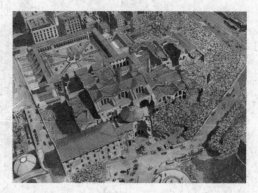

图4-4-4　戴克利先浴场遗址：戴克利先浴场在古罗马帝国之后被改建，如热水浴室被改建为教堂，因此一部分建筑被保存了下来。

积累了一些设计与营造技术的经验，为之后修造大型穹顶建筑提前做了准备。

最具有突破性和创新性的宫殿建筑出现在公元117—138年哈德良皇帝统治的时期。坐落于罗马城外蒂沃利（Tivoli）著名的乡间修养地的哈德良别墅（建于公元118—134年），将古罗马建筑发展推向巅峰。

哈德良别墅实际上并不是一座单纯意义上的别墅或宫殿，而是一座占地面积大约为120公顷的庞大园林式离宫。由于哈德良早年巡游帝国各行省，因此在这座离宫中依照各地建筑风格修建了大量不同形象的建筑。但整个离宫没有明确的轴线与对称的布局关系，建筑与建筑之间，建筑与广场、花园等各部分之间的设置灵活，整个规划与布局缺乏统一思想。

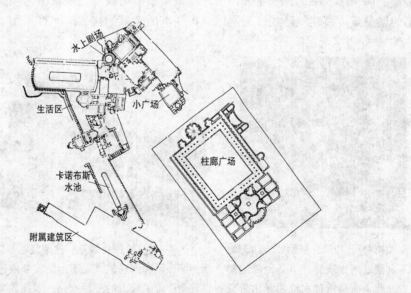

图4-4-5　哈德良别墅平面：哈德良别墅区内的建筑群虽然没有统一的布局规划，但各建筑区内却包含着长方形、三角形、圆形等多种几何平面形式，显示出独特的设计构思。

图 4-4-6 卡诺布斯水池边的拱廊：拱廊最初是围绕水池一周建造的，来自古罗马行省各地的古代雕像和古代雕像的仿制品就摆放在拱廊处，形成水边雕塑长廊。

别墅区内的诸多单体建筑却显示出较高的技术和艺术水准。别墅区内最大的一块体育场形状的水池——卡诺布斯（Canopus）水池，也是别墅区的主要景观之一，水池周围似乎都以连续的拱廊装饰，水边的拱廊下则设置了许多个放在基座上的古代雕塑作为装饰。这些古代雕塑大多是一些著名建筑中雕塑的仿制品，将大水池点缀得犹如人间仙境一般。

别墅中的建筑更普遍地使用了筒拱、十字拱、穹顶和浇筑墙体形式，再加上柱廊的点缀，因此建筑在平面、造型、细部装饰等方面的形式都更自由。别墅中最突出体现这种自由建筑形式的例子是圆形的水上剧场。这座直径达 25 米的圆形剧场建筑，坐落在一个由柱廊环绕的圆形水池中，通过吊桥与外界相连通，当吊桥拉升起来之后，整个剧场就变成了一座水上孤岛。

哈德良别墅位于罗马郊外的特殊位置和哈德良将其作为退位养老宫殿的特殊功能，以及聚集各地区建筑样式的建造特点，都使得整个别墅区的建筑样式变化丰富而灵活。在哈德良别墅中，尤其是一些小型的单体建筑，其建筑造型已经跳脱了此时建筑规则的限制，如出现了曲线的折线形檐口、罗马拱券与希腊门廊相组合的立面入口等新奇的建筑形象。而且除了哈德良别墅外，哈德良皇帝圆形的陵墓造型也极为怪异。这种平面为圆形的堡垒式陵墓建筑形式，最早以奥古斯都的陵墓为代表。

图 4-4-7 哈德良别墅建筑区俯瞰图：别墅区的建筑群并不是密集地集中在一起，而是通过水池和绿化带分开，营造出了良好的建筑环境。

图 4-4-8 哈德良陵墓：这座陵墓是仿照早期的奥古斯都圆形陵墓修建的，在圆形的陵墓内通过复杂的结构设置而获得了较大的使用空间，因此成为此后诸多罗马帝王的陵墓所在地。

除了皇帝将宫殿建造在郊外的风景区之外，高官、贵族和富商等也喜欢在乡下建造别墅。古罗马时期的别墅多建在有山坡的台地式基址上，或通过拱券结构形成人造台地的习惯。建筑位于地势最高处，此后顺应地势设置流水与花园，其中还要设置一些凉廊，由此形成独具特色的组合建筑形式。这种台地式的别墅，在此后成为一种独具特色的意大利风景别墅建筑形式，并被作为优质建筑形式，被许多国家和地区所仿造。

二、住宅建筑

在郊外兴建台地式别墅，并不是所有平民都负担得起的建筑消费，因此对于城市中的居民来说，最常见的是合院式与公寓式两种住宅形式。

合院式住宅以围绕中心天井兴建的一圈柱廊和房屋为一个单元，富裕家庭的住宅可能是由几个合院单元构成的，而一些普通有产者的住宅，则大多是只有一个单元的合院。院落内部最里端通常是主人的居室，入口一侧多设置为开敞的柱廊厅形式，附属用房则设置在两侧。

在这种合院式住宅中，往往在室内外都有精美的装饰。中庭和室内的地面大多采用马赛克镶嵌画进行装饰，这种镶嵌画不仅面积较大，而且图案精细、生动，显示出较高的艺术技巧。建筑内部的墙面则以彩绘的壁画装饰。在庞贝发现的几座住宅的室内，墙面上都有大面积的彩绘壁画装饰，虽然装饰的图案与手法并不相同，但仍可以看出此时建筑内部墙体装饰的一些特点。

室内的墙面是按照统一的构图进行彩绘装饰的，整个墙面由不同色彩和花边界定成低矮的墙裙和上部主体的墙面两部分。底部墙裙可以简单地涂刷单色的墙面，也可以与上部配合，搭配简单的线脚做成建筑基础的样式。

图 4-4-9　贵族庭院：拥挤的城市促使许多罗马贵族都在城市郊外修建别墅。别墅建筑多建在坡地上，并以开敞的柱廊相互连接，这种设计模式直到现在仍为高级别墅所借鉴。

图 4-4-10　庞贝墙体装饰：庞贝城所遗存的大量建筑和建筑中的壁画，为人们想象复原古罗马城市住宅及其装饰提供了重要的参考。

上部墙面的主体部分多仿照建筑样式，通过绘制柱子或画框的形式，将墙面纵向分划成多个面积均等的区域，再在各区域绘制装饰图案。这种装饰图案可以是分布于不同区域的独立形式，也可以是以统一的神话故事或节庆活动为题材，在各区域绘制有联系的不同场景和情节，使整个墙面表现出一种连续和完整的叙述性画面。

除了乡村的合院式住宅之外，在城市中居住在合院式住宅中的居民，多数将建筑临街的一面建筑建造为开敞的商铺。这些在城市中拥有合院的人家，是城市中经济条件较好的居民，与之相比，公寓住宅中的居民的收入要更低一些。公寓住宅的人员组成也很复杂，有失业者、各地来的求学者、工匠等各色人等。

图4-4-11　奥斯提亚公寓：在许多商贸发达的城市，奥斯提亚城这种样式的多层公寓建筑都很常见，公寓楼在背对街道的一面通常设有带柱廊的内庭，底层为开敞的店铺，上层为住宅套间。

所谓的公寓以多层楼房居多，这种建筑临街而建，对外相对封闭，底层多采用拱券建造层高而宽敞的空间以便于作店铺出租或供公寓主人居住。在出租店铺的上层，大部分采用木结构将室内空间分割成小的出租空间，有时也用砖砌墙体分割出面积很小的标准出租空间。这种出租公寓的居住条件大多不理想，屋主只提供很小的房间和简易的家具，房间内没有水的供应，住户们只能集中在廊道的公共水池洗濯或做饭，而实际上租户们几乎很少做饭，一是怕引起火灾，二是人们很容易在街上解决吃饭问题。

从占地庞大的台地式别墅，到可大可小的合院式住宅，再到拥挤不堪的出租公寓，这种住宅形式的多样性，是古罗马时期层级分划的社会等级制度的最直接表现。古罗马居住建筑形式上的这种多样性，也是其发达的社会生活的突出写照。

三、公共设施建筑

虽然居住拥挤，但罗马城仍是当时整个帝国最具魅力的城市，并因此吸引各地的人们纷至沓来。而罗马城并未因为聚集了大量的人口而出现严重的资源不足或城市问题，这得益于城市中完备的公共基础设施建设。

罗马城早在兴建之初，就已经提前修造了发达的地下排水管道，这些管道使在城市各处产生的污水迅速排出,避免了疾病的产生和流行。而与发达的排水管道系统相配合的,是一个位于地上的、发达的多级输水管道系统。为了解决庞大城市人口的用水问题,包括罗马城在内的许多古罗马城市都建造了大型输水管道,从城市附近的水源地向城市输送清洁的居民用水。这种输水管往往是高架连拱桥与水道的结合工程,不仅要穿越山岭、河流和道路,还要将水输送到城市中的各地区,其工程量十分巨大。

图4-4-12 古罗马阿庇亚城门:阿庇亚城门是原古罗马城的一条典礼大道的开端。直到现在,城门外的古路仍旧存在。

图4-4-13 加尔德输水管道:这段位于法国的大型输水管道横跨一条河,因此在底部加建了带拱洞的大桥,形成三层拱券叠加的桥梁形式。

城市之中的输水管道是分为多级、逐渐渗透到城市各处的。在输水道的主干线之外,另外会再修建诸多的分支输水道,用于将主管道的水输送到更广泛的城区中,而再下级的输水管道则负责将水输送到店铺、住宅等不同的使用区域。像浴场这样具有庞大用水量的建筑,则往往在建筑的最后部修建庞大的储水池,借助这种完备的供水与排水系统的配合,给罗马人的生活带来了极大的便利。其中最突出的一种表现,就是罗马城中的公共厕所建筑。

在公共住宅密集区,尤其是出租公寓中,大都没有厕所,或者只在一层的角落有厕所,因此大多数人需要使用街上的公共厕所。古罗马城的公共厕所不仅数量多而且设计非常完备,甚至可以说是豪华。这种公共厕所采用坐便器的模式,常有大理石铺设的坐垫,便池底部则是流动的水渠,因此厕所不仅不会臭气熏天,还成为人们闲聊或与朋友聚会的地方。

图4-4-14 古罗马拱券结构:由墩柱、拱券和筒拱构成的结构,是古罗马时期许多大型公共建筑的基本结构,拱券可以采用干石砌筑,也可采用三合土浇筑。

除了输水管道之外，为了方便帝国内部的沟通，古罗马人还修建了以罗马城为中心的帝国道路网。道路网以连接帝国行省的重要城市为主体，与道路网一同修建的还有驿站、路标、桥梁等，因此整个道路网可以说四通八达，无怪乎有"条条大道通罗马"的民谚了。

罗马城市主干道的修建由国家制定标准，各地区按照统一的标准修造，因此道路的质量极高。路面首先要打好基础，由多层碎石铺设，并且道路的中部要略高于两边，并在两旁设排水沟，以利排除积水。由于古罗马时期主干道路的设计与施工均十分精良，因此在古罗马帝国灭亡之后的很长时间，这个道路网也依然在发挥其重要的沟通作用，

图 4-4-15　古罗马公路结构示意图：由国家承建的公路都有统一的做法，路面分别由三层逐渐变小的石块层、砂层和岩板路面构成，路两边还建有排水沟以利排水。

有些道路甚至直到现在仍被人们所使用。

据估计，罗马人建造了总长度达 80000 公里的道路，并在每 16 公里的地方便设置一个马厩，在每 48 公里处设置一家小的客栈。这样，发达的道路网不仅保证罗马大军可以快速抵达帝国各地，还为那些到罗马城及各地旅游的人们提供了方便，安全而快速的旅行也有效促进了帝国内部各地建筑风格的交融。

古罗马时期有些城市、建筑等方面的经验和做法已经成为经典法则，这些经典法则借助古罗马时代宫廷建筑师维特鲁威（Marcus Vitruvius Pollio）的著作《建筑十书》而流传下来，这本著作也是古典文明时期流传下来的最早的专业建筑著作。通过这本著作和对古

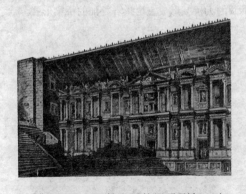

图 4-4-16　亚洲地区的罗马剧场：由于古罗马帝国时期疆域广阔，因此除了欧洲之外，在亚洲和非洲的一些地区也残留着大量古罗马时期的建筑物。

罗马时期兴建的诸多建筑的研究，对于此后各个时期的人们不断地从古罗马建筑中汲取营养，起到了重要的帮助作用。古罗马时期的一些建筑理念、做法和经验，甚至直到现在还在现代城市与建筑的兴建中被广泛应用。

总　　结

古罗马从公元前 509 年左右建立共和体制，到公元 410 年被异族攻陷，经历近 1000

年的繁荣发展，其间还有几百年强大的帝国时代发展阶段。在长时间呈上升期的社会发展过程中，古罗马文明创造了辉煌的建筑成就，这些建筑成就包括继承和发扬了古希腊的建筑规则、运用新材料创造了新结构和更多世俗化的新建筑体例。

长时期的建筑发展过程中，古罗马建筑逐渐摸索和完善了涉及人类生活的各种建筑类型及其发展方向，从城市防御、城市基础设施建设、城市布局与规划等全局性的方面，到多种服务性建筑的类型、功能与建筑结构设置的关系、结构的拱券系统设置、雕刻与镶嵌装饰，再到公共服务性建筑与居住建筑的搭配等细部方面，都进行了深入的实践并取得了巨大的成就。

概括起来，古罗马建筑艺术的成就主要在于拱券技术得到推广。建筑的结构就不像古希腊那样仅仅依靠横向的石梁。不仅摆脱了跨度增加时自重同时增加的问题的困扰，也摆脱了石梁承重力受石材强度限制的问题。穹顶是古罗马建筑的另一重大技术发展，不仅外形美观，而且可以遮护很大的无柱空间。再就是墙体承重结构的大量使用，使古罗马建筑不要再像古希腊建筑那样需要精心地去加工石柱。古罗马建筑大都是依靠墙体承重，和古希腊建筑相比，柱子的装饰作用大于承重的功能作用。

总之，古罗马建筑对于欧洲乃至整个世界的影响都是十分巨大的。现在人们不仅在意大利本土可以看到古罗马建筑，在英国、德国、法国、西班牙、北非以及叙利亚等一些国家和地区也都可以看到古罗马建筑的遗存。而古罗马建筑的影响，早已超出了其遗址所在的广泛区域。古希腊建筑是希腊人自己建造的，因而严谨、仔细，自然建筑流露出庄重的内涵，以深刻的艺术性见长。古罗马建筑虽然艺术性方面不及早先的希腊建筑，但其巨大的尺度、精人的数量、宏伟的气派，则完全超越了古希腊建筑。而且古罗马建筑以其公共性、世俗性、实用性的特点，在探索建筑空间和发挥建筑实用功能性方面，更具普及性，也为后来人类建筑和城市的发展奠定了基础。

第五章 早期基督教建筑与拜占庭建筑

第一节 罗马帝国的分裂与新建筑形式的产生

一、罗马帝国的分裂与基督教的发展

古罗马帝国鼎盛期纵情享乐的生活，也同时预示了"盛极而衰"的命运。随着古罗马新任帝王戴克利先（Diocletian）在公元284年的改革，强大的罗马帝国开始出现衰落和分裂的征兆。戴克利先在改革之初，原本希望通过东西罗马的分划和四帝分治的手段，达到更有效行使管理权的目的，但这一改革却直接导致了帝国内部真正的分裂。

此后帝国的分裂之势虽然由君士坦丁得到了一些挽救，但也并未再能回复到当年的统一与繁盛。而与这种帝国的分裂之势形成对比的，是此前一直处于地下发展状态的基督教开始兴起，并形成日益统一的发展趋势。公元313年，由于罗马帝王君士坦丁一世颁布了《米兰敕令》，基督教获得了合法的地位。到公元395年的时候，基督教更是被狄奥多西（Theodosius）皇帝宣布为罗马帝国唯一的国教。但与基督教的逐渐强大与巩固相反的是，强大的罗马帝国却在君士坦丁迁都到东方的君士坦丁堡时期就已经呈现出颓败之势，此后更是日渐衰败，并最终导致罗马帝国在公元395年正式分裂为东罗马和西罗马两个国家。

图5-1-1 四帝共治雕像：这尊采用红斑岩雕刻而成的四帝共治雕像，大约完成于公元305年，四尊雕像采用相同的形象，显示出一种程式化的艺术特色。

此前，由于强大的罗马帝国经济主要是建立在对外征战和掠夺的基础上，通过地中海和帝国大道形成的便捷交通网，将来自埃及、迦太基、希腊和亚洲等地的粮食、香料、纺织品和大理石等运输到罗马城等中心城市，并以此来维持帝国的自由民制度和高水平的福利待遇体系。而当罗马帝国处于动荡和分裂局面时，这个庞大的供给体系也很容易受到破坏，并由此导致帝国大厦的崩塌。

在辉煌的古罗马帝国文明之后，诸如维京人（Viking）、哥特人（Goths）、盎格鲁-撒克逊人（Anglo-Saxon）、法兰西人（French）等北方蛮族部落兴起，他们也开始通过征战建立新的国家和地区统治，并在汲取古罗马建筑结构与样式等经验的基础上，形成各具地方特色的新建筑文化。虽然由罗马人建立的拜占庭帝国在此后仍然继续发展，并一度收复失地，再现复兴，但其文明的发展因加入

图5-1-2 君士坦丁堡城市中心想象复原图：君士坦丁堡最初是按照罗马城的模式建造而成的，因此城市中也仿照罗马城兴建了广场、浴场、竞技场等各种公共建筑。

了更多的东方因素而另成体系。因此可以说，随着罗马城被西哥特人（Visigoth）洗劫，以及最后一位西罗马皇帝在公元461年被废黜，强盛的古罗马文明时代也彻底结束了。

图5-1-3 罗马中心广场遗址：罗马城在君士坦丁大帝迁都之后的很长时间，都继续保持着兴盛的发展，直到公元410年被西哥特人劫掠之后，才逐渐衰败。

随着罗马帝国的日益衰败和外族的多次入侵，中央政权实际上已经形成了权力的真空，但就是在这种无力的政权统治之下，被尊为国教的基督教势力却有力地成长壮大起来。罗马的主教们公然宣称教会拥有着至高无上的权威，他们的地位高于其他任何一个地方的主教。在公元5世纪的时候，基督教的大主教格列高利一世（Gregory I）还称自己为罗马教皇，但实际上由于西罗马帝国国力的衰微，无论是帝国皇帝还是教皇，其实际的统治区域和权威都非常有限。

基督教在帝国分裂之后的发展与世

俗政治权利的衰弱和分散相反，基督教及神学思想的发展从古罗马后期开始逐渐强大并集中起来。基督教随着战争和动荡的社会背景而传播开来，并因其对救世主的信仰，用一种美好的宗教观代替了帝国末期悲观的现世观，因此吸引了大批处于动荡社会中的人们信仰。古罗马帝国时期的现世影响不断扩大。虽然基督教的发展在早期也曾经出现过分歧，但从君士坦丁大帝在公元325年为了解决这场争端在尼西亚（Nicaea，这座小亚细亚的古城曾两次承办过基督教的世界性主教会议）召开了万国基督教公会之后，基督教暂时消除了争端。此后基督教团的势力不断扩大，反而代替政治权力成为欧洲最有号召力和权威的力量。

图5-1-4 雕刻有宗教故事的石棺：这尊罗马帝国后期的石棺表面，雕刻满了以《圣经》故事为题材的装饰，向人们展示了帝国发展后期基督教的普及化。

二、建筑特色综述

在建筑方面，古罗马帝国分裂之后，与封建势力的地区分化趋势相反的是教会力量的统一与日渐强大，这也使得此时期的建筑由古罗马帝国时期的多种建筑形式发展状态逐渐向单一的基督教建筑发展状态转变。

虽然基督教早在公元1世纪时就已经产生，但由于古罗马帝国官方的禁止，因此基督教诞生的初期没有专门的基督教建筑类型，教徒只能在古罗马时期的其他建筑，尤其是住宅建筑中进行各种仪式和小规模的聚集活动。君士坦丁大帝在公元313年发布《米兰敕令》之后，基督教建筑才真正开始发展，而为了满足大量教众的宗教活动需要，早期基督教将巴西利卡作为最初教堂建筑形式的选择，就成为一种必然。

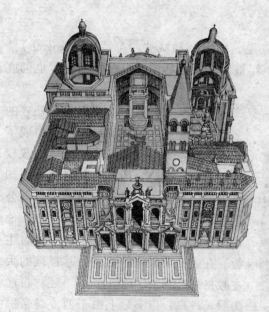

图5-1-5 圣玛利亚马焦雷教堂想象复原图：位于罗马城外的这座教堂，是早期以三殿式巴西利卡建筑形式建造而成的大型教堂代表，约修建于公元366年。

从古罗马长方形的公共建筑巴西利卡到拉丁十字形的基督教大厅，这种建筑结构和形象上发生的变化速度是很快的，由此也形成了早期基督教比较成熟的教堂建筑形制。这种由巴西利卡大厅转变而来的拉丁十字形平面的教堂形式，曾经广为流传，并同时在西方的罗马和东方的君士坦丁堡大量兴建此类教堂建筑。但这种情况在基督教和帝国分裂之后则逐渐消失了。在东方迅速崛起的拜占庭帝国，在汲取罗马建筑传统与东方建筑经验的基础上，发展出了大型穹顶建造的新结构形制，并以圣索菲亚大教堂穹顶为代表，使这种集中的穹顶式教堂建筑在其帝国统治区域广泛应用。

图 5-1-6　圣索菲亚大教堂：圣索菲亚大教堂是拜占庭帝国时期建筑技术和艺术最高水平的综合展现，曾先后被作为基督教的教堂和伊斯兰教的礼拜寺使用。

此后，随着拜占庭帝国在公元 700—800 年施行的破坏圣像运动，使基督教内部出现了东西阵营的分裂迹象。在公元 1054 年东正教与天主教的两派教会正式分裂之前，以宗教分裂为前提的两套相对独立的教堂建筑体系已经基本确立，其最明显的区别，就是采用拉丁十字和正十字两种不同的平面形式。

古罗马帝国和教会的分裂，使欧洲古代世界开始形成以罗马城为中心的西欧文明同以君士坦丁堡为中心的东欧文明这两大文明的分立，同时也直接导致了天主教与东正教在教堂建筑形制上的差异。但这种差异又不是绝对的，而是有着紧密的联系性。

拜占庭建筑是在古罗马建筑的基础上发展起来的，但后来融入了更多的东方建筑元素，因此无论在建筑整体造型还是细部装饰上，都与西罗马地区的早期基督教建筑不同。拜占庭建筑的突出贡献，是在结合东西方建筑经验和结构的基础上，创造出了在四边形平面基础上建造穹顶的新技术以及帆拱这种新结构。四面发券、帆拱、鼓座和穹顶是新建筑最突出的结构部分和这一穹顶的特色所在。

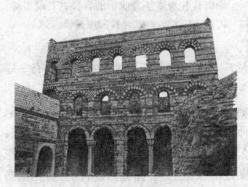

图 5-1-7　君士坦丁堡宫殿遗址：从拜占庭帝国后期宫殿建筑的遗址中，可以明显看到来自古罗马时期建筑的影响。

第二节　早期基督教建筑

一、地下陵墓建筑

基督教产生于古罗马帝国早期，信众所崇信的最高神祇只有一位，而且认为这唯一之神的权力在皇帝之上,因此与古罗马当时官方所宣扬的神化的帝王为最高权力之神的理念相抵触,这就造成基督教从很早便遭到官方的禁止。此后基督教虽然一直被罗马官方视为异端邪说而加以禁止,基督徒也遭到迫害,但基督教的思想却因帝国残酷统治制度的压迫,而在下层民众中不断普及传播,并逐渐向社会的中上阶层渗透。

随着基督教的发展壮大,基督教建筑也自然发展起来。基督教的教义中有聚集教众进行各种仪式的规定,而且基督徒相信他们也会像死去的耶稣那样会再度复活,因此也催生了最早的基督教建筑类型——教堂与墓葬。

基督徒相信肉体可以复活,所以他们使用墓葬而拒绝火葬。而且由于基督徒的墓葬被规定只能与相同信仰的教友葬在一起,因此基督教墓葬从很早就开始采用公墓的形式。但在基督教早期发展的秘密阶段,这种公墓不可能直

图 5-2-1 查士丁尼皇帝凯旋图:这幅表现查士丁尼皇帝凯旋的浮雕,明确地展现出其胜利受基督庇护的含义,表现了拜占庭帝国官方对基督教的虔诚崇信。

接在露天营造,因此人们发展出了地下墓室的形式,在这些墓室的地面上还都建有一座小型的纪念建筑,由此形成完整的墓葬群。

图 5-2-2 早期的秘密会所:这座位于罗马城一座私人宅邸地下的秘密会所,约建于公元 1 世纪到 3 世纪之间,是早期基督徒进行集体活动的主要场所。

地下墓室的形式对地质要求较高,因此只在西西里、罗马和北非的少数地区施行开来,约在公元 2 世纪末到 4 世纪时流行,至 5 世纪之后则逐渐被地上墓构的形式所代替。在众多地下墓构建筑中,以罗马地区的地下墓构最具代表性。

罗马的地下墓室有两种建筑形式,一种是在之前城市地下管道、采石场的建筑基础上发展起来的;另一种是在单独的基址上兴建起来的。这些地下墓室往往仿照古罗马的城市规划原则,以规则的网格形布局,而不像西西里等地的墓室那样采用迷宫式的布局。墓室有时也采用拱券或石梁柱支撑,一些大型的平民地下墓室聚集在狭窄的廊道两侧,他们的石棺被放置在廊道两边掘出的壁龛中。讲究一些的大型私人或家庭墓室的布局更复杂,内部装饰也更华美。

罗马的多米蒂娜(Domitilla)地下墓室是大型高级墓室的代表。多米蒂娜墓的内部以

三条呈"干"字形排列的狭窄廊道为框架，一些四边形和多边形的墓室像叶片一样分布在这个框架周围。在各个墓室内部，都仿照地面建筑雕刻梁柱结构和拱券结构的样子，在墙面上绘制出框架和立柱的形象，在屋顶则依照地面教堂建筑后殿的形象，描绘方格的屋顶天花和半穹顶的形象，将地下墓室布置得如同地面建筑的室内一般。

在多米蒂娜地下墓室中的墙面和屋顶部分，除了用粗线勾勒出建筑结构形象之外，还绘制了大量彩色的壁画进行装饰。这些壁画多以耶稣的传教及神迹事件为题材进行绘制，由此也奠定了基督教建筑以《圣经》为题材进行装饰的基础。

图 5-2-3　地下墓室的彩绘壁画装饰：早期的一些大型墓室中都绘有彩色壁画装饰，壁画所表现的内容以宗教题材为主。

图 5-2-4　多米蒂娜墓场中的小教堂：这座公元 4 世纪兴建的大型墓场内不仅有面积宽敞的地下墓室，还开辟有小教堂，是罗马最具代表性的大型私人基督徒陵墓。

在基督教成立的前两个世纪中，没有留存下来一件有关基督教的艺术品，直到第 3 世纪人们才在罗马的地下墓地中发现了数量极少的基督教艺术品。当时的艺术家们在空间狭窄、潮湿昏暗的地下墓室中进行工作，他们也应该很清楚自己所画出的作品并不是为了向公众展出的，而是表达自己和教众的一种情感和心理诉求。在这些地下墓中最为常见的是耶稣救赎和教化世人的场景，这些图画所想要表达的，很明显是一种人们期望灵魂得到拯救或是复活的美好愿望。

在地下墓室的入口或地面建筑中，还经常按照当时流行的建筑立面形象制作一些修饰性的建筑立面。而在地下墓室的地上层，

图 5-2-5　早期基督徒的地下墓室：这座大约在公元 4 世纪修建的地下墓室，真实地仿照了地上建筑结构的形象，是大型地下墓室建筑的代表。

往往还要兴建一些纪念性的建筑,这些纪念性的建筑除了用来悼念逝者之外,还被教众用来做集会和举行各种宗教仪式的场所。

二、早期宗教体制的完善与新建筑形制的出现

在最初的基督教发展阶段,.人们是在私人家中秘密地举行各种仪式的。他们通常用象征着耶稣之血与肉的葡萄酒和面包来祭拜在十字架上受难的耶稣。现在我们知道最早的基督教建筑是位于叙利亚的杜拉·尤罗帕斯(Dura Europos)。这种原本由私人家宅改成的基督教教堂建筑,也是在早期古罗马和希腊式的住宅建筑形制基础上产生的。为了满足使用者的需要,院落中的柱廊院不再是建筑中的主体,因为人们的活动主要集中在内部厅堂之中,而且为了满足可以同时容纳众多人进行活动的要求,室内的厅堂通常面积较大,必要时还将相邻的两个厅堂打通,最多可容纳60人进行礼拜活动。

在以家庭住宅建筑为主的教堂初级发展时期之后,随着基督教的合法化、教众的增多,不断膨胀壮大的教会内部也开始形成层级分划严密的组织系统。这个强大的教会系统对内通过行政组织,推动各地教会的发展,指导教会和教徒的宗教生活;对外则通过其谋求的政治地位,在社会生活中具有越来越大的影响力。

与这种日渐扩大的教会体系及其影响力相配合,再加上相关宗教仪式的程式化与固定化,使得人们对教堂以及与此相关的宗教建筑也重视起来。

在此基础之上,不仅基督教的教堂建筑开始向大型化的公共建筑类型方向发展,与此相配套的各种附属性宗教建筑也开始与教堂建筑形成一些固定的搭配。而古罗马时期的建筑形式和建筑结构,则成为新型的教堂建筑形式最直接的来源。

图 5-2-6 罗马地下基督徒墓室内的祠堂:这座地下墓室是公元3世纪到4世纪早期罗马主教的墓葬地,在墓室外部设有一个带有铭文石碑的小型祠堂。

图 5-2-7 地下会堂:这座古罗马时期营造的地下会堂采用浇筑的筒拱与墩柱结构建成,在内部有三跨殿堂和一个半圆室,是后期厅堂式教堂建筑的最早范例。

以罗马万神庙为标志的成熟的穹顶制作技术，在古罗马后期得到了广泛的应用。但因为其结构过于复杂，因此还产生了一些易于营造的多边形平面、顶覆木结构锥形顶的变体建筑形式。这种圆形或多边形平面的集中建筑形式新颖，极具表现力，但其使用面积有限，而且制作成本也高，因此多用于一些小型建筑或上层人员的陵墓和礼拜堂建筑之中，而供更多教众聚集的公共建筑形式则采用了成本相对较低的、古罗马时期的另一种公共建筑形式——巴西利卡。

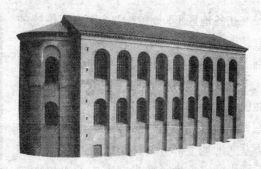

图 5-2-8　特里尔会堂：这座君士坦丁时期兴建的单殿式会堂建筑，是早期留存下来的少数大型集会性建筑的代表，建筑在后部设置半圆室的做法，也被以后的教堂建筑所保留。

早期的教堂建筑形制直接来源于古罗马时期的公共会堂巴西利卡，也就是内部由两列柱廊支撑的长方形大厅的形式。这种巴西利卡式的大厅由四面墙体围合，屋顶为木结构上覆瓦片的形式，不仅结构简单、建造成本较低，而且建筑形式也很易于在各地普及。在建筑内部，存放着圣物和供奉品的祭坛起初只是简陋的木桌，并被置于与会堂入口相对的另一端，其他空间则可供教职人员和教众使用。随着基督教的发展，教会的条例、活动类型都不断增加，这也使得教堂建筑内部空间的使用更加复杂。

首先是存放圣物的祭坛与其所在空间要变得更加神圣化；其次要将不同身份的教众区隔开来；最后要为诸如洗礼、葬礼等特殊的仪式提供专门的使用空间。此外，由于之前有在圣徒的殉葬地建造纪念堂的传统做法，因此教堂还可能是教众们瞻仰圣容和怀念亡灵的纪念场所。

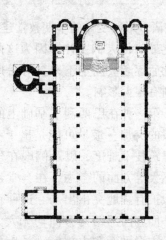 

图 5-2-9　左图：圣阿波利纳教堂平面：位于拉韦纳的圣阿波利纳教堂采用罗马式的巴西利卡建筑形式，但在内部采用拜占庭式的镶嵌装饰，呈现出东西方建筑风格的混合特色。

右图：圣阿波利纳教堂圣殿：位于教堂后部半圆室的圣殿，通过层级的台阶分隔出既联通又独立的空间，穹顶和墙面采用大面积马赛克镶嵌装饰，显示出很强的拜占庭风格。

在各地区不同宗教习俗和建筑传统的背景下，在以巴西利卡式建筑为主体的基础上，各地的教堂出现了多种多样建筑形式上的变化。最简单的一种教堂形式，是在巴西利卡与入口相对的一端添加一个平面为半圆形的后殿，后殿也同时可以是地下墓穴的地上部分，神圣的祭坛就设置在后殿半圆室前面，而半圆室内则可以设置坐椅，作为神职人员的专用席位，借此也将神职人员与教众分隔开来。室内由两排柱廊分割的侧廊变成侧殿，必要时可以在柱子上设置隔板或悬挂帷幔，使侧廊形成相对封闭的空间。

图 5-2-10　君士坦丁堡教堂遗址：这座大约在 5 世纪时兴建的教堂内部，明显以中厅空间为主，在后部半圆室之前建有围墙，因此可以推测半圆室是较为私密的独立空间形式。

复杂一些的大型教堂是在巴西利卡的基础上进行增、扩建和变化而形成的。人们可以在巴西利卡建筑前增建一个带柱廊围绕的前院，可以在主殿两边设置两排柱廊，形成带四个侧殿的宽敞空间，还可以与一些圆形平面的陵墓和独立的洗礼堂建筑相结合。总之，在早期教堂建筑并未形成固定的建筑形制的时期，教堂建筑的形式在沿袭古罗马建筑形象的基础上，存在较灵活的变化性。但这种灵活的变化性并没有发展多久，就出现了一些具有代表性的、相对固定的教堂建筑形式，这些建筑形式借助教会的推广而在各地施行开来，推动了教堂建筑形制的统一。

三、早期基督教堂建筑形制的确立

在以巴西利卡式会堂建筑为基础的、存在诸多形制变化的早期教堂建筑中，有两种变化最值得人们关注，因为这两种建筑形式在此后逐渐被固定下来，对后期教堂建筑的形制有很大影响。

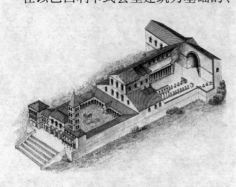

图 5-2-11　罗马圣彼得会堂复原剖视图：约建于公元 400 年的罗马圣彼得会堂，是早期形制较为完备的代表性教堂建筑群，带回廊的前院、三殿式厅堂等建筑设置，都为后期教堂建筑所继承。

第一种在巴西利卡基础上的建筑变体是主殿的突出。最早可能是出于节省材料、降低建筑技术难度，以及侧殿在建筑中确实用途不大等方面的考虑，在会堂建筑中高大的主殿被有意地突出出来。这种新的建筑形式在平面和内部结构方面均无太大变化，仍旧是长方形平面和内部两列柱廊的形式，顶部因为大多不用古罗马式的砌筑拱顶，而采用木桁架结构，所以侧殿的墙面高度被大大缩减，在建筑外部出现中部与两侧分开的屋顶形式。也因为这种建筑形式，使主殿墙面上层可以开设高侧窗，室内也因此变得更加明亮。

这种主殿与侧殿形成高度差的教堂形式，以及木构架替代拱顶结构屋顶的建筑形式，因为实用和造价相对低廉而在各地流行开来，同时也使拱券屋顶制作技术逐渐失传。但同时，采用低矮的侧廊及其屋顶对主厅的墙面起到支撑作用的结构特色，也为哥特建筑时期如何平衡拱顶的侧推力提供了建造经验。

第二种在巴西利卡基础上的建筑变体是后殿建筑规模的扩大。后殿半圆厅所在的一端也是教堂内部空间地位较为重要的部分，因此除了容纳圣职人员之外，往往还需要设置一些存放贡奉物或供单独祭祀的特殊功能的空间。在这种需求之下，巴西利卡式建筑后殿的空间开始向两边横向拓展，这部分横向建筑空间突出于建筑两侧，而半圆室则建在这一横向建筑之后。

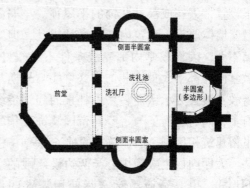

图 5-2-12　巴西利卡式教堂的变体：基督教发展早期，教堂建筑还没有形成固定的形制，因此在巴西利卡厅堂式建筑空间的基础上，各地区衍生出了多种教堂平面形式。

再后来随着这些附属空间的不断增加，使得在长方形教堂后部建造横殿以设置礼拜堂等附属空间的做法固定下来。后殿伸出两臂空间的教堂平面正好形成横短纵长的拉丁十字形平面，具有很强烈的宗教象征意味。因此这种拉丁十字形教堂形式被固定下来，而且后部横殿的开间被拓宽，使其与纵向建筑体在比例上更协调，平面上也更像一个横竖比例一致的十字。

图 5-2-13　描绘圣保罗教堂内殿的版画：这幅版画向人们展示了约建于公元 4 世纪的罗马圣保罗教堂的内殿场景，建筑底部柱列的高度被加大，大面积墙体为彩绘或镶嵌装饰提供了条件。

此后，象征着耶稣受难的十字形建筑平面形式被固定下来。这种拉丁十字形教堂平面的长轴即主殿。主殿多是东西向设置的，入口位于西立面上，横殿以主殿为中心点向南北两边延伸。在纵横两殿交叉处的上方通常设置突出屋面的采光塔，这样使屋顶的自然光正好照射在设有圣坛的区域，增加了这一区域的神圣性。教堂内部纵向的主殿可以设置大量的座位，位于主殿与横殿交叉处的圣坛占有相当宽敞的空间。圣坛也已经形成相对固定的形式，它被一道石材或木材的栏板与主殿的公共空间隔离。圣坛的基址有时会被抬高，并通常位于四柱支撑的华丽顶盖之下。从圣坛位于后部的半圆室与两边的横殿相对封闭，并不对所有教众开放。

圣坛前的主殿一端通常设突出的讲经台，圣坛前设帷幔。这里也是教职人员带领教众进行各种仪式和活动的地方。教堂内部的屋顶由于采用木结构，因此多直接暴露上部的木框架，讲究一些的教堂则在木构架之下设置带天花或藻井装饰的平屋顶。早期的教堂墙体厚重，建筑内部的墩柱粗壮，但开窗不大，因而教堂内部光线条件不是很好。教堂内外都不太重视装饰，这可能与早期基督教不被官方承认而多采用朴素的建筑传统有关，同时也为了与古罗马帝国装饰豪华的世俗建筑相区别，凸显教堂的神圣。

大厅内以主殿为中心，两边设侧殿的空间形式，也是适应教堂实际使用需求的设置。因为在规则森严的社会发展状态下，各地区的教堂建筑虽然广纳信众前来举行活动，但信众的性别也决定了身份的不同，一般来说男性和女性的坐席都是分开设置在主殿两侧的，有些教堂中还将女性坐席置于有遮盖物的侧殿中。

图5-2-14 罗马圣克莱门特教堂内部：圣克莱门特教堂最初建成于公元4世纪，此后的改建基本上保持了最初的设置，由此向人们展现了源自古罗马时期教堂内部严谨、分明的空间分划与使用规则。

这种拉丁十字形造型、样式朴素的教堂建筑形式，也成为罗马地区基督教教堂建筑的固定形制。尤其是在教会分裂为东正教与天主教，以及东正教的正十字形平面的教堂建筑推行开来以后，拉丁十字形的教堂平面更是作为一种强烈的天主教标志，在罗马基督教所影响的各个教区内也开始普遍流行，成为早期基督教教堂建筑的一种标准形式。

此时期罗马城还出现了一些造型新颖的教堂形象，比如在公元480年左右建成的圣司特法诺圆形教堂（St. Stefano Rotondo）。这座教堂的平面是圆形，内部空间被分为以圣坛为中心的三个同心圆形式。以中心的八边形圣坛为中心的外侧先由一圈柱廊围合出主殿，主殿被做成仿穹顶的屋顶形式，但实际上可能是采用木结构等轻型材料做成的屋顶，因为这层穹顶底部的柱廊并不具有很强的承重性。主殿之外是另外一圈柱廊围合的

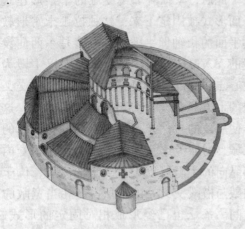

图5-2-15 圣司特法诺圆形教堂结构剖视图：这座大约在公元5世纪建成的教堂，主要采用多层圆柱与轻质屋面的形式建成，这种集中式的教堂建筑是一种创新形式的教堂空间。

辅殿形式，辅殿的屋顶也正好可以对主殿墙面的外推力起到很好的反支撑作用。最外围的第三层采用实体墙面形式，这层空间是相对独立的，围绕一圈空间开设了礼拜堂和一些单独的使用空间。

早期基督教的发展与古罗马帝国的历史发展是同步的，因此早期基督教建筑对古罗马建筑结构与形式的借鉴也是一种必然的选择。罗马地下墓室中对罗马-希腊梁柱、拱券结构形式的模仿，以及以罗马的巴西利卡式大会堂为原型发展出的教堂建筑，虽然其影响在之后扩散到欧洲各地和亚洲、非洲等多个地区，但并不是早期基督教建筑发展的唯一模式。同古罗马帝国在后期的分裂一样，早期基督教虽然在古罗马帝国后期得到官方承认并被尊为国教，但其内部也因对教理与教义的不同理解出现了分裂。

以罗马为基督教权利中心和传播中心的一派，继承了罗马的巴西利卡大厅的建筑形式，逐渐发展并固定了以拉丁十字形平面的建筑形式为主的教堂形象；而以君士坦丁堡为中心的另一基督教派，则继承和发展了罗马的集中穹顶大厅建筑形式，并逐渐将其与东方建筑传统相结合，发展并固定了以希腊正十字形平面为基准的教堂形象。为了与罗马的建筑相区别，人们通常以君士坦丁堡所在的拜占庭地区为名，将这种建筑称为拜占庭建筑。

图 5-2-16　拉丁十字与希腊十字：以拜占庭和罗马两地为中心形成的基督教教派分裂，在教堂建筑上最突出地表现为拉丁十字和希腊十字两种建筑平面形式的不同。

但罗马始终是基督教的发源地，基督教也是在这里确立起了它在西方社会发展中的主体地位的。基督教所倡导的教义在很短的时间里由基督徒从罗马传播到了欧洲的许多国家，当时的基督教徒们到达的地方有北非、希腊、叙利亚等地中海国家，因此罗马的早期基督教建筑虽然形式多样，但随着基督教的发展，拉丁十字形的教堂建筑形式逐渐固定下来，并成为此后罗马天主教堂的专用形制。此后，拉丁十字形平面的教堂建筑形式，也随着传教士的传教活动，成为中西欧和更广大的天主教区教堂的建筑基础。

第三节 拜占庭建筑

一、拜占庭帝国社会背景

东罗马所在的拜占庭地区，早在公元395年的时候就已经日益强大，位于意大利东海岸的拉韦纳(Ravenna)作为罗马东西两地政治、经济、文化之间的桥梁，备受当时统治者们的重视。在公元402年的时候，拉韦纳成为西罗马帝国的新首都，此后又被东哥特入侵者继续作为首都。拉文纳在公元6世纪被拜占庭帝国收回，并在公元527年至公元565年，继续被作为拜占庭帝国西部的首都。

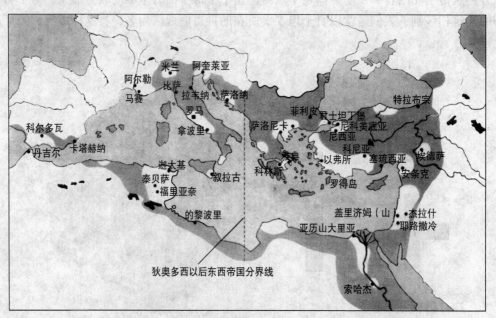

图 5-3-1 拜占庭帝国盛期的疆域：查士丁尼统治时期的拜占庭帝国疆域面积最大，涉及亚、欧、非三大洲，极大地促进了各地建筑技术与艺术的交流。

拉文纳城在几个世纪里统治权的变化，是对西罗马帝国灭亡前后动乱社会的真实反映。而与西罗马所不同的是，从大约公元4世纪中期之后到公元6世纪中后期，是东罗马，也即拜占庭帝国最为强盛的时期，它的领土范围包括叙利亚、小亚细亚、巴勒斯坦、埃及、巴尔干、意大利、北非及一些位于地中海的小岛屿。但在公元7世纪以后，由于拜占庭帝国日渐衰败，领土只剩下小亚细亚和巴尔干地区。后来又经历了西欧十字军的多次入侵，最终在1453年的时候被土耳其人所占领。曾经繁荣一时的拜占庭文明才随着拜占庭帝国的灭亡而衰败。

第五章　早期基督教建筑与拜占庭建筑

在封建制社会中，皇权是至高无上的权力，所有的制度及宗教都是为它服务的，拜占庭文化也不例外，它继承了大量的古希腊和古罗马的文化，同时也借鉴了叙利亚、波斯、阿尔及利亚及两河流域的艺术文化。与此同时，拜占庭文化也在东西方这两种文化的共同影响下形成了自己独特的艺术风格。

君士坦丁堡作为拜占庭的文化中心，是多条重要的海路及陆路的交会地，易守而难攻。同罗马城和其他古罗马帝国时期的重要行省城市一样，位于欧亚大陆间一座半岛上的君士坦丁堡不仅有着便捷的水上和陆上交通，还在兴建之初就被一圈坚固的城墙所环绕。在这道全长超过 7 公里的城墙上，设有近 100 座塔楼并长期驻扎守卫军队，以保卫城市的安全。实际上它从最初建成就一直发挥着积极的防御作用，直到 1453 年城市被穆斯林攻克时，也是这座城墙成为全城奋力抵抗的最后屏障。

图 5-3-2　特鲁洛圣约翰教堂：拜占庭时期的建筑风格对后世影响深远，这座公元 12 世纪时期在君士坦丁堡建造的小教堂，仍显示出明确的集中穹顶建筑样式特色。

图 5-3-3　君士坦丁堡城墙现状：君士坦丁堡有内城和外城两层城墙，在外城墙之外还设有壕沟。城墙采用古罗马传统的浇筑结构与亚洲砌砖技术相结合建成。

大约从公元 450 年起，君士坦丁大帝对这座城市进行了大规模的建设。他在这座城市中兴建皇宫、别宫，吸引高官和富商在这里兴建府邸和别墅，全面规划和建造街道及基础设施，并沿街建造柱廊和店铺等以鼓励发达的贸易发展。经过大规模的建筑活动，君士坦丁堡城内的人口不仅达到了 100 万，而且城市中还建造了许多豪华的大型公共浴场、规模壮观的角斗场和漂亮的巴西利卡式教堂建筑。城市中大约建于公元 4 世纪的大型双层输水管道系统，在相当长的一段历史时期内都在为整个城市

图 5-3-4　君士坦丁堡输水道：君士坦丁堡同古罗马城一样，在城市中修建了四通八达的输水道，是当时兴盛的公共建筑活动的见证。

167

的正常运转服务,甚至直到现在仍有一些水道矗立在城市中,可供人们想象当年城市的繁华。

君士坦丁堡是以罗马城为规划和建造蓝本建造的,其城内也有很多罗马气息很浓郁的建筑,甚至连拉丁十字形的教堂建筑都十分多见。但君士坦丁堡毕竟受东方建筑文化熏陶已久,而且其基督教义向来与以罗马为中心的基督教庭所持的教义有所差别,所以拜占庭帝国发展出一套不同于西罗马的建筑体系就成为一种必然。君士坦丁堡所代表的拜占庭建筑体系发展至后期,尤其是随着圣索菲亚大教堂穹顶的建成,就已经标志着一个不同于罗马建筑的新的体系的产生。

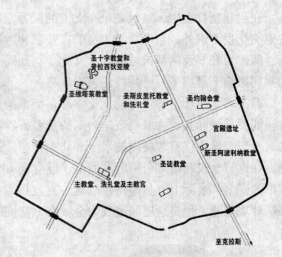

图 5-3-5　拉文纳城市平面:拉文纳在历史上是连接罗马和拜占庭的重要中心,这里的教堂建筑多同时呈现出古罗马和东方两种建筑风格相混合的特色。

拜占庭建筑高潮是从公元 527 年至公元 565 年的查士丁尼统治时期开始的,因为查士丁尼在将东方的君士坦丁堡作为首都之后,又将西部的拉文纳作为都城。这位功绩卓著的皇帝几乎统一了原来罗马帝国的大部分领土,这时统治阶级的生活已经十分富足了。

图 5-3-6　早期布道书插图:这幅大约创作于公元 4 世纪的布道书插图,形象地描绘了一座带穹顶的集中式教堂形象,并表现出教堂底部存放圣物的地下室的拱券结构。

我们最常见到的十字架是基督教的主要象征,十字架上的四个端点分别代表着长度、宽度、高度和深度,象征着空气、大地、水和火。横竖走向的十字架形式象征着截然相反的两种对立事物:主动与被动、积极与消极、精神与世俗、天界与尘世。无论是罗马的基督教还是君士坦丁堡的基督教,都没有背弃十字架的象征意义,而且都将这种具有很强喻义的形象应用于基督教教堂建筑的兴建上。但以罗马教廷为主导形成的天主教,以神秘和有着严谨体系的宗教仪式和偶像崇拜为主要特征,因此教堂不仅要有容纳教众和举行仪式的场所,往往还要设置一些储藏室以存放圣物。

而以君士坦丁堡为中心形成的东正教,则从一开始就主张废弃繁琐的程式化仪式以及偶像崇拜。在拜占庭的教堂建筑中最早是有雕像的。公元 305 年的尼西亚会议后,随着东西罗马的分裂,宗教虽然也分裂为天主教和东正教两个部分,但这两派中都同时保留了相当多原有的教义。通过雕塑、铸造和绘画等手法制作的各种圣像,作为教堂中的陈设和人们日常崇拜的重要对象，最早在拜占庭东正教区也相当流行。但从公元 730 年左右开始，这时的东罗马皇帝利奥三世发起了打倒偶像崇拜的大规模运动，并且下令在所有的教堂建筑中均禁用人物雕像，教堂以聚集教众共同举行某种简单的仪式为主要特征。

利奥三世的这项举措，在他经过对帝国近 10 年的统治之后进行，而且手段严酷、规模庞大，其间虽然遭到了教会和民众的一些反对，但这些反对之声很快就被严厉地镇压下去了。关于利奥三世发起的这个破坏圣像运动，一方面人们认为他是受一些异教教义的影响，如犹太教有关于摩西禁止偶像崇拜的记载，伊斯兰教也对此有明确的规定。但另一方面也可以看到，利奥三世发起的圣像破坏运动，首先强化了皇权对宗教的控制，其次激化和加速了拜占庭与罗马教廷的分裂，使拜占庭从罗马教廷的从属关系中挣脱出来，获得了更强的独立性。

由此可以看到，利奥三世的圣像破坏运动，实际上是加强王权绝对统治的重要手段。但也是因为这一政策的施行，使拜占庭帝国教堂建筑面貌发生了很大改观。由于人物和动物等偶像形象不再允许被使用，因此植物和一些象征符号就成为此时教堂

图 5-3-7　集中式教堂的变体：图示的这种装饰精美的小型建筑，多作为陵墓或祠堂使用，其平面以三叶形或四叶形为主，是一种由集中式教堂变体的小圣堂形式。

中最常见的装饰，而在这些教堂装饰中，有许多镶嵌或雕刻的精美作品留存了下来。

二、集中式教堂和穹顶的初级探索

这两种教派在教义、教理和相关宗教仪式等方面的差异，也导致了宗教建筑形式的不同。

图 5-3-8　圣阿波利纳教堂内部：这座位于拉文纳的教堂，其内部同时采用巴西利卡式三殿空间结构和大面积彩色镶嵌画装饰，是罗马传统与拜占庭混合建筑风格的代表建筑。

拜占庭地区以正十字形平面的集中式东正教教堂为主的建筑发展特色，并不是突然间出现的。尽管其形式与罗马教廷的建筑大相径庭，但正十字形的集中式建筑却与古罗马帝国时期的许多其他建筑有着很强的造型上的联系。在罗马帝国时期的建筑中，可以看到大量此类集中式平面的建筑的影子。例如古罗马时期的标志性建筑万神庙，就是圆形集中式平面的神庙建筑。

拜占庭时期的东正教建筑也一样，虽然东正教教堂在理论上以四臂长度相等的

正十字形平面为其标志性特色，但这种平面的变体形式很多。可以说，相比于罗马城为代表的以拉丁十字形为主的天主教堂建筑平面，正十字形平面的教堂建筑在造型上的变化更加多样。建筑师既可以建造由四个巴西利卡式大厅相交构成的标准正十字形平面的教堂，也可以利用墙体的不同围合方式，建造圆形或正方形平面的教堂建筑。因为在这两个图形中，都暗含着正十字的形状。

因此可以看到，包含正十字形的教堂建筑形式并不是在拜占庭时期才产生的，而是在古罗马时期就已经形成。在罗马城的万神庙建成之后，罗马城也兴建了一些圆形平面的建筑，这些异形平面的建筑同万神庙一样，多是一些陵墓的地上建筑或专门的纪念性建筑。

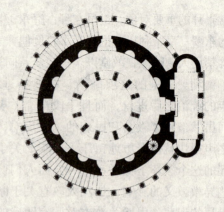

图 5-3-9　圣康斯坦扎教堂平面：圆形平面的教堂建筑形式，不仅其中包含着正十字形，而且也是复兴罗马帝国盛期万神庙样式的一种建筑形式，因此在帝国后期被广为兴建。

也可以说，正是由于早期的这些集中式建筑拥有较为独特的建筑空间效果，才被后世的教堂建筑所利用，并由此推动了人们在屋顶结构上的探索与创新。

图 5-3-10　圣康斯坦扎教堂内部：约建于公元 4 世纪的圣康斯坦扎教堂被较为完好地保存到现在，使人们可以看到内部一圈双柱支撑穹顶的建筑结构做法。

建于公元 350 年的罗马圣康斯坦扎教堂，是早期以万神庙建筑为蓝本建造的变体式建筑之一，它是当时为君士坦丁大帝的女儿所建造的陵墓与纪念建筑的统一。陵墓的地上建筑部分采用的是穹顶形式，但不是万神庙那样的半圆形穹顶形式，这里的穹顶是由底部 12 对柱子支撑的环形拱廊为主要承重结构的。而且，受结构的影响还在穹顶周围形成 12 个高窗，使室内的光线从位于中央区域的高侧窗射进来，像万神庙中那样获得了神圣化的空间效果。

罗马的这个圣康斯坦扎教堂的内部装饰异常华丽，它内部拱廊到穹顶之间墙面的装饰虽然已经遗失，但通过柱廊周围一圈筒拱拱廊上细密的马赛克墙面装饰可以推测，中央穹顶的墙面在当年也肯定是用华丽的大理石板或马赛克装饰的。主穹顶 12 对支撑柱之外，是一圈筒拱围廊，整个围廊的拱顶都由彩色大理石的马赛克贴饰。整个马赛克屋顶区由扭索状的花纹划分出边界，并将一圈拱顶分割成一幅幅连续的画面，每幅画面中的图案都不相同，其中采用植物、动物、人物、建筑等各种形式组合搭配而成，不仅有宗教故事题材的画面，还有反映当时日常生活的场景。

此时期罗马城兴建的集中式纪念性建筑很常见，除了圣康斯坦扎的陵墓因为在后期被改造成教堂而留存下来之外，罗马的拉特兰洗礼堂（Lateran Baptisterium）、圣司特法诺圆形教堂（St. Stefano Rotondo）等，也都被很好地保存了下来。拉特兰洗礼堂是一座八边形的建筑，虽然并不是典型的圆形平面建筑，但内部却也做成穹顶的形式，而且结构与此时的圆形建筑一样，退缩式的中心是八边形的，由木构架或其他材料制作的轻质拱顶，这个拱顶的外圈是八边形墙体围合的筒拱顶形式。

图 5-3-11　圣康斯坦扎教堂穹顶周围筒拱上的马赛克镶嵌画

在君士坦丁迁移帝国首都到君士坦丁堡的初期，君士坦丁堡的兴建在很大程度上借鉴了古罗马城的建筑式样和结构方法。正是由于君士坦丁大帝不遗余力地建造，到公元500年的时候，君士坦丁堡的城市人口甚至已经超过了罗马城。此后君士坦丁堡在查士丁尼统治时期（公元527—565年）因城市起义而遭破坏，但却在皇帝的军队镇压起义之后得到了又一次大规模的全面建设。君士坦丁堡虽然是按照罗马城建造起来的，而且在城市内部设有会堂、浴场和竞技场等来自古罗马的多种建筑形式，但由于这两座城市所处地区的建筑材料类别和质地不同，再加上工匠的来源和所掌握的传统技艺等方面背景的不同，使得基于同一建筑模本衍生出来的各种建筑形象也不尽相同。

图 5-3-12　过渡风格的柱头：拜占庭帝国时期建筑中融合古罗马和东方风格的建筑特色不仅体现在建筑上，还突出体现在建筑中的柱头形象上。

古罗马人建立的拜占庭帝国，以辉煌的穹顶建筑成就闻名于世。但由于后世的混战，以君士坦丁堡为主的拜占庭时期的建筑多被毁坏，因此留下来的建筑实例不多，这也使得拜占庭建筑穹顶模式的形成变得更加神秘。实际上，从古希腊早期叠涩出挑的蜂巢墓室到古罗马帝国初期八边形墙面带穹顶的尼禄金宫，以及拥有严谨结构的万神庙穹顶，再到君士坦丁堡的圣索菲亚大教堂穹顶，是存在一条比较明晰的穹顶建筑结构不断完善的发展线索的。

罗马万神庙令人惊叹的穹顶是巨大人力、物力和严谨结构的成果，穹顶结构形成的完整内部空间具有很强的表现力，因此受到人们的喜欢。但耗资巨大和结构复杂的穹顶，却并不是任何国家和任何时期都负担得起的，尤其是在帝国逐渐衰落的时代背景之下。因此人们就在万神庙形制基础上又创作出了很多变体的集中式建筑模式，既降低了技术难度和建造成本，也满足了集中式空间的使用需求。

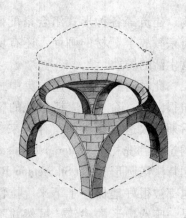

图 5-3-13　帆拱结构：通过帆拱联系四面发券和穹顶的结构体系，是拜占庭时期建筑结构方面所取得的最突出成就。

最具表现力的是一种被称为南瓜拱的穹顶形式，它是通过将圆形分解为更多多边形的平面形式而得到的。这种穹顶由多个带脊的凹面小拱板构成，这些小拱板如同花瓣一样，每瓣都具有很强的结构力，这使得整个穹顶的侧推力减小，而且穹顶自身具有很独立的支撑结构力。因此，南瓜拱顶可以不像罗马万神庙那样要在穹顶四周砌筑高墙，而是可以完整地显露出来，让人们从建筑外部就看到它。

图 5-3-14　南瓜拱：这座罗马帝国后期兴建的神庙，采用多瓣的南瓜拱式穹顶，显示出帝国后期穹顶建筑技术的分化和此时集中式建筑的普及。

这种南瓜拱的结构形式早在古罗马帝国末期就已经在神庙建筑中出现了，人们借助于增加穹顶底部边墙的数量，让建筑平面尽可能地接近圆形，同时还可以得到更完整的穹顶建筑形象。此后在君士坦丁堡，拥有16条边和16米直径的穹顶在圣瑟吉厄斯和巴克斯教堂(The Church of St. Sergius and Bacchus)中被建造出来，这种结构不仅使得穹顶更独立，还使得穹顶上的每瓣拱板上都可以开窗，使教堂内部更加明亮。

除了南瓜拱之外，另外一些教堂仍采用半球形穹顶的形式，但可以通过墙体的变化来使穹顶的尺度大大缩小，这种方法既达到降低施工难度的目的，又获得了穹顶，也是一种非常具有创意的建筑形式。位于萨洛尼卡(Salonica)的圣乔治(St. George)教堂，就是此类穹顶教堂的代表。这座教堂原本是按照当时流行的做法，被作为宫殿建筑群中的一座陵墓祭祀建筑而建造的，因此选择了此类纪念建筑常用的圆形平面形式。

圣乔治教堂的平面为圆形，但圆形墙面向上升起一段距离之后即整个向内收缩，向上再砌筑一段距离的墙体之后再向内收缩，由此形成层层内缩的墙体形式。这样，最后到顶部兴建穹顶时，其圆形墙体直径只剩 24 米，远小于底部平面的直径尺度。缩小的穹顶在结构上更易构造，整个建筑的墙体也可以减薄至 3.6 米左右。在建筑内部的墙面上，仍旧可以通过开设壁龛和上层通道的方式减轻墙体的重量，同时又得到了圆形空间带穹顶的建筑室内效果。

 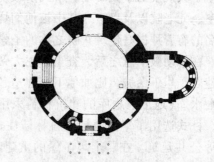

图 5-3-15　圣乔治教堂：这座圆形教堂的圆顶向人们展示了一种新型的穹顶建造模式，教堂后部半圆室空间的外部加入了扶壁墙以加固半穹顶结构，是穹顶外接辅助结构的最早范例。

图 5-3-16　圣乔治教堂平面：圣乔治教堂的内部墙体也采用了与早期万神庙相同的做法，即通过开设壁龛的做法来减轻墙体重量。开设在壁龛上的窗口还可以避免教堂内部过于黑暗。

无论是南瓜拱还是通过缩减墙体来达到减小穹顶跨度和降低建造难度的方法，都是人们在追求理想的集中式穹顶建筑过程中所尝试的新结构形式。这些新的建筑形式有着共同的特点，就是要在圆形或多边形平面的墙体上兴建穹顶。与古罗马文明并行发展的亚洲文明中，如波斯和叙利亚等亚洲地区，也从很早就有了穹顶的砌筑经验。这些亚洲地区的建筑多是在正方形平面上设置穹顶，圆形的穹顶和正方形墙面的结合，是通过在正方形墙面上部设置突角拱，或在墙面上抹角形成多边形墙面的基础上设置穹顶。而巴勒斯坦地区更是已经有了在正方形墙面四周发券再建造穹顶的方法。

图 5-3-17　圣赫甲普西姆教堂内部：这座大约在公元 7 世纪兴建的教堂，在穹顶四周各设有一个半圆室，形成四叶形平面形式，而且在每两个半圆室之间设有突角拱作为过渡，呈现出奇特的结构形象。

这些来自东西方各地区的穹顶砌造经验，在拜占庭帝国得到了充分的交流与融合，并因此结出了硕果，即成熟的在方形平面的墙体上建造穹顶的方法。经由这种方法制作的穹顶结构完整，由于没有遮挡，整个穹顶展露在外呈现出优美的造型，在内部则可以得到完整的集中式使用空间，满足了人们聚集教众进行宗教仪式的要求，因此这种方形体块上设穹顶的技术，在君士坦丁堡和拜占庭帝国的各个地区广泛流行开来。

外国古代建筑史

三、圣索菲亚大教堂

在公元 520 年至公元 532 年的时候君士坦丁堡发生了大规模的平民暴动。平民阶级烧毁了公共浴室、元老院以及皇宫,其中被他们烧毁的还有著名的有着拜占庭建筑旗帜之称的圣索菲亚大教堂。在暴动被平息之后,查士丁尼大帝开始着手重建君士坦丁堡城,比如他下令建造了大型的地下贮水库(地下贮水库的建筑材料采用的是大理石,柱式选用了华丽浓艳的科林斯柱式)及输水道等公共建筑。在君士坦丁堡的重建项目中,以新的圣索菲亚大教堂最具代表性,从多个角度来说,这座建筑都堪称是整个拜占庭时期最高建筑水平的综合展示。

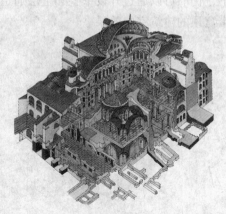

图 5-3-18　圣索菲亚大教堂结构示意图:圣索菲亚大教堂在内部以墩柱和柱廊两种结构形式支撑,外部则以半穹顶和扶壁墙两种结构支撑,形成主辅明确、层次清晰的结构体系。

重建于公元 532 年至公元 537 年的圣索菲亚大教堂是拜占庭建筑中规模最宏伟的一件作品。"索菲亚"(Hagia Sophia)在希腊文中的意思为"神灵的智慧",圣索菲亚大教堂就被建造在一座名为"索菲亚"的巴西卡式教堂的废墟之上。因为它离海很近,所以海面上的船只在远处便可以看见这座象征拜占庭帝国的标志性建筑。

圣索菲亚大教堂是皇帝举行重要典礼和仪式的地方,是东正教的中心教堂。这座教堂东西长约 77 米,南北长约 71.1 米。这座宏伟的建筑是由当时精通物理的伊索多拉斯(Isidorus)和精通数学的安提莫斯(Anthemius)共同设计和指挥建造的。整座教堂巨大的穹顶由底部的四个墩柱支撑,其余的大部分墙体和构件均由轻巧的砖块为主要材料建造。半球形的拱顶将近似方形的建筑空间统合在了一起。在建筑内部,中心的圆顶又与长方形柱廊大厅的空间分划相互结合。这种设计不同于任何一个罗马建筑,也不同于以往集中式的完整圆形空间,它是一种全新的、极具革命性的设计。

图 5-3-19　圣索菲亚大教堂顶部结构示意图:圆形穹顶与矩形平面相结合的建筑形式,除了帆拱之外,在各建筑部分也包含有复杂的结构关系,是人们在结构力学传导方面取得初步成果的体现。

这座教堂是集中穹顶式建筑与巴西利卡式内部空间的完美结合,其内部面积约为 5467 平方米,里面建有巴西利卡式的侧廊与中厅。

174

半圆形穹顶直径约为 32.6 米，高 15 米，主要由底部 4 个方形墩柱支撑。这 4 个方形墩柱立于一个边长约为 31 米的正方形 4 个边角上，是半圆形穹顶在建筑内部的主要支撑结构。在 4 个墩柱支撑的墙面上方沿正方形的四条边各自发券，半圆形的穹顶就通过 40 条肋拱架设在这四个大的拱券上，而穹顶底部与每两个发券转角处之间形成的三角形部分，则以一种新的结构予以充填。这个充填的部分由于形状像船帆被称为帆拱，这是正方形平面的墙体与穹顶相结合所出现的新结构部分。

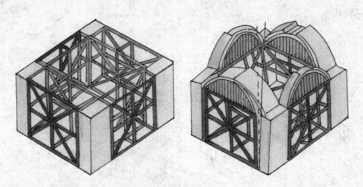

图 5-3-20　架设支撑架及发券：墩柱及发券的营造，都需要事先搭设辅助支撑架才能够完成，这些支撑架大多是木结构，会在浇筑墩柱和拱券结构干透后拆除。

　　四边发券的结构不仅有支撑和平衡穹顶侧推力的作用，穹顶与墙体之间还形成鼓座将穹面托起，使建筑外部的形象更加完整，同时将整个穹顶的承托力从墙面集中到底部的四个墩柱中，并部分抵消了穹顶向外的侧推力，而帆拱的出现则有辅助受力向下分散的作用。由于穹顶尺度太大，人们不得不在四面墙体外侧另外进行一些结构设置以抵抗侧推力，给穹顶以有力的支撑。在鼓座下部的四个方向上的发券，分别相对设置扶壁墙和半球顶的侧殿，这样既起到坚固的围合作用，又为内部拓展出了两个半圆形的使用空间。

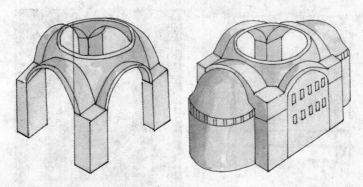

图 5-3-21　制造帆拱和半圆室：架设在四边发券上的帆拱座和建筑旁边的半圆穹顶空间，都是抵御主穹顶推力的重要支撑结构。

　　自此，整个穹顶在内部有墩柱支撑，在结构处有发券的鼓座托起，在外部有扶壁墙和半球顶的侧殿平衡侧推力，使穹顶稳稳地耸立于建筑之上。在此之后，这种建立在方形墙面之上，由底部发券鼓座、帆拱和穹顶构成的穹顶技术形式被固定下来。借由圣索菲亚大教堂的影响力和动人的空间形象，这种技术被应用在更广泛地区的建筑之中，尤其是在东正教教堂建筑中所使用。

圣索菲亚大教堂的内部极具震撼性。巨大的穹顶高悬于中厅之上，在位于穹顶与发券相接的肋拱之间安置有40扇窗户，这样做是为了使光线可以直接从这里照射进去。除了穹顶之外，由于墙面的受力相对较小，所以教堂底部的墙面上也开设有许多窗孔，使教堂内部十分明亮。

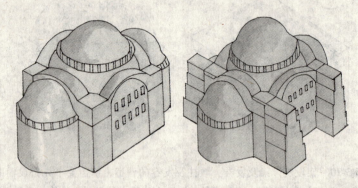

图 5-3-22　建造穹顶和扶壁墙：在穹顶建造完成之后，可以视整体建筑结构的需要增加半圆室或扶壁墙来对穹顶进行加固。

圣索菲亚大教堂的内部空间较之拜占庭其他的教堂建筑都要复杂和多变。教堂中央的穹顶中心，高度达到了55米。设计师将中央穹顶所在的空间与教堂东西两个外加的半圆形空间连通在一起，这样就使教堂空间的纵深感大大加强，也更加适应了宗教仪式的需要。通过柱廊的形式，教堂南北两侧的空间与中央部分区隔开来，形成了明显的巴西利卡式的教堂内部结构。只是巴西利卡式教堂主殿两边的侧殿，变成了每边三个由柱

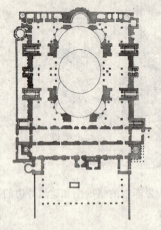 

图 5-3-23　左图：圣索菲亚大教堂平面：圣索菲亚大教堂内部实际上仍旧是遵循传统的罗马厅堂形制而进行设置和建造的，是一座具有厅堂式和集中式两种空间特色的建筑。
右图：圣索菲亚大教堂内部二层楼廊。

廊不完全分隔的正方形小室。在侧殿的上层，还设置了单独供女教众使用的礼仪空间。而且这个礼仪空间采用尺度明显缩小的柱廊和拱券形式与底部拱廊相连接，在视觉上起到拉深纵向空间、增加高度感的作用。

圣索菲亚大教堂内部的装饰也极为华丽。总的来说，教堂的地面和底层墙面、墩柱都使用以黑、灰和青色为主的彩色大理石板装饰。主殿两侧分隔的柱廊都采用独石雕刻的柱子形式，底层大尺度柱子以一种绿色石材为主，上层较小的柱子则采用一种白色大理石。建筑顶部的穹顶、半穹顶以及拱券墙面都采用玻璃质地的马赛克拼贴进行装饰。整个顶部装饰色调以金色为主，将蔓草花边、十字架和圣像都更明显地凸显了出来。

大教堂中最突出的是装饰纹样风格的变化，这一点突出体现在柱式和柱间拱廊的装饰上。圣索菲亚大教堂内的柱头采用了一种本地区的新形式，即柱头四个面和四个边都采用外突的弧线轮廓形式，柱头四面以雕刻极深的变形莨苕叶纹装饰，柱头上部加入了爱奥尼克式的涡卷。在柱子与柱子间的拱券上，或采用同样的深雕手法雕刻卷草纹和蔓草纹装饰，或采用连续的花饰带装饰，极富东方气息。

图 5-3-24 圣索菲亚大教堂西北通廊：通廊与内殿的二层楼廊相通，顶部的装饰花纹显示出很强的伊斯兰教风格特征。

相比于装饰华丽的内部，圣索菲亚大教堂的外部装饰要简单得多了。教堂外部只是进行了简单的粉刷，将朴素的无花纹墙面和铅皮覆盖的顶部暴露出来，其简朴、粗糙的外部形象与精致华丽多彩的内部装饰形成了强烈的反差与对比。

圣索菲亚大教堂建成后，立即成为基督教世界最具代表性的教堂建筑。圣索菲亚大教堂在建筑造型、结构、空间分划以及装饰风格与细部样式等的做法和特点，都被拜占庭帝国各地的教堂所模仿，形成了一股集中式教堂的兴建高潮。

东正教不像西欧的天主教。天主教不仅在罗马有最高权力的教廷，而且有庞大的层级宗教管理体系筹各地天主教堂的修建工作，以保证各地天主教堂建筑规划的统一。东正教以各地的教会为各地最高宗教管理组织，因此在圣索菲亚大教堂所引发的教堂兴建高潮中，又出现了许多富于特色的地方集中式小教堂的创新形式。

图 5-3-25 圣索菲亚大教堂内部：大教堂内部的地面和墙面以彩色大理石板贴饰，屋顶则使用彩色马赛克镶嵌装饰，以华丽、神圣的装饰基调为主。

四、圣索菲亚大教堂的影响

圣索菲亚大教堂辉煌的穹顶建筑形式，很快在帝国内部引起仿建的风潮。建造于公元 540 年至公元 548 年的圣魏塔莱（San Vitale）教堂位于意大利拉文纳，就是受圣索菲亚大教堂的影响建造起来的，也堪称众多西欧宗教建筑中最具拜占庭风格的建筑。这座建筑是由两个同心的八边形组合而成的双框架结构。该教堂的核心区域是由围成一圈的八根柱子支撑的穹顶空间，在八根支撑墩柱之外，是外围的一圈环廊式空间。教堂中还设有环绕中心的二层空间。在八边形墩柱支撑之上，通过一圈类似鼓座的连拱廊过渡，最上部是按照地方做法营造的穹顶。

图 5-3-26　圣魏塔莱教堂平面：圣魏塔莱教堂是拜占庭时期君士坦丁堡之外其他地区最著名的教堂，也是集中穹顶形式建筑中最具代表性的一座变体建筑。

这个穹顶的特别之处在于，它不是按照古罗马万神庙和圣索菲亚大教堂的穹顶那样，由砖石材料采用浇筑法砌筑而成，而是用当地所产的不同规格的陶瓶插套在一起构成的。另外，穹顶外部不覆铅皮，而是做成木结构瓦顶的形式。这种地方性的材料和工艺技术建造的穹顶十分轻巧，以至于在穹顶外不再需要扶壁和券之类的支撑物。但教堂外部还是在依附平面为八边形的外墙一侧，兴建了一些侧室，以作为内部使用空间的补充。

圣魏塔莱教堂以内部保存完好、精美的马赛克装饰而闻名。教堂内部有着艳丽多姿的大理石墙壁、用数不清的马赛克镶嵌制成的装饰画及大理石铺设的地面和墩柱。教堂内部的马赛克镶嵌画以丰富的色彩表现了以《圣经》故事为题材的多幅画面形象，以生动的形象向人们形象地展示了宗教信息。教堂内最著名的马赛克镶嵌画位于祭坛两侧，分别是表现查士丁尼大帝和狄奥多拉王后的主题。两幅镶嵌画中的构图与情景都是一样的，即以手捧圣物的查士丁尼大帝和狄奥多拉王后为中心，还有一些不同身份的人站在他们的背后。所有人物都表现出了一种静止的状态，他们的脸部表情庄严肃穆，身材纤细高挑。

随着拜占庭教堂建筑的大量兴建，拜占庭式的柱式也逐渐形成了与古希腊、古罗马那种古典柱式不同的做法与形象。拜占庭风格的柱式以圣索菲亚大教堂内的柱子形式为代表。柱子的基本比例部分有些参照了以前的传统做法，但在大多数情况下是不太合乎古典比例的。古典柱头的5种样式基本上没有被继承。拜占庭式的柱头大多是截顶的倒锥形，还有立方体的形式。

图 5-3-27 圣魏塔莱教堂内部镶嵌画：这幅描绘查士丁尼进献供奉物的镶嵌画，与另一幅描绘皇后进献供奉物的镶嵌画，位于教堂圣坛两边墙面上，是这座教堂内最出名的两幅镶嵌画。

图 5-3-28 圣魏塔莱教堂内的柱头：圣魏塔莱教堂内的柱头形象，与古罗马时期严谨的柱式完全不同。这些带有彩色雕刻图案的柱头，是拜占庭建筑柱式的突出特色。

拜占庭式柱头多以装饰忍冬草、变形的莨苕叶和蔓草纹的手法为主，并用高浮雕的加工手法予以表现，因此柱头显得玲珑纤透，与上部承托的沉重结构形成对比。而且，拜占庭式柱头的样式并不固定，柱头有时直接与上部拱券结构相接，有时也通过一条雕刻满花纹的柱顶石与上部拱券相接，有时柱头上还设置另外一段立方体雕刻石作为过渡。6世纪以后，柱头则出现了诸如多瓣式、花篮式和皱褶轮廓的样式，而且柱头装饰的图案样式与手法也更加多样了。

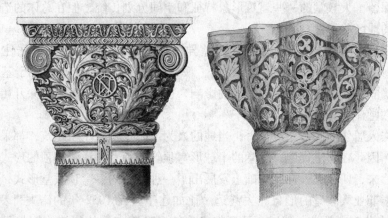

图 5-3-29 拜占庭式柱头：拜占庭式柱头多采用一种被称为"绣雕"的雕刻手法装饰，这种技法在柱头形成类似于透雕和织锦纹样的华丽、精细的表面。

图 5-3-30 塞利姆礼拜寺穹顶：拜占庭式的集中穹顶建筑形式对侵占拜占庭地区的伊斯兰礼拜堂的营造产生了很大影响，著名的塞利姆礼拜寺就是按照圣索菲亚大教堂的样式建造的。

在查士丁尼（Justinian）皇帝统治的时期，除了这座圣索菲亚大教堂以外，还先后在君士坦丁堡城中或建造或改扩建了大约 24 座教堂。但是这 24 座教堂无论建筑规模、装饰的华丽程度，还是建筑的形式创新等方面都远远不及圣索菲亚大教堂。

到了 15 世纪拜占庭帝国被土耳其人灭亡之后，君士坦丁堡的大部分教堂都被拆毁，几乎只有圣索菲亚大教堂幸免于难。土耳其人将圣索菲亚大教堂改建成了一座礼拜寺，并在建筑所在基址的四个角上加建了四座授时塔（Minaret，也称为邦克楼，是为了呼唤穆斯林们按时举行礼拜而建造的）。通过土耳其人的改造，使这座圣索菲亚大教堂较原先在形式上显得轻巧了许多。现在这座建筑已被列为土耳其伊斯坦布尔的一座博物馆。教堂后来被改建作为礼拜寺时室内壁画外曾被涂抹上一层石灰覆盖，因而壁画被严重破坏，其中一部分壁画甚至被完全破坏，再也看不到了。但圣索菲亚大教堂也形成了基督教与伊斯兰教双教合一，先后使用同一建筑的奇特现象。

以君士坦丁堡的圣索菲亚大教堂为代表的拜占庭集中式教堂建筑，不仅在拜占庭繁盛时期帝国各处被大量兴建，而且在 7 世纪拜占庭帝国逐渐分裂和衰落以后，其影响也还在继续扩大。但是，由于圣索菲亚大教堂的结构技术性较高，因此各地兴建的小型教堂建筑虽然保留了大教堂的一些建筑形象特征和空间分划传统，但在总体的造型上还是呈现出很强的地区差异性。

这种建筑造型与圣索菲亚大教堂之间差异性最大的，是在斯拉夫人居住的北方地区。大约在 10 世纪，北欧的斯拉夫人建立了最早的封建公国，其首都位于基辅。斯拉夫人在政权确立之后，受邻近宗教世界的影响，也正式皈依了东正教，并开始仿照拜占庭样式兴建教堂建筑。

但斯拉夫人居住的区域寒冷多雪，当地的人为了防止积雪压垮建筑，都采用陡峭的坡屋顶形式，因此在这里集中式教堂的半球形穹顶转变为一种洋葱穹顶的形式以防止雪的堆积。再后来，斯拉夫人在此基础上发展出了一种独特的多穹顶教堂形式，其建筑造型已经与圣索菲亚大教堂的形象相去甚远。比如建于公元 1052 年的诺夫哥罗德（Velik Novgorod）圣索菲亚大教堂，就结合了拜占庭建筑中晚期高耸的建筑比例与具有浓厚东方特色的洋葱顶形式而创造出一种新的造型模式。像这样高峻的建筑在这一时期已经形成了一种独特的建筑风格。

第五章　早期基督教建筑与拜占庭建筑

图 5-3-31　基辅索菲亚教堂：位于俄罗斯地区的基辅索菲亚教堂，是将拜占庭式集中穹顶建筑形式与地区建筑特色相结合的产物。

图 5-3-32　圣母诞生教堂：以穹顶为中心，穹顶四周林立多个小尖顶的集中式教堂，在相当长的时期都是俄罗斯的标准教堂建筑形象。

受拜占庭建筑影响较大的地区还有曾经长时间作为拜占庭帝国殖民地的威尼斯。威尼斯诞生了建筑规模最大、装饰最为豪华、样式最为独特的圣马可大教堂（St. Mark's Cathedral）。这座教堂在体现出浓重拜占庭风格的同时，也体现出了极为大胆的创新设计思想。圣马可大教堂在平面上是以正十字形为基础建造的，而且在十字形的四臂末端和交叉处共建造了 5 个穹顶，教堂内部除满饰以金色马赛克镶嵌之外，其他装饰物也都是东征的十字军在君士坦丁堡劫掠来的，因而空间的意蕴高雅、格调奢华。

 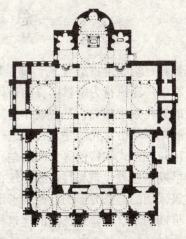

图 5-3-33　左图：圣马可教堂内部：威尼斯的圣马可教堂，是仿照君士坦丁堡圣索菲亚教堂兴建的，其内部的一些装饰甚至是直接从圣索菲亚大教堂中搬来的。

右图：圣马可教堂平面：圣马可教堂是按照拜占庭传统的正十字平面形式建造的，此后的加建工程又在西立面加入了门廊，形成了 5 个拱券式入口的独特立面形象。

外国古代建筑史

图 5-3-34 圣徒教堂：这座教堂的梅花形平面反映在屋顶上，以中心高鼓座屋顶为中心，四周设置四个小穹顶的梅花形穹顶形式。

13世纪以后，由于政治的动荡不安，在各地兴建起来的教堂在建筑规模上都较早先的要小得多。这些小教堂不仅在规模上不及早先的教堂，在建筑的外形上也有了一些变化，总体来说是建筑形式更加灵活。由于小教堂中的穹顶尺度较小，因此其结构和造型也和原来的拜占庭建筑有了较大区别，出现了一些虽然保留建筑的穹顶，但在结构上与早先的穹顶建筑结构完全不同的新建筑形式。比如位于希腊塞萨洛尼卡（Thessaloniki）的圣徒教堂（The Church of the Holy Apostles）就出现了梅花形平面的穹顶形象。

圣索菲亚大教堂的穹顶在最初兴建完成之后，也曾经因为结构不成熟导致的支撑力失衡而塌落过，重修时人们不得不在底部发券外另外加建扶壁墙来平衡穹顶的侧推力。这种扶壁墙的形式此后在一些小型教堂中得到了广泛使用。在修建小教堂时人们往往不在中心穹顶的四周或两侧像圣索菲亚大教堂那样，设置半圆室以形成侧推力支撑穹顶，而是在穹顶周围的建筑外部修建扶壁墙，以此既起到支撑穹顶的作用，又有效降低了建造成本。

另外在一些小型教堂建筑中，由于穹顶的制作结构和材料多种多样，因此也有了一种在穹顶与墙面之间建设一段高起的鼓座的建筑形式。虽然鼓座与穹顶的组合并未固定下来，但这种建筑形式却给之后的建筑设计者带来了很多启发，在文艺复兴时期鼓座在穹顶建筑中得到广泛的应用。

总　　结

早期基督教建筑和拜占庭建筑，都是以古罗马帝国分裂之后的建筑传承为设计基础，以基督教的广泛流行为宗教前提的条件下发展起来的。此时建筑和宗教的发展变化与社会环境的变化紧密相关。基督教作为一种迅速崛起的宗教形式，其专用建筑的发展也必然经历后期不断借鉴先前建筑经验进行设计尝试的风格混乱阶段。

基督教建筑在形式和特色等方面的差异，是随着罗马帝国和基督教自身的分裂而自然形成的。早期基督教建筑与拜占庭建筑在形式上的明显区别有：在建筑的平面上，早期基督教建筑采用的是长方形的巴西利卡形式，而拜占庭建筑采用的是圆顶形式；在建筑材料上，早期的基督教建筑选用的建筑材料以三合土和石材为主，拜占庭建筑除依然沿用三合土这种建筑材料以外，则更多地使用了砖块或陶质材料。人们将砖、瓦、陶质物件与石灰、沙子混合在一起营造建筑，而且各地区的建筑都呈现出不同的风貌。

拜占庭教堂与早期基督教教堂最大的不同之处在于，早期的基督教教堂都建造有钟塔，而在拜占庭的教堂建筑中则不建造钟塔；早期基督教教堂内部的柱子及木质屋顶的结构样式，呈现出了一种纵深的水平感。在拜占庭教堂中，各种建筑样式和细部处理都使人们的视线完全被集中到了中心的部分，这样的设计所呈现出的是一种强烈的凝聚感和完整性。

早期拜占庭建筑外部那种简单而粗糙的形象，在后期许多地区的教堂建筑中也有了改观。建筑外部开始加入更多的雕刻图案、线脚，或者拱券、壁柱、盲窗和镶嵌等装饰，变得精致了许多。从总体发展上来看，后期的拜占庭建筑比起早期的建筑虽规模上小了一些，但在外观形式上却显得更为精致、多变了。

总而言之，拜占庭的建筑风格是一种融东方艺术与西方艺术于一体的独特形式。东罗马时期，拜占庭帝国吸收了相当多的希腊文化的养分。这种文化积淀由于东正教而予以流传。譬如东正教的最主要继承者，俄罗斯人的文字就是在古希腊字母的基础上创建的，而不是像西欧国家的文字，是从拉丁字母的基础上发展起来的。在教堂建筑的平面上，拜占庭帝国的教堂以及其后东正教的教堂都是保持了希腊十字形的平面形式，而不像西欧国家的基督教堂都是采用拉丁十字的平面形式。

拜占庭建筑所取得的最大成就是解决了在方形平面上建造穹顶的结构与技术问题。这种通过在四边形墙面上发券，再通过帆拱的过渡建造半球形穹顶的做法，最突出的新结构就是帆拱的运用。通过帆拱的过渡，使穹顶可以被建造在四边形的墙体基础上，而且将穹顶支撑力集中于底部的墩柱之上，而不是过去仅能建在圆形平面的墙体之上。这种结构虽然也需要建额外的扶壁或半穹顶来支撑，但却解放了建筑底部的墙体，使穹顶可以与更广泛的建筑平面形式相结合，这就为之后穹顶与巴西利卡式大厅的结合做好了结构上的准备。

除了帆拱之外，拜占庭时期各地仿照这一穹顶结构所做的变体结构也被人们所广泛运用。在这些变体的穹顶结构中，一种被称为内角拱的结构取代了帆拱。所谓内角拱，即是在四边形墙体之间加入横梁、拱券的结构部分，内角拱的加入可使墙体变成八边或多边形的平面形式，人们可以在这种多边形墙体的基础上再设置穹顶或类似穹顶的屋顶形式。帆拱和内角拱结构的出现，使穹顶的建造更加容易，适用性也更加广泛，因此不仅在拜占庭时期掀起了穹顶建造热潮，还使人们对拱券、穹顶和相关力学结构的认识更深入了一步，为此后相关结构的技术进步奠定了基础。

拜占庭帝国在公元4世纪至公元11世纪主要以贸易经济为主，作为欧亚大陆的重要商贸枢纽地，拜占庭除了与西罗马和欧洲各地保持商贸联系之外，还依靠欧洲各地与叙利亚、黑海沿岸、小亚细亚、埃及、阿尔美尼亚、印度、中国、波斯各国之间，在手工业经济及商业方面所起到的中转作用而逐渐繁荣起来。拜占庭人将这些不同地区的经济文化进行了融合，并从中汲取了大量的营养。可以说，拜占庭辉煌艺术的产生，尤其是建筑成就的取得，在很大程度上是得益于其文化上的这种混杂性和交融性。

从建筑发展史来看，拜占庭时期的建筑不仅是为西方建筑的发展带来了一些亚洲建筑的风格气息，还在建筑材料、结构，尤其是穹顶建筑方面取得了相当大的成就。此时的穹顶建造技术、扶壁墙形式和混杂的建筑风气，不仅掀起了继古罗马帝国时期之后欧洲建筑文化复兴的又一高潮，也为此后多个历史时期建筑的发展提供了重要的经验和参考。

第六章 罗马风建筑

第一节 罗马风建筑概况

一、历史概况与修道院制度的完善

欧洲自罗马帝国衰败以后即陷入相对混乱的发展状态,而且此后拜占庭帝国的兴起,也使欧洲文明发展中心转向东方。在欧洲南部,信奉伊斯兰教的摩尔人(Moor,非洲西北部的阿拉伯人)南下占领和控制了地中海南岸的北非地区,使欧洲一些地区的对外贸易活动受到影响,也直接导致西班牙出现了沿着伊斯兰文化方向发展的倾向,并导致罗马经济的衰败。

图6-1-1 贝页挂毯:这件约制作于11世纪初的挂毯,表现了诺曼人攻进英格兰的战争场景,是中世纪初欧洲大混战的缩影。

西罗马在公元5世纪后期被来自海上的野蛮部落所攻陷,比如意大利北部被伦巴底人占据,并建立了伦巴底(Lombard)王国,这是日耳曼人的一支。强大的日耳曼人虽然此时仍处于奴隶制社会发展状态之下,而且其生产、生活方式仍带有很强的原始部落痕迹,但不同分支的日耳曼人却建立了诸如西哥特、勃艮第、伦巴底、法兰克等区域性国家。

同世俗世界相反,此时的教会内部虽然也出现了多种不同的教派,但从总体上说,教会已经形成了结构严谨的管理组织,建立并完善了修道院制,还使其成为跨地区的宗教发展体系中最重要的联结部分。

古罗马帝国受外族侵略而不断分化解体的过程,也几乎是基督教会势力不断扩大和蓬勃发展的过程。日耳曼人的诸多分支虽然全力瓦解和打击了帝国的政权统治,但却很容易地接受了基督教信仰,并且十分注重密切统治阶层与教会的关系。

第六章 罗马风建筑

从公元 5 世纪基督教的传教士远赴英伦诸岛传教以来，其间西欧建立的各国虽然也因信仰不同教派而产生分歧，但大约到公元 8 世纪时，包括勃艮第、西哥特、伦巴底、法兰克及德意志地区的各诸侯国，都已经基本归入罗马正统教会的管理之下了。

在基督教发展之初，无论是罗马还是各个地区，都没有统一的领导组织，整个基督教世界的发展缺乏秩序性。在公元 6 世纪左右，修道院制度逐渐形成。所谓修道院，就是虔诚的修士聚集在一起，在一位权威宗教人士领导下，抛弃世俗的财产和欲望，

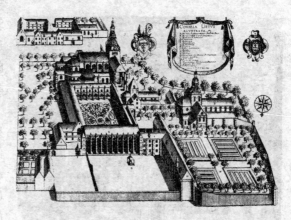

图 6-1-2 版画中的 7 世纪修道院：从许多反映中世纪早期修道院的版画中，都可以看出此时修道院以院落式的组群建筑为主的特色。

远离世俗生活，虔心于钻研教理和扩大宗教影响的生活，而这些教徒们生活的场所，就称为修道院。

图 6-1-3 大马士革礼拜寺入口：这座位于大马士革的礼拜寺，是由一座基督教堂改建而成，至今还留有很明显的罗马风建筑面貌。

早在公元 4 世纪，就已经有些修道士在荒漠、密林或洞窟等人烟稀少的地区进行苦修。此后这些修道士聚集在一起，在此基础上也形成了修道院建筑。最初的建筑形式和建筑组成都很简陋。但自从 6 世纪修道院制度发展起来之后，随着以罗马教廷为主导的教会体制的健全和各地宗教势力的壮大，修道院也发展成为各地教区最重要的宗教活动中心。而且由于修道院往往拥有大量的封地，因此不仅是其辖区日常生活的管理者，有时还对地区和国家的政治生活富有较大的影响力。

与修道院在地区宗教和政治生活中日益重要的影响力相配合，修道院也逐渐发展成为一个庞大的建筑群。一座修道院的最基本组成部分应包括举行各种仪式的教堂、教堂边上由柱廊围合供修士们抄写经卷和学习的回廊院和供修士们生活的宿舍。而除此之外，还可以根据修道院本身的地位和财力情况，加建包括独立的院长室、陵墓区、对外接待区、食品加工区等各种功能的建筑部分。

目前人们发现的最重要的早期修道院建筑群的实证，是大约在公元 820 年绘制的一幅瑞士圣加尔 (St. Gall) 修道院的平面草图。这张平面图显示了一

外国古代建筑史

图 6-1-4　加洛林王朝时期教堂想象复原图：拱券和柱列构成的柱廊是最早被复兴的罗马建筑形式。早期筒拱和十字拱建造屋顶的技术还不成熟，因此木结构屋顶的教堂形式十分普遍。

组规模庞大、功能齐全的宗教生活建筑群的形象，向人们暗示出此时的修道院已经不仅是教士们逃离世俗生活的包容所，而且还已成为地区宗教与政治生活的中心。

与欧洲南部以意大利为代表的古典文化中心的衰落不同，欧洲北部、西部与中部地区的发展开始逐渐活跃起来了。法兰克王国的查理大帝（Charles the Great）是卡洛林王朝（Carolingian Dynasty）的第二任国王，他因积极对外扩张而获得了神圣罗马帝国皇帝的称号，这也是自古典时期以来皇帝称号的一次回归。此后，中西欧进入多国割据的封建社会发展时期，除了查理大帝之外，日耳曼民族奥托（Otto）大帝统治的中欧，也在相对平稳的局势下开始发展宗教建筑。

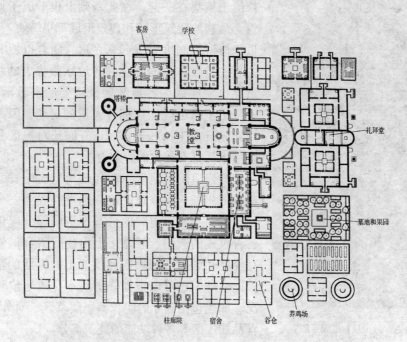

图 6-1-5　圣加尔修道院平面示意图：对于这座教堂平面图的功能诠释及地面建筑样式，学界历来存在争议。但有一点得到学者的一致认同，就是修道院往往是以教堂为中心、包括各种功能建筑的大型建筑群。

在公元 1000 年左右的世俗社会中，各地区势力之间仍有战争，因此各地区的居民大都集中居住，或居住于土地领主营造的坚固城堡之中，形成了以城市为主的生活模式。而这种城市生活，也导致了工商业的发达和形成更细致的社会分工。城市中专门从事手工、建筑业的工匠群体的形成和宗教的跨区发展相结合，就为新建筑风格的广泛流行奠定了基础，它也使得建筑水平得以在专业从业人员的广泛交流之下提高，成为新结构、新样式出现的前提。

公元 10 世纪左右欧洲各地出现的小皇帝与之前拥有绝对权力的古罗马时期的皇帝的权力和统治区域的大小是不同的，这些封建割据国皇帝所管辖的国土面积十分有限，而且国家与国家相互之间还可能有着千丝万缕的联系，因此这些王国之间的经济贸易与宗教活动的流通性也非常强，这也使一些仿罗马风格的建筑易于在西欧各国中逐渐兴起。又由于西欧地域面积广阔，因此建筑物受到了诸如气候、民族、宗教、社会和地质等诸多因素的影响，而产生出了不同式样和风格的建筑形式。

图 6-1-6 护城河与城壕：森严封闭的城墙与城壕的组合，是处于混战状态的中世纪欧洲最普遍的建筑，这种防御性很强的建筑特色也表现在此时修建的教堂建筑中。

图 6-1-7 帕拉蒂尼礼拜堂：这座位于西西里的小礼拜堂大约在 12 世纪建成，融合了来自拜占庭、伊斯兰和古罗马的三种风格，显示出奇特的建筑形象。

图 6-1-8 《克尔斯记》手稿：基督教传入北欧地区之后，迅速与北欧地区文化相互融合，这些具有爱尔兰传统特色的宗教手稿，就是地区化宗教艺术的表现之一。

在 10 世纪早期法兰克的查理大帝时代，宗教对于政治、文化、农业等方面都有着巨大的推动作用。然而到了 12 世纪中叶的时候，宗教却对文化、科学、艺术等方面都产生了制约性,当时作为培养知识人才的学校全部都依附于修道院并且专门为其宗教而服务。这种情况导致一些诸如自然知识的科学知识被排除在教会的教学内容之外,知识被限定在了与宗教相关的方面,而被教育者也被限定在宗教的团体成员之中。广大民众,甚至包括领主、权臣和皇帝,都可能目不识丁。

在这种状态之下,修道院作为一种具有政治和文化统领性的组织,在世俗生活中的地位也日益重要起来。而且由于教会受各地统治者的推崇,使教会不仅拥有大量土地、寺院等其他财富,还使得同一教廷领导之下的各地教会,成为维系分裂混战地区和国家统一性的主要力量。因此使城镇和国家的一些行政事务甚至也要由教区的院长和大主教参与管理,而民众对于基督教的信仰也极度虔诚,这使得各地的教廷文化发展也达到了一个空前繁荣的程度。

不同地区都有其自身的建筑传统,也对新事物存在一定的客观制约性。此时教会势力在各地的统一发展促进了建筑的发展,尤其是宗教建筑在这种地区差异性的基础上得到统一发展。从 11 世纪下半叶起,随着民间兴起的前往罗马、耶路撒冷等圣地朝圣活动的兴起,更是对各地罗马风建筑统一风格的发展与传承提供了直接动力。这股朝圣热潮不仅使各个圣地的宗教建筑得到很大发展,也促进了朝圣路上各地建筑的发展。

二、建筑特色综述

图 6-1-9 纳兰科圣马利亚教堂:这座位于西班牙奥维多地区的教堂约建于 9 世纪。教堂融合古罗马巴西利卡与拜占庭两种建筑风格建成,是早期罗马风建筑的代表。

罗马风(Romanesque)也被称为罗马式。同时由于这种风格为哥特建筑风格的出现和发展奠定了基础,因此也有时被称为前哥特风格。从 6 世纪拜占庭文化的衰落到约公元 1000 年左右为罗马建筑形式的回归期。这之间几百年的时间里,中西欧地区经历了蛮族入侵、地区战乱、异族人的地区同化和接受基督教后政权重组的历史发展过程。

除了拜占庭帝国之外,由于原罗马帝国属区在帝国体系崩溃后受到了北欧蛮人的入侵,因此罗马帝国时期的文化和较高水平的拱券制作技术也失落了。公元 1000 年以后,随着入侵民族在欧洲大陆陆续建立起政权,才出于政治和宗教等方面的原因,开始重新复兴古罗马时期的建筑形式和拱券结构。而罗马风建筑,正是人们逐渐恢复和发展古罗马以拱券为主的结构体系的初级阶段,是在拱券结构方面发展出相对成熟的哥特建筑结构的前奏,因此从各地罗马风建筑的发展上,也可以看到一种结构由沉重到轻盈、由封闭到较为通透的发展过程。

"罗马风"这个词最早产生于 19 世纪初期,从时间上看,罗马风主要指的是欧洲各国从 11 世纪至 12 世纪末期这一阶段的建筑风格。这一时期在法兰西、日耳曼、西班牙、英格兰以及意大利等国家均可以看到模仿古罗马时期样式的建筑作品。但这一时间段上的界定却又是不太准确的，因为即使在12世纪中期之后，法国哥特式建筑风格逐渐普及发展之后，罗马风在中西欧的大部分地区仍旧占据着主导地位。因此可以说，在12世纪之后，罗马风建筑是在与哥特建筑风格经历了很长一段时间的并行发展之后，才逐渐衰落的。

由于罗马风建筑主要是对石构建筑形式的复兴，因此其各阶段最突出的结构进步，就表现在拱券形式的不断变化与成熟方面。最先被复兴的是古罗马时期的筒拱与十字拱形式，此后拜占庭时期的拱券技术也有所应用。

图6-1-10　筒拱与十字拱的组合：罗马风建筑发展早期，由于拱券制作技术不成熟，因此用小型十字拱覆盖侧殿屋顶，同时也为主殿筒拱屋顶提供有力支撑的做法十分普遍。

图6-1-11　带扶壁的教堂后殿：在建筑外部设置扶壁墙以加固墙体，而又不影响内部空间分划的做法，在罗马风时期已经被勃艮第与法国等地区的教堂建筑所广泛采用，只是早期的扶壁结构还较为沉重。

教堂都是在古罗马巴西利卡式大厅和拉丁十字形平面的基础上发展起来的，由于教堂的屋顶改用砖石拱的形式，也带来了一些问题和教堂形象上的改变。比如，由于屋顶多采用砖石结构的筒拱和十字拱等形式，屋顶的重量和侧推力都大大增强，建筑内部的支撑柱不再遵循古典的柱式比例规则，柱子的雕刻也极大地简略，变成粗壮的墩柱形式。教堂底部墙体的厚度相应增加，开窗面积则被减小，因而导致教堂内部的光线昏暗。

不同地区的建筑样式和结构做法，既具有地区性的特点，同时又具有跨地区性的共通特色。比如在南方地区天气比较炎热，建筑中的窗口就被设计得非常小，这样做是为了避免阳光的过多照射。又因为南方的雨雪少则一般采用平缓屋顶的建筑形式。北方因为天气较为阴湿，所以为了得到更多的阳光照射，窗口开得比较大。由于这里的雨雪

外国古代建筑史

图6-1-12 圣马丁教堂：位于弗罗米斯塔的这座教堂正位于西班牙朝圣路上，因此，虽然整体上仍保持着厅堂式建筑平面，但外部突出的短横翼和双钟塔形象，仍显示出受勃艮第和中西欧建筑风格的影响。

多，所以在屋顶的建造上采用了陡坡度的建筑形式，以防止积雪压坏屋顶。

除此之外，各地教堂多在平面的十字交叉处上方设置高耸的塔楼，因为这种塔楼形式是与纵横结构相接的最直接的结构形式。塔楼的设置不仅解决了四面建筑体的接合问题，塔楼上的开窗还为建筑内部带来了必要的光照。另外，由于许多罗马风教堂都修建于战乱时期，而其建筑本身又具有坚固封闭的特色，许多地区的教堂都被作为战时的临时避难所，因此一些教堂建筑本身呈现出很强的防御性，如建造以封闭而高大的实墙体为主的立面、建造高大的可供瞭望四周情况的钟楼等。

罗马风建筑的正立面呈现出与古典建筑的神庙式柱廊立面的较大不同。除了早期那种堡垒式的教堂正立面只在底部设置一个小型入口的例子之外，更多建筑的正立面变成了以入口大门为主体的形式。教堂正立面可以只设置通向中殿的一座大门，也可以设置与中殿和两旁侧殿相对应的三座大门，但一般主殿入口大门的尺度要大一些。大门都被雕刻成层叠退缩的拱券形式，以便从视觉上拉伸立面的厚度，使大门显得厚重而严肃。按照当时流行的做法，在大门周围的建筑立面上雕刻耶稣（Jesus）、圣母（Maria，Mother of Jesus）、圣徒（Latter-day Saints）等基督教中重要人物的形象以及连续的花纹和花边装饰。这种层叠退缩的拱券，多出现在大门和窗口处，也成了罗马风建筑的一大特色。

图6-1-13 圣米歇尔教堂：教堂高耸封闭的墙面和如碉楼般的钟塔形象，显示出很强的防卫性，这也是中世纪早期许多地区教堂的共同特色。

图6-1-14 罗马风式大门：采用多层立柱与拱券退缩式重叠的样式，是罗马风式建筑中大门和窗口经常采用的做法，这种样式可以削弱墙体的厚重感，同时也是雕刻装饰的重点部位。

在早期的罗马风式建筑中，较多采用了交叉的十字拱顶的样式，后来人们又在此基础上进行了诸多不同拱顶结构形式的探索，并通过在建筑外部增加扶壁的形式增加支撑力，以便能营造更加坚固的教堂。这种拱券与扶壁的组合在罗马风建筑中只是为了弥补事先结构承受力设计不足而做的补救措施，但同时也给人们以结构设计上的启示，在日后成为哥特式建筑的典型结构特征。

第二节　意大利的罗马风建筑

一、伦巴底地区的建筑发展

今意大利地区也是欧洲古典文明的萌发地之一。以罗马城为中心的广大地区不仅是古罗马建筑文明的发源地，还同时受到拜占庭和伊斯兰建筑风格的深刻影响。由于悠久的建筑传统和地区政权更替，使意大利的罗马风建筑在不同地区呈现出的建制和造型形象差异都比较大。

总的来说，意大利的罗马风建筑在区域上呈现出活跃的创新与保守两种风格。以伦巴底（Lombardy）、托斯卡纳（Tuscany）等为代表的地区，与欧洲西部各地区的交流频繁，在建筑的样式与风格发展上既保持了较强的地区特色，又表现出活跃的对外交流特性。而作为古典建筑文化中心的罗马及意大利中南部的大部分地区，在这一时期的建筑发展则显示出很强的保守性。从公元4世纪帝国首都迁移出罗马城去君士坦丁堡之后，随着帝国的分裂、异族的入侵和地中海沿岸贸易的衰落，罗马城也日渐荒废，不像其他地区那样有大规模新建筑活动开展。新建筑活动不甚兴盛的状况虽然使一些建筑因缺乏修缮而塌毁，但也有一个好处，就是没有财力兴建新的建筑，便自然使许多精彩的古典建筑形式得以较好地留存下来。

罗马新营造的教堂在建筑形制上的变化显得相当有节制，许多教堂都是在原有老建筑的基础上改建而成的，因此柱廊和古典式的立面被很大程度地保存下来。与

图6-2-1　圣玛利亚教堂后殿装饰：这座位于西西里的教堂，以融合多种建筑风格著称，尤其是教堂的后殿将盲尖券与伊斯兰风格的碎石镶嵌装饰相结合，呈现出豪华的罗马风建筑面貌。

建筑构造本身相比，反倒是建筑中的一些传统的装饰有了新的形式。古典建筑中注重的柱式规则在此时很大程度上被抛弃了，但传统柱式的装饰形象，如科林斯柱式中的莨苕叶、爱奥尼克柱式的双涡卷等形象还是会被引用。此外，马赛克拼贴等传统的装饰方法在罗马教堂的装饰中也十分突出。

意大利北部的伦巴底是此时期罗马风建筑发展的重要地区。伦巴底开放的建筑发展风气，不仅使其成为重要的罗马风建筑中心，还因为向周边国家大量输出建筑工匠，而对中西欧多个地区的罗马风建筑发展具有深刻的影响。伦巴底地区指意大利北部地区，包括米兰、威尼斯、拉文纳等诸多河口和海岸城市，这些城市都有着发达的对外贸易，同北部各地区的联系更加紧密，因此其罗马风建筑也呈现出更多的混合性特色。

 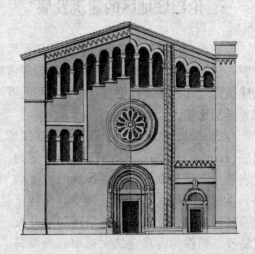

图6-2-2 罗马科斯梅丁圣马利亚教堂：这座约建于12世纪的教堂，是由一座谷仓改建而成的。教堂的柱子和地面铺设仍是初建时的原物，显示出对古罗马建筑传统的遵从。

图6-2-3 伦巴底风格建筑立面：伦巴底地区以砖砌教堂为主要特色，建筑受法、德地区风格影响，通常在立面上有连续拱券装饰，圆窗也是最早在伦巴底风格建筑立面中出现的。

以伦巴底地区为代表的北部罗马风建筑的教堂，其平面主要采用巴西利卡形式。教堂内部的主殿与侧殿均采用砌筑拱顶形式，但在拱顶外部仍覆有木结构的两坡屋顶。此时期伦巴底地区教堂兴建的数量和规模都有所扩大，而且其建筑形制更多地借鉴了内陆地区的做法，呈现出与意大利中南部地区不同的特色。

米兰是伦巴底地区的中心城市之一，这里所兴建的教堂建筑也颇具代表性。米兰的一座大约兴建于9世纪至12世纪的圣安布罗乔（St. Ambrogio）教堂，就是保留至今的比较特殊的教堂建筑的例子。圣安布罗乔教堂主体建筑平面呈长方形，但后殿一端由半圆室和它两边的两座小半圆室组成的弧线形墙体轮廓作为结束。教堂最为特殊的是在主教堂之前设置了一个与教堂宽度相同的长方形柱廊院，使教堂形成柱廊围合的庭院与后部教堂紧密结合的形式。

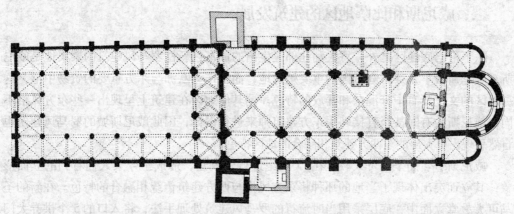

图 6-2-4 圣安布罗乔教堂平面：教堂中的回廊院一般都位于教堂一侧，将其设置在教堂前面的做法很特别，而且主体建筑与回廊院建筑采用统一比例尺度建成的做法也不多见。

教堂内部空间真正的入口设置在柱廊院的尽头。这个入口立面分为上下两层，并以上层的两坡顶结束。两层立面的设置大致相同，都是在中心大拱券两边对称设置两对小拱券。但上层中央拱券的门洞要比下层中央的拱券门洞大一些，而且其中立面两端最外侧的小拱券与两边的柱廊相通，因此从立面上只能看到三联券的门洞形式。

在教堂正立面的两边，还各设有一座方形平面的钟塔。这种从主体建筑向外延伸出的钟塔建筑形式，是法、德等地罗马风教堂常采用的造型手法。而在意大利，更广泛的做法是将钟楼从主体教堂建筑中分离出来，使其成为独立的单体建筑。圣安布罗乔教堂中的这两座钟塔虽然并不位于主体建筑立面的构图之内，而是独立于主体建筑之外，但

图 6-2-5 圣安布罗乔教堂：这座教堂采用传统的罗马巴西利卡样式建成，教堂主厅和侧殿都采用带肋拱的正方形十字拱形式，是早期结构、比例明确的带肋拱教堂建筑的代表。

主体建筑的正立面与两座钟塔组成对称构图的基本建筑形制已经出现。这种造型模式向人们预示了北方罗马风建筑样式将要如何发展。在主体建筑两边对称设置钟塔的做法，也被此后的哥特式建筑所继承。

二、威尼斯和比萨地区的建筑发展

除了伦巴底地区之外，意大利北部诞生出的最富创新性罗马风建筑的聚集地是威尼斯。威尼斯最早是拜占庭帝国的重要殖民地，而且作为欧洲与东方重要的贸易中枢，这一地区的文化具有十分混杂和开放的特色。同其他地区在建筑上呈现出一些东方风格不同，威尼斯人有时甚至直接聘用东方建筑师来进行设计，因此威尼斯城的罗马风建筑也自然呈现出更突出的东西方建筑相融合的地区特色。

威尼斯著名的圣马可大教堂在11世纪进行了改建，形成了今天人们看到的立面形象，其立面突出体现了当地的那种将东方风格与西方建筑传统相融合的特色。在新的圣马可大教堂立面中，底层采用当时流行的罗马风建筑处理手法，将入口的5个拱券大门都处理成退缩拱券的形式，并对此进行了突出的表现。经过这种处理后的大门显得深远而厚重，因此在5座大门上设置的半圆形拱券并未显得沉重，反而有一种愈向上愈轻灵的感觉。

此时与威尼斯不相上下的地区是比萨，那里诞生了意大利另一处最著名的罗马风建筑——比萨建筑群。这个建筑组群包括比萨教堂、洗礼堂、钟楼与圣公墓。这组建筑大约从1063年开始动工修建，工程持续了相当长的时间，甚至13世纪时仍在进行增建和整修，最后成为世界上最著名的建筑集群之一。

图6-2-6 圣马可大教堂：圣马可大教堂虽然是按照拜占庭教堂样式兴建的，但在11世纪的改建中被加入了一个罗马风样式的入口，形成奇特的5连拱。

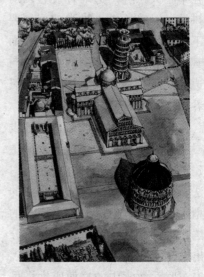

图6-2-7 比萨建筑群：比萨建筑群是一处大型的罗马风建筑群代表，这组建筑以古罗马传统建筑形式为基础，又通过条纹立面和尖拱装饰等，体现出吸收多种地区建筑做法的混合特色。

比萨教堂是仿罗马式建筑的一个经典代表作品。这座教堂的平面为拉丁十字形，但其内部空间十分宽大，十字形纵向殿堂由宽大的主殿与两边各分为 2 间的侧殿、宽度共 5 间的纵向连通的殿堂构成，而横向的部分也是 3 殿的形式。由于建筑殿堂的尺度过大，采用砌筑拱顶的难度较高，因此建筑主殿和翼殿的屋顶都是木结构的坡屋顶形式，只在十字交叉处的椭圆形拱顶和后殿采用了一些拱券。

图 6-2-8　比萨教堂殿：由于大教堂的两横翼分别是两座内部带有环廊的小厅，因此主殿墙体和横翼墙体相对独立，穹顶只是示意性的设置，室内采光主要依靠墙体上的高侧窗。

图 6-2-9　比萨教堂：比萨教堂的立面随内部厅堂的变化而呈退缩形式，立面引入了伦巴底建筑风格，但用柱廊和连拱券的形式代替了盲拱的形式，底部采用古典式拱券入口，还有精美雕刻装饰的铜门。

教堂外部采用白色大理石与彩色石材贴面装饰，形成以白色为主的条纹图案形式。大教堂的立面形象很特别，其立面反映殿堂的真正结构形象，随着高度的向上逐渐缩小，最后以一个希腊式的两坡顶山墙结束。立面从上到下被分为 5 层，最底层是有壁柱支撑的连续拱券形式，但只有主殿和两边侧殿 3 个真正的入口，另外 4 个拱券是顶部带菱形装饰的盲券形式。入口上层是 4 层逐渐缩小的拱廊部分，这些拱廊之后则是一个开有小窗的实墙立面。在教堂的侧立面和横向翼殿部分采用壁柱或壁柱与拱券的组合形式分饰不同层高的墙面，其楼层高度的分划与正立面的拱券相对应。

洗礼堂、钟楼和教堂建筑的分离与中西欧其他地区将三部分都设置于同一座教堂建筑中的做法不同，这是意大利地区教堂建筑的一大特色。比萨建筑群中的洗礼堂位于教堂前面，是一座平面为圆形的集中式穹顶建筑，但其外部的半球形穹顶实际上是一个假顶，建筑内部真正的屋顶是一种尖圆锥形状的屋顶，这个真实的屋顶在穹顶上部露出顶端部分。洗礼堂的墙面底部同教堂侧面一样，都是连续壁柱与拱券的形式，上部则开设圆拱形窗，而圆拱窗外部设置的哥特式的尖券，则是在后来添加进去的一种装饰。

洗礼堂内部的穹顶由底部一圈12根柱子和拱券结构支撑。这些柱子除四角的4根方柱外，其余都为圆柱形式。在底层柱拱结构之上的第2层，是一圈与底部柱子相对应的方柱，顶部圆锥形的尖顶就建在2层的这圈方柱上。为了增加柱子的承重力，第2层的方柱十分粗壮，而为了抵消圆顶的侧推力，在方柱与墙面之间还另外设置了扶壁。

位于比萨建筑序列最后的是独立的圆柱形钟塔。钟塔的建筑材料为大理石，由于塔身太重，而基础面积不大，这座钟塔在兴建过程中就因为地基沉降而开始歪斜。但人们还是将其建完，只是在柱子高度上作了调整，塔的上部稍稍向回矫正了一些。建成后以比萨斜塔之名而成为世界范围内的知名建筑。比萨斜塔是直径约16米的圆柱形建筑，上下共有8层，其中底层采用实墙面，但在墙外加壁柱拱券形式的装饰，上部6层是柱廊环绕实墙塔心的形式，并在柱廊与墙体间形成通廊。最上层的钟室取消了外层的柱廊，实墙面也变成6个墩柱围合的拱券形式，特制的钟就架设在这6个有壁柱和斑马纹砖装饰的拱券内。

至此，这个由洗礼堂、教堂和钟塔所组成的宗教建筑群构建完成，3座建筑位于同一轴线上，显示出很强的东方建筑布局特色。虽然建筑造型各异，但建筑材料、建筑色调和装饰细节等方面却表现出一种相同的趋向，加强了建筑群的统一性。比萨建筑群的兴建，为此时许多地区的教堂建筑提供了范本。在比萨的周边地区及更远的范围内，斑马条纹的贴面装饰、券柱廊和带壁柱的立面等特色都在被各地的教堂以不同的手法复制。

图 6-2-10　比萨教堂内部：比萨教堂内部的墙体分为三层，主殿墙体除条纹状的大理石墙面外不附加多余的装饰，而且底部连拱柱廊的柱式比例细长，因此室内空间显得高耸、肃穆。

图 6-2-11　比萨斜塔结构剖视图：由于塔楼在兴建过程中已经开始倾斜，人们在建造过程中向塔身外侧相反的方向加载结构并扭转尺度，因此塔身实际上呈两边略弯的香蕉形。

三、意大利罗马风建筑的借鉴意义

在古罗马拱券与穹顶建造技术停滞几百年之后，罗马风时期的工匠们试图在研究古典建筑的基础上恢复这种极具空间表现力的建筑手法。在原古罗马帝国统治的范围内留存下来的各种古迹，为工匠在结构和建筑设计等方面提供了重要的参照。但同时，由于此时建筑的兴建本身还带有很强的宗教象征性，因此使建筑的兴建具有更细致和复杂的要求。

人们立足传统的建筑结构，并在此基础上不断创新。比如为获得更大的内殿使用空间，如比萨教堂之类的教堂中殿抛弃了筒拱形式，而是采用木结构，同时通过降低侧殿的方式开设高侧窗，让教堂室内变得更明亮。除了高侧窗之外，意大利境内的教堂立面中已经出现了圆形玫瑰窗的设置先例，这种极富表现力的圆窗不仅可以令内殿更为明亮，同时也是立面的极好装饰，虽然在此时并未引起人们的关注，但在此后玫瑰窗成为以法国为中心的各地哥特式建筑立面的特色装饰之一。

图 6-2-12 大理石贴饰的教堂立面：这座12世纪的教堂立面残存部分，向人们展示了拱券柱廊的传统形象和几何图形的组合。

图 6-2-13 圣方济各教堂：在教堂正立面设置圆形窗口的做法，最早在伦巴底地区兴起。此时的圆窗大多是在石材上凿刻出来的，因此窗口较小，但已经普遍采用轮式窗棂的构图形式。

罗马风时期的建筑，尤其是教堂建筑同世俗的城堡建筑一样，大多是厚重、坚固的外部形象和昏暗内部空间的结合体。造成这种建筑特征的原因，主要有建筑自身和建筑之外的两重因素。从建筑自身来看，由于人们还没有别的方式来削弱拱券的承重和拱顶的侧推力，因此只能依靠加厚墙壁的方式来获得坚固的建筑结构，这直接导致了建筑形体的厚重。而除去建筑结构方面的因素，从当时的社会发展状况来看，此时欧洲各地正处于地方势力割据时期，各地的建筑都呈现出很强的防御性，教堂建筑也不例外。

图6-2-14 圣吉米尼亚诺城：一些中世纪的堡垒城市得以较为完好地保存至今，通过这些城市中的建筑，可以看到中世纪黑暗时期厚重、封闭的建筑特色。

图6-2-15 罗马风式柱子：罗马风建筑的发展，是拱券结构不断成熟和完善的过程，因此建筑中的柱子也呈现出从短粗向高挑的发展特色，并在古罗马柱式的基础上衍生出多种形式。

在中西欧许多地方的教堂中出现的圆塔形钟楼，其形制就很可能来自古罗马时期在城墙上兴建的圆形凸角堡或碉楼的形式。而在罗马和意大利的大部分地区，这种钟楼则演变成了方形平面塔楼，其上开设拱券的城堡塔楼形式。另外的一个重要原因是此时的教会崇尚朴素，认为世俗的装饰和对美产生反应是有罪的，因此教堂内部也主要以毫无生气的粗糙形象为主，有时圣坛部分会稍作装饰，以作为美好世界的象征，与粗陋部分象征的现实世界形成对比。

罗马风作为一种历经文化黑暗时期之后新崛起的建筑风格，它的出现及向古罗马建筑学习的风格特色本身，也说明了这种新建筑风格与传统的密切关系。意大利地区是古罗马建筑的主要集中地，而且此时正处于宗教权与世俗政治权之间的制衡之中，因此在新建筑风格的地区发展上呈现出开放与保守的双重特性，就显得很自然了。

第三节 法国的罗马风建筑

一、法国的初步形成

法国地处西欧的南北之间，是最早在中央高原地区和塞纳河流域发展起来的最初的高卢文明区域。从公元前56年起，高卢文明被罗马帝国所征服，在此后的几百年时间里，这一地区在罗马人带来的先进生活模式的基础上逐渐发展起来，地区人口和经济开始出现了第一个增长高潮。

古罗马帝国衰败之际，高卢地区也被外来的日耳曼人所征服。此后随着日耳曼民族与当地民族相融合而成的一支法兰克人的崛起，至公元5世纪左右，高卢地区建立起第一个法兰克人的国家——墨洛温王朝（Merovingian Dynasty）。此后，墨洛温王朝兼并了勃艮第和莱茵河东岸的各民族，使封建制度代替奴隶制度，社会逐渐发展起来。在此后的加洛林王朝（Carolingian Dynasty）时期，著名的查理大帝将法国的社会发展推向另一个高潮，并建立了以罗马帝国文化和基督教文化为基础的法兰克文化。

图6-3-1 筒拱支撑的地下室：受加洛林王朝的影响，在加洛林帝国之外的许多地区也兴起了拱券结构的教堂建筑形式，如图所示的地下室，就是采用石柱、木梁和筒拱的结构建成的。

查理大帝去世后，在经历了100多年的分裂与征战之后，在10世纪到15世纪的漫长岁月中，法国先后处于卡佩王朝（Capetian Dynasty）和瓦卢瓦王朝（Valois Dynasty）的统治之下，其间虽然也有帝国内部的战争以及同以英国为主的周边国家的战争，但总体来说社会处于相对平和的发展状态，因此使得法国的建筑，尤其是早期罗马风建筑的发展取得了一定的成就，并为之后哥特建筑形制的出现及形成地区特色奠定了基础。

随着这种区域性封建王权的建立，也催生了城堡防御建筑。城堡建筑适应于当时封建主的生活和防卫需求，因此得到了极大发展。法国在这一时期营造的城堡建筑多集中在罗亚尔河流域。因为那里是王室领地，集中了许多王室成员和高官，许多城堡建筑在这里出现，为之后在罗亚尔河流域形成可观的城堡区奠定了基础。

图6-3-2 亚琛王宫想象复原图：这座法兰克国王的宫殿兼宫廷教堂建筑群，是按照罗马-拜占庭建筑传统兴建的，对此后中西欧地区罗马风建筑的发展有很重要的影响。

图6-3-3 罗亚尔河城堡遗址：罗亚尔河流域是中世纪早期法兰克王国重要的城堡建筑聚集区，这里的城堡建筑极具地区特色，显示出很强的军事防御性。

199

二、建筑构造的改变

勃艮第是较早接触到伦巴底建筑结构与技术的地区，因此也从很早就为教堂的中殿引入了筒拱形屋顶的形式，此后筒形拱中殿的结构形式流行开来。为了支撑拱顶和平衡侧推力，教堂的侧殿或同样采用筒拱或半筒拱的形式。这样一来，侧殿的墙体高度也提高了，侧殿在内部变成了两层，原本中殿两侧的侧高窗的设置被侧殿代替，虽然外墙上依然可以在顶部横向开点小窗，但教堂内部仍旧很昏暗。勃艮第地区的建筑营造不仅对法国，甚至对整个欧洲的罗马风建筑都有着重要意义。据说最早的罗马风教堂就诞生在勃艮第的克吕尼（Cluniac）地区，而且由此传播到了欧洲各地。

法国的仿罗马式建筑出现在9世纪至12世纪的时候，表现形式分为南北两种不同的风格类型。除了各地区建筑传统的不同之外，气候原因也是使南北两地建筑形象不同的主要原因。北方天气寒冷且雨雪天气频繁，因此建筑内部即使采用拱顶的形式，在外部也仍然要加以木结构的陡坡屋顶，以利于排水。南方是温热的地中海气候，所以南部教堂的屋面就不考虑排水问题，以平屋顶形式居多，而且窗口面积也相应较小。

在罗马风时期法国以勃艮第以及罗亚尔河流域的内陆地区为代表，成为建筑结构与教堂形制发展的典型性区域。这些地区无论在拱券结构的创新与改进，还是在教堂内外的空间构成设计，以及建筑面貌的完善等方面，都在中西欧地区具有领先水平，也为之后哥特建筑的诞生做好了准备。

图6-3-4 带扶壁的教堂建筑：从10世纪开始，法国的许多教堂中，都出现了利用建筑外部扶壁结构来保证教堂能有两侧高墙和内部完整空间的做法，这是扶壁与拱券结构组合的早期尝试。

图6-3-5 诺曼式柱和拱：诺曼式柱间拱券通常采用折线形或其他连续的几何形线脚装饰，尤其以锯齿形的拱券形式最为多见。

法国罗马风教堂建筑的发展突出表现在教堂拱顶的结构塑造上。罗马风早期，教堂内的中殿和侧殿虽然都开始恢复古典的筒拱形顶，但由于筒拱形顶所导致的墙壁、墩柱粗厚，以及内部空间昏暗、空间狭窄等弊端，使得人们开始将建筑重点放到改善拱顶结构的方向上来。

拱顶改造取得的最大成就是十字拱和肋拱的使用。最简单的十字拱是由两组筒拱垂直相交形成的，它的出现使穹顶的空间被拓展。肋拱的出现则使以墙体为承重主体的拱顶结构，向以结构框架为承重主体的拱顶结构转变。

最初，人们对十字拱的结构还不甚了解，因此十字拱多被应用于跨间尺度较小的侧殿。后来虽然十字拱被用于建造更为宽敞的中殿拱顶，但侧殿仍采用筒拱来进行支撑。这样的设置虽然没有发挥十字拱的结构优势，但却使人们认识到十字拱这种新的拱顶形式在拓展教堂空间上的作用。

相对于十字拱，肋拱应用的变化就要大得多了。肋拱最早出现在筒拱上，而且没有实际的承重意义。后来，人们利用肋拱的支撑与力学传导作用，将其作为多段筒拱之间的连接部分，并将肋拱的起拱点与墩柱相连接，以分散筒拱的推力。

图 6-3-6　十字拱与筒拱的支撑结构：横向筒拱覆盖中厅与十字拱覆盖侧殿的教堂形式，是拱券结构发展过程中的重要阶段，由于十字拱为筒拱提供了足够的支撑，因此室内的墩柱变得更加高细。

图 6-3-7　十字拱与筒拱的结合：以十字拱为中心并在四周设置筒拱，便可以形成四叶形的建筑空间，而肋拱则在拱顶结构中起到重要的连接作用。

在十字拱结构中应用的肋拱，则有着更多的作用。一个最简单的十字肋拱单元是由四面的半圆拱与中部的交叉拱构成的，而用以填充拱间的镶板，则相比于用拱券搭建的十字拱要轻薄得多了。这种十字肋拱和镶板构成的拱券形式的出现，将拱券从沉重的形式中解放出来。

从结构方面来看，肋拱与镶板的组合本身使拱顶的重量大大减轻，而且十字形肋拱将拱券的压力和重力都集中于四面的起拱点上，因此底部支撑结构可以不再采用厚重的实墙，而是以四角设置的墩柱代替。

图6-3-8 砖砌十字拱：十字拱在罗马风发展初期，只被作为一种辅助结构应用于教堂侧殿，带肋拱的十字拱形式还被更普遍地应用于教堂地下空间的拱顶结构中。

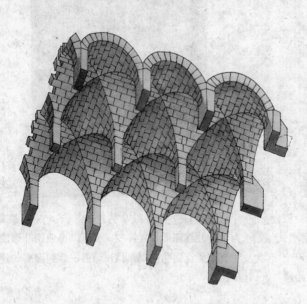

图6-3-9 砖砌十字拱：砖砌十字拱可以随着底部支撑墩柱的设置而灵活加建或拆除，其应用随着肋拱结构的出现和完善而不断扩大。

从外部形象方面看，由于早期十字拱的制作技术还不成熟，因此拱券本身和拱券间的结合处并不规整。而肋拱的加入则起到规整作用，而且肋拱从屋顶上延伸下来，在屋顶拱券与底部支撑的柱子之间形成很好的过渡，不仅使十字形的拱券形象更加流畅和美观，也有效地拉长了空间的纵向空间感。这种通过肋拱和柱式的设置，达到拉长内部纵向空间效果的做法，也是法国罗马风建筑中所突显出的一大特色，更是之后为法国哥特式建筑所承袭和发扬的建筑特色。

但由肋拱和镶板构成的十字拱券也并不是一种完美的拱顶结构。由于十字肋拱起拱于方形平面四角的结构特色，使得以往连续、狭长的拱顶变成了由一个个相对独立的拱券组合而成的拱顶形式。而且由于肋拱多以其所在四边形对角线的长度为直径起拱，所以使得十字肋拱所组成的拱券要高于四边半圆形的肋拱。

这种十字肋拱券无论高于四周的半圆形拱券，还是通过降低起拱点的方式使其低于四周的半圆形拱券，都不能在内部形成完美的穹顶形象。而当这些单独的拱券组合成狭长的中殿屋顶时，就会出现拱顶在每间的上部空间凹进或突出的情况。

这样，虽然教堂内获得了连续而且较大的穹顶空间，但起伏变化的穹顶上部空间整体性并不强，削弱了后部圣坛和后殿空间的主导性。此外，由于支撑屋顶十字拱的墩柱较粗壮，而支撑侧廊的柱子较细，因此分隔中殿和侧殿的两排柱子呈有规律地大小相间形式，这种大小不规则的列柱形式也不如统一的圆柱拱廊美观，而且由于穹顶分划细碎，也影响了声音的反射，使内部音响效果并不理想。

由此可见，十字拱和肋拱的出现与结合，以及十字肋拱和镶板组合形式的出现，虽然使在建筑内部营造拱顶的目的得以实现，但仍存在着不少问题。在漫长的时间里，人们在十字拱、肋拱的比例尺度安排，以及不同组合形式对穹顶形象的影响等方面进行了各种尝试，但直到 12 世纪中期，人们也没有利用十字拱制造出连续、平滑的拱顶形式。

图 6-3-10　卡昂女修道院教堂：教堂顶部在十字拱之间加入横隔断的做法，是强化拱顶一体化、削弱十字拱空间分割感的方法之一。

图 6-3-11　带一道肋拱的十字拱顶：十字拱与肋拱相结合的技术成熟之后，各地出现了多种不同的拱顶样式，但实际上仍未解决十字拱对顶部空间的分割问题。

此时最突出的另一项建筑成就还是出现在勃艮第，因为在 11 世纪末期的时候勃艮第的一些教堂中出现了尖拱券的形式。这种双圆心的尖拱券从结构上说，其自身的侧推力要比半圆形的拱券小得多，可以满足人们既想得到统一穹顶空间又不加厚墙壁的愿望，因此在哥特建筑时期，尖拱券与飞扶壁相配合，在教堂建筑中得到了广泛的运用。但在此时，这种尖券的形式还未被人们所重视，它只是作为一种创新形式在小范围教堂拱顶中得到了运用。

三、建筑平面与空间的变化

除了拱顶的一系列结构与形象问题之外，因为此时宗教仪式的发展，法国罗马风教堂在布局上也出现了一些变化。在教堂建筑兴起之初，各地的教堂建筑都遵循着早先由古罗马的巴西利卡式大厅演化而来的拉丁十字形平面形式，但从11世纪下半叶兴起的朝圣潮之后，随着民间朝圣活动的兴起，法国教堂的平面形式开始发生改变。

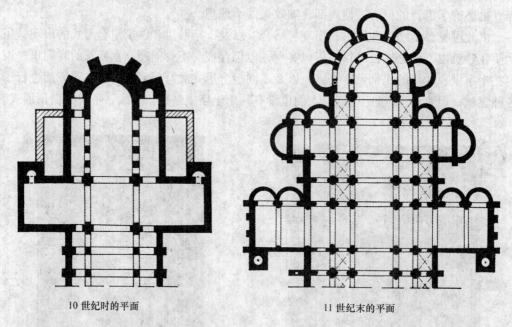

10世纪时的平面　　　　　　　　　11世纪末的平面

图6-3-12　克吕尼修道院教堂后殿平面变化：教堂后殿空间的增加以及回廊式的空间结构，是为适应大批信徒瞻礼的需要而逐渐形成的。

这时法国所在的地区还没有形成统一的国家，而是处于地方势力分治的状况，因此罗马风建筑对法国的影响也是因地区的不同而产生不同的结果。但由于法国境内有三条朝圣必经路线穿过，因此也使得这些朝圣路线上的教堂在结构技术、外观样式等方面具有十分相像的统一特性。由于法国所在地区是拜占庭帝国衰败之后欧洲文明的重要发展中心，因此罗马风时期比较有代表性的建筑，也大都出现在这一地区，而且后期哥特式建筑中所沿用的带有双钟塔的西立面形式，也是从此时开始在这一地区的教堂建筑中形成的。

就如同跨地区朝圣热潮的出现催生了修道院与教堂相结合形式的大教堂组群建筑一样，人们对教堂活动和参观教堂圣坛、圣坛底部地下室的圣人遗迹以及教堂内的各种圣物的热情持续增加，也使得教堂内部的空间不得不进行一些调整。最初教堂的圣坛一般多建在地下墓室上部，而且其圣殿和后殿多供奉一些供人们瞻仰的圣物，因此从十字形平面交叉处的圣坛所在地，到后部最东端的圣殿的这一区域，一般都不对所有信众开放，因此早期教堂在东部（也就是最后部）设置一个半圆形礼拜室的结构是实用的。

随着朝圣热潮的到来，教堂后部单一礼拜堂的形式开始显得局促起来，扩大教堂内部使用空间成为满足信众瞻仰需求的基本做法。法国、意大利和欧洲各地的其他教堂一样，人们首先借助发达的拱券技术拓展教堂的侧殿以及两个横向的翼殿空间。拓展空间虽然使建筑内部的使用空间更大，但传统的布局并没有改变，集中处于建筑中后部的圣坛及礼拜堂空间

图 6-3-13 普瓦捷圣母教堂立面：大规模的朝圣活动和十字军东征，为欧洲内陆带来更多拜占庭地区的建筑影响，这座教堂立面不仅显示出东方建筑风格的影响，还出现了尖拱的形象。

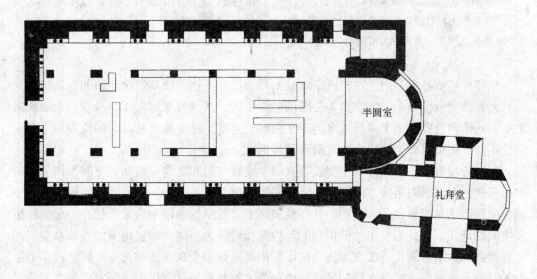

图 6-3-14 早期教堂平面：早期教堂平面是在古罗马巴西利卡厅堂式建筑平面基础上，又加入半圆室形成的，有时为了满足特殊的礼拜需要，还在教堂外部建立相对独立的礼拜堂。

仍然无法满足大量人流瞻仰的需要，在此需要的基础上，法国教堂的中后部以圣坛和礼拜室为中心的布局变化开始发生。

为了让更多参观圣坛后部礼拜室圣物的人员流动更通畅，最直接的办法就是围绕圣坛的周围兴建通廊，教堂横翼加宽的开间正好可以作为开设通廊的空间。除了通廊之外，法国教堂后殿部分最大的变化是礼拜堂数量的增加和后殿整个平面形式的改变。

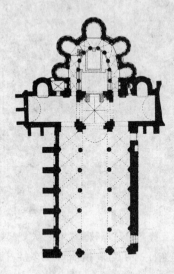

图 6-3-15 带放射形礼拜室后殿的教堂平面：随着祭祀圣物和教徒数量的大幅增加，教堂后殿建筑部分开始扩大和突出为相对独立的建筑空间，并通过建造回廊来达到疏导人群的目的。

图 6-3-16 带回廊的后殿内景：教堂后殿回廊环绕的建筑空间，一般都是对外封闭的圣坛所在处，圣坛上摆放着供教徒瞻仰的圣物，圣坛下一般是教堂的地下墓室。

礼拜堂可能是由最初设在横殿东墙处的几个供奉圣物的壁龛演化而来的。法国教堂与意大利教堂只设一个半圆室作为后殿的教堂不同，法国教堂通常要在横殿的东墙和半圆室的外侧再设置多个半圆形或多边形平面的礼拜室。由于放置礼拜室的位置和平面形式的不同，还可以分为阶梯形或放射形两种形式。

所谓阶梯形，是指礼拜堂主要设置在教堂横翼与后殿之间，这部分空间采用规则的平面形式，但墙面向后殿方向缩进，将横殿的后部与后殿连为一体，在建筑边缘形成平面为阶梯形的轮廓形式。阶梯形的礼拜堂实际上是教堂的横殿与后殿连接在一起进行拓展空间的形式，因此拓展出的使用空间与内部横殿连为一体，增建出来的礼拜堂空间的整体性强。放射形则是直接在半圆形的后殿周围增建多个独立的平面为半圆形或多边形的礼拜室，这种新建礼拜室的空间独立性很强，而且使与之相连的半圆室由殿堂变成了联系各礼拜室的回廊。

无论是阶梯形还是放射形，这两种形式发展到最后，都极大地削弱了后殿空间的自身特点，逐渐向内与横殿合为一体。而且随着礼拜堂和圣坛部分的重要性的日渐加强，教堂两端的横翼向外伸出的也越来越少。这时的教堂形成了西端带双塔，东端侧翼伸出较少，而且后部由多个半圆礼拜堂形成近似半圆形轮廓的建筑平面特点。这一平面特色

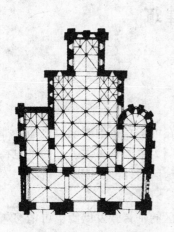
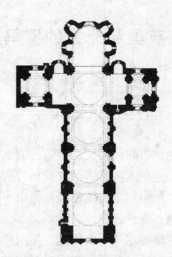

图 6-3-17 阶梯式与放射式的后殿平面：早期主要依靠十字拱和十字拱的变体结构支撑的教堂后殿空间一般较小，在后殿外加建扶壁墙的结构出现之后，后殿内部的使用空间才开始逐渐变大。

此后也直接为哥特教堂所继承，成为法国哥特式教堂建筑的特色之一。

法国在 10～12 世纪这段历史时间里，虽然仍旧是由一些小的分散的领土国所组成，还没有形成独立、统一的国家，但这一地区在相对平和的局势和城市文明逐渐崛起的背景之下，其建造活动却相对其他地区要频繁一些。而且由于勃艮第与伦巴底等古罗马历史建筑遗址地区的联系较为紧密，因此法国的罗马风建筑是在吸取了早期古典建筑经验，又针对人们对教堂的使用需求，对结构、平面、内部空间分划等进行了改造的基础上才产生的。

无论在建筑结构、空间设置还是内外建筑形象方面，法国的各种教堂建筑不仅是此时期欧洲各地建筑中取得成就最高的建筑类型，而且还为以后哥特建筑结构及建筑形象的形成奠定了基础。总之，法国地区的罗马风建筑为开启新的建筑时代开了一个好头。尤其是此时在建筑中形成的各种拱券形式、扶壁、玫瑰窗等设计元素，虽然还没有形成固定的组合方式，但却已经为周边地区的教堂建筑所广泛借鉴，并为之后哥特教堂建筑形象的形成提供了充足的准备。

图 6-3-18 六分拱式屋顶：六分拱式屋顶虽然将屋顶分割得相对零散，但交错的肋拱却成为一种独特的屋顶装饰，而且肋拱与中厅柱子的组合形式也直接为哥特建筑所继承。

第四节　英国和北方的罗马风建筑

一、英国的罗马风建筑

现在人们所指的英国及其所包含的地区，在古罗马帝国时期及之前，都是欧洲北部的蛮荒之地。这块区域虽然在古罗马时期被划归为帝国行省之一，而且也在境内修建了宫殿、广场、神庙和剧场等建筑，但由于整个地区与外部文明联系较少，因此其建筑仍旧以浓郁的地方特色为主。

同发展较晚的建筑历史相比，英国所在地区的基督教发展历史可谓悠久。因为英国地区的基督教传播早在罗马帝国时期就已经开始了。而且由于与外界交流的机会较少，这一地区的基督教一直保持了早期基督教严谨、朴素的特色。人们在爱尔兰等地发现的一些兴建于8世纪左右的基督教修道院建筑群，仍是采用当地的片石和叠涩出挑的拱顶技术建造的，整个修道院建筑像一个原始部落群，除了教堂建筑中设置的高塔形象之外，人们甚至很难将其与宗教建筑的功能联系在一起。

图 6-4-1　诺曼式柱和拱：英国早期罗马风建筑封闭而沉重，尤其是建筑内的柱拱形象，多是这种粗壮墩柱与小拱券相结合的形式。

图 6-4-2　片岩砌筑的教堂：教堂与高塔的结合，是北方片岩砌筑教堂的一大建筑特色，而将教堂建筑与钟塔分开的做法，与意大利一些地区教堂的做法十分相似。

在罗马人的统治衰败之后，英国所在地区被盎格鲁-撒克逊人(Anglo-Saxon)和日耳曼部落占领，在此后漫长的征战与混居过程中，逐渐进入诺曼人(Norman)的统治时期。英国在公元1066年被诺曼底地区的征服者威廉一世(Wiheln Ⅰ)国王所兼并，之后由于局势的稳定，建筑活动也逐渐恢复。因此从这一时期至 13 世纪初哥特建筑风格兴起之前，英国的罗马风建筑都是以诺曼建筑为主体进行发展的。

早期的基督教堂建筑平面和建筑结构都相当简略，而且平面并没有形成固定模式。教堂的平面呈近似十字形，这种平面有时是拉丁十字形，有时则是正十字形。早期的教堂在纵横两个建筑部分都是单一空间，没有侧殿，有时为了拓展建筑内部的空间，还在十字相交处加建一些附属建筑空间，因此使十字形的平面形式遭到破坏。教堂建筑中设置的钟塔位置并不固定，在十字交叉处、后殿和侧面都有所设置，但这些高塔多为方形平面之上加四坡尖顶的形式。

英国的天气潮湿、多风、多雨，因此在教堂的建造上设计出了一种又深又窄的门廊，这种做法可以有效地避免大风的直接侵袭。英国全年阳光照射的时间很短，大多数都处于阴雨的笼罩之下，这就要求加大窗子的面积以尽可能地增加采光量。另外，高坡屋顶的建筑也起到了很好的防止雨雪的作用。

在诺曼人统治时期开始之后，大型的教堂建筑开始出现。虽然各地在教堂兴建方面仍旧存在一些地区性的差异，但教堂建筑基本的构成和形象已经逐渐固定：教堂多采用拉丁十字形平面，在西立面和十字交叉处都设置高塔，后殿有方形和半圆形两种平面形式，但礼拜室的兴建还处于较为随意的状态。

图 6-4-3　达勒姆教堂钟塔：达勒姆教堂在后殿和十字交叉处都设置有钟塔，这些钟塔不仅是教堂的象征物，也具有警戒和瞭望的实际功能。

图 6-4-4　诺曼式尖拱券：重复和交叉的拱券形式，是诺曼式建筑中常见的一种装饰手法，拱券重叠产生的尖拱虽然已经出现，但尖拱的结构优势还未被人们发现。

12 世纪肋拱的石结构拱顶出现之前，英国教堂建筑普遍采用木结构的屋顶形式。12 世纪初，在达勒姆教堂中第一次出现了带肋拱结构的石结构拱顶，首开欧洲肋拱拱顶结构的先河。但在早期采用肋拱拱顶的教堂中，由于人们还没有完全掌握这种新结构的制作方法，也没有认识到这种结构所具有的强大结构力，因此无论是肋拱还是拱顶本身都较为笨重，穹面的重力和侧推力也大多是由厚实的墙体和底部的粗墩柱支撑。肋拱的形象虽然已经出现，但并没有发挥出多少它实际所具有的功能潜力，而且作为一种勾勒突出拱顶结构的装饰线，肋拱的拱线也还不太顺直。

由于墩柱作为主要承重构件的功能性要求，使得其造型敦实，不太易于进行外观的艺术处理。再加上北方基督教的朴素教义，使得教堂内部的装饰极少。粗壮的柱子上以曲折纹和菱形纹等线刻纹装饰图案为主，拱券和教堂的其他部分大多无装饰，或只有一些诸如锯齿形、曲线形的花边或盲拱的装饰。这种直接暴露砖砌结构的简约风格的教堂内部所呈现出的肃穆氛围，与倡导禁欲主义的教理相符合，因此也成为英国早期诺曼风格教堂的内部空间特色之一。

图 6-4-5　诺曼风格支柱：为了消除墩柱的粗重感，在诺曼式支柱的柱身上雕刻深线脚，这样柱子在视觉上显得轻盈，束柱的形式在哥特建筑中被广泛采用。

图 6-4-6　达勒姆教堂中厅：达勒姆教堂的中厅已经出现了哥特式的尖拱形式，但十字拱顶和粗墩柱仍是罗马风样式，是罗马风向哥特式建筑的过渡。

作为后起之秀的英国，在 10 世纪之后教堂的建造工作逐渐频繁起来。也像中西欧地区一样，将营造的主要精力集中在修道院建筑群的营造上。林肯（Lincoln）、坎特伯雷（Canterbury）等著名的修道院建筑群都是在这一时期开始修建的。庞大的规模和高敞的内部空间为这一时期修道院教堂的主要建筑特色，细部处理方面还突显出很强烈的早期盎格鲁-撒克逊建筑风格的影响。

图 6-4-7　英国建筑部件：英国早期罗马风建筑呈现出本地的盎格鲁-撒克逊风格与罗马建筑传统相混合的特色。

虽然到12世纪之后英国砖石砌筑的拱顶已经逐渐流行，在实际应用中也取得了很大程度的发展与进步，但英国这一时期木构屋顶与高大中殿相配合的传统建筑形式也仍旧流行。由于木质屋顶的重量相比砌筑拱顶要轻得多，所以使教堂内部和立面的装饰都可以更加随意和多样。

木结构屋顶的教堂在内部主殿与侧殿的分划方面有着多种形式。由于柱廊几乎只承受自身的重量，而不用去支撑其他建筑部分，所以虽然粗壮的墩柱式被保存下来，但柱身和柱间拱等部位的雕刻装饰与线脚都可以更深，由此形成更具光影变化的内殿空间形象。这种木结构屋顶的形式还使得建筑立面的构图也从结构部件的制约中解脱了出来，成为教堂建筑雕饰最为集中的部位。

这种在教堂建筑内外遍布雕刻装饰的现象，在此后结构成熟的、由石拱顶覆盖的教堂建筑中表现得更加突出。在英国的一些地区，就出现了一些拥有大量精细雕刻装饰的教堂立面实例，建筑外墙上出现了复杂和密集的雕刻装饰。这些雕刻装饰多采用折线、菱形、方形等纹样为主，并形成了比较程式化的装饰花边和线脚形式。一些教堂的造型还抛弃了两座高塔的形式，仅以三个层层退缩形式的大门和盲拱、玫瑰窗及各种密集的雕刻装饰相配合，形成极富装饰性的华丽外观形象。

图6-4-8 诺曼风格大门：深刻的"之"字形线脚与半圆线脚重叠组合的形式，是诺曼风格拱券最常见的装饰手法，也是12世纪后期英国诺曼建筑的一大特色。

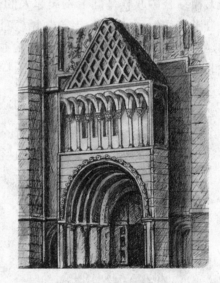
图6-4-9 苏格兰诺曼式门廊：苏格兰罗马风建筑同时将北欧建筑风格与来自南部的罗马风建筑特色相融合，形成了诸多样式奇特的建筑造型，这也是英国诺曼建筑风格的一大特色。

这些装饰精美的内殿和正立面，都体现出一种对横向线条的强调。无论是中殿里三层的券柱廊形式，还是建筑正立面中拱券大门、盲拱等装饰因素的设置，都力求突出一种稳定的横向线条的延伸，这与法国地区教堂内部对纵向线条的强调方式形成反差，而这种构图艺术处理手法的反差也体现在之后出现的哥特风格的建筑上。

英国和北欧的罗马风建筑以教堂建筑为代表，其发展受到法国地区教堂建筑的一定影响。但在发展过程中也并没有抛弃本地区的建筑传统和特色做法，尤其是创新性的肋拱结构形式的出现，为此后拱顶结构的发展与完善奠定了基础。同其他地区不同的是，英国从公元10世纪起受北欧维京海盗和日耳曼人的入侵，此后这两个外来民族同英国本地民族混居，因此也形成了英国建筑吸取了多种外来建筑传统并自成体系的建筑特色。

图 6-4-10 盲拱装饰的教堂立面：英国一些地区受伦巴底建筑风格影响深刻，将建筑立面横向分割并设置多层盲拱的装饰手法非常多见，这种横向拱券的装饰特色也被英国哥特建筑所继承。

二、北欧的罗马风建筑

由于英国的罗马风建筑是在北欧维京海盗与诺曼底人相结合的政权基础上发展起来的，因此除了有来自诺曼底地区的建筑传统之外，英国本土和北欧的建筑风格也在此时的教堂建筑中有很强的表现。这种北欧建筑风格的体现是与其地区的特点分不开的。北欧地区寒冷、森林资源丰富，所以这里也产生了一种独特的教堂形式——木结构教堂。

这种木结构教堂也是从初期那种聚集教众的大型会堂建筑转变而来的。在基督教传入一个新地区之后，首先借由当地已有的传统建筑作为活动场所，然后再进行教堂的营造。最初的教堂由当地工匠建造，因而形成地区性风格很强的教堂建筑形式，这也是所有新类型建筑产生所必经的初级阶段。

图 6-4-11 奥尔内斯木教堂：木结构教堂形式是基督教与北欧建筑传统相结合的产物，也是中世纪时期最具地区特色的教堂建筑形式。

图 6-4-12 屋顶的木桁架结构：利用木桁架结构制作拱顶的做法，在北欧和英国等地都非常流行，一些小型的教堂和教堂中的附属建筑都广泛采用这种木桁架的拱顶形式。

木构教堂的形式在斯堪的纳维亚地区的各国都有所发展，并在长时间的营造过程中逐渐形成了此类教堂建筑的特色。在很大程度上木构教堂的平面逐步向着中西欧大部分地区流行的十字形会堂平面形式转变。其平面开始以主殿为中心，除主殿外还有侧殿、横翼和后殿，在较大型的教堂内部，甚至还通过支柱承托设置在主殿和后殿之间的回廊。

教堂内部以木结构为主要支撑结构，但也可以用木材在立柱间做出拱券的形式并加以装饰，屋顶和侧殿、后殿也都是采用不同交叉形式的木构架建成。虽然这种木结构教堂在内部空间上极力追求与石结构教堂大厅的一致性，但内部空间形象却与石结构教堂大不相同。除了一些木质的雕刻与装饰物之外，教堂裸露的复杂结构屋顶也是教堂内的一大景观。

这种木结构教堂的外部形象也极富地区特色。由于北欧地区气候寒冷、多风雪，因此教堂外部也像普通住宅那样，由高耸陡峭的坡屋顶覆盖。而位于十字交叉平面中心的穹顶，也大多改成了带有锥形尖顶的高塔形式。

出于保护结构材料等目的，这些木构教堂外部多不像石构教堂那样雕刻过多的花饰，而是将带有各种雕刻图案和圆雕形象的装饰集中在教堂内部。在有些教堂的外墙、屋顶或内部结构端头，会加入一些与本地区原始宗教相关联的装饰形象。由此也可以断定，斯堪的纳维亚地区教堂建筑的样式和装饰特色，一定与地区原始宗教信仰有着某种联系性。这种在建筑中体现出的强烈地区色彩和异教形象，也是斯堪的纳维亚地区木构教堂的最大特色所在。

图 6-4-13　德米特罗夫教堂：这座俄罗斯教堂虽然仍旧保持着集中式的拜占庭建筑传统，但建筑立面上的连续盲拱和退缩式拱券设置，已经显示出受罗马风建筑的影响。

图 6-4-14　伯尔贡教堂：这座位于挪威的木构教堂屋顶上，还雕刻有传统的龙头形象，显示出地区传统宗教与基督教的融合。

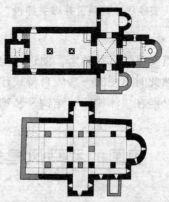

图 6-4-15　两种瑞典教堂平面：北欧地区早期的教堂平面和空间分划较为灵活，但建筑多以封闭厚重的墙体为主，屋顶也较为统一地采用坡度较大的屋顶形式，以适应北方的气候特点。

213

除了木结构教堂之外，在北欧的斯堪的纳维亚地区，由于基督教的传播，各种砖石结构的教堂也开始被兴建起来。这些石构教堂建筑与木结构教堂不同，它们在形制上大部分承袭自外来标准，受诺曼风格影响，教堂的内部空间和外部形象都更加规整了。

这些教堂的平面大多以拉丁十字形为基础，但在实际兴建时因具体要求的不同而导致这些教堂最终形成的平面中的十字形表现并不完整。北欧地区的教堂内部空间虽然也是十字形平面，并分为主殿、圣坛、后殿和两侧翼，但内部这些空间的设置并不相同。比如在早期的一些小型教堂中，有的只有一个主殿而无侧殿。而且出于结构需要，有的还用柱廊将主殿从中间纵向分隔开，形成了奇特的两通廊的主殿形式。有的教堂则十分注重主殿的空间营造，但极大缩略横翼，使教堂平面十分近似早期长方形平面的巴西利卡式大厅。

这一时期北欧地区的教堂建筑相对于英国和中西欧来说，还处于刚起步的阶段，因此教堂建筑呈现出较为灵活的变化和强烈的地区特色。北欧和英国地区出现的木结构教堂建筑，是这两个地区最具特色的建筑成就，古老的木结构教堂向人们展现了一种极富传统特色和宗教融合性的宗教艺术形式。

图6-4-16　伦敦塔：伦敦塔是中世纪兴建的代表性堡垒建筑，并以关押过诸多皇室成员而闻名。

除了教堂建筑之外，英国和北欧地区还兴建了许多城堡建筑，如著名的伦敦白塔城堡（Tower of London）就是在11世纪以后逐渐修砌成形的。10~12世纪这段历史时期里，英国各地修造了大量砖石结构的城堡建筑，这些城堡建筑多是在早先坐落在高地上的堡垒建筑的基础上改建而成的。

由于此时拱券技术的进步，这些城堡中大多使用了拱券结构来获得连通又坚固的内部空间，但主要的建筑结构材料仍采用木架构。12世纪后期，英国罗马风教堂建筑又在不同地区衍生出多种形制和样式，呈现出很强的发展势头。而且随着英国与欧洲大陆地区，尤其是法国地区建筑交流的日益频繁，使这一地区的教堂建筑开始呈现出一些哥特式建筑风格的前兆。虽然此时出现的一些倾哥特式建筑做法，在真正的哥特建筑时期并未全部被沿袭下来，但已经在总体构图、结构及装饰意趣等方面暗示出未来建筑发展的方向。

第五节　德国的罗马风建筑

一、德国罗马风建筑发展背景

德国地处欧洲的中部地区，最早也是古罗马帝国的行省之一。罗马帝国衰落之后，德国地区处于查理大帝的法兰克帝国统治之下。在查理大帝之后，法国和英国地区都在混战的过渡时期之后逐渐建立了比较统一的地区分治政权，而德国的广大地区，却一直处在地区势力割据的混战之中。

图6-5-1 神圣罗马帝国统治区域：在神圣罗马帝国统治的区域内，各地兴建的教堂建筑风格呈现出很强的联系性。

在几百年的混战之中，虽然出现过奥托王朝(Ottonian Dynasty)、萨克森王朝(Saxon Dynasty)等具有代表性的王朝统治(919—1024年)，但短暂和相对的统一与和平，并不能成为德国历史发展的主流。正是由于德国地区几百年都处于地区战争历史中，因此罗马教廷及各宗教派别都趁机在德国各地方政权中发展自己的势力，由此导致德国的宗教及宗教建筑的发展相对于其他局势安定的地区也毫不落后，甚至在宗教建筑艺术方面还颇具代表性。

由于德国地区历来被作为罗马教廷的重要控制区域，因此各个时期的地区统治者只要有一定的物质条件，都会很注重教堂的兴建。德国地区与其他地区的教堂建筑在风格发展上联系紧密。莱茵河流域盛产石料，因此这一地区的教堂以石砌材料砌筑为主；西北地区则以砖和木结构为主。这种建筑材料上的差异，也直接导致建筑形象上的不同。

从公元6世纪初查理大帝扩张基督教的势力范围，提倡兴建教堂建筑时起，受拜占庭集中式穹顶的教堂影响而修建的圆形洗礼堂建筑就几乎遍布德国全境。因此德国早期的罗马样式建筑，出现在具有东方艺术倾向的建筑基础上，并由此建立起了具有经典意义的罗马式建筑。

图6-5-2　教堂立面的变化：到12世纪中期，随着社会发展的稳定，教堂立面逐渐摆脱了防御性很强的封闭形象，而是更加开放和注重美观性。

图6-5-3　集中式教堂的早期发展：德国早期的教堂建筑形制直接来源于亚琛皇宫教堂，因此出现了这种平面为八角形的集中式教堂形式，教堂除本堂外还设置了多个附属的小型空间，建筑整体造型较为灵活。

德国各地区建筑在发展总体上来说要慢于法国和英国地区。一方面是由于各地区间的征战延缓了社会和文化的发展，另一方面是由于德国各地的城市化进程发展要比英、法两地慢。这种人口散居的状态不像城市那样有集中的人力和明确的分工，人们对于建筑的需求也没有那么强烈，因此德国大型宗教建筑的兴建也进展缓慢。德国地区真正大规模的罗马风建筑的兴起，是从大约11世纪之后才开始的。德国的罗马风建筑风格的发展，因区域传统的不同，大致可以分为三个中心区：以莱茵河为界划分的上莱茵(Upper Rhine)地区和下莱茵(Lower Rhine)地区，以及萨克森(Saxony)地区。

二、各地区建筑发展特色

德国南部和上莱茵地区的教堂多采用早先的那种长方形大厅的巴西利卡大堂形式，但建筑模式与常见的巴西利卡式的教堂相比，其平面形式的处理很有自身的特点。具体地说，在主殿两端的平面处理上，又加入了一些新的要素。比如上莱茵地区最重要的施派尔教堂（Speyer Cathedral）就是较为典型的实例。

施派尔教堂最早在 11 世纪时建成，此后又在 12 世纪进行了改建。改建的最大成果是为中厅覆盖了十字拱的屋顶，同时在长方形大厅的两端都建造了塔楼，使建筑东西两侧均带一对尖塔的奇特形式最终形成。上莱茵地区的大教堂与其他地区那种拉丁十字形带半圆或放射形后殿的教堂平面形式不同，这种平面往往呈近似"工"字形的形式。比如在施派尔大教堂中，教堂西立面为两个对称的平面为四边形的钟塔与一个立面为多边锥尖顶的大厅的组合形式。在锥尖顶建筑的两侧，还各伸出一个短的侧翼，形成独特的造型模式。

图 6-5-4　描绘施派尔教堂内部的版画：版画表现了 12 世纪教堂整建后的室内，可以看到由肋拱分隔的十字拱的中厅屋顶。

教堂的中厅采用带横券的十字拱顶形式，旁边还有低于中厅的两侧厅辅助支撑中厅的屋顶，同时在建筑内部形成侧厅。在教堂的东端，最后部分的半圆室之前，同样是带有一个短横翼的后殿。这个部分由一个位于中心的平面为多边形的穹顶和两边对称设置的一对高耸钟楼构成。在教堂最后部半圆室的外墙上，从上至下都是类似于伦巴底式的拱券壁龛、一圈连柱拱廊和带壁柱的盲拱装饰。比较引人注意的还有后殿钟楼的外侧，加入了倾斜向的扶壁以加固结构。这对扶壁墙的造型是通透的分上下两层的拱券，已经呈现出很强的后期哥特式飞扶壁的形象特征。

萨克森地区和下莱茵地区的教堂也有着各自的地区特色，并受不同建筑传统的影响。不过这两个地区在总体上都保持了上莱茵地区的这种以会堂式建筑平面为主、侧翼建筑形象不明显和在主体建筑中设置高塔的建筑特点。

下莱茵地区也是多个重要的大教区的所在地，受伦巴底建筑传统的影响较为深远，因此这一地区所建的教堂，是德国地区范围内质量较高、也是取得成就较大的一批建筑实例。在下莱茵地区最具代表性的罗马风建筑是美茵茨大教堂（Mainz Cathedral），这座教堂无论从平面形式、内部结构或外部形象上来看，都堪称这一时期的最具特色的建筑。

图6-5-5　施派尔教堂后殿：从教堂东部的后殿可以明显看到钟塔旁边加建的扶壁墙，而后殿墙面上的连拱装饰则是来自伦巴底的影响。

图6-5-6　美茵茨大教堂：美茵茨大教堂采用当地独特的红砂岩建成，建筑中不仅体现出很强的伦巴底连拱券特色，高大的塔楼还暗示了此后哥特风格的特色。

　　美茵茨大教堂的修建与改造工作大约从11世纪持续到了13世纪。这座教堂的建筑规模十分庞大，其主体部分是由宽大的中殿和每边各两个侧殿构成的。虽然在西端建有横翼，但横翼向外出挑不大，因此整个教堂的平面近似为长方形。

　　教堂在主殿的东西两个端头都建有类似普通后殿的半圆室空间，其中东端的半圆室空间较小，西端的半圆室空间较大。半圆室的平面由三个不同方向上的半圆构成三叶形的形式。教堂东西两个端头都建有双塔，还各建有一座八角形的巨大塔楼，因此整座教堂的外部屋顶上有大小6座高而尖的塔楼出现。这些塔楼同这一时期出现在德国其他地区教堂建筑中的各种塔楼一样，无论其平面是四边形、多边形还是圆形，在顶端大多以尖细的锥形顶或向高处退缩的形式结束，以便和中央的大尺度塔楼一起，在造型效果上营造出一种向上的动势。

　　萨克森地区的教堂，也在很大程度上保持着这种在平面上两端侧翼伸出不明显、建筑主殿东西两端都设钟楼与塔楼的建筑形式特征。但萨克森地区的教堂形式并不是固定不变的，在德国地区性的主体建筑两端设尖塔的固定建筑形制下，萨克森地区又发展出一种极具地区特色的建筑立面形式。这种新的建筑立面，有时是通过对西立面的单方面进行突出表现而实现的。

　　萨克森地区的许多教堂，都将建造的重点集中在对西立面的处理及塔楼的营造上。而相对于西立面，对教堂东端及十字交叉处的高塔反而显得不那么重视。萨克森地区教堂西立面最突出的特色，就是在构图上将两座高塔与主体建筑之间连接的部分进行突出处理。

图 6-5-7 尖拱顶的发展：德国罗马风式教堂受气候影响，不仅钟塔顶部通常处理成尖锥形，而且屋顶的坡度也很陡峭。

图 6-5-8 封闭的教堂立面：将高塔与扩大的建筑立面连接形成的这种高大的堡垒式立面，是德国地区罗马风建筑的一大特色。

11 世纪建成的甘德海姆修道院教堂，为解释人们如何花费心思进行这种突出于高塔之间的横翼设计提供了一个典型的范例。这座教堂的西立面几乎完全将后面的建筑部分挡住了，高大的双塔同实墙面般的正立面相比，反倒不显得那么突出。整个正立面墙体的高度比教堂的主体建筑还要高，而整个正立面除了一个简化的伦巴底式大门和横向条纹之外没有过多的装饰，更凸显出这个正立面的奇特性。

图 6-5-9 甘德海姆修道院教堂：这种带有双塔的教堂立面形象是萨克森地区所特有的做法，这些教堂在平面和内部空间的设置上也很灵活。

图 6-5-10 独塔式教堂：独塔式的教堂在罗马风时期的德国已经有所兴建，人们对结构和塔式形象等方面已经获得了深入的认识，为哥特时期超高塔楼的建造积累了经验。

外国古代建筑史

除了甘德海姆修道院教堂之外，还有许多与之相类似的教堂建筑出现。这些教堂建筑之所以具有震撼人心的艺术力量，也就是都无一例外地通过抬高西部立面将主题凸显出来了。甚至在有一些教堂建筑中，两座钟塔也与主建筑正立面有机地结合在一起，成为立面的装饰性组成部分之一，整个立面变成了一面上部向中间退缩式的完整墙面形象。此后的罗马风发展后期以及哥特时期，也有一种在教堂正立面构图上做文章的设计实例，但手法已经转为只在正面一侧修建一座尖塔的建筑模式。哥特时期著名的乌尔姆大教堂，就是只建了一座尖峰般的高塔而全球闻名。

除了西立面的变化之外，值得注意的还有一种三叶形平面的普及使用。三叶形的平面形式首先在教堂的后殿中得到了很广泛的使用，后来在此基础上发展出了建筑内特有的装饰图案和纵长的拱券窗的形式，并成为哥特建筑时期教堂中最常见到的形象。

图6-5-11 本笃会修道院教堂：这座教堂是德国成熟的罗马风建筑代表，多个林立的高耸塔楼、伦巴底式的拱券装饰以及砖砌建筑形式，集中体现了德国罗马风建筑的特色。

总的来说，德国的罗马风建筑受意大利伦巴底地区建筑艺术的影响较大，其罗马风教堂的建筑总体造型上以突出高大的塔楼为特点。塔楼也是教堂外部最突出的形象特征，它一般设置在主殿的东西两侧、十字交叉处。各地的塔楼在造型上以四边形、多边形和圆形平面为主。塔楼顶部一般都做成陡峭的圆锥形顶，并在塔身上开设有连续的拱券。

德国的罗马风教堂建筑，受其分裂的社会发展状况影响，因而在各个独立的公国相互攀比的情况之下都有所建造，所以相较于法、英两地在分布区域上较广。每一种建筑新风格和新形式的出现，在德国各地的发展都会在比较统一的形象基础上显示出一些地区建筑风貌的特征，这种在统一中又各具特色的发展轨迹，也是德国罗马风建筑的突出特点之一。

总　　结

公元5世纪之后，随着来自北方的蛮族部落的入侵，欧洲南部社会发展水平开始下降。在蛮族部落的统治之下，带有古罗马印记的文化、艺术、建筑技术等都逐渐被有意识地抛弃。长期的地区混战不仅引发原有社会政治、经济和文化发展体系的破坏，还使各地的人口因为战乱、疾病和粮食不足而锐减。到9世纪时，罗马帝国时期所建立的大城市生活体系全部被破坏，此时不仅社会文化教育、商业等活动几乎全部中断，社会总体的生产力水平也极为低下，整个欧洲的文明发展不仅没有进步的迹象，而且仿佛又退回到了初期农耕时代的低下水平。唯有基督教得到了人们的认同，因此与古罗马文化的衰落形成对比的是教会势力的增强。

当古罗马帝国时期建立的严谨世俗管理体制随着古罗马帝国的衰落而解体之时，基督教及其教会借助于统一宗教的传播，迅速地形成了另外一套以神学信仰体系为主的世俗社会管理体制。在建筑方面，早期罗马时期以多种功能的世俗建筑为主的历史结束，取而代之的是呈现出以教堂和修道院为主的单一宗教建筑发展特征。通过各地类似的建筑形象和同类型的修道院、教堂建筑的建立，也将这套宗教管理体制对各地文化的统一性表现了出来。

在建筑发展方面，由于古罗马帝国大厦的崩塌和长时间的外族入侵，使建筑活动和相关的建筑技术发展断裂，也使得古罗马时期的一些建筑构造遗失。在战争不断的年代里，几乎整个欧洲的社会发展都经历了一段低潮，而罗马风建筑正是在这段人类文明从黑暗走向光明过程中的建筑发展历史。

罗马风早期的建筑大多沉重而封闭，这与建筑技术低下和频繁的战争有关。此后随着建筑数量的增加，人们不断在石构建筑技术方面取得突破，因此逐渐恢复了早期古罗马的拱券结构。人们还在此基础上开始对拱券及其相关结构进行创新，不断探索拱券与新建筑内部空间的组合形式，以适应不断发展的需要。

这种在建筑内部结构和外部样式上的探索，并不像早期古罗马建筑那样，在其产生之后会经由帝国统一的传播而在各地被复制。新时期的政权割据和宗教分裂所导致的各地教义与教会等方面的差异，都与不同的地理和风物环境一样，使各地建筑在一些基本的特色之外，又都发展出更具地区性特色的多种建筑形象。

第七章 哥特式建筑

第一节 地区政权与哥特式建筑的崛起

一、社会经济状况与历史背景

罗马帝国衰亡以后,由于外族入侵、地区势力的混战,以及基督教的分裂和教权与政治的制衡等原因,使得包括罗马城在内的各帝国行省社会发展产生了倒退。这种社会发展的倒退,主要是由地区战乱造成的,因此在大约公元 1000 年之后,随着地区性的政权逐渐确立,以及教会势力对各方的渗透与统领作用,欧洲地区的社会发展重新活跃了起来。

但再次活跃起来的发展重心不再是希腊、罗马这些古老的文明中心,而是转移到了西欧地区。此时的西欧地区,早期来自北方的入侵者已经建立起一些相对稳固的政权,法兰西、英格兰和意大利北部的一些城邦,都开始从黑暗时期的领主制度过渡到封建制度,而今德国所在的地区虽然仍处于分邦割据的状态,却也建立起多个独立的邦国,并各自发展。社会的逐步稳定直接促进了农业经济的发展,而随着农业经济的发展解决了温饱问题之后,更多的人口和更大规模的城市也相继出现,由此使整个社会的农业、商业经济又重新繁荣起来,为大规模的建筑活动提供了前提。

11 世纪和 12 世纪是整个西欧文明地区发展最快的两个世纪。在这两个世纪里,各地的人口,尤其以伦巴底、莱茵河、易北河(Elbe River)与德意志地区的人口增长速度最快。迅速增加的人口将以往大片的沼泽、森林、草地变成了肥沃的良田,再加上风磨、水磨及牲畜耕作方式的推广,使西欧许多地区的人口和经济水平都以非常快的速度增长。

图 7-1-1 黄金圣骨盒:在极度虔诚的信仰时期,社会的主要财富也集中在教会,以这种用黄金和宝石装饰的圣骨盒和各种圣物容器为代表。

生产的发展也直接促成了封建社会性质的转变。为了鼓励生产者的积极性，以往的庄园主开始赋予奴隶更大的自由，即解除对奴隶的所有权使奴隶转化为农民，并将耕地出租给农民，通过收取地租的形式来提高农民的生产积极性，同时也提高自身的收入。这样，以往以庄园奴隶制为主的社会形式，转变为佃农制的社会形式。

到了 12 世纪中后期，作为商品交易集中地的城市成为地区经济和政治的中心。这些城市有些是古罗马时期就很重要的行省中心，有些则是因为处于繁忙的贸易交流线上而逐渐兴起的。一些地市甚至开始凭借日益强大的实力与教廷相抗争，争取自身的决

图 7-1-2　建造城堡和教堂：中世纪的建筑活动主要集中在城堡和教堂两种工程项目上。由于建筑常常遭受战争破坏以及资金需要不断筹措等原因，也导致教堂修建持续时间长，常在不同部分呈现出多种不同的建筑风格。

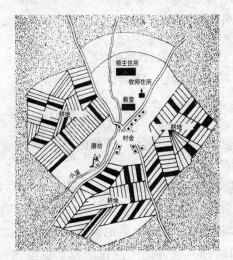 

图 7-1-3　左图为中世纪村落布局：中世纪各地村落的组成大多具有同一特征，即以领主和教区教堂为中心，在其四周设置村舍和农田，村舍大多靠河而居，以方便用水。右图为当时反映农民在四季耕作的日历。

策权和独立权，诸如科隆（Cologne）等大城市就开始兴起争取自治的独立活动，而像欧洲南部意大利的威尼斯、热那亚（Genoa）、佛罗伦萨，以及北部的佛兰德斯（Flanders）等地，由依靠发达的海上贸易成为国际性的商业中心和富甲一方的自治国，各自在其领域之内拥有体系完整的政治、法律与社会生活规则。

与政治经济状况逐渐改善的世俗社会的平稳发展相对，此时教廷与王权的关系开始

进入一段不稳定和紧张的状态。从古罗马帝国灭亡之后到大约 11 世纪之前，北方蛮族与教会的关系密切而友好，因为各地蛮族政权对统一宗教的皈依，不仅有利于自身文化的发展，也有利于各分散政权之间的联系。因此在中世纪早期，教会受到各地新政权的拥护与推崇，并因其拥有王权的庇护与大量的世俗财产，而对社会各方面的发展具有强大的影响力。当然，教会对权力与财富的集中，不可避免地使其在内部产生腐败和坠落，这也成为此后人们反对它的重要原因之一。

 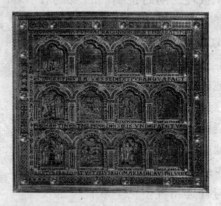

图 7-1-4　左图：教会组织的集市：许多地区的教会都会从发展地区经济的角度出发，在教区内组织定期或不定期的集市活动，在集市上征收的各种费用也成为教会的重要经济来源。

右图：华丽的祭坛画：采用贵重金属和珐琅等材料制作的各种祭坛画，是中世纪教会最常见的手工艺术品，暗示教会已经具备雄厚的经济实力。

但从 11 世纪之后，随着各地经济和社会的发展，强大的教廷权力和西欧各地区不断增强的君主集权，以及对自主权呼声渐强的自治城市之间，开始因最高统治权力的归属问题产生摩擦，进而演化成为激烈的权力斗争。

这种斗争以英伦诸岛、法兰西和德意志三个权力集中地区为主，而且各地的斗争情况也不相同，其中以英伦诸岛和法兰西地区的斗争成果最为显著。

英伦诸岛在地理位置上独立于欧洲大陆，在对欧洲大陆地区政治、经济和文化、艺术等各方面的引进方面，都体现出较强的独立性，这一点在宗教上也不例外。从公元 5 世纪基督教传入爱尔兰地区以来，英国就形成了不同于大陆地区的、带有浓郁地方特色的民族教会体系，因此也是 12 世纪初最先暴露出与罗马教廷之间权力矛盾的地区。

英国教会的这种极力摆脱罗马教廷控制的独立性，几乎得到了上至国王、下至普通民众的全民支持。在 12 世纪之后，英国频发将征税、教职和王权任免、教会财产处决等权力从教会收归国有的事件，甚至使加强王权和摆脱教廷统治的斗争发展成了一种斗志昂扬的民族运动。

欧洲大陆上另一支摆脱罗马教廷控制的强大力量来自法兰克王国。法国在 12 世纪已经逐渐发展成为君权集中的稳定帝国,历代法国国王都奉行摆脱罗马教廷控制的宗旨。为了争取王权的独立性,法国历代王权与罗马教廷进行了针锋相对的斗争,不仅通过武力征讨收回了教会的种种政治和经济特权,甚至还在 14 世纪直接出兵攻入意大利,拘禁了教皇,并将教廷从罗马迁至法意边境的亚维农(Avignon),从而使教皇的任免权在 14 世纪的大部分时间里,都牢牢地控制在法王之手。

图 7-1-5　德文圣经扉页:马丁·路德打破了圣经只有拉丁文一种版本的传统,将圣经翻译成德文出版,使圣经可以被更广大的人们研读,打破了教会对圣经的唯一解释权。

图 7-1-6　教区分立:1378—1417 年,由于罗马教皇和教廷被法王移至亚维农,导致欧洲天主教区因对亚维农教廷合法性的不同意见而分立,同时也导致一些地区宗教起义事件的发生。

　　哥特式建筑正是在法、英两地高涨的反教廷统治权的斗争时期产生和发展的。在建筑形式上,新的哥特式教堂建筑与以往的修道院建筑有很大区别。作为地方权力中心的修道院,因为同时具有多种功能,因此其建筑以庞大的组群形式为主,而哥特式教堂则是城市和国家权力的象征,以单体建筑形式为主。作为一种独立王权统治下的产物,教会与教堂建筑抛弃了来自古罗马的建筑传统,在综合以往建筑经验的基础上寻求到了一种全新的建筑面貌,并以这种具有高昂精神象征性的建筑形式,来象征独立地区教廷一如既往的骄傲之感。

　　在这种背景之下,兴建规模庞大、装饰华美的教堂建筑,就成为各个国家和地区城市间彰显城市实力和进行城市竞赛的最主要途径。尤其在英、法两个宗教改革最为激烈的国家,新的哥特式建筑发展也最为蓬勃兴盛。此时的教堂建筑,已经不再是教廷出于显示其庞大影响力和权威而建造,而是成为新崛起的王权以及城市居民自治权的象征,因此建造哥特式教堂的民众基础雄厚,尤其是在各个经济发达的城市中,居民

图 7-1-7 汉斯主教堂：哥特式教堂被作为其所在地区经济与政治实力的象征而兴建，往往是教区中最雄伟的建筑物，大量哥特式教堂的兴建也直接推动了结构技术方面的进步。

们对建造本区标志性的高大哥特式教堂建筑，抱有十分的热情。

相比于英、法两地，神圣罗马帝国统治内的德意志地区的情况要复杂得多。从11世纪起，神圣罗马帝国的统治者也曾经同法国一样，推行了一些以制约教廷权力为目的的改革。11世纪和12世纪前半期是这一地区王权与教权斗争的高潮，其间王权和神权虽互有胜败，而且德国也曾经仿效法国攻打罗马，但最后的结果却与法国王权的胜利正好相反。

在皇帝与教皇的斗争中，以1077年发生的卡诺莎事件最具代表性。这次事件的起因是德皇推出了一些宗教改革措施引发与教廷的冲突，德皇和教皇先后宣布废黜对方。此后教皇利用鼓动德意志各邦国分裂而短暂胜出，使得德皇亨利四世（Henry Ⅳ）不得不在隆冬时节赤脚到教皇居住的卡诺莎城堡（Castle of Canossa）接受惩罚，以请求教皇的原谅。卡诺莎事件之后，虽然亨利四世最终镇压了国内分裂，攻入罗马并逼死了曾经凌辱过他的教皇而一雪前耻，但这一事件似乎也暗示了帝国将受控于教廷的命运。

图 7-1-8 查理曼大帝遗物箱：理查曼大帝的遗物箱虽然大约在13世纪初制成，但仍以古典式的巴西利卡式教堂形象为主，显示出古典艺术复兴的迹象。

图 7-1-9 卡诺莎会见：亨利四世在教皇的引见下拜见卡诺莎的女主人，画面通过教皇与亨利四世身体尺度的对比，暗示了教权领导政权的关系。

在亨利四世之后，德国王权又与罗马教廷进行了相当长一段时间的较量，但最终失败。罗马教廷凭借神圣罗马帝国内部各邦国之间的矛盾，长期介入这一地区的政治和宗教事务中,并造成这一地区长期处于分裂状态,难以像英、法两国那样,形成统一有力的力量与教廷相抗争,因此也长期处于世俗权力受教廷控制的发展状态之中。而教廷则借助其在这一地区强大的影响力,通过维持各邦国分裂的社会发展状态以加固教权的统治。

二、建筑特色综述

在10世纪至12世纪的罗马式建筑中,拱顶的结构设计与砌筑方法还处于不断探索阶段。因为拱券大多十分笨重,所以拱券两边支撑的墙垣也很厚。虽然这一时期已经出现了十字拱的形式,并借助于十字拱将结构的推力与重力从对墙面的侧推力转移到墩柱的承重力上,但这种十字拱券仍在结构形式与使用上存在一系列的弊端,不令人满意。

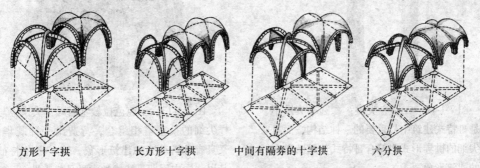

方形十字拱　　长方形十字拱　　中间有隔券的十字拱　　六分拱

图 7-1-10　前哥特时期的拱顶结构:在肋拱产生之后,人们在各种教堂的建筑实践中,对肋拱与拱券结构的组合形式做了诸多探索和尝试。

罗马风时期的建筑,尤其是各种拱券顶样式的实例,不仅耗费大量的建筑材料,而且在建筑空间造型上显得十分笨拙,建筑使用效果也不理想。而且由于受拱券结构的制约,教堂内部的空间十分狭窄,墙上的窗子被建造得很小,室内的光线也因此较为昏暗。

到了12世纪中叶以后,在各种罗马式拱券结构的基础之上,出现了一种更成熟的新拱券结构。伴随这套新拱券结构的不断发展,教堂建筑的内部空间结构、外部样式及墙面、柱子等处的细部装饰,也都发生了一系列的变化。

这种新拱券结构所引发的新建筑,被后世称为"哥特式建筑"。这种新的建筑形式是由仿罗马建筑的风格逐渐演变而形成的,它的出现在整个中世纪的建筑发展史上起到了一个里程碑的作用。因为哥特式建筑不仅是之前人类拱券结构探索的一个重要成果总结,还

图 7-1-11　哥特式浮雕:哥特式教堂入口处的浮雕,大多保持着拉长比例的人物形象,表现出虔诚的信仰之感,但人物面部形象的表现已经显示出写实特色。

227

是新教堂空间和形象逐渐形成的一个重要时期。哥特式风格主要是在法、德及英伦各岛地区流行的，以尖拱券为突出代表的一种建筑风格，因此哥特式建筑又被称为尖拱建筑。

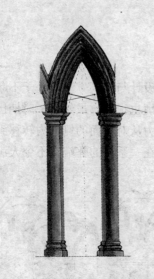

图 7-1-12　二圆心尖拱：二圆心尖拱不仅是哥特式建筑中最重要的一种结构，而且其尖细的拱券形式也符合哥特式建筑腾空向上的建筑形象要求。

图 7-1-13　圣芭芭拉教堂后殿：尖拱券与同样尖细的扶壁塔相组合，营造出一种既华丽，又具有升腾动感的建筑形象，这一形象特征尤其以法国中后期哥特式教堂最具代表性。

哥特式建筑中最为突出的结构——尖拱，也被称为二圆心尖拱，是一种由来自两个相同半径圆形中的弧线相交形成的尖拱形式。二圆心尖拱在 11 世纪的一些伦巴底教堂建筑中就已经出现了，与半圆形的拱券形式相比，尖拱券的结构独立性较强，对两边墙面产生的侧推力较小，因此有可能使建筑墙面不再那么沉重。尖拱券的另一大优势还在于，利用对尖券自身跨度的调节，可以使不同方向上的十字拱券一样高，这样连续设置的尖拱券形式，就可以使教堂的中厅上部得到一个完整、平滑的拱顶。而且尖券组合的形式，使十字拱券顶中厅的平面不再局限于由数个正方形的开间一字排开的形式，半圆形的后殿同样也采用拱顶的形式，使整个教堂的内部空间更流畅，也更统一。

哥特式建筑在内部空间的设计上以中厅为主。由于中厅采用尖拱券系统，所以平面进深通常都被建造得很长，但其宽度受拱跨限制则较短。随着建造技术的进步，中厅被建造得越来越高，以高四五十米的空间尺度最为常见。这样教堂内部形成峡谷般的狭长而高深的空间。随着中厅建筑高度的上升，厅两边墙面壁柱上的柱头的装饰设计也开始渐渐淡化，两窗之间的支柱被做成束柱的形式仿佛从地下生长出来的一般，从地面一直冲到拱顶两边的落拱点上。这种连续束柱与尖拱券的配合，更加强了教堂内空间的高耸感。

除了标志性的尖拱券之外，哥特式建筑结构中与之配合的还有十字拱、肋拱和扶壁,这些建筑结构在罗马风时期都已经出现,但都分散着被用于各种罗马风教堂建筑之中。严格地说,哥特式建筑在单体的结构上并没有多大的创新,但关键的是,哥特式建筑将早先出现的这些建筑结构形式进行了有机组合和综合运用,借助这种有机组合的新的建筑语言,哥特式建筑让不同的结构都得以最大化地发挥出它们的优势。

在哥特式的教堂建筑中,与尖拱架券相配合的是扶壁结构,尤其是一种墙面中部挖空的飞扶壁结构。所谓飞扶壁,是一种连接侧廊外承重墙与主殿的肋架券。这种肋架券设置在侧廊建筑之上,并跨过侧廊悬空架设在空中,因此又被称为飞扶壁。飞扶壁所起的作用是将中厅拱券结构所产生的侧推力传递至侧廊外的墩柱和地面上。在整个传递压力的过程中,拱顶的拱券、飞扶壁及骨架结构柱、墙面,把垂直的重力和倾斜的推力进行了分解。因此,中厅两侧墙面和侧廊作为重力和侧推力主要承重结构主体的作用已经不再那么重要,而由此也给建筑形象带来两方面的影响:一是墙面变薄而且开窗面积越来越大,外墙变成了大面积彩窗的承载面,而不是拱券的主体承重结构;二是侧廊由于平衡侧推力的作用被扶壁所取代,因此从与中厅等高的多层建筑退缩为只有底部一层的建筑部分,有的侧廊虽然仍旧保留了第二层,但第二层已经被缩减为狭窄的走廊。

图 7-1-14 哥特式建筑侧殿扶壁结构示意图:扶壁不仅可以承接教堂中厅拱券的侧推力,还可以起到加固墙面的作用,因此使侧殿建筑不断缩减,最后形成内部的一条廊道。

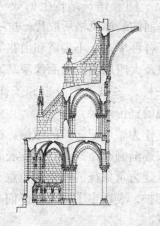 

图 7-1-15 左图:努瓦永大教堂带楼廊的侧殿结构剖面:在侧殿上部设置的第二层走廊,通常被称为楼廊,是侧殿拱券的延伸部分。右图:努瓦永大教堂楼廊内景:抬高的楼廊一般接待较为重要的女教徒,同时楼廊对称设置的拱券立面,也使教堂中厅的空间变化更为丰富。

至此，由于尖拱券和扶壁的使用，使得在哥特式教堂中的窗子开始占据越来越大的面积，心灵手巧的工匠们以彩色的玻璃对窗子加以装饰。人们还用彩色的玻璃在窗户上镶嵌出一幅幅以圣经故事为主要题材的画面，以达到用形象的画面来传播教义、教育教众的目的。教堂中彩色玻璃窗的形象是随着玻璃制作技术的进步而变化的。早期由于11世纪玻璃的颜色只有9种，而且又以深蓝色为主要的基调，所以图案变化丰富但色彩以蓝色为主，且色调相对统一。此时借助这些彩色玻璃窗照明的教堂内部迷离幻彩，再加上高大的穹顶，使教堂内部形成十分能打动人心的空间效果。

图7-1-16 带玫瑰窗和彩绘玻璃的教堂立面内部：彩绘玻璃窗在哥特式教堂内部渲染出彩色斑斓的空间效果，与建筑外部形象一起营造出虔诚、神秘的宗教氛围。

到了12世纪，人们能够生产出的玻璃的颜色已经达到了21种之多，玻璃板的面积也增大了，所以玻璃窗画的色调转向以红、紫等明快的颜色为主，但图案相对变少，直到最后被纯净的无图案玻璃窗所代替。但从此玻璃的装饰性被消除，只是作为一种采光的建筑构件元素而出现。

哥特式教堂外部的装饰形式最初是直接模仿自晚期的罗马风建筑。直到13世纪，哥特式建筑形成了特有的建筑装饰模式。最突出的是在立面、高塔和扶壁的装饰发展上都日趋尖细，而且这种尖饰的应用变得越来越无束缚和自由化。在窗户的装饰方面，则从最初只是在砖石上面设置简单而粗壮的花式窗棂，发展成为后来的用纤细的石条或铅条在巨大的开窗上拼合成的复杂花式窗棂。

哥特式教堂的外部最初装饰十分简朴。但到了13世纪之后，随着建筑结构上的成熟，简朴的装饰风格被华丽的装饰风格所取代。这一时期教堂的外部出现了各种华盖、小尖塔和山花等装饰物，教堂的大门以及大门周围的墙面像罗马风建筑的入口设计风格一样，多以圣经故事和圣徒像为装饰题材，进行密集的雕刻装饰，以达到一种生动直观的宣传效果。

哥特式教堂缀满雕刻装饰的外部，体现了它作为城市纪念碑的地位。在哥特风格时期，以英、法、德等地为代表的城市经济及王权逐渐崛起，成为社会发展的主流。作为城市及王权象征的教堂建筑同之前宣扬神学与教廷力量象征的教堂建筑意义不同，此时的教堂建筑不仅反映出市民对于城市的忠诚和拥护，表现出了雕刻工匠们非凡的技艺水平与创造力，还表现了一种浓郁的世俗生活之气。

罗马风时期的教堂建筑是绝对的基督教统治下的产物，因此其内部装饰题材被严格限制。而到了哥特时期，西欧社会中弥漫的反教廷情绪与城市居民的自豪感，自然使一种新的装饰理念与新式的教堂建筑相配合。在这种新的教堂装饰潮流中出现了两种十分特别的装饰特色，即地区传统宗教理念和人文科学理念的加入。

图 7-1-17 玫瑰窗：受技术和画面构成等因素的限制，彩色玻璃的开片较为细碎，当时在玻璃片之间用铅条来固定的做法很成功，石制窗棂则受结构限制不能过于纤细。

图 7-1-18 有故事情节的玻璃画：各教堂中的玻璃画，多是由同一主题的多幅带有情节性的连续画面构成的，在后期还出现了反映现实生活情景的彩色玻璃画。

在地区化的宗教传统理念影响下产生的装饰，如果以早先严格的教廷理念来看，是一种充满了异教色彩的装饰。这种装饰尤其以巴黎圣母院中的各种怪兽滴水嘴雕刻为代表。这些怪兽并不是基督教中的形象，而是充满了想象力，其来源似乎是民间传说中的神鬼，体现了一种基督教与地区神话传统间的结合。

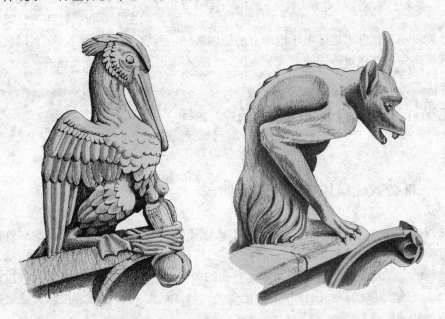

图 7-1-19 怪兽状雕塑：在钟塔和建筑上部设置怪兽状滴水嘴的做法，在许多教堂都很常见，但巴黎圣母院钟塔顶部除了滴水嘴之外，还另外设置了一些神秘的怪兽形象雕塑。

231

在人文科学理念影响下产生的装饰则带有更多的理性特征，这突出表现在教堂中雕刻的各种人物形象装饰上。比如在沙特尔教堂（Chartres Cathedral）中，除了传统的以圣母子、耶稣、圣徒等形象和圣经故事为主的人物和情景形象之外，还加入了一些著名的人文学者的雕像。在沙特尔教堂西门的人物组雕中，加入了亚里士多德（Aristotle）、毕达哥拉斯（Pythagoras）和西塞罗（Cicero）等学者和哲学家的雕像，暗示了人文科学的兴起以及此后文艺复兴时代的到来。

图7-1-20 带有毕达哥拉斯和普西安的人物雕刻：这组表现真实的科学家形象的雕刻位于沙特尔主教堂南门上，反映了当时社会文化和宗教文化的开放性。

哥特式大教堂也成为城市中最为重要的建筑，它通常位于城市中专门开辟的广场上。在那里，教堂不仅是人们用来举行各种宗教仪式的场所，还成为城市审判、演出及一些公共集会的场所。总之，哥特式以教堂为主要代表的建筑，除了在结构上更先进之外，还拥有了更多使用功能和象征意义，它成为城市的象征和一种城市实力竞赛的标志。也因为这个原因，使得各地区的哥特式建筑在保持基本艺术共性特征的基础上，也体现出很大的差异，形成自己的特性。哥特式建筑的主要流行区就在王权统治兴盛的法、英两地，德意志地区由于地理上的原因在一定程度上受到影响，而在以教廷为主导和拥有悠久古典建筑传统的意大利地区，则没有真正流行过哥特式建筑。

第二节　法国的哥特式建筑

一、哥特式建筑风格发展的三阶段

法国在12世纪之后，王权逐渐加强。法国王室的强大不仅表现在不断对外扩充其领土方面，还表现在此时诸多建筑被营造、尤其是大型教堂建筑的建造方面。法国是哥特式建筑的发源地。位于法国巴黎正北方向的圣丹尼斯（St. Denis）修道院教堂是由苏戈尔（Suger）修道院的院长设计并主持建造的，教堂后殿的改建部分被认为是哥特式风格出现的开端。

圣丹尼斯修道院教堂采用尖拱的形式获得了大面积的玻璃窗。其中最富新意的结构部分在后殿，因为教堂的后殿平面是由呈放射形设置的9个礼拜堂组成的半圆形，而且这个不规则平面的后殿在内部完全由柱子与拱券结构支撑。支撑尖肋拱与柱子相结合的方式，使整个后殿都没有实墙分隔，还形成两条明亮的回廊，因此内部可以最大限度地采用自然光照明，比之前任何一座教堂的内部都要明亮得多。

圣丹尼斯修道院教堂改建之后利用新结构形式又得到了更加明亮的建筑内部效果，也在当时受到了其他地区人们的关注。因此人们通过聘请修造圣丹尼斯修道院教堂的工匠和模仿与复制相同结构的方式，将始于圣丹尼斯修道院教堂的新结构传播开来。

法国又将哥特式风格称为"Ogivale Style"，这种建筑风格在法国的发展大约经历了三个时期。第一个时期是12世纪的发展早期阶段，这时的建筑中已经普遍使用尖拱券的结构形式，建筑外部的装饰还受早期罗马风的影响，以带几何图案的格子窗为主。第二个时期大约是13世纪中期，这时期的建筑结构并无太大创新，但出现了辐射状的花式窗棂图案，所以人们将这一时期的哥特式建筑风格称之为"辐射式风格"，同时这一时期建筑的高度开始大幅度地

图 7-2-1　圣丹尼斯修道院教堂后殿内部：教堂后殿的内部采用带肋拱的尖拱形式覆顶，是早期屋顶采用新结构与外部扶壁相结合的代表性实例。

增加。第三个时期是在辐射式风格基础之上发展出的"火焰式风格"时期。火焰式风格也是法国哥特式建筑发展晚期的最后一种风格，大约在16世纪之后随着哥特式建筑发展的衰落而衰落。

图 7-2-2　哥特式肋拱拱顶：二圆心尖券与肋拱相组合的形式，不仅解决了制作连续平滑拱顶的问题，而且还适用于覆盖教堂后部不规则的回廊和礼拜室屋顶，在哥特式建筑时期之后也有所应用。

除了早期结构与风格探索时期的发展之外，法国哥特式建筑之后发展出的辐射式和火焰式两种风格，都是针对以窗棂为主的雕刻装饰样式而言的。可见在哥特式建筑结构体系确立之后，建筑发展的重点就转移到了装饰方面，而这也与教堂作为城市荣誉象征的社会功能相符合。因此可以说，哥特时期教堂装饰的精美感被大大增强了。

在法国，哥特式建筑有南北之分。同样，法国的民族也有南北之分，南部为罗马族，

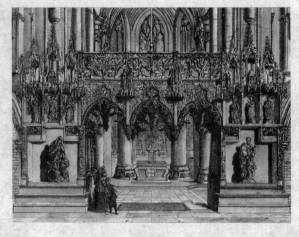

图7-2-3 祭坛内的圣坛隔板：哥特式教堂内的圣坛隔板，多采用雕刻尖券花纹装饰的木材或石材，有些隔板上还另外镀金，显示出奢华的装饰风格。

北部为法兰克族。在南部出产一种火山岩可以作为建材，以丰富的色彩增强了建筑物的观赏性。北方因为天气十分潮湿，为了加强室内空气的流动性，于是在建筑造型上采用了大格子窗的设计。总之，北方建筑主要强调了设计的原理及构想，这一点近似于其他的欧洲国家。在北方建筑的特征上，表现为高坡度的屋顶、西面的塔楼、塔尖、尖细的阁楼、飞扶壁和形状高大的格子窗。这些从垂直方面表现出来的特征，显示出了建筑结构件之间的合理的作用力和追求高度与垂直感的发展倾向性。

法国各地在哥特时期都兴建了教堂建筑，在结构的框架设计与修造技术等方面都已经相当成熟。在哥特式建筑几百年的发展过程中，也产生出了多座具有突出成就的哥特式教堂建筑。法国最具代表性的哥特式建筑有巴黎圣母院、拉昂大教堂、兰斯主教堂、亚眠主教堂、博韦主教堂和沙特尔主教堂等，其中最后四座被称为法国四大哥特式教堂建筑。

图7-2-4 垂直风格的塔顶：讲究突出垂直的塔顶形象，是英国垂直风格建筑最突出的表现，线条硬朗的尖塔通常都与装饰华丽的塔尖相配合，获得玲珑剔透的视觉效果。

二、建筑结构与空间特色

法国的哥特式建筑在长期的发展中逐渐形成了一些比较固定的建筑特色。

1. 教堂的立面

法国教堂的西立面也是正立面，通常都要建造成对的高塔。高塔间的建筑立面底部是三个带有尖拱的大门，上部横向设置壁龛和栏杆的雕刻装饰带。正立面主体建筑的中央上方则设置一个大玫瑰窗。由于西立面的钟塔都被设计成了非常高的独立塔式建筑，需要很大的工作量和较高的建造技巧，因此大多哥特式教堂西立面的双塔都没有完全建成，只留下修建到不同程度的塔基。

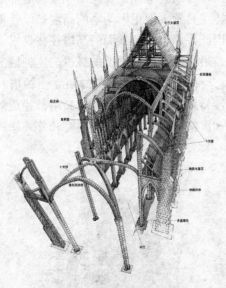

图 7-2-5　哥特式教堂建筑结构图：由于信奉同一教派，使许多地区的哥特式教堂都有着相似的平面和空间形式，而工匠队伍的跨区运动也促进了各地建造技术的交流，使哥特式教堂建筑形成了相对统一的特性。

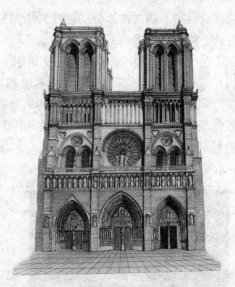

图 7-2-6　巴黎圣母院西立面：巴黎圣母院是早期具有代表性的哥特式教堂，其立面的构图特色和细部雕刻等，都成为此后法国教堂建筑立面所遵循的标准。

巴黎圣母院是法国早期哥特式建筑的代表，其西立面就突出地表现出了这一特色。由于教堂西立面的尖塔没有建成，因此形成平齐的立面形象。圣母院立面是典型的"三三式"分划，即整个立面纵横两个方向上都由三部分构成。巴黎圣母院的西立面构图纵向由两个钟塔和中厅三个元素构成，通过纵向墙壁很明确地分划出来。横向则由底部较窄的连续人物雕刻壁龛和较宽的栏杆层，将立面分为底部入口层、中部玫瑰窗层和上部的塔基层三部分。

玫瑰窗是哥特式建筑中最具观赏特色的一个组成部分。巴黎圣母院除正立面设置的直径达10米的玫瑰窗之外,在其南北翼殿还各设有一个玫瑰窗,这两个玫瑰窗都以精美的彩绘玻璃画而闻名。除了巴黎圣母院之外,在沙特尔教堂和其他法国哥特式教堂中,在主立面和翼殿的正立面部分也都设置了玫瑰窗。在法国哥特式建筑中设置玫瑰窗的做法很普遍,而且玫瑰窗都被作为重要的部分进行装饰设计,有着精美的窗棂和彩绘图案。

2. 教堂的结构

哥特式教堂建筑除了正立面突出之外,最具特色的就是精巧的结构。体现其结构特色的主要是塔楼和扶壁两个部分。塔楼的设置主要集中在建筑的西立面两侧和平面上的十字交叉处上方,一般是西立面对称设置两座高塔,十字交叉处设置一座高塔。不过像沙特尔等教堂,在教堂后部两侧翼的端头立面中也对称设置双塔。由于双塔在技术性上要求较高,因此这部分的双塔在造型上比较简单,高度也有限,远不如正立面上的塔楼。

教堂的高塔以西立面的双塔为主,而十字交叉部分的高塔无论在高度和规模上都不及立面高塔。西立面部分的两座钟塔多被设计得玲珑高耸。但正因为塔的高度被设计得过高,往往需要高超的技术来建造稳固的结构,因此许多教堂西立面的高塔往往是塌了建、建了又塌,整个修造过程往往历经百年以上,最终能够建成不倒的极少。这种情况也导致了法国和许多其他国家的教堂西立面钟塔,都如同巴黎圣母院的西立面钟塔一样,只建成了高塔座而没有上面的塔身和塔顶。沙特尔教堂是西立面两座高塔都建成的教堂范例。但这两座高塔是分别在13世纪初和16世纪建成的,因此在高度和外观样式上都不相同。

图7-2-7 玫瑰窗内部:除了窗棂多呈辐射状的统一特色之外,窗花的图案题材逐渐世俗化,如图所示还出现了12星座的图案形象。

图7-2-8 巴黎圣母院侧翼立面:巴黎圣母院的两侧翼横厅立面也设置了玫瑰窗,南玫瑰窗玻璃画以耶稣和12门徒形象为主,北玫瑰窗玻璃画以圣母和旧约故事场景为主。

3. 飞扶壁

除了高塔之外,哥特式建筑外部最突出的建筑形象就是满布在教堂四周的飞扶壁。扶壁早在古典文明时期就已经出现,在拜占庭时期的代表性建筑圣索菲亚大教堂中已经被作为支撑穹顶侧推力的结构使用，但那时的扶壁只是一堵由底部向上略有缩减的实墙。此后扶壁在罗马风建筑中被作为一种有效的支撑结构而被广泛使用。到了哥特时期，扶壁则成为教堂建筑中最基本的结构，而且也是营造出哥特式建筑独特形象所必不可少的造型元素。

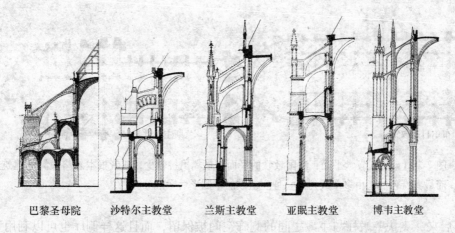

巴黎圣母院　　沙特尔主教堂　　兰斯主教堂　　亚眠主教堂　　博韦主教堂

图 7-2-9　五大教堂扶壁结构剖面：采用何种扶壁结构，直接决定了教堂内部空间和外部造型的最终形式，扶壁结构由沉重到轻灵的转变，也是哥特式结构发展不断成熟的重要标志。

在哥特式教堂建筑中，中殿采用尖肋拱的穹顶形式，底部墙面除保留一些承重部分之外，全部开设大窗，而穹顶结构的侧推力则主要由建筑外部的飞扶壁承担。飞扶壁一端与建筑内部尖拱扶脚柱的部分相连，另一部分与外部的墩柱相连，将推力与部分重力传导到建筑外部的墩柱上，以保证不在建筑内部设置支撑结构，维护内部空间的统一性。

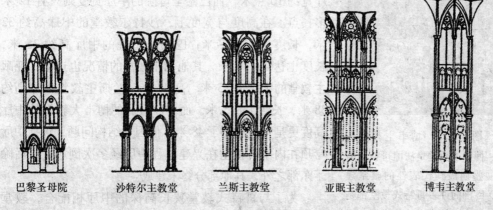

巴黎圣母院　　沙特尔主教堂　　兰斯主教堂　　亚眠主教堂　　博韦主教堂

图 7-2-10　五大教堂中厅立面：随着扶壁结构系统的成熟，教堂中厅的建筑高度不断增加，墙面的实墙也被更大面积的玻璃窗所取代。

哥特式教堂除中殿之外，平面呈放射形的礼拜室的后殿也采用尖拱顶结构覆盖，因此除建在主殿外部的支撑墩柱之外，还围绕后殿建造。后来在主殿两侧部分，侧廊由于不再起支撑主殿侧墙外推力的作用而被削减为一层或干脆取消，以使中殿上部的侧墙可以开窗，中厅内部直接采光而更加明亮。

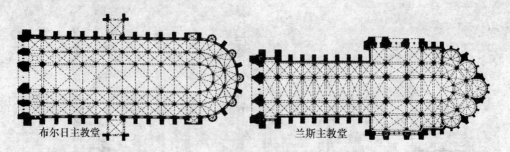

图 7-2-11　法国教堂平面：法国教堂的平面中横翼出挑较少，或者根本忽略横翼的建筑部分，而最具特色的是由多个放射形礼拜室组成的半圆形后殿部分。

再后来，飞扶壁墩柱与主殿之间的侧廊空间被保留，而且这样侧厅也可以利用飞扶壁将其分割为一间间单层的祭祀或礼拜室。这些分布在主殿两边的小室满足了教堂额外的空间需要。这样也导致了拉丁十字教堂的平面在两边的横翼伸出的比例与幅度上大大缩短，几乎使教堂平面还原为最初的长方形巴西利卡式大厅外加后端的半圆形礼拜堂的形式。这种较短横翼的建筑平面形式，也成为法国哥特式教堂建筑的另一大艺术特色。

4. 内部空间

哥特式建筑的内部空间受新的拱券与扶壁结构的影响极大，并呈现出几个共同的特色。尖拱结构造成中厅的长方形平面跨度有限，因此哥特式教堂建筑中厅的宽度一般都不大，但却高而长。沙特尔教堂的中厅宽约16.4米，而巴黎圣母院的中厅宽度则只有12米多一点。在高度与宽度上，沙特尔教堂的中厅高约32米，长度达130多米；巴黎圣母院的中厅高约35米，长度也达到130米。其他几座教堂的情况也近似，亚眠主教堂的中厅宽15米、高42米，兰斯主教堂中厅高约38米，长约138.5米。而中厅最高的博韦大教堂的中厅高度更是曾经达到了48米，但因为结构问题，包括中厅穹顶在内博韦教堂在兴建过程中历经多次倒塌，最后除了东部之外，其他部分终未建成。

图 7-2-12　博韦主教堂内部：博韦主教堂是法国哥特风格发展盛期最具代表性的教堂建筑，欧洲的许多哥特式教堂都是仿照博韦主教堂兴建的。

为了与哥特式教堂狭长高深的中厅相配合，教堂内部各组成部分的形象也有了很大变化。首先，中殿拱券结构的支撑柱因为不再需要承受先前那样的压力和推力，因此柱身开始变得细高，而不是像罗马风建筑中的柱子那样粗壮。其次，中殿与侧廊之间的连拱廊也变成了一排尖券的空间形式。尖拱券之间的墩柱样式变化较多，以束柱的样式最为多见。早期的柱子多顺应楼层的二层或三层分划，也被简单的出檐口截成两段或三段柱子的形式。后来柱子的连贯性越来越强，甚至变成了从底部一直上升至柱顶的起拱点，再向上分成多条肋拱支撑墙壁的形式。

在法国哥特式流行后期出现的所谓的辐射风格和火焰风格，则主要是针对拱券、窗棂等处的雕刻装饰以及扶壁的形象而言的。辐射风格的建筑立面、窗棂上大多采用一种细尖券的盲拱或与纤细窗棂相搭配的形式。此时建筑外立面和窗棂、拱券等处的装饰相较于前期简单的尖拱形象要显得通透和轻盈了许多。辐射式装饰风格是通过立面石材雕刻和一些装饰性细尖拱券的加入，使建筑或拱券的立面形象变得更加纤细，同时这些装饰物的形象和特征上，都注重对纵向线条和垂直纵向感的突出，因此辐射风格是一种着力突出玲珑的拱券形象和上升的纵向感的装饰风格。

 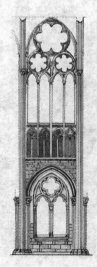

图 7-2-13　哥特式教堂中的柱式：在哥特式教堂内部，常常设置这种通高的细柱与屋顶的肋拱相接，形成从地面直冲顶端的肋拱形象，强化升腾的动感。

图 7-2-14　辐射风格的中厅立面：从辐射风格时期开始，法国教堂的中厅高度和开窗尺度都开始增加，逐渐形成了后期通透、高敞的建筑立面形象特征。

辐射风格的雕刻装饰中大量使用到了三叶形、四叶形、五叶形和八叶形的装饰，并通过曲线和尖细的拱券形象来达到增强纵向视觉效果的目的。辐射风格发展到一定阶段以后，随着雕刻技艺和装饰意识的提高，人们开始寻求一种更华丽、更繁复的装饰风格，火焰式风格便由此诞生。

火焰式风格的雕刻在玫瑰窗和窗棂中的表现最为突出。在外立面集中雕刻的区域，以往辐射式的几何图形和直线都被曲线所代替，工匠们利用精湛的透雕手法，在立面、墩柱、拱券和窗棂等各个部分遍饰通透且充满曲线变化的花式。同辐射式风格的装饰相比，火焰式风格的装饰更具动感和灵活感。但当教堂内外遍饰这种繁复、华美的装饰之后，反而给人一种繁缛的感觉。密布的火焰式图案如蛛网般铺满教堂各处，也暗示了此时哥特式教堂建筑已经沾染了浓郁的世俗之气。

除了教堂建筑以外，此时最突出的世俗建筑便是城堡。防卫性极强的堡垒建筑一般都建在河堤之上，它最为突出的特点就是将墙壁建得十分坚硬厚实。受哥特式建筑风格的影响，许多城堡中的角楼都建成哥特式教堂中的塔楼样式，只是城堡中所设置的塔楼多为圆柱造型，在顶部也设置密集的尖券围绕顶端圆锥形的尖顶进行装饰。

法国作为哥特式建筑的发源地，其建筑成就以哥特式教堂艺术为主。哥特式教堂建筑无论是在拱券和扶壁等结构方面，还是玻璃窗的彩绘、雕刻等装饰方面，都是在罗马风建筑的基础之上进行的诸多创新，并取得了新的艺术成就。

图 7-2-15　博韦主教堂南横翼立面：这种布满立面的盛饰装饰风格，在很大程度上削弱了立面的挺拔感和向上的动感，显示出哥特式建筑发展后期的衰败迹象。

图 7-2-16　沙特尔主教堂：沙特尔教堂的修建持续时间长，因此不同建筑部分综合展现了法国哥特式建筑风格发展的进程，而且是西立面双塔都建成的不多的教堂实例之一。

法国哥特式教堂伸出较短的侧翼平面布置，后殿部分放射形的礼拜堂设置以及扶壁的设置等方面都颇具本地特色。虽然其他地区的哥特式教堂并未将法国教堂的建筑特色全部沿袭过去，但在建筑结构和内部空间设置等方面，却是直接模仿法国教堂的做法来进行建造的。虽然在哥特式建筑风格流行时期，法国和其他国家的罗马风建筑也仍在兴建，但也开始吸纳哥特式建筑的先进结构和装饰经验，为哥特式建筑风格的流传和成熟起着推动作用。

第三节 英国的哥特式建筑

一、建筑发展的几阶段及特点

哥特式建筑风格产生之后，因为其先进的结构和动人的教堂形象而在法国境内广为流行，同时也通过此时工匠的流动被传播到其他更广泛的地区。哥特式建筑风格首先影响并对其建筑发展产生重大影响的法国以外的地区便是英国。

英国哥特式建筑风格的发展时间，相较法国和其他欧洲国家都要长得多，而且对于艺术的影响也深入得多。英国哥特式建筑风格在其后出现的文艺复兴、新古典主义建筑风格的大发展时期也一直存在，并同这些建筑风格相混合发展。哥特式建筑风格在英国发展的这种持续性，在其他国家是很少见的。

英国是较早受到法国的哥特式建筑影响而改变建筑风格发展走向的地区，来自法国的泥瓦匠威廉姆（Mason William）将法国已经发展了30年的哥特式风格带入到了英国，他参与了1174年开始修建的坎特伯雷大教堂（Canterbury Cathedral）歌坛的工程建筑部分。此后这座教堂虽然在14世纪由英国本土的工匠进行过整体改建，呈现出了英国哥特式教堂建筑的一些特点，但其他建筑部分还仍旧保持了很明显的法国哥特式建筑风格的痕迹。

英国的哥特式建筑发展大致也可以分为四个时期：第一个时期为11世纪起的诺曼哥特时期（1066—1200年）；第二个时期是从威廉姆将哥特风格带入英国之后到13世纪的英国哥特发展早期（1200—1275年）；第三个时期是从13世纪中后期开始的盛饰风格哥特式时期

图7-3-1 伦敦老圣保罗大教堂侧翼立面：伦敦老圣保罗大教堂只在平面十字交叉处设置了一座高塔，其侧翼立面也遵循英国传统采用尖券窗形式建成。这座教堂在1666年被大火焚毁。

(1275—1375 年）；第四个时期是 14 世纪中后期的垂直哥特风格发展时期(1375—1530 年）。

这种受法国哥特式建筑影响而带有一些法国哥特式教堂建筑特征，同时又具有英国教堂特色的建筑发展状态，也是英国哥特早期许多教堂所共同呈现出的建筑特点。在整修完成后的坎特伯雷教堂中，法国教堂中的那种带双塔的西立面，放射状的后殿形式都得到了保留、继承和突出表现。教堂的中殿肋拱结构也是法国式的，即只由结构肋拱组成，只在拱顶和起拱点处稍有雕刻装饰。这种简单的装饰手法与之后法国本土教堂中殿的拱顶形象相比，是最为简单的形式了。

图 7-3-2　坎特伯雷大教堂歌坛内部：从歌坛和后殿部分的屋顶，可以明确看到由六分拱向哥特式尖拱券的结构转变。

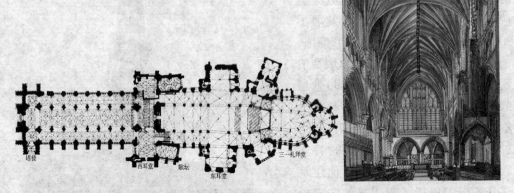

图 7-3-3　左图：坎特伯雷大教堂平面：坎特伯雷大教堂的平面，显示出一种将法国教堂的放射形后殿与英国教堂的双横殿形式相结合的混合特色。
　　右图：埃克塞特大教堂：埃克塞特大教堂的中厅穹顶，由成对的肋拱构成密集的支肋形象，这也是一种早期较为简单的装饰肋拱形象的屋顶形式。

从平面上来看，英国哥特式教堂大多像坎特伯雷教堂那样，拥有两个横翼，教堂的长度也比法式的要长得多。比如坎特伯雷教堂的长度为 170 米。因此英国教堂在内部往往有着狭长的中厅，这也是英国哥特式教堂建筑的一大特色。当人们进入教堂之后，在朝向圣坛的行进过程中，纵长的步行距离可以有充分的时间让教堂建筑所营造的玄幻空间氛围感染自己，强化了哥特式教堂对人精神性的影响作用。

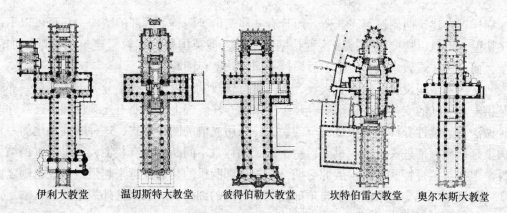

图 7-3-4 英国教堂平面：英国哥特式教堂的平面和外部造型变化丰富，虽然并不是所有教堂都设置了双横殿，但几乎所有教堂都着力营建或营造出幽深的中厅形象，以加强宗教氛围。

除了双横翼之外，英国教堂平面与法式教堂的最大不同还有后殿的设置。

法国哥特式教堂的后殿因为采用尖肋拱穹顶的形式，所以其后殿往往呈放射状向外伸出多个相对独立的半圆形礼拜室，这也就造成法国哥特式教堂的后殿平面多呈不规则的半圆形。英国哥特式教堂的一些早期的例子，如坎特伯雷教堂和伦敦西敏寺（Westminster Cathedral）就在后殿加入了这种放射形的礼拜室，但此后的大部分教堂后殿都是英国式的，即后殿以规则的长方形空间结束。即使有些教堂在后殿处设置了凸出的小室，也是规则的方形平面。

这种方形后殿的建筑形象是英国哥特式教堂发展出的本土特色之一。方形的后殿使建筑整体的形象更加规则，同时也使内部穹顶的结构更加规则。采用穹顶的后殿也像中

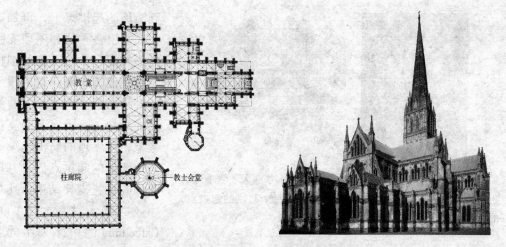

图 7-3-5 左图：索尔兹伯里教堂后殿平面：英国哥特式教堂的后殿多以平直的方形或阶梯方形平面形式结束，相对于法国哥特式教堂在平面上显得更加简练。

右图：索尔兹伯里教堂东北侧：英国教堂后殿多以带三角山墙和尖券窗的方端立面形式结束，建筑外部的支撑结构不再以飞扶壁的形式出现，而是变成了带尖细塔顶的扶壁墙。

厅那样，在建筑两侧设置飞扶壁。而且有些建筑由于调整了后部的结构，甚至可以不设飞扶壁，而只以扶壁墙支撑。这种扶壁的缩减，使英国哥特式教堂建筑的后殿更加简洁，而不像法式教堂那样，整个后殿被一圈飞扶壁包围起来。

从内部空间设置及装饰上来看，英国哥特式教堂的内部也有十分突出的特色，那就是拱券与券柱的变化。从顶部拱券延续下来的券柱装饰上，主要有连续性和不连续性两种做法。连续性券柱形式中最简单的做法是采用光滑的圆柱形式，这种圆柱从地面一直向上延伸到顶部柱头上的起拱点，整个细长的柱身不间断也没有装饰，突出明确的结构性。但在英国哥特式风格发展的后期，随着顶部肋拱的装饰性越来越强，券柱也随之由单一的圆柱外观变成了由众多与顶部支肋相对应的细柱构成的束柱外观形式。

英国哥特式教堂内部最具特点的是集中式束柱的运用。这种束柱仿佛由十分细小的诸多柱子组成，而且细小柱子之间是用横向的带条来捆扎成一束。在建筑底部分隔主殿与侧殿的尖券柱廊中，墩柱的束柱形式与层叠线脚装饰的尖拱券相配合，是英国教堂中常见的雕刻装饰手法。

图 7-3-6　束柱式的柱头与柱础：这种被雕刻成束柱样式的柱头与柱础形式，多出现在哥特式教堂中厅两边的墙面上，是从罗马风时期层叠缩减的券柱结构演化而来的。

图 7-3-7　韦尔斯大教堂肋拱与梁托：韦尔斯大教堂中厅的肋拱，是从墙体上部直接起拱的，因此在每个肋拱的起拱点，都设置了雕刻精美的梁托进行装饰。

这种由密集细柱形象组成的束柱从地面升起后直冲到墙顶的起拱点上，再加上与底部层叠券柱和屋顶支肋的形象配合，使密集的细柱形象在建筑内部营造出很强的升腾之感。不连续的肋券形式则是去除了底部的支柱形象，使屋顶的肋拱结束于两边墙面的起拱点处，并以花饰的梁托支架结束。比如韦尔斯大教堂（Wells Cathedral）的中厅采用的就是这种从墙体上半部分直接起拱的形式。这种不连续的肋券形式十分简洁，使屋顶与底部形成分明的层次变化。

早在英国罗马风建筑时期，就已经出现了在教堂侧面设置半拱以抵抗主厅拱顶侧推力的做法，这种半拱也是扶壁结构的最初雏形。此外，哥特式建筑结构中最重要的肋拱结构在起拱点上加筑高墙，以重力抵抗横向推力等许多结构做法，最早都出现于英国和诺曼底地区。英国和诺曼底地区在罗马风建筑后期对建筑的诸多改进，包括肋拱、半拱的扶壁以及对建筑立面等细部的设置，在很大程度上都被法国的哥特式建筑所吸收和借鉴。因此可以看到，虽然哥特式建筑最早出现在法国，但英国地区的建筑却早已从结构和造型上对新建筑风格的产生做好了准备。

而且在英国早期的哥特式建筑中，虽然引入了法国的许多具体做法，但是也已经在建筑平面、内部空间设置及装饰、立面及外部形象等方面显示出了一些本土的建筑特点。这些特点被后世的英国哥特式教堂建筑所继承，并发展成为英国哥特式建筑的地区特色。

图 7-3-8　西敏寺亨利七世礼拜堂结构剖面：英国哥特式建筑除引入法国哥特式建筑先进的结构之外，还以其独特的装饰肋拱的设置，形成了一套较为成熟的本土拱券结构建造规则。

二、建筑结构及空间特色

英国因为地理、建筑传统、战争等方面的关系，使其在建筑方面与大陆地区的法国和德国各地区接触频繁，因此在建筑风格发展上也与上述地区呈现出较强的一致性。但同时，英国哥特时期的建筑虽然也以宗教建筑为主，其发展轨迹和建筑特色却与法国教堂不同。

法国教堂越到晚期，越注重内外的雕刻装饰，而在肋拱上无太大创新。这种对精细装饰的追求，也导致盛饰风格的法国教堂因雕刻装饰过多而略显繁缛，而且过多堆砌的雕刻装饰也在很大程度上破坏了建筑的垂直感。而英国教堂从一开始，就在建筑结构和样式上具有与法国教堂不一样的特色，而且越到后期越注重对建筑垂直效果的强化，甚至连

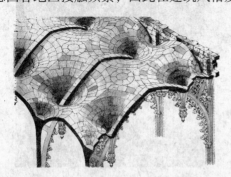

图 7-3-9　西敏寺屋顶结构：由于装饰肋的加入，使得真正的尖拱结构被隐藏于装饰层之外，在这层结构体系上部，最后都要设置两坡屋顶，以形成完整的外部形象。

外立面的扶壁上都建有细瘦的尖塔装饰。主建筑的外立面虽然多横向异型,但不常采用深厚的雕刻图案,以免破坏立面的纵向连续性。

因此,英国哥特式建筑的发展在法国哥特式建筑的影响之下,在本国建筑传统的基础上,形成了一套较为独立的本土哥特式建筑体系。在英国的这套哥特式建筑体系中,尤其以支肋和外立面两部分的设置为重点。

极具装饰性的拱顶部分,是英国教堂内部最有特色的构件,也是英国哥特式教堂内部最多变化的建筑部分。由于尖肋拱券柱结构上的成熟,使得人们在顶部肋拱结构上变化出的花样也越来越多,而这些变化都起始于更富于装饰性的肋拱的加入。

图7-3-10 韦尔斯教堂西立面:韦尔斯教堂的西立面是英国哥特式教堂立面的突出代表,整个立面以横向结构为主,同时通过雕刻装饰和壁龛的设置,强化了这种横向感。

这种装饰性的肋拱有多种称谓,如支肋、边肋、装饰肋等。这些装饰性的支肋是由主肋上伸出的,它们在拱顶上相互交织成各种图案,其装饰图案的发展是由简单到复杂的。到盛饰风格哥特式时期,肋架装饰图案已经发展为一种必不可少的装饰。不仅图案构成变得十分繁复,最终还发展出一种纯粹装饰性的扇形拱形式,将真正的承重拱遮盖了起来。

支肋在顶部形成的复杂图案装饰,是一座英国哥特式教堂中最具观赏性的特色建筑部分。因为随着肋拱结构的成熟,人们在解决了结构支撑问题之后,自然开始在结构肋

图7-3-11 韦尔斯教堂中厅内部:在韦尔斯教堂平面十字交叉处的四面都设置了巨大的交叉拱装饰,这种奇特的装饰手法在此后影响了多座英国哥特式教堂。

图7-3-12 索尔兹伯里大教堂中厅:索尔兹伯里大教堂的中厅立面被分划为三层,以底层尖券廊尺度最大,整个中厅呈现出对水平线条的强调,与法式教堂中厅的纵向感形成对比。

架券上进行装饰，也自然地加入了支肋。最初加入的支肋数量很少，造型也是以直线肋为主构成的简单形式，这在早期兴建的一些教堂穹顶中清晰可见。比如索尔兹伯里大教堂(Salisbury Cathedral)的中厅，就是简单的十字肋拱与横肋拱相间设置的形式。

到了稍后修建的林肯大教堂主厅和西敏寺主厅的穹顶中，从两边每个起拱点伸出的肋拱逐渐分杈成四股，在穹顶上左右起拱点的四股支肋相交。而且连续的四杈拱和四杈拱之间的雕饰在顶部连续起来，形成密集肋拱分隔的穹顶形式，同时也在穹顶正中留下了一条雕饰带。

在林肯大教堂之后，英国哥特式教堂建筑中厅穹顶上的支肋变化更加多样。最简单的变化是用纵横两种直线支肋构成的花格形式，这在后期重建的坎特伯雷教堂、约克大教堂、伊利大教堂礼拜堂中都可以看到。

在英国哥特式建筑风格发展的后期，支肋所组成的图案成为教堂内部最主要的装饰。随着此时一种被称为扇形拱的新结构形式的出现，作为结构部分的尖肋拱架券开始被纯粹的装饰肋拱所掩盖。呈现在人们面前的是呈蜘蛛网状的密集而复杂的支肋形象，甚至在有些教堂中为了追求单纯的装饰效果，在平顶结构的室内

图 7-3-13　伊利大教堂十字交叉处的支肋：伊利大教堂中的支肋变化虽然较为统一，但支肋之间的镶板都被加入了彩绘装饰，因此显示出非常华丽的视觉效果。

塑造复杂和大型的扇形拱形象，使扇形拱和装饰性支肋布满整个屋顶。扇形拱的形象也被塑造得更加自由和随意，不仅加入曲线和更多雕饰的图形，还加入了从屋顶倒垂下来的花饰。这种布满屋顶和带有倒垂饰的屋顶形象，对于站在教堂底部向上观看的人群来说，呈现出一种轻盈、通透和脆弱的美感，而对于实际的结构来说，却是十分沉重的。

采用这种近乎无度的扇拱进行装饰的教堂以格罗塞斯特教堂(Gloucester Cathedral)和剑桥国王学院礼拜堂为代表。在被巨大扇形拱铺满的格罗塞斯特教堂的回廊中，扇形拱以大尺度和深刻雕刻的形式出现，在带给人一种强烈震撼的同时，却不免显得有些沉重。而在剑桥国王学院礼拜堂中，这种扇形拱的运用和轻灵形象效果得到了最淋漓尽致的表现。

图 7-3-14　建筑中的垂饰：由尖拱与带有精美雕刻的垂饰相组合的装饰形象，不仅出现在教堂中，也是世俗建筑中最为多见的一种装饰做法。

在这座长方形平面的大厅式建筑中，细长的束柱从地面一直通到上面的起拱点，然后伸出像伞骨一样的肋。这些肋在平屋顶上延伸和交织，再搭配肋拱间的博思（Boss，一种在多条石肋交叉处设置的雕刻装饰）雕刻装饰。在建筑两边的束柱与高大尖券之间，是密集排布的大面积彩绘玻璃窗。所以，当阳光透过玻璃照射进室内时，密集、纤细的雕刻装饰就像是长满细密枝条的棕榈树林，使人们仿佛走在林荫路上一般。

图 7-3-15　格罗塞斯特教堂回廊穹顶：格罗塞斯特教堂的回廊，都采用这种从墙面上升起的帆拱与装饰支肋相结合的方法装饰，堪称英国装饰肋穹顶的顶峰之作。

图 7-3-16　剑桥国王学院礼拜堂：这座礼拜堂以垂直式的高大尖券窗与内部铺满屋顶的华丽帆拱著称，由于拱顶被来自高窗的阳光照亮，因此使内部产生盛丽、辉煌的空间氛围。

以国王礼拜堂为代表的哥特式建筑，也是英国哥特式建筑发展后期垂直哥特式风格的代表作品。垂直哥特式也被称为直线式，它的主要特征是通过对建筑各部分线条的设计，着力突出垂直的竖向线条感。垂直哥特式风格是哥特式在英国发展后期阶段的产物，它直到16世纪仍在广泛流行，如著名的剑桥国王礼拜堂就是在约1515年时才建成的。而在英国垂直哥特式风格流行的同时，其他欧洲国家的哥特式建筑风格发展已经结束，以意大利地区为主的许多地区和国家正处于文艺复兴风格发展时期。

最后，除了建筑内部的变化之外，英国哥特式风格最突出的特色还表现在建筑的外部形象上。英国哥特式风格教堂也以西立面为主立面，而且最早也是模仿法国式教堂的那种双高塔形式，如坎特伯雷教堂、约克教堂的西立面，就都如同法式教堂的西立面那样，在两边留有未建成的两截方形塔基。而在利奇菲尔德教堂（Lichfield Cathedral）中，这种法式教堂的形象较为突出，因为这座教堂的立面双塔和十字交叉处双塔都被建成了。但在这座教堂的正立面中，法国教堂双塔之间的玫瑰窗被英国式的尖券窗所代替。这种在立面设置尖券窗而不是玫瑰窗的形式，是此后英国哥特式教堂立面的一大特色。

在早期的法式立面阶段之后兴建的教堂，则逐渐显示出削弱双塔的主体形象而加强对横向水平线条表现的特色上来。在林肯大教堂中，立面的双塔虽然被保留，但整个立面的宽度远大于双塔界定的范围，而且整个立面通过双层连券廊的设置，强化了横向线条。在这里，法式立面中的双塔、圆窗和三券门的形式虽然都出现了，但显然已经不是立面的主要构成部分，而是成了一种装饰性的组成部分。另一座大约修建于13世纪中期的韦尔斯大教堂中，整个立面在造型上就已经明确分为双塔和中部三个部分，但双塔部分显然没有再加高的趋势，而是与中部构成了既分又合的横向立面。而在整个立面中，又通过瘦高的开龛突出了一种纵向的垂直效果。

这种横向立面的形象在索尔兹伯里教堂的立面中表现得更加突出：双塔在形体上已经缩小为立面两边的装饰性塔楼，一种英国本土诺曼式的二联拱与三联拱形式的窗占据主导地位。大门是近似法式的三尖券形式，但尺度也被大幅减小了。整个立面最突出的是横向设置的带有人物雕塑的壁龛，以及在后部十字交叉处设置的高达123米的高塔。

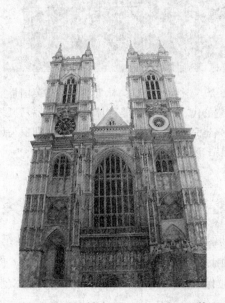
图7-3-17　西敏寺西立面：西立面体现出英国垂直哥特式建筑风格的特色，无论雕刻壁龛还是尖券窗，都相对简洁，旨在强化立面挺拔、高耸的形象。

图7-3-18　索尔兹伯里教堂西南侧：索尔兹伯里教堂的西立面，显示出一种倾向于罗马风的英国哥特式形象，由于雕刻很深，立体感强，所以略显沉重。

英国哥特式建筑风格与法国哥特式最大的不同，就是建筑外部形象和内部的肋拱结构，尤其是装饰性支肋的大量使用，突出了英国本土哥特式教堂的特点。此外，由于英国哥特式建筑多由两个横翼组成，平面上类似汉字"干"字，所以中厅很长，使得教堂内部空间感染力更强。

在建筑外部，从英国不同时期的哥特式教堂立面中，可以清楚地看到其建筑立面从模仿法国教堂立面，到逐渐形成英国本土特色的过程。英国教堂立面以强调水平延伸的横向立面形象为主,将双塔的形象削弱,立面上不再设玫瑰窗,而是设置纵向三个尖券形的大玻璃窗。而且随着结构的成熟,立面开窗的面积越来越大。教堂的高塔由法式的立面双塔变成了十字交叉处的单塔,但这些塔依然被设计和建造得很高,因此也导致出现了一些与法国教堂相类似的情况,有的教堂只在屋顶上留有一段未建成的塔座。

图 7-3-19　索尔兹伯里教堂:索尔兹伯里教堂是中世纪少有的、在一片全新的基址上,经全新的设计而建造起来的教堂建筑,是此后英国中小型哥特式教堂参照的典范之作。

图 7-3-20　林肯主教堂:林肯主教堂是英国早期哥特式教堂的代表,其建筑是在原有的一座罗马风教堂基础上兴建完成的,因此教堂同时呈现早期罗马风与法国哥特式风格相混合的形象特色。

哥特式风格对英国建筑的影响很深远。这不仅表现为其他欧洲国家已经进入文艺复兴建筑时期,而英国境内仍处于哥特式风格发展晚期这一个方面,还因为到了18世纪,当全欧洲重又兴起古典建筑复兴热潮的时候,英国首先恢复的也仍旧是哥特式风格,而且哥特式建筑风格不仅局限在宗教建筑,它还全面渗透进世俗建筑之中,并对其他欧洲国家的建筑艺术也产生了不小的影响。

第四节　其他地区的哥特式建筑

一、德语系地区的建筑发展

除了法国和英国之外,哥特式建筑风格这种极具外部宗教象征性和内部空间感召力的建筑形式,还凭借着独特的建筑魅力随宗教在一些地区传播,在更多的地区兴建。在以法国和英国为中心的哥特式建筑发展范围内,产生了诸多优秀的哥特式教堂建筑,世界上著名的一些哥特式建筑范例，也多是由英、法两国，尤其是从法国的著名教堂建筑选拔出来的。同时，由于各地区不同的社会发展状态和建筑传统，也使得哥特式建筑在不同地区和国家又呈现出更多的变化。

与在英国形成的一套另外的哥特式建筑体系不同的是，在欧洲大陆上受哥特风格影响的地区范围虽然广泛，但却没有一个地区像英国那样，在法国哥特式建筑风格之外发展出一套具有特色的地区哥特式建筑体系。欧洲大陆上包括意大利地区、德语区的各邦国、西班牙等受哥特风格影响的各地，虽然都结合哥特式风格与地区建筑传统形成了具有地区特色的新建筑风格，但总体上却都是在法国建筑基础上的延伸。在诸如意大利的罗马、威尼斯等的一些地区，哥特式风格的影响甚至十分有限。

在哥特式建筑风格的发展与表现方面与法国最贴近的，是在地理上与法国邻近的日耳曼语系地区。在德语系地区哥特式教堂建筑兴建最突出的则是今德国和包括奥地利、维也纳为主的地区，这一地区在中世纪时属于科隆大主教所管辖的范围。位于法德边境的斯特拉斯堡大教堂（Strasbourg Cathedral）大约于 1276 年左右完成基本的建筑部分，这是座完全按照巴黎的哥特式教堂标准兴建的教堂建筑。这座建筑给德国教堂建筑风貌的改变带来很大影响。但总体来说德国的哥特式建筑在 13 世纪中期之后才逐渐兴盛起来。

图 7-4-1 布拉格圣维图斯大教堂：法国哥特式教堂影响深远，图示的圣维图斯大教堂立面，呈现出很强烈的法式哥特风格。

图 7-4-2 斯特拉斯堡大教堂：这座大教堂同时具有罗马风和法国哥特式两种建筑风格，对德国哥特式教堂建筑具有十分重要的启蒙作用。

德国的哥特式建筑显示出很强的法国特质。德国哥特式建筑的平面与法国哥特式教堂很像，都在拉丁十字形的东端设置放射形的礼拜室，后殿部分也是近似半圆形的平面，内部由环廊来连接各个礼拜室。德国哥特式教堂的横翼部分伸出比较大，形成明显的十字形平面，但也有一些教堂采用的是传统的巴西利卡大厅形式。

德国哥特式教堂的外部形象更加冷峻。法国的哥特式建筑是在发展到辐射风格时期传入德国的，可能是受此影响，也可能是一向严谨的日耳曼民族不喜欢法兰西民族的浪漫主义装饰风格，所以德国哥特式教堂的立面及其他建筑部分，都尽可能突出一种纵向的线条感。因此在建筑外部，深刻林立的纵向雕刻线与较少的装饰、高耸的建筑相配合，就形成了德国哥特式教堂尖耸和冷漠的外部形象特征。

德国最具代表性的早期哥特式建筑，是大约在14世纪到16世纪建成的乌尔姆大教堂（Ulm Cathedral）。乌尔姆大教堂是哥特时期造型比较特殊的一座教堂，因为这座教堂在西立面是单钟塔的形式，而且其塔高达到了161米。除了西立面的独塔之外，在乌尔姆教堂的后部还对称建有两座小尖塔，这两座小尖塔与

图7-4-3　乌尔姆大教堂中厅：教堂内部是由巴西利卡式大厅改建而成，基本保持了原有的朴素中厅形象，与菱网格式肋拱装饰的侧廊形成鲜明对比。

立面的独塔一样，都采用方塔基与细长锥尖顶的形式组成，而且塔身都采用透雕的围栅形式，使这些尖塔显得玲珑通透，与法国盛饰时期的塔尖形象相似。

图7-4-4　乌尔姆大教堂：乌尔姆大教堂的独塔形象，是德国哥特式教堂的一大建筑特色，而且与法国和英国封闭的圆锥形穹顶不同的是，德国教堂钟塔更加玲珑、通透。

图7-4-5　科隆大教堂：科隆大教堂的平面和建筑造型，都遵循法国哥特式建筑风格，但高耸的双塔和对纵向线条的突出，则是纯正的德国哥特式建筑特色。

德国最著名的哥特时期教堂建筑除了乌尔姆教堂以外，还有科隆大教堂（Cologne Cathedral）。科隆大教堂是科隆教区的主教堂，在其基址上建造的教堂历史可追溯到9世纪，因此这座教堂的设计规模庞大。科隆大教堂长约148米，其中厅高度约43.5米，由于建筑规模太大，因此修造时间也相对较长，从大约1248年大教堂动工修建开始，直到19世纪末期才彻底完工。在几百年断断续续的教堂修造工程之后，呈现在人们眼前的是一座极其宏伟和富有代表性的教堂建筑。

科隆大教堂平面为拉丁十字形，后殿部分遵循法式传统，由7个放射形的礼拜堂结束。教堂的修造虽然经过几个世纪，但总体上保持了兴建时设计的基本风格特征，也就是一种接近法国辐射式的风格。教堂的西立面直接来自法国哥特式教堂的双塔形式，但水平方向上的壁龛、拱券廊和玫瑰窗被纵向开设的细窄窗所代替，整个立面对纵向线条感的强调体现出德国哥特式建筑的特色。立面上的两座尖塔样式一致而且都被建成，其高度也达到了157米，这在哥特式建筑时期的教堂建筑中是不多见的双塔范例。

图7-4-6　科隆大教堂中厅：中厅内部沿续了德国哥特式教堂较少装饰的传统，主要以高细的尖券和直通顶端的束柱为主，突出中厅的纵向高度感。

德国哥特式教堂的内部也同法式教堂一样，多采用简单的尖肋架券形式。而且除了结构性的肋架券之外，很少再加入装饰肋。在有些教堂，比如乌尔姆教堂，即使中厅和侧廊顶部的肋架券有一些出于装饰性所做的变化，其肋拱也依然以直肋为主，而且装饰图案的变化幅度也不大，基本上都保持着理性、规则的风格基调。科隆大教堂内部拱顶的建筑构造和比例极为完美。由于侧廊上升到和中厅等高的高度，所以屋顶的覆盖面将中厅和侧廊整个包含了进去，规模也很庞大。在拱的建造上，它采用了较为简朴的设计。柱头的设计则十分精致，葡萄叶式的雕刻精巧而细致，极为生动逼真。

图7-4-7　维也纳大教堂：哥特式教堂建筑并不都以冷峻风格为主，德国及神圣罗马帝国范围内的许多教堂，以彩色花纹的屋顶和墙面等轻松、活泼的形象而著称。

和德国哥特式教堂相比，维也纳(Vienna)、布拉格(Prague)等其他德语系地区和国家的哥特式教堂在装饰方面更加丰富。在外观形态上以维也纳大教堂最具代表性。这座教堂是在早先的一座罗马风建筑基础上扩建而成的，因此教堂西立面双塔的形象并不突出，甚至还带有一些异域特色。教堂外部最具特色的部分是屋顶带花纹的铺装，以及横翼南部建成的一座高约133米的钟塔。

可能是由于西立面可供后人发挥的余地较小，所以人们在之后的改建中，在主立面的入口大门、窗口和内部大厅等处加入了大量哥特式的尖拱和尖券的形象。这些后期添建的尖拱券的形象，都是精雕细琢而成。尤其是建筑外部唯一的南部高塔和侧面上层的尖拱券、三角形窗棂均有华丽的雕刻装饰。在教堂内部，中厅是简单的尖券肋形象，侧廊的穹顶则有一些格网的变化，但相对也比较简单。倒是内部精细的雕刻随处可见，而且通过与样式简单的尖拱券相对比，更显示出雕刻的奢华风格。

二、西班牙和意大利的建筑发展

除了紧临法国的德国之外，此时期欧洲南部的意大利和西班牙等地也因共同的宗教信仰而沾染到了内陆地区的哥特建筑之风。由于这些地区或者有着悠久的古典建筑发展历史，或者曾经有着长时间被外族统治的历史，因此哥特式建筑风格在这两地的发展也最具地区特色。

西班牙的地形为半岛形，它北临比利牛斯(Pyreness)山脉，南临直布罗陀海峡，地处欧洲的西南部与非洲相对。它受北部的法国和南部的摩尔影响，其中被摩尔人所占据的格拉那达(Granada)是西班牙境内土地最为富饶的地方。基督教文化在西班牙社会中占据着极为重要的地位，人们对于它的重视程度甚至远远超过了对于国事的重视。西班牙利用联姻的手段与英国建立起了盟国关系，并且还与北部的法国、意大利等国建立了外交关系，同时它又受到南部摩尔人的伊斯兰艺术风格影响。因此西班牙这一时期的社会情况和艺术风格都十分复杂，在建筑上出现了多种风格相互融合的特殊的哥特艺术形式。

西班牙作为著名的朝圣地之一，其领域内的教堂建筑兴建与建筑潮流贴得比较近。继法、英等地之后，13世纪时西班牙也开始出现了哥特式建筑营造的小高潮。西班牙哥特式教堂的兴建，因其地域上曾经分为摩尔人统治区和基督教区的历史背景而分为两种风格：一种是与法国哥特式教堂相近的比较纯粹的哥特风格，一种是带有浓郁回教特色的哥特风格。

比较纯粹的哥特风格建筑产生在北部长期处于基督教文化统治的地区。在莱恩(LeUn)和布尔戈斯(Burgos)两地的主教堂建筑中，都呈现出很明确的法式哥特建筑面貌。莱恩地区教堂的形象与设计都与法国教堂十分相像，这座教堂与一个方形的环廊院共同组成庞大的建筑群。教堂的平面也是法式教堂的形式，横翼伸出极少，后殿由放射形设置的礼拜室结尾。教堂整个正立面的基本组成部分都是法国式的，只是双塔并不与中厅所在的主建筑相接，而是在中厅的两边独立设置，在造型上看中厅的立体建筑与双塔建筑是各自独立的,在中厅的主立面两旁还各有一座小的尖塔设置。

图 7-4-8　锡耶纳大教堂：意大利地区受哥特式建筑风格影响的教堂建筑,往往呈现出哥特风格与古典风格相融合的建筑特色,但哥特风格始终被作为一种装饰样式,并未成为建筑发展的主流。

图 7-4-9　西班牙教堂立面：西班牙的建筑发展,始终处于一种风格混合性很强的状态下,图示教堂立面,明显具有回教、哥特式和罗马风三种建筑风格。

　　到了布尔戈斯教堂时,这种带有双尖塔的法式立面表现得更为纯正了一些,尤其是西立面的那两座方形基座和尖锥形顶的高塔,法国风情浓郁。但在这座教堂中部的拱顶却是全新样式的,在法国、英国和德国等其他地区均没有这种设计。这是一座高塔形的穹顶,而且为了与教堂本身的哥特风格相协调,在高塔的上部和四周又设置了许多尖细的小塔。这种设计使高塔具有极高的技术含量和欣赏性,也是西班牙哥特式建筑发展出的新特色之一。

　　除了像北方的那种在法式哥特风格基础上发展出新形象的教堂建筑之外,在 11 世纪之后,随着天主教国土收复战争的胜利,西班牙中南部被重新纳入天主教文化发展的地区,这里也出现了一些混合了浓重摩尔风格的哥特式教堂建筑。这其中最突出的代表有托莱多大教堂(Toledo Cathedral)和塞维利亚大教堂(Seville Cathedral)。

　　西班牙在公元 12 世纪至公元 16 世纪的建筑中受摩尔艺术的影响较大。在哥特式建筑中单跨拱的建造尺寸较大,这是一种典型的西班牙风格的建造形式。除了外部的建筑

图 7-4-10　塞维利亚大教堂：塞维利亚大教堂是由礼拜寺改建而成的，由于改建过程持续时间长，建筑中加入了哥特和文艺复兴等建筑风格的元素，形成极具特色的建筑形象。

图 7-4-11　圣哲罗姆修道院教堂：教堂采用两排细柱支撑的三跨间形式，带有精美雕刻的墩柱和复杂肋拱的屋顶是这座教堂的特色建筑部分。

图 7-4-12　回教风格的拱顶：在西班牙的哥特式教堂建筑中，带装饰肋拱的屋顶形式十分常见，这些肋拱交织的图案和雕刻风格，大都具有浓厚的回教风格。

形象之外，在西班牙各地，尤其是南部地区的许多教堂建筑中，教堂的精美雕刻装饰和细部构件，诸如复杂多变的几何图案、华丽的装饰、石刻花格子、马蹄形的发券、水平线条的运用上，可以看出是典型摩尔回教风格的建造形式。

另一个极具地区性特色的哥特式建筑发展之地是意大利地区。意大利地区有着悠久的古罗马建筑文化传统，虽然 13 世纪起这一地区也受到了哥特式建筑风格的一些影响，但其影响时间较短，从 13 世纪中期兴起到 15 世纪被文艺复兴风格所替代，大约只有 200 年的时间。

在此期间，意大利地区也修建了几座采用典型哥特式建筑结构建成的教堂建筑，如锡耶纳大教堂（Siena Cathedral）、米兰大教堂、佛罗伦萨大教堂的主体建筑部分等这些作品，都是借由哥特式的尖拱券结构而兴建起来的教堂建筑。但这些教堂外部所呈现的艺术形象却与法、英等地的哥特式建筑立面迥然不同。最突出的是米兰大教堂。这座教堂外部以 135 座密集的尖塔作为装饰，另外还搭配诸多雕刻形象，使整座教堂犹如一件精巧的艺术品。

意大利教堂的钟塔一般建在教堂建筑之外，与教堂建筑分开独立修建，而且这些教堂的立面多以罗马风式的带三角山墙的三个圆拱券

图 7-4-13 米兰大教堂：除了外部的诸多小尖塔之外，还有立面中加入的文艺复兴风格的门窗装饰，是米兰大教堂的典型特色。

门为主，其上再设置尖塔、三角山墙、玫瑰窗等构图要素，而且连同外墙在内通常用彩色大理石和密集的雕刻、绘画进行装饰。经由这种装饰的意大利哥特式教堂与英、法、德等地的讲求垂直性与宗教气势的教堂建筑形象完全不同，而是呈现出一种斑斓和瑰丽的风格效果。

从严格意义上说，哥特式建筑风格在意大利并不是作为一种建筑风格流行，而更多的是作为一种装饰风格在流行。因为在意大利北部地区所流行的尖肋拱券、飞扶壁等结构大部分没有被正统的教堂建筑所接受，而是哥特式建筑中的三角山墙、尖券、高塔等建筑形象与意大利地区的罗马风建筑做法，如层

图 7-4-14 奥维多教堂内部：奥维多教堂内部木结构覆盖的中厅屋顶和条纹状砖砌立面形象，是意大利地区性教堂建筑的两大特色。

叠退缩的圆拱门等相结合，被用来修饰教堂或其他大型建筑的外立面。比较著名的如奥维多教堂（Oviedo Cathedral），就是在外部采用哥特风格进行装饰的，而在这些教堂的内部，仍是按早先的做法采用木结构的平屋顶形式。

这种装饰性哥特风格的独特形式在意大利各地都很常见，如罗马风式的代表建筑比萨建筑群，就受意大利当时哥特装饰风格的影响，在教堂和洗礼堂外部增加了哥特风格

的通透雕刻尖饰。而在威尼斯，这种哥特装饰之风表现得更为突出，无论是总督府还是私人府邸，都将这种外来风格作为一种新奇的装饰来美化建筑的立面，因此富于装饰性的盛饰哥特风格在这里十分流行。这与内陆地区的那种借由哥特建筑的结构形式营造出的肃穆、神圣的教堂形象与氛围的现象完全相反。

总　　结

　　总的来说，从中世纪晚期的法国开始发展出的哥特式建筑，是欧洲建筑史上的一次极大的建筑创新运动，这一运动将一直以来的建筑文明中心从欧洲南部的希腊、罗马转移到了英、法所在的欧洲内陆地区。虽然哥特式建筑只是将拜占庭和罗马风时期的扶壁、尖拱、十字拱和肋拱等结构特点组合在一起进行了重新应用，但这种组合却并不是机械性地相加，而是在一种崭新的设计理念的指导下，利用过去的技术，重新加以调整和尝试，从而在建筑结构形式上产生了新的突破，并形成了一种新的造型模式。这种新的结构体系及借助扶壁传导拱券受力的方式，是哥特式建筑最大的特色之一。

　　而且，哥特式建筑的创新不仅表现在对几种早已产生的结构进行组合方面。随着结构上的不断完善与进步，哥特式建筑逐渐形成了一整套固定的建筑体系，并呈现出独特的建筑造型特征。建筑外部因为扶壁的加入而呈现出纵向扶壁柱林立的视觉形象，与教堂追求的理想高耸模式相配合，哥特式教堂外部的装饰也以表现纵向线条为主，这种对纵向线条的突出在不同国家和地区的表现并不相同，其中尤以在德国表现得最为突出。

　　在教堂外部，哥特式教堂的立面以西立面为主，而且西立面的构图模式也大致相同，即底部有三个拱门，中部有雕刻带，上部有钟塔。只是这三个基本组成元素在各地区的表现形象也不尽相同。在法、英、德等地区，立面底部的拱门是带退缩壁柱的三个尖券拱门形式，而到了意大利则变成了半圆形拱。法国教堂的西立面，尤其是火焰风格的立面中，通常要带有圆形的玫瑰窗，而且雕刻的层次深、厚，装饰密集。而在英国的教堂中，玫瑰窗被三联拱或单尖券的大窗所取代，雕刻带也很浅。双钟塔的形式是法国教堂立面的标志，英国教堂虽然也多做双塔的形式，但其正立面的顶端多是平的，强调一种整齐和水平之感。德国则以设置一个钟塔的正立面形象为主要特色。

　　在教堂内部，哥特式教堂的内部大多以高敞的中厅为主，通过立柱、肋拱和窗的配合表现出一种通透、狭长而高深的神圣空间氛围。但各地哥特式教堂的内部形象又不尽相同：法国教堂的内部与外部比起来，其装饰显得十分简约；英国的哥特式教堂内部则以繁复和具有诸多变化的扇形装饰拱而著称，而且一些地区直接裸露精巧木拱的结构也十分具有地区特色；在意大利的哥特风格建筑中，中厅大多仍采用木结构的平屋顶形式，因此室内的空间比其他地区要宽大得多。

　　哥特式把过去希腊建筑的柱式与山花的特点放在一边，把罗马建筑的圆拱和穹隆的特点放在一边，把拜占庭建筑的高穹顶、帆拱、集中式空间的特点放在一边，而完全以从未有过的艺术风格及建筑形象向世人展示了一种新的建筑模式。这种建筑模式不需要任何解释，就向人们说明了建造者向往天国、追求与天上的上帝对话的崇高理想，展示了世俗社会的人们为精神理想所能够营造出的最大化的高耸建筑的实体形象，使世界建筑艺术的发展又一次达到一个前所未有的高度。

以经院文化为主导的哥特时期就像它本身名字的来源一样，是一种被认为是野蛮与原始的文化与建筑风格。从实质上说，虽然哥特式教堂都是进献给上帝的产物，但也是从哥特时期起，人类才又继古典时期之后真正凭借自身的探索和实践，创造了新的结构和新的建筑文化，也让人们再一次明确看到了其自身力量的所在。

因此，从建筑和人类的发展角度来看，哥特式建筑和哥特时期，是人类社会从古典文明时期向现代文明时期转换的重要过渡。在这一过渡时期，各地教堂的兴建和逐渐发达的商贸活动，促进了以工匠、商人为主的各地人口的交流，同时也直接导致知识被更迅速和更广泛地传播。欧洲各地在11世纪之后陆续出现了一些综合性的大学，这些大学虽然大多在教堂中授课，但所教授的却并非完全是"经院文化"，而是加入了医学、法学、哲学等更多的学习科目。这种综合性大学的出现，使僧侣之外的更多的社会成员拥有了受教育的机会，直接推动了社会整体文化水平的提高。

除了早期的大学之外，各地的专业人士也开始建立起一种联合组织共同体（Universitas）。这种共同体最早是由教师和学生组成的大学的代称，后来则成为行业合作组织的代称，亦即行会。这些各专业行会的出现，不仅形成了区域性和专业性的管理组织，行会中制定的各种规范也使行业内的教学与传承活动更加规范。在哥特时期各地社会中大学与行会的建立虽然还处在发展的初级阶段，在社会中的作用还不甚明显，但也在客观上起到了促进整个社会文化与技术水平的提高，加快了各种行业的职业化、专业化发展进程。这种更明确和规范的社会分工、社会总体文化水平的提高与经济的发展相结合，在日后逐渐发展成熟，为哥特时期之后文艺复兴时期一连串辉煌成就的取得提供了前提。

哥特式建筑风格虽然在法国和英国的地理范围之外的全欧洲流行，但其总体的造型设计和立面构图形式、装饰图案纹样等都因地域的不同而产生很大的变化，这种变化有时还是由结构的重组所引发的较大变化。与哥特式建筑形式相配合，此时期建筑中的雕刻及绘画等艺术风格，也追求细瘦和拉长的比例和尺度，并在各地都取得了这种变化的纤细风格的统一。哥特式建筑风格的出现，虽然是在整合罗马风时期的建筑结构基础上产生的，但它本身既是包含着复杂结构进步的标志，也是人类建筑发展史上最为独特的一种建筑风格，而且这种建筑风格还与雕刻和室内装饰等其他艺术风格一起，构成了颇富特色的哥特历史时期。

第八章 文艺复兴时期的建筑

第一节 人文运动的兴起与建筑创新

一、历史背景概况

文艺复兴运动开始于14世纪的意大利,文艺复兴在这一时期产生,并使文明发展中心重新从西欧各国转移到意大利,是有其独特的社会历史背景的。

图8-1-1 15世纪中东欧王国统治区域图:15世纪的中东欧地区,虽然主要由神圣罗马帝国统治,但实际上在各地都出现了不同规模的地区政权,社会政治、经济发展区域也极不平衡。

对西欧大部分地区的经济发展产生重要影响的一个历史事件,是从1096年开始、一直持续到13世纪下半期的多次的十字军东征。所谓十字军,是因与伊斯兰教的弯月形标志相对比而得名的。最初的十字军东征,是罗马教皇应拜占庭皇帝的请求而发起的。此时东方的拜占庭帝国正面临覆灭的困境,一方面来自阿拉伯的穆斯林侵吞了拜占庭帝国在西亚的领土，另一方面突厥人的一支也联合其他游牧的蛮族大举进犯拜占庭的领封，因此拜占庭皇帝甘愿冒着被西方教会兼并的风险，向罗马教廷求援。

而在欧洲地区，东征也正符合了教皇和各地上层统治者的愿望。因为此时的欧洲各国，一方面已经通过被穆斯林侵占的西班牙地区感受到了外部强大势力对本地区安全的威胁，另一方面其正处于饥荒、阶级矛盾激化等种种社会问题的缠绕之下。因此，发动大规模的东征，对各地统治者来说，无疑可以使各地区存在的种种矛盾找到爆发的突破口；而对教廷来说，则正好可以通过"圣战"来实现西方教会统一东方教会的目的。

可以说，十字军的东征从一开始就带有侵略性的野心。最初的十字军是一支受到教会鼓

图 8-1-2 中世纪的港口城市：在中世纪后期，随着造船和航海业的发展，一些临海地区依靠发达的贸易活动首先发展起来，新思想也在这些地区萌芽。

动的，由贫穷农民、因参军而被免罪的罪犯所组成的。因此这支队伍没有战斗力，只有很少人一路逃荒到了君士坦丁堡。此后由法、英和教廷以及神圣罗马帝国等地集结的一支正规军队再次开始东征，并以洗劫和屠杀的方式收复了耶路撒冷及一些拜占庭的原有属地之后，结束了东征。受此次东征胜利的鼓舞，此后西欧各地不断组织各种形式的东征，这些东征也被各地统治者和威尼斯等商贸城市所利用，成为向东方劫掠和借以同东方通商的手段。因此在之后的几次东征中，连君士坦丁堡也被东征军洗劫一空。但此后的这些各种名目的东征也全部以失败告终。东征的发起者们不仅未从战争中获得较大的财富收益，还因为战争的惨败而使十字军经过地区的民众加深了对教廷和统治者的失望情绪。

图 8-1-3 反映世俗生活的壁画：这幅约 14 世纪中期绘制的壁画，展现了繁忙和富裕的城市景观，虽然壁画表现的场景可能有所夸张，但从中可看到此时城市发达的商业发展情况。

在惨烈的东征运动还未结束的13世纪，欧洲大部分地区除了陷入战争的混乱中之外，还经历饥荒和黑死病的"洗礼"。黑死病在欧洲各地迅速而大规模地蔓延，使西欧的英、法、德等地区人口锐减，经济和文化发展趋于停滞，地区发展处于停滞甚至是倒退的境地，而且很长时间都未能恢复。

这种新兴资产阶级以自由贸易活动为基础，无论在制度上还是思想上，资产阶级的利益都与中世纪以教廷为中心、以神学为主旨的社会大环境相冲突。在这种背景之下，新兴资产阶级为了自身的发展，开始兴起摆脱中世纪神学文化的运动。与此相对应，中世纪后期的世俗社会也处于教廷的黑暗统治之中。教廷所组织的十字军东征让其声誉扫地，而以出售赎罪券为代表的各种敛财活动和教廷内部的腐败与堕落等，都激起了人们对于中世纪以来的宗教传统与教廷的反感。

这种对教廷的反感最先通过一些学者及其作品表露出来。

图8-1-4　绘有死亡形象的祈祷书插图：虽然黑死病几乎给整个欧洲带来灾难，但人们在相当长的一段时期内都不知道黑死病的发病原因，只好把希望寄托在虔诚的信仰和祈祷之中。

但丁（Dante Alighieri）从1304年起开始创作的《神曲》（The Divine Comedy），对教廷和教职人员进行了无情的批判。而此后出现的彼得拉克（Francesco Petrarca）、薄迦丘（Boccaccio）等倡导人文主义的文学家，以及主张宗教改革的马丁·路德（Martin Luther）等思想先进的学者的出现，为文艺复兴这场新文化革命贴上了反对教会与复兴古典文化的双重标签。而意大利地区，当具备了迫切需要新社会制度和新文化的资产阶级，以及悠久的古典文化这两大先决条件之后，文艺复兴运动便始发于此，这是社会发展到这一时期必然会进入的一种状态。

图8-1-5　《神曲》插图：《神曲》诞生之后，许多画家为这部巨作创作了插图画，图为大约在15世纪末文艺复兴初期意大利画家波提切利绘制的地狱场景。

随着社会学、文学等前沿学科古典复兴风气的日渐浓郁，建筑上的文艺复兴风格的产生就是很自然的事了。意大利地区本身有着悠久的古典建筑发展历史，并且直到文艺复兴时期在各地还留有大量古罗马建筑遗迹。再加上古罗马时期的宫廷建筑师维特鲁威（Marcus Vitruvius Pollio）在罗马奥古斯都大帝统治时期所写的《建筑十书》的流行，都使得文艺复兴时期的建筑师直接回到古罗马的古典建筑传统去吸取营养。此外，由于1453年君士坦丁堡被土耳其人所占领，东罗马帝国灭亡，所以导致了一些希腊学者来到了意大利。他们的开放性思维也促进了文艺复兴的发展，无形中使得意大利的古典文化改革步伐大大领先于其他欧洲国家。

二、社会经济与生活

十字军的东征对于欧洲的发展也有其积极作用，尤其是为意大利的一些贸易城市带来了极大的好处。由于东征的主要地区和对象是拜占庭帝国属地和信仰伊斯兰教的阿拉伯人，这在很大程度上摧毁了拜占庭地区的经济发展，使其作为中亚贸易中枢的作用被切断，同时被断绝的还有穆斯林商人所从事的东西方贸易活动。

图8-1-6 《围困佛罗伦萨》局部：这幅壁画反映了1530年教皇联军围困佛罗伦萨，以恢复美狄奇家族统治的历史事实，16世纪的佛罗伦萨政局动荡，但经济和文化发展却相对平和。

但穆斯林商人商路的断绝，并不意味着东西方贸易的中断。相反，由于东征拓宽了欧洲人的眼界，使欧洲世界也引入了东方的生活方式，并对东方的艺术风格、农业作物及手工制品等各方面都产生了极大的需求。这种需求直接带动海上贸易的兴起，并尤其以意大利中北部水上交通发达的地区为主，如威尼斯、热那亚、佛罗伦萨等城市，几乎取代了此前的穆斯林商人，垄断了东西贸易之路。

这条东西贸易线的重新确立，不仅使意大利这块古老的文明发源地再次繁荣起来，也促使各贸易发达城市产生了依靠经营粮食、棉花、羊毛、食盐等生活必需品而富裕起来的、最早的资产阶级。而随着这种带有资产主义性质的贸易活动的深入，以港口城市为中心，又产生了一系列与贸易活动紧密相联的产业或行业，如银行业、职业商人等，还使得此前城市中的行会制度向着更庞大的组织和更细化的分类方向发展。

意大利文艺复兴早期的发展，主要集中在以佛罗伦萨为代表的几个海外贸易繁荣的城市共和国内。在这些城市共和国中，教廷和王权都不是最有力的统治者，反而是城市里的新兴资产阶级贵族占据着城市的领导权。

图8-1-7 萨拉丁和英王理查会晤：12世纪末期，穆斯林首领萨拉丁与领导十字军东征的英王理查共同签订《雅法条约》，划分了各自的统治区域，也缓和了东西方之间的关系。

图 8-1-8 中世纪的热那亚地图：意大利经济最先发展起来的几个城市共和国，几乎都因为临海或临河而拥有便利的水上运输条件，发达的水上贸易也直接促进了各地文化的交流。

图 8-1-9 佛罗伦萨帕齐宫：建造雄伟的府邸和宫殿建筑，是人们在佛罗伦萨城显示高贵地位的重要标志，也成为文艺复兴时期世俗建筑的重要代表。

在以商人和商业经济为主导的城市中，也形成了新的生活方式和价值观。在这些新兴的商业城市中，也存在着一些早期封建社会的传统，如旧有的贵族和教廷仍旧占据着一定的地位，而且在各种同业行会中也依然有严格的等级划分等情况，但同时，在这些城市中的等级制度却并不像罗马教廷和其他地区那样严格。许多家族因为商业经营上的成功，不仅晋级为城市中的荣誉居民，还被授予贵族称号，并通过向皇室贷款、与贵族结亲、担任政府要职等途径，成为拥有政治决策权的官员。他们通过这种政治或经济双方面的背景来获得较大的社会影响力。

在商业城市中，即使是普通商人和工匠们的生活也充满着希望。行会制度虽然严厉、苛刻，但也给个人才能的展示和凭借才能谋求更高的社会地位提供了途径。商人通过成功的经商，匠人通过精湛的手艺，都可以作为行会代表参与日常的管理工作，而凭借行会强大的实力和对社会的影响力，他们又可以借助行会所提供的机会赢得社会的尊重。

这种通过个人奋斗来获得成功的现实生活状态，直接导致了人们对早期神权至上和教会所宣扬的宿命论的怀疑。但丁所撰写的《神曲》中对教会神权统治的否定和鼓励人们在现世掌

图 8-1-10 繁忙的临河码头：威尼斯、热那亚等地，多在贸易活动中充当着重要的货物中转站的作用，因此这些地区的建筑也大多呈现出混合艺术特色。

握自己人生命运的肯定，就是这种社会思想倾向的突出表现。

而对当时经济发达的商业城市来说，随着商业的蓬勃发展，社会对知识人才的需求量也在不断增加。于是，早期封闭式的僧侣教会教育体系逐渐被开放的综合大学式教育所取代。除了教会承办的教育场所之外，各行会也负责教授一些技术经验之外的必要人文科学知识。东征和频繁的东西方贸易，使大量伊斯兰著作被翻译成书，而借助这些伊斯兰著作，人们对来自早期古希腊、罗马以及穆斯林的数学、医学、化学、天文学等科学知识，以至风俗、地理、哲学等知识都有了更全面和深入的认识。因此，在整个商业社会对基础教育大量需求与这种外来知识充盈的大背景之下，人们对各种知识和社会教育几乎统一呈现肯定与鼓励的态度，此时期的社会整体教育水平也就自然大幅上升。

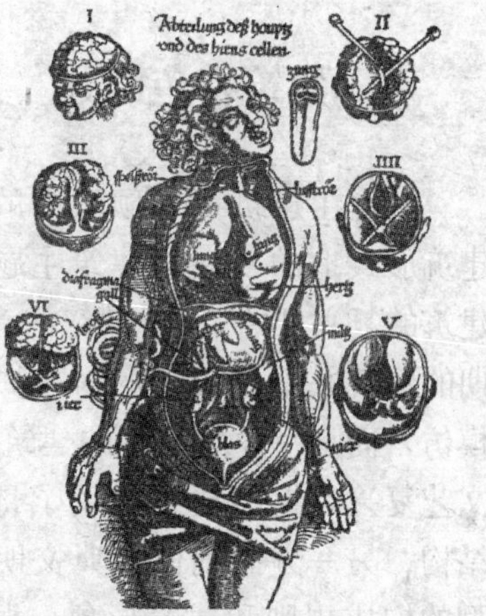

图 8-1-11　中世纪人体解剖图：随着各种综合性大学的建立，人们开始突破中世纪的诸多禁忌。解剖学的成立，使人们开始更科学和深入地认识人类自身，同时也给雕塑和绘画艺术以更多启迪。

随着社会整体教育水平提高而来的，就是强烈的人文主义思想和对哲学与艺术的推崇。而无论是人文主义思想还是对哲学与艺术的推崇，都需要确立一个强有力的榜样和目标，因此，作为本地区传统的古典文明，就成为此时人们推崇的榜样和追逐的目标。

在打着复兴古典主义大旗的汹涌的人文主义大潮中，除了意大利各发达的商业城市共和国之外，德、英、法等地区也兴起了此类文化运动。这一运动与反对罗马教廷对王权的绝对控制相结合，因而得到了许多地区君主的支持。

作为文艺复兴运动肇兴地的意大利各城市共和国，也不乏此类思想与言论的产生。佛罗伦萨的作家薄迦丘就在大约1310年写就的《论帝制》一文中直接提出了政教分离和加强皇权等政治主张。

文艺复兴时期的罗马教廷，一方面通过改革来肃清和整顿教会内部的腐败，另一方面也对古典文明和人文思想表现出一定的积极态度，并以此来表明教会的进步态度。在此基础上，罗马教廷与富裕的城市共和国一样，都成为各种艺术活动的主要赞助者。文艺复兴的新建筑风格，就是在这种社会背景之下产生的，此时建筑最大的变化，是由以往单一为教廷和政府服务转向为行会、富商和城市等更广泛的世俗世界服务。

图 8-1-12　佛罗伦萨市政厅：文艺复兴初期的许多意大利沿海共和国，都专门设置新型的公共建筑——市政厅。佛罗伦萨市政厅保持了中世纪的城堡建筑形制。

三、建筑特色综述

发生在建筑艺术领域中的文艺复兴,指的是建筑形式上的复兴与建筑主题上的复兴。古典派建筑的复兴开始于 15 世纪的意大利。文艺复兴时期的建筑并不是单纯的对古典建筑规则与形象的模仿,而是一种综合性的建筑发展阶段。一方面,文艺复兴时期的建筑采用了哥特时期的先进建筑结构,另一方面则使古典文明时期的一些建筑造型的构成规则和建筑形象,尤其是柱式,得到了重新使用。

图 8-1-13　佛罗伦萨洗礼堂:洗礼堂在公元 7 世纪建成后,又在 11 世纪末被重新修整。洗礼堂不仅在平面上保持着古老的集中式建筑形式,立面上柱式与拱券结合的装饰手法也极具古典特色。

自古罗马之后,欧洲建筑的发展经历了早期的基督教建筑、罗马风建筑,再到中世纪的哥特式建筑。文艺复兴建筑的兴起,使欧洲原本以意大利文明区,但后来被中西欧诸地区取代了的建筑发展序列得到了重新修正。发源于意大利的文艺复兴建筑发展体系发生了风格上的巨大转变,从创新的哥特风格又转回到以古典建筑规则为基础的发展道路上来,而且意大利地区的建筑一直都保有不同程度的古罗马建筑遗风,再加上此时期意大利地区一些共和国经济的大发展和建筑活动的兴盛,都使意大利无可争议地成了文艺复兴时期建筑发展的中心。

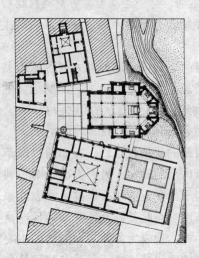

图 8-1-14　皮恩扎城市中心广场平面:皮恩扎中心广场由贵族宫殿、城市教堂、市政厅和主教宫围合而成,贵族宫殿规模最大,显示出世俗力量的强大。

意大利在文艺复兴时期仍处于各地区分治的社会状态之下,因此其新文化艺术的发展也在几个重要的城市和共和国范围内传承。其建筑发展不再局限于教堂,而是扩展到公共建筑、权力建筑和私人府邸等更广泛的建筑类型中。

意大利文艺复兴发展盛期的中心转移到罗马。罗马城虽然是教廷所在地,但此时也受文艺复兴之风的感染,开始大量兴建古典风格的各种新建筑,在诸多新建筑之中,尤其以梵蒂冈的圣彼得大教堂为代表。而且罗马受其作为教廷中心的独特功能影响,还被人们按照古典的比例进行了全城的重新规划,虽然最后这一全新的规划并未实现,但其以教堂和公共建筑为中心,以大道联系各主要建筑和规则的比例设计思想,却在之后对其他城市的规划和建筑产生了较大影响。

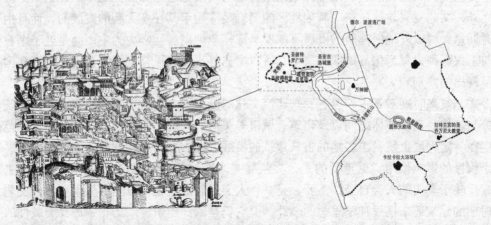

图 8-1-15　改建之前的罗马城及梵蒂冈：15 世纪初罗马城许多古典建筑区荒芜，居住区则拥挤、肮脏，因此教廷出于重振罗马宗教中心地位的目的，开始对罗马城进行重建。

而且在米开朗琪罗（Michelangelo Buonarroti）的影响之下，一种更为自由和表现力更强的建筑风格，给此前严谨的文艺复兴建筑规则和风格带来了挑战。米开朗琪罗之后的一些建筑师，将源自米氏的这种更加大胆表现装饰性和在局部通过叠加设置组成元素，并将曲线、弧线和断裂等夸张的做法发扬光大，最终促使文艺复兴风格转化为更富于装饰性的巴洛克（Baroque）风格。

而在罗马之外，来自维琴察的建筑师帕拉弟奥（Andrea Palladio）则在后期为伟大的文艺复兴运动创造了最后的辉煌。帕拉弟奥和文艺复兴时期的许多建筑师一样，都在建筑设计实践和对古罗马建筑遗迹进行测量与研究等活动的基础上撰写了相关的建筑理论书籍，而这些学术著作和各地的文艺复兴建筑的优秀实例，不仅在此后的新古典主义时期，甚至在现代主义时期和当代仍对建筑师们有很大的影响。

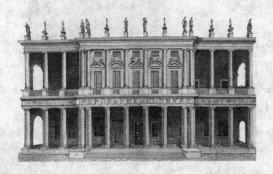

图 8-1-16　基耶里卡蒂宫：帕拉弟奥运用柱式的虚实变化组合，营造出诸多经典的建筑立面形象，这些立面及立面中柱式的组合手法，也因为被众多建筑师引用，形成了新的建筑规则。

图 8-1-17　建造中的圣彼得教堂：这幅大约绘制于 1588 年的壁画，表现了正在建造中的圣彼得大教堂，此时教堂前的方尖碑已经竖立起来，但广场还未建造。

文艺复兴风格在意大利地理区域内的传播与发展是迅速和广泛的。但在这个地理范围之外，文艺复兴建筑风格对其他地区的影响是滞后于其在意大利的发展的，而且由于此时期意大利以外地区建筑的发展不像罗马那样单纯以教廷势力为主，而是处于宗教势力与王权两种力量为主导的状态之下，所以文艺复兴建筑风格的影响在不同地区和国家所呈现出的差别较大。

文艺复兴时期对于古希腊、罗马建筑文化的恢复大大推进了古典建筑中关于建筑各部分与整体，建筑整体之间以及建筑、城市等关系之间的比例与尺度关系，建筑规范的制定在一定程度上统一了各地的古典建筑的发展方向，并对之后欧洲各地的建筑发展起到了积极的影响作用。更重要的是，文艺复兴时期建筑中所强调的协调比例与审美要求，反映了真实的人类自身的需要，是一种人文思想的产物。虽然从根本上看，文艺复兴时期的建筑还未摆脱神学思想的牵绊，但它仍是欧洲建筑发展历程中最具突破性的一种建筑风格。

第二节 意大利文艺复兴建筑萌芽

一、佛罗伦萨的城市生活及代表性

佛罗伦萨位于意大利的中部，仿罗马式建筑及哥特式建筑都曾在此盛行。佛罗伦萨虽然位于内陆地区，但因为有阿尔诺河穿城而过，因此航运发达，正好作为海上与内陆贸易的中转站而兴盛起来。在14世纪的时候，佛罗伦萨已经是一座著名的金融之城，是一座银行家和有钱人的城市，也是一个富庶而强盛的共和国，其在艺术、文学和商业等方面的发展水平都居当时意大利各城市之首。

在佛罗伦萨，包括商人、手工作坊的工匠、画家、建筑师等，都不再是处于社会底层的劳动者，而是对城市发展具有贡献、对城市生活具有影响力的市民。各行业组成同业行会通过行会协调内部事宜和统一对外争取权益。可以说，在佛罗伦萨，除了像银行家、贵族那些作为主导的统治阶层之外，行会和普通市民组织也有参与城市政治生活决策的权利，他们作为城市发展的主要推动力在社会上占有相当重要的地位。

虽然民主自由权力有限，但这里人们的社会地位比起其他地区和国家的情况却要好得多。因此，

图8-2-1 圣洛伦佐教堂内部：圣洛伦佐教堂先后经过伯鲁乃列斯基（Filippo Brunelleschi）和米开朗琪罗两位大师进行设计，总体上保持了浓厚的古典建筑风格特色，各部分尺度还蕴含一定的比例关系。

这种宽松的政治和社会生活体制也极大地激发了人们作为佛罗伦萨市民的共同责任感与荣耀感。而这种作为市民的荣耀感一方面表现在团结一致，坚决地捍卫共和国的意志上，另一方面就表现在此时修造的各种建筑中。因为在佛罗伦萨，修建教堂等各种纪念性建筑不再只是教廷的专利，各种行会、富商、贵族和市政府当局，都是建筑活动的积极赞助者，因此在佛罗伦萨城，包括府邸、教堂、市政厅和各种公共建筑在内的多种类型建筑都在此时被修造或改建。

这种由于政治体系宗教观念不同而造成的社会建筑风格发展的不同面貌，在文艺复兴时期表现得很明显。比如在佛罗伦萨、威尼斯和热那亚等地，由于采用城市共和国体制，而且都是商贸发达的城市，因此在城市建筑特色方面显示出许多共通之处。比如城市建筑以公共建筑为主，教堂虽然仍然是城市的中心建筑，但市政机构也建在主教堂附近，并大多在这些建筑前面形成广场，

图 8-2-2　佛罗伦萨广场上的科西莫像：为城市统治者塑造雕像，并将这些雕像放在市政厅广场以供众人纪念的做法，反映了人们对世俗权力的崇信。

作为城市中的主要公共活动中心。这些城市中的各种商贸活动繁荣，因此人口居住密集，城市生活各方面都有细致的法律规定以保证正常生活秩序。

这种城市共和国内的居民，通常都有着高度的地区自豪感，因此城市共和国的凝聚力很强，人们对捍卫地区自由权利和建筑等公共事务抱有十分的热情。也因为如此，在这些地区的教堂和政府建筑，已经不仅仅是一种提供某种功能的容器，而变成了彰显城市自豪感与实力的象征，其修建往往受到全城的瞩目。

佛罗伦萨主教堂穹顶的修造，就是一件牵动全城的大事。佛罗伦萨城的主教堂——圣玛丽亚教堂是佛罗伦萨的标志，其突出的穹顶也是文艺复兴建筑时代开始的标志。

图 8-2-3　繁忙的都市：12 世纪之后，欧洲的海上贸易主要被意大利人所掌握，意大利沿海地区的几个城市共和国已经发展成为国际性的大都市，由此也催生了新文化的出现。

二、大穹顶的兴建与伯鲁乃列斯基的创新

圣玛丽亚教堂建筑本身兴建于 13 世纪晚期，到 14 世纪中后期时其主体建筑已经建成。值得一提的是这座教堂建筑的钟塔。这座钟塔主要由文艺复兴初期的著名画家也是

建筑师乔托(Giotto di Bondone)设计，钟塔虽然遵循意大利的传统与主教堂分离建造，但却没有遵循钟塔一般建造在教堂东端的传统，而是将其建造在西面显著的位置上，采用中世纪堡垒的那种塔堞样式。

教堂虽然是秉承哥特式的拉丁十字式平面的建筑，且主殿也是采用尖架券结构建成，但外部却并未采用哥特式风格，而是在十字交叉处按照古典集中式教堂那样设置大穹顶，并且西部的主立面也按照传统方法，采用由大理石贴面装饰的立面形式。虽然整个立面直到19世纪时才建成，但其总体风格并无太大变化，仍旧与早先建造的部分相协调。

教堂在十字交叉处设置了穹顶，这在平面和结构上都是一项创新，但也给当时的设计与施工带来了一系列的难题。由于在教堂端头设置穹顶，因此横翼和后殿的尺度被缩减成三个半圆形平面的空间，形成像拜占庭穹顶底部那样的半圆形支撑结构。同时为了增加支撑力，还在底部正方形平面的对角设置了另外的支撑墩柱，使穹顶底部形成八边形平面。由于在离地面50多米高的地方，这个穹顶平面的对边跨度也在42米以上，所以穹顶的结构和建造难度都很大，成为整个教堂建筑能否取得成功的关键。

图 8-2-4　佛罗伦萨主教堂钟塔：钟塔建于1334年到1359年之间，将中世纪堡垒建筑样式与哥特式拱券和装饰相结合的风格特色，也同样体现在主教堂建筑中。

为了解决穹顶建造问题，支持教堂建造的佛罗伦萨羊毛行会举行了公共设计竞赛。这种为兴建某一工程而举行的公开设计竞赛是佛罗伦萨等城市共和国的一项特色。除了建筑竞赛之外，人们还对一些重要的绘画、雕塑的委托实行竞赛，最后以公共评选的方式委任艺术家进行制作。

在这场穹顶设计竞赛中，来自伯鲁乃列斯基的设计最后被选中。伯鲁乃列斯基原本是一位擅长雕刻的金匠，但在1401年进行的佛罗伦萨洗礼堂铜门设计竞赛中，他的设计败于运用透视法创作而成的罗伦佐·吉尔伯蒂(Ghiberti)的设计。失败后他去了罗马旅行并做了一些古典建筑的测量与研究工作，从此将自己的主要精力转向了建筑设计方面。

在对古典建筑长时间研究的基础之上，伯鲁乃列斯基提出穹顶设计方案，这是一种结合了古典穹顶建造方法和哥特式尖券结构优势的创新之作。伯鲁乃列斯基为佛罗伦萨主教堂设计的穹顶位于顺着

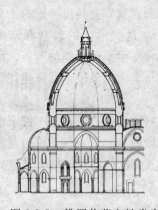

图 8-2-5　佛罗伦萨主教堂穹顶剖面：穹顶位于一段约12米高的鼓座上，除了在结构和覆盖层材料上进行特殊设置之外，还在穹顶上设置了铁链和木箍，以减小穹顶的侧推力。

第八章 文艺复兴时期的建筑

墙面砌起的一段约12米高、5米厚的八角形鼓座上，这段鼓座将穹顶的高度增加，让整个穹顶完全显现出来，同时鼓座每一面开设的圆窗也为教堂内部增加了自然采光。

在穹顶的设计上，为了最大限度地降低穹顶的重力和侧推力，伯鲁乃列斯基采用哥特式的二圆心尖拱形式。这种尖拱具有更强的独立性，可以将穹顶的侧推力大大减小，而穹顶本身则采用双层空心的结构建成。每层穹顶的主要支撑结构都以主辅两套肋架券为主。主肋架最为粗壮，从八角形平面的每个角伸出。辅助肋架稍细一些，它们每两个一组均匀地设置在八角形的八条边上。主辅肋架向上伸展形成尖穹顶的骨架，最后在顶端收束于采光亭之下。除了主辅两套纵向肋架券之外，穹顶肋架还设置横向肋，这些横向肋一圈圈密集分布，既收拢了纵向肋拱，减轻了侧推力，又将立面分割为小方格状，方便后面的覆面。

图8-2-6　佛罗伦萨育婴院：几乎是在伯鲁乃列斯基接受佛罗伦萨主教堂穹顶设计任务的同一年，他也为育婴院建筑进行了重新设计，从中可以明显看到理性和规则的古典建筑风格的复兴。

双层穹顶结构的底部由石材覆面，上部则改用砖砌，而且穹顶越向上越薄。除了这些主要的结构部分之外，穹顶的底部和中部还设有铁链和木箍来联系穹顶中部，而且在穹顶中空的两层结构间还设两圈走廊，这些都是为减小穹顶侧推力所做的加固设施。穹顶的最上部是一座白色大理石采光亭，这个小采光亭压在穹顶肋拱收拢环上，起着采光和坚固结构的双重作用。在穹顶下部后殿和横翼建筑半圆形屋顶的侧面，也都另外设置了三角形的扶壁墙以加强支撑力。经过这种从穹顶自身结构到外部结构、从底部扶壁墙到上部采光亭的细致的结构设计而成的大穹顶，不仅坚固耐用，还有着完整的视觉效果，因而在建成之后即成为当时穹顶建筑结构的代表之作，也成为文艺复兴建筑时期开始的标志。

佛罗伦萨大穹顶的建成，也暗示了文艺复兴时期的建筑特点：文艺复兴建筑虽然是以复兴古典建筑为主，但它并不是单纯的建筑风格的复兴，而是在综合之前建筑成果的基础上又在结构、建筑规则和表现形式上有所创新后形成新的建筑发展体系。

伯鲁乃列斯基除了进行佛罗伦萨主教堂穹顶的设计之外，还设计了其他一些穹顶建筑，比如圣洛伦佐教堂（Chiesa di San Lorenzo）和圣灵（Holy Spirit）教堂。伯鲁乃列斯基设计的圣洛伦佐教堂是对一座11世纪时营造的罗马风建筑的改造，而圣灵教堂则是由他重新设计建造的。这两座教

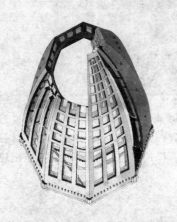

图8-2-7　佛罗伦萨主教堂穹顶结构分析图：这种纵横编织的肋拱，不仅降低了营造穹顶的技术难度，还有效分散了穹顶的侧推力，在此后被许多建筑师所引用。

271

堂都采用了拉丁十字形的平面为基础，在十字交叉处设置穹顶的形式。伯鲁乃列斯基在此时可能受到了古典建筑严谨比例的思维影响，因此在这两座教堂中都以穹顶所在平面为基数设置翼殿和中厅的具体尺度，这种中心穹顶对应的正方形空间与中厅长度的比例在圣洛伦佐教堂中是1：4，而且这种规整的比例数值关系设置在他设计的圣灵教堂中也得到了突出的体现。

除了这两座教堂之外，伯鲁乃列斯基在他设计的小型帕奇礼拜堂（Pazzi Chapel）中，则基本实现了建设一座集中式教堂的理想。帕奇礼拜堂的建筑总平面除了缺了一角之外，几乎是正方形的，不仅中心由穹顶覆盖，而且在后殿和入口处，即大穹顶前后还都各设了一座小穹顶。建筑外部的门廊是希腊的柱廊式与罗马拱券相结合的新奇形式，内部空间则是白墙加灰色壁柱、假券的素雅形象，是一座既具有古典特色，又具有新奇结构的建筑特例。

图8-2-8 佛罗伦萨主教堂后殿：在原有哥特式建筑基址上建成的放射式礼拜堂，可以抵消穹顶的侧推力，为大穹顶提供有力的支撑。

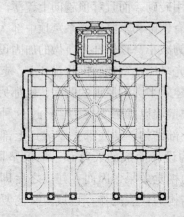 

图8-2-9 帕奇礼拜堂平面：这座小型礼拜堂建筑采用了穹顶集中式的建筑布局设计，是文艺复兴初期第一座回归古典集中式空间构图的建筑。

帕奇礼拜堂内部：礼拜堂内部的装饰以薄壁柱和盲拱为主，样式简洁，色彩朴素，显示出较强的理性特征。

三、阿尔伯蒂的建筑理论探索

在文艺复兴初期古典建筑研究风气刚刚兴起的时期，许多建筑师不仅像伯鲁乃列斯基一样深入古典建筑遗迹中进行实地测量和考察，还积极地进行古典建筑理论的研究与编纂工作，而在这方面文艺复兴初期最著名的人物就是阿尔伯蒂（Leon Battista Alberti）。

阿尔伯蒂是一位自学成才的建筑理论家。他像文艺复兴时期的诸多大师一样，是一位精通戏剧写作、数学与艺术等多种知识的博学之士。虽然阿尔伯蒂所提出的建筑师是一种高贵职业的说法未免有孤傲之嫌，但他对建筑设计者必须具备多方面才能的论述，确实是中肯的。阿尔伯蒂的建筑知识主要来自他对古典建筑的研究，而且与伯鲁乃列斯基相反，阿尔伯蒂主要以建筑设计原理与柱式体系的研究为主，而较少进行建筑设计实践，但他撰写的《论建筑》（De re Aedificatoria）却同佛罗伦萨大教堂穹顶一样，不仅长久地留存了下来，还成为后人进行古典建筑设计的重要参考书。

图 8-2-10　鲁切拉伊府邸立面：阿尔伯蒂为其主要资助者鲁切拉伊家族设计的府邸建筑，仿照古罗马竞技场的立面设置，突出分划楼层的水平檐线与随楼层变化的壁柱，形成了富有节奏感的立面形象。

阿尔伯蒂的建筑设计注重对古典建筑的借鉴以及对比例的遵循，他所取得的突出成就也并不在建筑设计方面，而是在建筑理论书籍的撰写方面。阿尔伯蒂不仅深入古典建筑遗址中进行实地勘测和考察，还深入研究古罗马时期唯一的一部建筑典籍——维特鲁威所著的《建筑十书》（The Ten Books on Architecture）。阿尔伯蒂撰写了大量建立在对古典建筑进行研究基础上的建筑论文与书籍，其中既有对维特鲁威著作的解释与翻译，也有对柱式、拱券和建筑整体等方面的建筑法则的重新修订，尤其是他吸取古典建筑比例原则对建筑各部分与整体、城市等各方面建筑的比例都做了规定。

图 8-2-11　圣塞巴斯蒂亚诺教堂：大约在 1460 年设计建造的圣塞巴斯蒂亚诺教堂，位于曼图亚，是阿尔伯蒂早期集中穹顶式教堂的代表之作。

古典的柱式这一名词，以及柱式的使用规范等，是自古罗马时期之后就被人们逐渐抛弃，并在漫长的中世纪建筑中被忽略的古典建筑精髓，而这些经阿尔伯蒂及其他文艺复兴时期的建筑师或建筑理论者翻译或撰述的建筑原则，都成为文艺复兴时期许多建筑师遵循的建筑原则，并对古典建筑的复兴起到了积极的促进作用。但有趣的是，此后的许多建筑大师，甚至包括阿尔伯蒂本人在实际的建筑设计中，却不总是遵循这些固定的比例和规则。

阿尔伯蒂进行设计的建筑项目不多，最终建成的更少，但通过佛罗伦萨圣母堂（Church St. Maria Novella）和马拉泰斯塔（Malatestiano）两座教堂建筑的改建作品，能够明确地看到阿尔伯蒂及其建筑设计思想的特色。他早期在里米尼地区为

图8-2-12 马拉泰斯塔教堂：阿尔伯蒂为马拉泰斯塔教堂重新设计的立面，虽然并未建成，但他在立面中所恢复的三拱凯旋门立面样式，却被后世建筑师所广泛运用。

图8-2-13 佛罗伦萨圣母堂立面：阿尔伯蒂为佛罗伦萨圣母堂设计的立面，以蕴含复杂的比例关系而著称，他在上层立面中设置的三角形托架，被后期的手法主义建筑师所广泛引用。

马拉泰斯塔家族设计的一座中世纪教堂的改建工程中，大胆引入了古罗马凯旋门的样式，但教堂立面的三个拱券只有中间一个是真正的入口，旁边的两个拱券都采用盲拱形式，作为保持立面完整形象的装饰。可惜的是马拉泰斯塔教堂最后并未建成。

另外一座阿尔伯蒂建成的设计项目是佛罗伦萨圣母堂的立面。这个立面加在一个中世纪的教堂之上，因此阿尔伯蒂顺应建筑本身的构造特点，将立面分为上下两层，而且上层收缩，只在两边设置了涡卷形的三角支架用来遮挡后部的建筑结构。

整个圣母堂的立面采用两种色彩的大理石板镶嵌而成，虽然在立面上加入哥特式的圆窗、凯旋门式的三拱门和希腊式的三角山墙等多种形象，但这些细部连同装饰图案一起，被统合于一个各部分比例严谨的立面之内。这个立面主要以正方形和圆形两种图形的交叉与组合构成，而且在各部分比例中也遵循简单的整数倍率关系，如立面高度和宽度比例为1：1，底层是由两个正方形按照1：2的尺度组合而成，因此整个立面虽然细部变化多且装饰丰富，但通过和谐的比例和明快的节奏，给人以沉稳和严谨的古典建筑之感。

可以说，伯鲁乃列斯基的结构创新和阿尔伯蒂的新建筑理论体系，都是建立在研习和修正古典经验的基础上产生的。这种建立在古典建筑规则基础上的创新，也是文艺复兴时期建筑发展的特色所在。在轰轰烈烈的文艺复兴运动中，除了建筑和城市规划之外的许多学科，都是在寻求与新的人文思想和科学发现、技术创新相结合之后的全新发展，而文艺复兴初期人们的探索，无疑在这方面开了一个好头。

图8-2-14 佛罗伦萨圣母堂入口细部：阿尔伯蒂在教堂入口处设置了一方一圆两种形象的壁柱装饰，使其成为立面的视觉中心。

第三节　意大利文艺复兴建筑的兴盛

一、古典风格的回归与艺术中心的转移

虽然文艺复兴最早起源于佛罗伦萨、热那亚等具有先进的早期资产阶级的城市共和国中，但在其产生之后所掀起的文化复兴热潮也影响到了罗马等天主教廷统治的城市和地区，所以在新兴的城市共和国和教廷所在地罗马，都兴起了复兴古典建筑风格的热潮。而且从 16 世纪起，随着欧洲整个经济气候发展的变化，意大利文艺复兴的发展中心逐渐从城市共和国转移到了罗马。

进入 16 世纪之后，对欧洲世界社会和经济发展影响最大的，就是新大陆的发现和新航路的开辟。早在 15 世纪，欧洲人就已经意识到海上贸易的重要性，并依靠海上沟通欧洲各地的贸易活动，尤其是在拜占庭帝国 1453 年灭亡和随之而来的陆上通商之路被切断之后，欧洲各国更为迫切地需要一条海上贸易通路，来达到沟通东西方贸易交流的目的。

图 8-3-1　梵蒂冈城市区域：从 15 世纪起，罗马教皇都在大力推动罗马城改造工程，大约到 16 世纪末，由伯尼尼（Giovanni Lorenzo Bernini）设计的椭圆形柱廊完工之后，梵蒂冈中心区也基本形成了现在人们看到的城市面貌。

到 16 世纪，以葡萄牙、西班牙为主的帝国，在掌握了更先进的造船技术和罗盘等海航工具之后，开始从地域性的航行向更深远的地区发展。14 世纪初，以马可·波罗（Marco Polo）在亚洲各国的生活经历为题材写作而成的游记，曾经在意大利和欧洲各国风靡一时，由此也激发了人们对富饶的东方古国的向往。15 世纪末期，达伽马（Vasco da Gama）率领的葡萄牙船队首次到达印度，并在从印度带回的货品贸易中获得了极大的财富，由此也激励了欧洲人远航的决心。由此之后直到 16 世纪，欧洲人在亚洲、美洲等各地建立了殖民地，开通了欧洲通向这些殖民地的航线，并由此开始对这些殖民地进行劫掠式的商贸活动。

图 8-3-2　标有麦哲伦航线的地图：随着欧洲人远航能力的提高和对美洲新大陆殖民的深入，罗马教廷和西班牙等各国也具备了进行大型建筑活动的实力。

新海上商贸航线的开通使亚洲和美洲各地的农业产品、黄金、人口等源源不断地供给到

欧洲各地，一方面极大地充实和提高了欧洲人的生活质量，另一方面也直接导致航运贸易中心的转移。中世纪后期依靠地区商贸交流活动富裕起来的意大利城市，如威尼斯、佛罗伦萨等地，不再是航路上的重要据点，因此其经济发展日渐衰落。与之形成对比的是，新航路的发起国和积极参与国的港口，成为新时期繁忙和迅速发展起来的新经济中心，如葡萄牙、西班牙、英国、法国和尼德兰等地，都迅速发展出了大规模的国际贸易流通中心。

经济的发展直接导致资产阶级的产生，而当新兴的资产阶级在城市中的人口比例和影响力不断扩大之时，商贸中心的新城市文明应运而生。这些新商贸城市也开始继续步早期意大利商贸城市的后尘，引入并继续发展了文艺复兴的思想启蒙运动。

图8-3-3　以但丁为题材的绘画：这幅著名的绘画，中间是捧着《神曲》的但丁，背景中除天堂与地狱之外，还有佛罗伦萨城，暗示出文艺复兴的启蒙思想产生于佛罗伦萨的主题。

而在意大利本土，与商贸城市的日渐衰落不同的是，罗马城此时却呈现出繁荣和发展的蓬勃景象。从14世纪后期起，罗马教廷从亚维农迁回罗马，此后以往失落的权威也逐渐重新建立起来。教廷在15世纪凭借其统辖区内各国经济的恢复而逐渐繁荣起来，与此形成对比的是，由于教廷长期外置，使得罗马城逐渐被人们废置，整个城市的面貌已经大不如前。为此，历任教皇开始了对罗马城的重建，如西库斯托斯四世（Sixtus Ⅳ）教皇就曾经于15世纪后期在罗马城大兴土木，不仅整建街道、广场和上下水系，还主持修建教堂和医院。此后的一些罗马教皇也延续了这一通过建筑工程为自己增加功绩的传统，因此包括教皇在内的神职人员和贵族、富商等都成为建筑和其他艺术的重要赞助人。

到15世纪末期和16世纪意大利各城市共和国经济逐渐衰落之时，罗马教廷却因为受西班牙等忠实的天主教国家的支撑而开始进入发展盛期，罗马城大规模的建筑活动也拉开了序幕。

罗马城的兴盛直接表现在教廷对诸种艺术的大力赞助方面，而建筑作为一种最直接反映社会发展状况性质的标志物，也因此得到了极大发展。受文艺复兴人文主义思想以及罗马城当时残存的诸多古罗马建筑遗址的影响，罗马城的建筑活动将文艺复兴建筑风格的发展推向高潮，同时也以其开放的建筑态度使许多建立在古典复兴风格基础上的创新性的新建筑形式不断产生。

图8-3-4　梵蒂冈楼群：梵蒂冈楼群自公元9世纪出现之后，直到17世纪改扩建活动还在进行，由此形成庞大的建筑规模，这里是教皇及教廷神职人员居住和办公的中心区。

包括城市公共机构、富商和高官、教廷和包括教皇在内的高级神职人员，此时都是建筑的重要委托人，他们通过资助教堂和其他公共建筑、私人府邸的兴建或改建，来达到彰显权力或财富的目的。在这种兴盛的建筑背景之下，继伯鲁乃列斯基和阿尔伯蒂等崇尚古典复兴风格的建筑师之后，又出现了大量热衷于复古和创新的艺术家，其中就包括众多在世界建筑发展史中非常著名的人物，如布拉曼特(Donato Bramante)、米开朗琪罗、帕拉弟奥等。

图 8-3-5 罗马圣彼得大教堂模型局部：在圣彼得大教堂的设计竞赛中，许多建筑师都制作了缩小的教堂模型，其共同点在于，许多建筑师都为大教堂设计了高耸的穹顶。

二、布拉曼特的早期探索

布拉曼特是文艺复兴时期又一位重要的建筑师，他热衷于对一种类似古罗马万神庙的穹顶集中建筑形式的研究。布拉曼特最著名的建筑设计有两项，都位于罗马：一座是建在一间修道院后院中的小型建筑坦比哀多(Tempietto)，另一座是罗马新圣彼得大教堂(New St. Peter's Basilica)的最初设计方案。

坦比哀多是文艺复兴时期又一座著名的建筑，但它的实际建筑尺度很小，而且被建设在一座修道院的后院中，传说这里正是圣彼得(St. Peter)被钉死于十字架的所在。坦比哀多的修建明显是为了纪念这一块圣地，它是一座古罗马灶神庙式的圆形围廊建筑，但建筑上部加盖了一个带高鼓座的穹顶。这个穹顶层在上部内收，通过一圈镂空栏杆作为过渡，既保持了底部围廊在上部的通透性，又使穹顶和鼓座更完整地展现出来。

图 8-3-6 坦比哀多：布拉曼特设计的坦比哀多小神庙，因集中式平面和穹顶的建造，成为罗马古典建筑复兴开始的标志性建筑。

但更为重要的是，这座带半圆穹顶和围柱廊的小神殿式建筑打破了此前以拉丁十字平面为主的建筑传统，将纪念性建筑拉回到古罗马时期的传统上去了。由于这座建筑模仿的是古罗马时期供奉各种神灵的万神庙，而且建筑样式明显是一座古典时期的神庙建筑而非以往的拉丁教堂建筑，所以获得了坦比哀多的称号，并由此引发了异教与维护天主教正统地位的长期争论。

这种集中穹顶式建筑的真正营造高潮是在布拉曼特设计圣彼得大教堂时出现的。16世纪初在古典文化复兴声势正盛之时，教廷选中了布拉曼特设计的新圣彼得大教堂方案。布拉曼特的建筑方案完全颠覆了此前天主教堂的拉丁十字形平面传统，新教堂采用长臂的希腊十字形平面，而且十字形的四个立面都相同,各端头还都有一样的方塔。主体建筑上的穹顶几乎是坦比哀多的放大版本,巨大的穹顶坐落在带有一圈环廊的鼓座上。布拉曼特设计的这座教堂建筑,虽然建筑外部形象和内部空间都十分宏伟,但并没有解决天主教仪式对空间的使用问题。

作为天主教廷的中心,这种取材于古罗马和拜占庭正教的建筑形式,本身就已经对人们具有较大的冲击力,再加上此时的天主教派正在与资产阶级所倡导的文艺复兴思想和宗教改革思想做针锋相对的斗争,因此布拉曼特的这个集中式穹顶建筑并未能够最终建成。此后这座教堂的建造历经挫折,但大穹顶最后在米开朗琪罗的设计下终于建成了。尽管布拉曼特最初的集中穹顶式设计方案最终还是被天主教派传统的拉丁十字形建筑平面所取代,穹顶也不像布拉曼特当初设计得那样具有强烈的中心统领性,但从中仍可感受到一种强烈的改革之风。

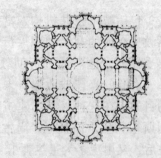

图 8-3-7 布拉曼特设计的圣彼得大教堂平面:在布拉曼特为圣彼得大教堂所做的最初设计中,采用了包含四臂等长的希腊十字形的方形平面和上覆大穹顶的集中建筑形制。

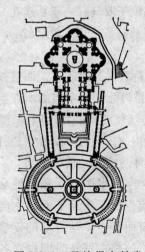

图 8-3-8 圣彼得大教堂及广场平面:在圣彼得大教堂及广场的影响下,教堂与广场相结合的形式,成为罗马和许多国家教堂建筑的一种固定组合。

从大穹顶的建造成功也可以看出,作为天主教中心的罗马教廷,最终还是接受了源自东方的穹顶建筑形式,这是与当时穹顶建筑样式的流行之风相适应的建筑形式。因此,圣彼得教堂穹顶的建成,本身就反映了当时罗马教廷对文艺复兴的古典文明的一种较为开放的态度,但这种开放的态度并没有维持多久,就以圣彼得教堂前加建巴西利卡式大厅,以及教堂平面重新成为拉丁十字形为标志而结束了。

虽然布拉曼特设计的集中式穹顶建筑只有小型的坦比哀多建成,但布拉曼特的设计却启迪了此后文艺复兴时期的许多建筑师。尤其是坦比哀多和圣彼得大教堂按照布拉曼特最初的设计而建成,使古典建筑思想真正深入人心,穹顶和穹顶建筑所带动的对古典建筑的重新测绘与研究的热潮,也使罗马城各地的古典建筑遗址成为最生动的建筑教科书,成为许多建筑师设计新风格建筑的重要参考。

三、米开朗琪罗的创新性

米开朗琪罗是文艺复兴时期典型的全才型艺术家,他在雕刻、绘画和建筑领域都取得了卓越的成就,而他在各艺术领域所取得的这些成就的共同特色,就在于大胆突破传统的创新。

米开朗琪罗在雕刻和绘画领域的创新，体现在对古典的裸体人物形象和夸张的肌肉形象及运动感的表现上。米开朗琪罗突破了中世纪以来拉长的、理想化的人物形象和静态、祥和的艺术风格，将一种富于真实性与动态感的雕塑新风创造出来。这种强调动态感与瞬间动作的雕像风格被后来的手法主义和巴洛克艺术风格所继承，并成为巴洛克艺术的特色之一。

米开朗琪罗最早在他为当时的教皇朱里斯二世（Julius Ⅱ）所设计的陵墓中采用了古典的拱券与雕像相组合的形式，流露出他对古典建筑的研究以及他作为一位雕刻家的才华。此后这座陵墓并未建成，但从他所设计建成的圣洛伦佐教堂圣器室中，仍然可以看到这种建筑特点。在圣器室的设计中，米开朗琪罗利用建筑外立面的形象来处理陵墓内部的空间以及祭坛的形象，同时加入写实性的墓主形象和抽象性的象征性人物雕像，因此既获得了雄伟的气势又极具纪念性。

图 8-3-9　比亚门：约在 1565 年设计建成的比亚门中，米开朗琪罗通过灵活、自由的组合和断裂的山花装饰等形象，给其后的建筑师创造新风格提供了诸多的参考，并暗示出巴洛克建筑时代的到来。

此后，这种将建筑外立面的装饰手法用于室内的做法，又在他 1523 年起设计的洛伦佐图书馆阶梯中再次被运用。这座图书馆是一座有着狭长长方形平面的建筑，入口前厅位于建筑的一端，但由于前厅与主要图书馆之间存在较大落差，而且前厅面积有限，因此室内大部分都被陡峭的楼梯所占据。米开朗琪罗首先在室内墙壁上设置了占据大约 2/3 空间的通层巨柱，再通过在柱下的檐线和柱间小壁龛的配合，突出室内的高敞之感。此后设计了一个巨大尺度的缓坡阶梯，这个阶梯十分宽大，而且有对称设置的栏杆自上而下呈放射形设置，将整个阶梯分成三份，主阶梯本身的台阶宽而缓，并采用向外突出的圆弧形轮廓，呈现出一种开放之势。这种阶梯与巨柱的配合，极大地拓展了前厅的空间，不仅有效掩盖了局促的空间，还使入口显得气势非凡。

米开朗琪罗突破了古典建筑规则尤其是柱式使用规则的传统，将古典建筑元素与梯形、圆形等更广泛的元素相配合，获得了极佳的建筑效果。除了洛伦佐图书馆之外，他在罗马卡皮托里山上设计整修的罗马市政广场上表现出的创新性更强烈。

市政广场位于山顶，原由一座主体的市政厅和附属的档案馆建筑组成。由于受基址限制的缘故，两座建筑虽然一横一纵建造，但平面上并不垂直，档案馆建筑平面是稍向内收的斜向设置。米开朗琪罗在此基础上进行的整建，顺应广场原有两座建筑的斜向布

图 8-3-10　圣洛伦佐教堂圣器室雕刻局部：米开朗琪罗在圣器室祭坛设计中最大的创新，是将雕塑与建筑的形象相结合。

局，在另一侧也斜向设置了一座建筑，这样反而形成了一个平面为梯形的对称式建筑群形式。此后他又利用在基座上添加檐线的设置，使主建筑形成建在台基上的假象，再加上和两侧建筑通层巨柱的使用，在视觉上产生附属建筑只有一层的效果，有效提升了主体建筑的地位。

在建筑围合出的梯形广场上，他设置了带不规则体块分割的椭圆形铺地图案，使广场获得了同样规整的效果。这种利用不规则图形来达到对称效果，以及对古典建筑元素更加自由运用的做法，也成为手法主义风格的基本特色之一。

图 8-3-11　洛伦佐图书馆阶梯：米开朗琪罗在图书馆阶梯的设计中，既引入建筑外立面装饰手法获得了庄重的空间效果，又通过弧形阶梯的设置缓和了过于严肃的氛围。

米开朗琪罗真正取得的最大成就是他晚年对罗马圣彼得大教堂穹顶的设计。米开朗琪罗受委托完成大教堂的修建设计任务时已经 70 多岁了，他力主恢复布拉曼特的集中穹顶式设计，并且为教堂设计了一座 9 开间的古典式柱廊。

在结构上，米开朗琪罗也采用佛罗伦萨穹顶的双层尖拱顶形式，但结构上更加成熟，不仅穹顶外层采用石材覆面，还形成饱满的球面形象。米开朗琪罗还为穹顶设计了带双壁柱的高鼓座，并为穹顶和屋顶设计了精美的雕像装饰。虽然大穹顶是在米开朗琪罗去世后才建成的，但此后的建筑师基本按照米开朗琪罗事先设计的结构施工，保证了原设计的延续性。

图 8-3-12　罗马市政厅：米开朗琪罗在罗马市政厅建筑项目中有两项创新，一是利用斜向加入的新建筑使原建筑群形成对称关系，二是设计了椭圆形铺地，为文艺复兴风格引入了更灵活多变的艺术元素。

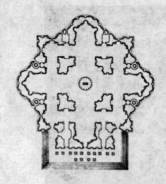

图 8-3-13　米开朗琪罗设计的圣彼得大教堂平面：米开朗琪罗设计的教堂平面，基本恢复了布拉曼特的设计方案，还为教堂加入了一个雄伟的柱廊立面。

四、意大利文艺复兴后期发展

除了单体建筑上复古变化以外，古典城市中以广场为中心的城市布局特色也在很大程度上被复兴了。古典规划整齐的城市和以城市为主导设置建筑的设计特色，以及当时在建筑、绘画等领域流行的透视、比例等学说，都在很大程度上影响到当时的城市设计思想。对于轴线性和比例在建筑和城市规划方面的设置，早在古罗马时期的广场建筑中已

图 8-3-14　理想城壁画：乌尔比诺公爵府的壁画，向人们展现了一个集中式的公共建筑，以及以这座建筑所形成的以广场为中心的、充满古典理性比例尺度的理想城市方案。

经有所体现，但在古罗马覆灭之后，几乎整个中世纪里，人们在建筑和城市的建造上已经完全抛弃了这些古老的建筑规则。

文艺复兴时期对古典建筑和城市的测绘，以及人们对建筑内在的数理关系的重视，使轴线、对称和比例、视觉效果等古典时期建筑师所必须考虑的设计元素重新得到了人们的重视，并将其广泛应用于建筑实践之中。在新城市的规划上，乌尔比诺这座城市的设计表现得比较突出。虽然这是一座小城，但由于小城的统治者倾向于遵从文艺复兴思想，因此使乌尔比诺一度成为与佛罗伦萨声名比齐的文化中心。乌尔比诺城里最具代表性的建筑作品，是轴线明确和以柱廊庭为中心建造的总督府。在这幢建筑的墙壁上所绘制的一幅理想城市的壁画，也展示了当时人们对古典建筑形象、轴线和中心明确的城市模式的向往。

图 8-3-15　教皇庇护二世广场：位于罗马皮恩扎小城的这座广场，由教皇宫殿与教堂、市政厅围合而成，通过地面方格铺地与建筑的配合，获得了良好的透视效果。

虽然大规模的城市布局变化与重建是不可能的，但无论是佛罗伦萨、罗马这些大城市，抑或是乌尔比诺、皮恩扎这样的小城市，都开始通过改造，在城市中开辟出一些城市广场，以作为城市生活和荣誉的象征。

在文艺复兴时期的城市广场建设中，尤其以威尼斯圣马可广场（Piazza San Marco）的改造最具代表性。威尼斯的建筑文化发展相对独立于罗马和佛罗伦萨的传统，因为威尼斯从很早开始就是连通欧亚各地的商业重镇，这里的建筑同时受到欧洲建筑传统与浓郁的东方建筑风格的双重影响，因此呈现出很强的混合风格特色。

威尼斯的城市景观大多是以 13 世纪的建筑为主形成的。这些建筑在漫长的历史和建筑风格的交替中不断地被加建和改建，因此威尼斯的建筑以形象

281

丰富多样而著称。比如在 15 世纪晚期兴建的圣玛丽亚奇迹教堂(St. Maria dei Miraceli)就是这样的一个实例。这座教堂采用巴西利卡式的长方形平面搭配筒拱屋顶的形式建成,其立面既有古典式的拱券和壁柱,也有哥特式的圆窗。这座教堂的规模较小,而且采用多种建筑风格元素相混合的形式营造而成,它在建造上甚至完全抛弃了风格与规则的限制,整座建筑宛如一个小巧的城市珠宝盒,而这也正体现出了威尼斯建筑的特色,即可以包容多种建筑风格,较少受到文艺复兴风格与规则的制约。

图 8-3-16 圣玛丽亚奇迹教堂:文艺复兴时期威尼斯的建筑发展特色在于,不仅兴起了以古典建筑风格复兴为主的建筑运动,还更多地加入了来自哥特和东方各国的建筑风格。除了雕刻装饰之外,还加入哥

这种特色也同时反映在威尼斯的私人府邸建设上。在富商们各自不同喜好的背景之下,威尼斯兴建了许多不同风格的府邸。威尼斯的府邸与佛罗伦萨和罗马等内地的封闭宫堡式宅邸不同,多采用柱廊的开放形式,而且建筑的立面和柱廊院内部往往极尽装饰之能事,特式的尖券、壁龛等元素,使建筑形象显得更丰富。

文艺复兴时期威尼斯最大的变化是圣马可广场的整建。圣马可广场以中世纪所修建的圣马可教堂坐落在广场一侧而命名。圣马可广场由圣马可教堂正对着的东西走向的大广场与另一段与其垂直相交的南北走向的小广场组合而成,通过圣马可大教堂和总督府作为转折。其中大广场东西两个长边的两侧分别采用连拱柱廊的形式保持开放,小广场与大广场相接的内侧立有一座方形平面的钟塔,这也是广场的高度标识物。

小广场与运河河口的码头相通,一边是总督府,另一边是由珊索维诺(Jacapo Sansovino)设计的圣马可图书馆。这两座建筑是风格完全不同的建筑。总督府是 15 世纪早期建成的庭院式建筑,其正对小广场的立面底部两层采用火焰式哥特拱券廊,上部的墙面除开设有尖券窗外,还有织锦式的花纹装饰,东方气十足。圣马可图书馆则是珊索维诺按照古典样式设计的,其立面采用双层连拱廊的形式,显得开放而庄重。

圣马可广场这种聚集了总督府、城市主教堂和市政厅建筑围合而成的广场,与古罗马时期权力建筑围合成广场的传统很像。圣马可广场也是拥挤的威尼斯最为开阔的陆地空间,其内部禁止车辆通行,是完全为人们在此举行各种仪式而设置的,因此有"城市会客厅"之称。

图 8-3-17 圣马可广场钟塔剖面结构

在圣马可小广场斜向通过运河相隔的对岸,有一座带穹

图 8-3-18　圣马可广场：圣马可广场由市政厅、圣马可教堂和其他建筑围合而成，16 世纪中期经过整建后，成为整个威尼斯城市公共生活的中心。

顶的教堂，这是文艺复兴晚期的代表性建筑师帕拉弟奥设计的圣乔治马焦雷教堂（St. Giorgio Maggiore）。这座教堂虽然遵循天主教传统采用拉丁十字形平面，但却在十字交叉处设置穹顶，教堂的横翼很短而且是半圆形平面形式。在教堂的正立面上，帕拉弟奥采用了巨柱支撑三角山墙的神庙样式，但同时也经由主立面两侧带半山墙而且高度降低的部分，直接显示主侧厅高度上的落差。

帕拉弟奥在威尼斯设计建成了两座教堂建筑，都是以穹顶与拉丁十字形平面的组合形式出现，显示出帕拉弟奥对古典建筑风格创新方面的独特理解。帕拉弟奥的这种将古典元素或

图 8-3-19　威尼斯图书馆侧立面：带有古典拱券式回廊的威尼斯图书馆，展现了一种开放的公共建筑模式，也是在圣马可广场最早建成的文艺复兴风格建筑。

图 8-3-20　圆厅别墅：帕拉弟奥设计的这座别墅虽然实用功能并不完善，却创造了一种全新的造型模式，这种造型模式后来被许多府邸建筑所采用，因而圆厅别墅成为文艺复兴时期的标志性建筑之一。

古典形象与实际建筑传统相结合的做法，使古典建筑复兴风格所适用的范围延伸得更广。这种实践经验无论对当时的建筑师还是对后世的建筑师都有很大的影响，但就是这样一位在文艺复兴后期享有盛名的建筑师，他的建筑作品除了威尼斯的两座教堂之外，全都集中在隶属于威尼斯的一个小城维琴察。

帕拉弟奥的建筑设计虽然主要都是来自维琴察地区业主的委托，但是其建筑设计的类型却是十分多样的，从公共建筑到私人府邸，无所不包。帕拉弟奥最著名的设计之一是他为维

琴察设计的巴西利卡式大厅建筑，在这座建筑中，帕拉弟奥运用了威尼斯广场上最具特色的双层敞廊的建筑形式，也由此产生了一种经典的建筑立面形式。

这种以带壁柱相隔的方形开间为基础，在每个开间中又通过小支柱与拱券的组合分隔开间的做法，使整个立面既保持了通透性，又具有很强的节奏感。它在此后作为一种立面模式而被广为使用，人们将这种立面构成模式称为帕拉弟奥母题。

图8-3-21　圆厅别墅剖面图：以别墅内部穹顶所在的圆厅为中心，并在四周设置各种功能空间的做法，是集中穹顶建筑模式在私人府邸建筑中的典型运用。

除了带敞廊的公共建筑立面成为一种固定模式而被后世广为应用之外，帕拉弟奥为另一座度假别墅式府邸建筑设计的建筑和立面形象也颇为经典。这座名为圆厅别墅（Villa Rotonda）的建筑位于维琴察郊外，由于主要用于业主短暂的度假，因此使用需求简单，给予建筑师以较大的设计自由度。

帕拉弟奥所设计的这座建筑是平面为正方形的建筑体块的、顶端带有一个锥形穹顶的形式。建筑4个立面的形象都一样，由一段大阶梯和一个有希腊山花的6柱门廊组成。从地面到门廊入口，也就是阶梯上升高度那一部分，除台阶部分外都由连续的横向檐线标示，以下的部分形成低矮的底层。这个底层采用拱券结构支撑，是建筑的储藏与服务空间所在。从门廊进入以后，建筑的内部又分为两层，都围绕穹顶所对应的圆形大厅而建。

帕拉弟奥所设计的这座圆厅别墅，其建筑形象上的意义远比使用功能要大得多。帕拉弟奥在建筑中将穹顶为中心的建筑空间与神庙式的柱廊入口形式进行结合，是古典特色的明确的手法。但他在建筑的四面设置相同立面，以及在建筑内部不均等设置空间的做法却是大胆的创新。此外，在这一座建筑中，同时出现了正方形、三角形、圆形等多种形状，而且无论是借助四面暴露的阶梯形成的十字形平面，还是圆形穹顶大厅所形成的明确中心，都使建筑呈现出很强的内聚性。这种既保留浓厚的古典意味又具有很大创新性的做法，也是帕拉弟奥最突出的建筑设计特色之所在。

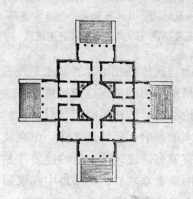

图8-3-22　圆厅别墅平面：尽管圆厅别墅的平面构图简单，但包括多种几何图形和协调的比例与尺度关系，是文艺复兴时期既复兴古典建筑规则，又大胆创新的建筑代表。

除了进行具体的建筑设计之外，帕拉弟奥还像许多同时代的建筑师一样，热衷于建筑理论书籍的撰写工作。以对古罗马遗址的测量、对同时期其他建筑师作品的解析以及他自己设计的建筑经验为基础，帕拉弟奥撰写了许多论述古典建筑与古典建筑元素新应用规则的论文与书籍，其中以他1570年发表的《建筑四书》（I Quattro Libri dell' Architettura）

最为著名。这本书所写的内容与之前发表的，文艺复兴后期著名建筑理论家塞利奥（Sebastiano Serlio）、维诺拉（Giacomo Barozzi da Vignola）等撰写的书一起，都根据他们自己的测绘、研究以及在实际中的应用，制定出一套以五柱式比例尺度为基准的建筑法则，这些法则不仅依照古典模式制定了柱式与不同类型和不同风格建筑之间的配套方法，还制定了一套严谨的柱式使用规则。但反观文艺复兴时期有所成就的建筑师，其最大的特点恰恰就在于对传统和既有规则的突破。

图 8-3-23　文艺复兴五柱式：维诺拉总结的五种柱式的样式、比例尺度运用规范，是文艺复兴时期颇有影响的建筑规则。

意大利的文艺复兴建筑运动从 15 世纪创新性地恢复古典穹顶建制开始，在此后的 200 年发展历程中先后涌现出像伯鲁乃列斯基、布拉曼特、米开朗琪罗、帕拉弟奥这样的著名建筑师，同时也出现了像阿尔伯蒂、塞利奥和维诺拉这样在建筑理论探索方面取得突出成就，并对后世建筑发展极具影响力的人物。而且在米开朗琪罗等注重个性化和自由建筑手法运用的建筑师的带动下，不仅使意大利文艺复兴建筑风格逐渐走向更加活泼和多样的手法主义建筑发展方向，还直接导致了之后新的巴洛克建筑风格的出现。

意大利文艺复兴建筑运动的最突出特点，是建筑师们在恢复和研习古典建筑传统基础上的创新。因为此时许多地区的建筑委托人都不只限于来自教廷和宫廷，还包括来自市政厅、救济院等各种公共机构的负责人以及主教、高官、富商、地方总督等个人。因此建筑师设计的类型从大型教堂、市政厅到私人的乡间别墅无所不包。这种建筑需求的多元化，也是导致此时的建筑作品显现出多样化的古典风格与古典的优秀作品形式再现的重要原因。从文艺复兴时期起，随着城市资产阶级的产生和中西欧地区王权的逐渐强化，建造雄伟的建筑已经不再是教廷的专利，而成为满足社会更广泛需求、表现不同建筑诉求和内涵的标志物。这种现象导致了各地区建筑风格的分化。

图 8-3-24　从乌菲齐宫看佛罗伦萨市政厅：16 世纪中后期兴建的乌菲齐宫是一座平面为 U 形的庞大建筑物，通过窗口上有规律的山花和檐口线变化，其内部露天走廊获得了规则又有变化的艺术形象。

意大利在 200 多年时间内逐渐发展和成熟的文艺复兴建筑风格，还传播到了意大利之外的地区。在文艺复兴的发展过程中和意大利文艺复兴建筑风格发展结束之后，这种设计倾向长时间对欧洲许多地区和国家的建筑发展产生深刻的影响。

第四节　意大利文艺复兴建筑的影响及转变

一、法国文艺复兴建筑

大约从 15 世纪末期开始，意大利境内各地区实行不同政治体系的邦国之间，开始频发战争冲突，这种冲突到 16 世纪中期后愈演愈烈。混乱的区域战争不仅使各地区的经济发展受挫，同时也招致法、德和西班牙等周边国家对意大利的侵略。这几个国家以宗教改革、经济和政治等原因为借口，纷纷进攻佛罗伦萨、米兰、罗马等地，使意大利境内各国的经济和社会发展受到了一定影响。

图 8-4-1　16 世纪中期的法国府邸：创造性地运用古典建筑元素的做法，在意大利以外的建筑中也有所发展，并产生了一些富有创新性的建筑佳作。

但这种跨地区的战争也给艺术风格带来了全新的发展契机。继意大利的文艺复兴之后，古典复兴的建筑风格又继续向周边国家和地区扩散，对很多国家的建筑风貌发展产生了影响。虽然意大利以外的各个国家和地区在政治、经济与社会文化、建筑传统等方面的发展情况与背景各不相同，但在对新兴的人文主义文化的向往上是具有共同趋向的。因此虽然一些国家对于意大利的这股源自古典文化的文艺复兴风格的态度各不相同，但意大利周边的各地区却都明显展现出了文艺复兴的影响。

意大利地区，尤其是罗马作为文艺复兴风格的发展中心，其艺术活动的主导者是教廷，这使得文艺复兴这种古典的建筑风格蒙上了一层浓郁的宗教气息，也使得意大利地区以外的各地在对文艺复兴风格的借鉴和引用的态度上与意大利存在较大差异。

从时间上说，其他国家和地区的文艺复兴风格发展，在时间上要晚于意大利本土，当 16 世纪末期文艺复兴风格在英国、法国和西班牙等国开始流行之时，意大利已经进入巴洛克建筑风格发展时期。欧洲各地区所发展出的古典复兴的建筑样式也各不相同，其中受文艺复兴建筑风格影响最大的是法国。

图 8-4-2　凡尔赛宫大马房建筑立面：法国大幅度地引入意大利文艺复兴风格，并将其与地区建筑传统相结合，创造出了宏伟的凡尔赛宫殿建筑群。

法国的文艺复兴风格在 16 世纪后才逐渐兴起。因为当文艺复兴在 15 世纪的佛罗伦萨等发达的城市共和国兴起之时，法国还处在分裂状态下，并未形成统一的国家。而直到 16 世纪初期，法国所在的地区才在弗朗西斯一世（Francis Ⅰ）的统治之下形成统一的国家。在 15 世纪末至 16 世纪初期，由于法国人对意大利北部伦巴底（Lombardy）地区的几次侵略，使法国人对于意大利文化产生了极大的兴趣，尤其是对于意大利城市中文艺复兴式的建筑风格十分向往。当时的国王弗朗西斯一世更是把许多意大利的艺术家召集到了法国，比如著名的全才型艺术家达·芬奇（Leonardo da Vinci）就是其中的一位。

在国王的推动之下，法国掀起了一股学习意大利文艺复兴风格的建筑热潮。到 16 世纪 20 年代末期，大批的意大利建筑师来到法国，同时法国也派了很多的建筑师到意大利进行学习。意大利文艺复兴时期出版的各种建筑理论书籍也就被大量地引入并翻译成法语，以供更多的建筑师参考，因此产生了意大利人"用书籍和图画把古典建筑的知识教给了法国"的说法。法

图 8-4-3 《维特鲁威人》：达·芬奇在这幅著名的素描画中创造了一种理想的人体比例关系，表现出他对几何图形研究的浓厚兴趣，也显示了文艺复兴时期人文与科学研究的兴盛。

国文艺复兴时期营造的建筑主要集中于巴黎附近的乡间和罗亚尔河畔的城堡建筑中。

从中世纪时起，罗亚尔河流域就兴建了许多坚固的城堡建筑。到 16 世纪弗朗西斯一世统治时期，这些城堡改建和扩建主要采纳的风格就是来自意大利的文艺复兴风格。

作为哥特风格的发源地，法国各地的建筑都长时间地保持着浓厚的哥特建筑风格痕迹，因此在各地改建的建筑中最常见的景象，就是文艺复兴风格与哥特式两种风格的混合之作。这种混合风格表现最明显的建筑是罗亚尔河的香博城堡（Chateau Chambord）。

这座城堡是在一座中世纪修建的堡垒建筑的基础上重新兴建的，也是一座从开始就本着实现文艺复兴风格与法国传统风格成功结合这一目标而兴建的城堡。这座城堡的总平面是长方形的，被一圈单层的建筑围合，而且在平面的四个角上都建有一座圆形平面的塔楼。主体建筑位于长方形的一条边上，仍旧是四角带圆形塔楼的建筑形式，只是建筑平面变成了正方形，楼层也加高至 3 层。无论是单层还是多层的建筑部分，其立面都采用壁柱、拱券与简单的长方形窗相结合，形成简洁、规则的古典立面形象。在三层的主体建筑内部，以中心的螺旋楼梯为交叉点形成十字形的连通空间，这个连通空间是建筑内部的主轴，并且在建筑内部各层分划出四个方形的使用空间，体现出很强的对称性与规则感，这种布局明显延承了文艺复兴的古典建筑规则。

图 8-4-4 罗亚尔河流域的城堡：罗亚尔河流域兴建了大量皇室与贵族的城堡，在文艺复兴时期掀起重建与改建这些城堡的热潮，成为法国文艺复兴建筑的突出代表区域之一。

图 8-4-5　香博城堡：香博城堡是运用文艺复兴风格的古典建筑理念设计，同时又融入法国传统哥特建筑形象的一座复合风格的建筑。

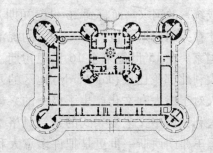

图 8-4-6　香博城堡平面示意图：香博城堡的主体遵循意大利古典复兴建筑风格的对称规则设计，在城堡主体建筑内部以圆形的螺旋楼梯和十字形通道为中心设置各使用空间。

而在建筑外部，尤其是屋顶的部分，却体现出很强的法国本土建筑特色。比如建筑中设置在四角的几座圆塔都采用尖锥形顶，而且在主体建筑部分的圆塔上还单独设置着一些小尖塔，这些小尖塔有采光窗和烟囱等不同的使用功能，因此其样式有方形小塔、带穹顶的小亭等多种。由于法国受寒冷气候的影响，因此建筑不是平顶，而是采用不易积雨雪的坡顶形式，屋顶侧面还往往开设老虎窗，而这些窗的上楣也往往带有尖饰。这样，整个建筑大小尖塔林立的顶部就与朴实、简洁的立面形成了一种对比，使建筑在造型上表现出一种垂直的动态效果，同时也呈现出法国文艺复兴建筑的特色。

除了香博城堡的营造之外，罗亚尔河流域的许多城堡也都不同程度地进行了文艺复兴风格的改造，但其呈现出的共同特色就同香博堡一样，都是文艺复兴风格与哥特风格的混合。

图 8-4-7　雪侬瑟城堡：雪侬瑟城堡的主体建筑以哥特风格为主，但加入了一些威尼斯的建筑处理手法，后建的跨河长廊建筑则采用文艺复兴风格建成，是混合风格城堡的代表之一。

二、西班牙文艺复兴建筑

西班牙人从 15 世纪初就建立了绝对君权体制的国家，此后不仅成功驱逐了南部信奉回教的摩尔人，而且在美洲的殖民活动也进展顺利。到 16 世纪中期时，西班牙已经发展成为一个囊括了西班牙、德国、意大利、尼德兰多块欧洲领土的大帝国，而且在北非和中南美洲还拥有大片的殖民地。此后，虽然到西班牙国王菲利浦二世（Philip Ⅱ，1556—1598 年在位）时期西班牙帝国的领土遭到分裂，但菲利浦二世统治的西班牙帝国仍旧享受西班牙本土、意大利、尼德兰的大片封地，并拥有北非的殖民地。

作为国家兴盛发展的直接表现，大量的建筑活动开始兴起，而且由于西班牙王室是虔诚的天主教徒，与罗马教廷关系密切，因此西班牙的文艺复兴风格直接来源于罗马。但这种严谨的建筑风格并不适用于西班牙的所有地区。总的来说，在文艺复兴时期的西班牙，同时有两种不同的建筑风格并行发展着：一种是在欧洲建筑传统和古典建筑风格复兴基础上，受严格的宗教信念影响而形成的严肃的文艺复兴的建筑风格，主要被宫廷和教堂所采用；另一种是在长期被摩尔人占领的西班牙南部回教风格影响下，掺入了更多回教风格而形成的极富地方特色的综合风格，主要在民间被各种世俗功能的建筑所使用。

图 8-4-8　西班牙的教堂内院：文艺复兴风格传入西班牙后，即与本地浓厚的回教建筑风格相混合，这是文艺复兴建筑风格在西班牙发展的突出特色。

同英、法和尼德兰等其他地区的经济发展不同的是，西班牙的经济发展从一开始就是由宫廷主导和控制的；而且相对于其他地区的商业贸易型经济体制而言，西班牙主要以掠夺殖民地的经济为主。因此，在这种经济发展模式之下，西班牙的资本主义经济并没有随着商业化的发展而出现。由于经济活动和控制权一直被牢牢地掌握在王室贵族和教会一方，因此大型的建筑活动也就成了西班牙王室和贵族的专属活动，并主要以宫殿、官邸、教堂等建筑类型为主。

西班牙王室崇信禁欲主义的天主教信仰。因此虽然全面引入源自罗马的古典复兴风格，但却抛弃了意大利建筑师那些自由随意的装饰创新，而只保留了简化、典雅的古典建筑基调。这种严肃的文艺复兴风格表现最突出的是建于今马德里（Madrid）附近的埃斯科里尔宫（Escurial）。

图 8-4-9　萨拉曼卡大学入口：萨拉曼卡大学融合哥特风格、文艺复兴风格与回教风格而形成的银匠风格入口，是西班牙多种建筑风格融合所形成的特有建筑风格。

埃斯科里尔宫是一座为王室所建造的多功能的复合型宫殿建筑群。这座庞大建筑群的平面大约是一个 204 米×161 米的长方形，只在一条长边上略有突出，那是主教堂的后殿部分。长方形的建筑平面被一圈 2~3 层的建筑围绕，这些围合建筑全部采用花岗岩建成，而且除了简单的长窗列之外毫无装饰，因此整个宫殿从外部看给人冷峻、封闭之感，宛如一座戒备森严的监狱。宫殿内部含有各种功能的空间，但装饰性的设置很少，仍以简化、肃穆的总体风格为主。宫殿内部以教堂和教堂所对的广场为轴，在这个轴线两侧对称地设置有宫殿、神学院、修道院和大学、政府办公和其他附属建筑，此外教堂的地下室还是皇室陵墓的所在地。

埃斯科里尔宫整体的布局规则、严谨，花岗岩与简化立面和强烈的规则性相配合，营造出冷漠而雄伟的建筑群形象。也正是因为埃斯科里尔宫在形式上的这种鲜明的艺术特点，建成后在当时的社会中引起了巨大的轰动与反响，引得各地的君主都纷纷开始效仿建造这种能够彰显自己实力的大型宫殿建筑群。

图 8-4-10　埃斯科里尔宫：包含诸多建筑的埃斯科里尔宫，具有很完善的功能和较强的独立性，同时以简化、冷漠的建筑形象为主要特色，有力突出了王权的威严。

而在西班牙的世俗建筑之中，文艺复兴风格则与此前长期流行的回教风格相结合，衍生出一种银匠风格，萨拉曼卡大学建筑是这种风格的突出代表。在萨拉曼卡大学约于16世纪中叶时整修的建筑的立面中，整体的构图设计是按照文艺复兴的古典风格确定了横向分割的形式，并利用雕刻带与壁柱明确划定了立面的范围。但无论是壁柱的形象还是雕刻装饰图案本身，都呈现出一种建立在回教的细密纹饰风格基础上的形象。虽然雕刻的图案和人物都是西方的，但表述方式和最后的形象却极具东方特色。这也是西班牙所独有的一种文艺复兴风格的变体形式，并为其后流行的巴洛克建筑风格拉开了发展的先声。

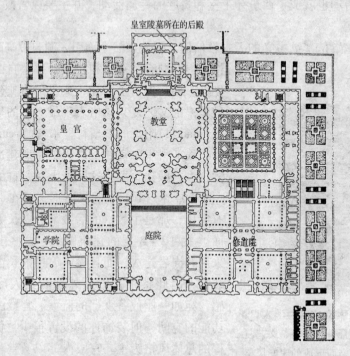

图 8-4-11　埃斯科里尔宫平面示意图：西班牙王室崇敬被放在铁箅上烧死的圣徒劳伦斯，据说整个宫殿的平面也是一个简化的铁箅形象。

三、英国文艺复兴建筑

相对于王权逐渐加强的法国和西班牙，文艺复兴中心区北部的德国和英国的文艺复兴风格发展要更晚一些。在整个16世纪到18世纪之间，现在版图概念上的德国及其周边地区正处于封建诸侯混战时期，因此生活在这里的人们在思想上以封建专制的守旧思想为主导，这一点连宗教改革的新教派也不例外；在行动上各地势力忙于征战。因此所谓"神圣罗马帝国"实际上已经名存实亡，其版图也随着诸侯的战争而不断变化。在这种情况之下，人们无心也无力在建筑风格的问题上进行深入探索，在少量的大型建筑中，文艺复兴风格的影响也只是表现在示意性地引入了一些来自古典的柱式与拱券等标志性元素上。因此总的来说，德意志地区的文艺复兴建筑成果是十分有限的。

英国在12世纪后期封建势力发展至鼎盛，其在欧洲大陆上也占有大片的土地。英国在大陆上领土的不断扩充，对法国造成了严重威胁，因此英、法两国从14世纪中期开始进行了长达一百多年的领土战争。到15世纪中期，英法两国的"百年战争"结束时，两国的领土得到了确认，避免了更大规模冲突的发生。

图8-4-12　维也纳九天使唱诗教堂：虽然文艺复兴所掀起的古典建筑之风，在西欧各国的影响范围上有限，但时间却相当长远，它开启了西欧各国古典复兴建筑发展的大门。

英国在百年战争之前相当长的历史时期内，受法国文化体系的影响深刻，不仅官方语言是法语，而且国家体系也直接来源于法国。但相比于法国和佛兰德斯等地区发达的经济和较高的城市化水平，英国的社会发展水平却相对较低。

几乎直到16世纪初期的时候，英国的城市规模和城市人口还很有限，虽然有安特卫普这样发达的商贸城市，却并未带动全国的经济发展。但在此之后，随着英国形成集权制的国家，引入欧洲大陆地区先进的技术与耕种面积的扩大，英国的经济逐渐发展起来。皇室将老贵族的土地没收，并严格限制了贵族的权力，使传统的封建制度向新的以国王为主导，以新的商人与地主阶层为基础的政治制度上来。

图8-4-13　朗格丽特府邸：具有意大利风格的府邸建筑，是16世纪后期英国文艺复兴风格最具代表性的建筑形式，但这些府邸在内部也不同程度地保留着传统哥特装饰风格。

随着这种经济与政治变革而来的，是宗教改革。英国在全国范围内推行新教，与罗马教廷水火不容。受经济发展的崛起晚于欧洲大陆各国，以及英国在政治和宗教方面保持独立性等因素的影响，文艺复兴建筑风格在英国发展的时间也较晚。英国的文艺复兴，大约从16世纪后期才开始，至17世纪时逐渐成熟，而且文艺复兴风格的建筑实例以大型府邸和宫殿建筑为主。在文艺复兴建筑风格的引入方面，英国以伊尼戈·琼斯（Inigo Jones）最具代表性。

伊尼戈·琼斯曾经两次亲身到意大利进行学习，因此对古典建筑遗址和意大利流行的文艺复兴风格都有很深入的认识，并受意大利文艺复兴晚期的著名建筑师帕拉弟奥影响很大。他回国后主要担任宫廷建筑师的职务，因此琼斯的设计也主要以宫殿建筑为主。琼斯在格林威治为詹姆斯一世（James Ⅰ）的皇后设计的女王宫（Queen's House），就明显是采用帕拉弟奥式的设置手法来设计的。整个建筑的前立面像帕拉弟奥的圆厅别墅一样，横向分为三层，

图 8-4-14　朗格丽特府邸平面示意图：朗格丽特府邸的平面显示出明显的轴线性，其内部纵横走廊与大套间相配合的形式，是为了满足王室的居住需要而特别设计的。

并以上部的两层为主。背立面虽然转向为两层，但通过在建筑中部开设柱廊阳台和密集的开窗，因此也在纵向分为三个部分。

琼斯所注重学习并在英国得到发扬的文艺复兴风格，是一种建立在严谨与和谐基调之上的典雅建筑风格。这种建筑风格摒弃了意大利文艺复兴后期那种自由和追求变化的装饰手法，仍然是以均衡的比例与构图营造出清丽的建筑形象。而此时在文艺复兴运动的原发地意大利，建筑风格已经转向了华丽和扭曲的巴洛克风格上去了。

图 8-4-15　女王宫：在琼斯的最初设计中，女王宫采用了H形的平面形式，此后在不断的扩建中形成了现在的立方体式建筑造型，但建筑总体上的帕拉弟奥风格得以保留。

总　结

源自意大利的文艺复兴建筑风格，虽然只在15世纪到16世纪流行了近200年的时间，但对欧洲建筑发展的影响却是深远的。意大利文艺复兴风格的建筑是应当时复杂的政治、经济和社会发展情况而产生的。对古典建筑形式与规则，如柱式、拱券、比例，以及对古典神庙、凯旋门等建筑样式的复兴，不仅是一种简单的形象与规则的重新运用，更多的是反映出一种人们在结构技术和设计、审美理念上的创新与进步。这一点，

以佛罗伦萨大穹顶的建造成功为标志。

　　文艺复兴建筑风格在各地的不同发展，也同样是其所在地综合社会发展状况的反映，而且这种反映还加入了本地建筑传统的因素。文艺复兴风格对各地建筑的影响，并不仅仅体现在 16、17 世纪各地文艺复兴风格兴起之时的建筑设计上，还在于影响和教育了各地的新一代建筑师对古典建筑传统的再认识。在 16 世纪之后，意大利的教廷势力崛起，因此其建筑发展转向以炫耀财富与技巧的装饰手法为主的巴洛克风格上，这种新风格也像文艺复兴的建筑风格一样，随着各地区间联系的频繁而流传到其他国家，并对许多国家的建筑产生了影响。但此后各地对新建筑风格的接受态度更为谨慎。因此总的来说，没有哪一种风格能够像文艺复兴风格那样，全面唤醒人们重视古典建筑传统并推动新建筑风格的发展，而且还在欧洲产生了如此广泛的影响。

第九章　巴洛克与洛可可风格建筑

第一节　巴洛克与洛可可风格建筑概况

一、历史背景概况及影响

巴洛克风格始于意大利，是脱胎于文艺复兴后期发展出的一种叫做手法主义的建筑风格而形成的。巴洛克风格大约形成于16世纪的最后25年，到18世纪逐渐结束，主要发展于17世纪。巴洛克风格所表现出来的特点是注重装饰性，并以变形、艳丽、豪华的装饰为主。巴洛克建筑所表现出来的这种奢靡的格调，是有其特殊的发展背景的。

巴洛克艺术起源于罗马并主要在罗马发展，而对其他早期经济发达的城市共和国，如佛罗伦萨等地的发展和影响都不大。这是因为巴洛克风格的最主要资助者，是反对宗教改革的罗马教会。而此后洛可可风格的主要资助者，则是法国等地区的王室权贵。因此这两种风格都追求富丽堂皇的艺术效果，力求一下子就刺激到人们的神经，并由此传达一种宗教和权势的震撼性。

图9-1-1　圣约翰拉特兰教堂：罗马城的许多教堂都同拉特兰教堂一样，以文艺复兴风格建筑为主体，此后又被改建，使教堂呈现出浓厚的巴洛克风格特色。

图9-1-2　圣彼得大教堂内景：圣彼得大教堂内部装饰以巴洛克风格为主，整个内部大厅以镀金灰泥装饰的格构天花板与诸多精美的雕刻、镶嵌装饰，则奠定了大厅奢华的基调。

在这种思想指导下，文艺复兴时期盛行的约束、克制、协调、注重关系的原则完全被打破。人们把巴洛克的建筑风格按照自己的意志大量应用到了教堂建筑中，使那些原本朴素的教堂设计理念变成了以色彩绚丽的金、银，大理石以及雕刻、绘画等作为大量装饰的建筑设计新概念。

西班牙从菲利浦二世时期起，就是忠实的罗马天主教廷的崇拜者。因此当西班牙舰队登上美洲大陆，并顺利地从美洲殖民地掠夺来大量的黄金、白银和其他物资的时候，罗马教廷自然成为受其供奉的最大受益者。当罗马教廷有钱以后，首先想到的便是营造教堂，以彰显自己的实力和权力。此外，这种对罗马城的修建还具有明显的经济目的。因为从文艺复兴时期罗马城的初步整修以来，作为重振雄风的宗教中心，罗马正在迎来一年多于一年的朝圣者，这些朝圣者所带来的大量财富，也正是城市经济发展的重要动力之一。

图 9-1-3　圣洛伦佐教堂外立面：教堂的外立面本来邀请米开朗琪罗进行了设计，但此后由于洛伦佐家族的衰败和整个佛罗伦萨经济的滑坡，使立面修建计划一直未能实现。

因此从 16 世纪末到 17 世纪的这段时期里，罗马城内大兴土木。而与此同时，以往经济繁荣的城市共和国则处于经济转型期。由于新航路的开辟，使得葡萄牙、西班牙和佛兰德斯等地成为新的国际贸易中转站，而佛罗伦萨和威尼斯等地，则因贸易路线的改变而进入经济发展低潮，因此建筑活动也相对减少。

与此形成对比的是西班牙。西班牙从 15 世纪末期的伊莎贝拉一世(Isabella Ⅰ)与斐迪南二世(Ferdinand Ⅱ)时期，就极力维护国王专制制度。在政治上，国王反对和不断削弱封建贵族的势力，通过免除贵族的封号、收回贵族的封地和在地方委任直属国王的行政长官等手段，使西班牙和葡萄牙都处于集权化的统治之中。在宗教上，通过设置宗教裁判所，残酷地压制和迫害宗教改革者，并毫不留情地驱逐不信奉罗马天主教的犹太人。这种处于绝对君权统治之下的西班牙体制，与英国和佛兰德斯等地以新兴资产阶级为主导的社会性质截然不同。因此不仅西班牙的资本主义经济和资产阶级受到压制，西班牙的绝大部分财富也都集中在极少数上层统治者手中。

图 9-1-4　凡尔赛宫皇后寝室：大量运用奢华的材料如金、银、丝绸等和明亮的色彩、精美的雕刻相结合的特色，是巴洛克风格与王室需求相结合的产物。

从 16 世纪末期起，由于西班牙对美洲殖民地的长期掠夺，使从美洲来的黄金等贵金属与奢侈品进口资源逐渐枯竭。而且在西班牙国内也面临商业活动被外国商人操控，以及大量外围财富的涌入而产生通货膨胀的严峻局面。但与这种社会的经济混乱形成对比的是，上层阶级财富的累积已经达到一定程度，使得其对建筑活动的赞助达到高峰，并直接促成了大量使用黄金、白银等贵金属与堆砌夸张的装饰相结合的艺术风格的形成。

因此除罗马之外，巴洛克风格首先被西班牙宫廷所继承，并且由于耶稣会等组织在两地的统一发展，还使两地的建筑风格出现了一些相同的特色。比如，受罗马教廷强化天主教传统的影响，诸如拉丁十字形的平面等建筑特色得以被保留。但总的来说，罗马的巴洛克风格更主要是在之前古典艺术复兴风格的基础上进行发展的，是装饰与古典建筑形式的结合。而在西班牙，由于此前受古典文艺复兴风格的影响有限，而哥特风格发展繁盛，因此巴洛克又与哥特式相结合，呈现出一种全新的风格面貌。

图 9-1-5　西班牙赫罗纳大教堂：由于这座教堂的修建与改建工程持续了几个世纪之久，所以建筑呈现早期罗马风、哥特和巴洛克等多种建筑风格相混合的奇特面貌。

巴洛克艺术风格在整个西方建筑发展史已经出现过的建筑风格中，是最具世俗性和戏剧性的。除了罗马和西班牙以及两地的附属地区以外，巴洛克风格的另一个集中的发展地，是素来崇尚意大利建筑文化的法国。法国此时正处于历史上最著名的皇帝路易十四世（Louis XⅣ）统治期间，王权统治也到达了巅峰。因此华丽和富于装饰性的巴洛克风格在法国作为一种彰显强大王权的手段而被大量运用。而且在法国，人们又在巴洛克风格的基础上发展出了更为矫揉造作的洛可可风格。

图 9-1-6　彼得宫接见大厅：华丽的洛可可风格，被欧洲各地的王室用作宫殿建筑的主要装修风格，如图示俄国 18 世纪修建的宫殿建筑内部，显示出很浓郁的法国洛可可风格特色。

图 9-1-7　圣路易教堂祭坛：西班牙地区的教堂，经常将巴洛克和洛可可风格的装饰性特征与各种贵重的金属材料结合，使用繁复的手法堆砌各种装饰物，造成极富震撼力的形象。

追求华丽装饰效果的风格也主要是在教廷和宫廷中流行,除了法国之外,在罗马等地也有所发展。路易十四时期初具规模的凡尔赛宫是洛可可风格最主要的应用之地。而且除了在罗马教廷和法国宫廷中之外,洛可可风格的装饰在法国贵族宅邸和德语地区也得到普遍应用。德语地区此前经过长时间的混战,已经形成了诸多分立的小城邦。各城邦在相对稳定、和平的发展状态下也纷纷大兴土木以彰显国力,因此无论是教堂还是宫廷建筑,都很自然地接受了洛可可建筑。

在宗教改革和强大王权背景之下发展出的巴洛克与洛可可建筑风格,实际上是一种更注重装饰性和带有极强的享乐主义与炫耀目的的新风格。这两种风格也可以说是一种扭曲的信仰化了的建筑艺术,其建筑形式具有强烈的情感震撼性。

巴洛克建筑风格虽然仍是在古典建筑元素的基础上发展起来的,但添加了更多新风格的装饰。不仅如此,巴洛克风格的建筑对于各种建筑构成元素的组合与运用也变得更随意、灵活和尽兴。人们在建筑的内外设置大量柱子、山花和雕刻。在有些建筑的正立面,对柱子的叠加设计甚至已经到了一种歇斯底里的状态,是人类建筑技术与艺术经验长期累积之后的一次爆发。

二、建筑特色综述

巴洛克和洛可可建筑风格中的各种装饰元素,甚至是结构体都和装饰一样,变成了一种可以按照建筑师的意志灵活运用的词汇。建筑师任意地用这些词汇组合成各种语式,以更贴切地反映出此时浓厚、昂扬和尊贵的宗教气息。相互叠加的巨柱式、断裂式的山花和带卷边或涡卷的镶板,再加上梯形、椭圆形等以往在文艺复兴时期因形状不规则而被弃之不用的几何图形,以及各种繁复的装饰,都被巧妙地拼凑在一起,大量出现在巴洛克建筑中。

巨柱式是巴洛克建筑中最突出的一个特色。巨柱式是指直立于建筑立面的独立性圆柱或壁柱,上下贯穿几乎整座建筑的正立面。另外还有一种情况,即柱子真正的尺度并不高大,但与其所应用的建筑在比例值上超出了正常的构图关系,因此柱子在与建筑其他部分的对比中显得过于高大,给人以强烈的巨柱印象。巨柱式建筑中柱子本身的比例有的与古代神庙中的柱式比例十分相似,只是尺度超大,有的则完全是出于视觉需求而制作,不太讲究柱子本身的比例尺度,这种巨柱式的采用就像是音乐总是采用强烈的高音一样,给予了建筑立面一种神圣感和威严感。

图9-1-8 带断裂山花的粗毛石墙:巴洛克建筑风格追求一种活泼和富有装饰性的建筑立面形象,传统的粗毛石墙体与断裂山花、涡旋支架的搭配,很适合作为开放的建筑底层使用。

图9-1-9 罗马市政广场上的附属建筑：米开朗琪罗在罗马市政广场附属建筑中设置通层壁柱形式，在巴洛克时期被建筑师所广泛使用，成为加强建筑表现力的基本手法之一。

图9-1-10 断裂式山花：断裂的山花形象，是巴洛克建筑中的突出装饰形象之一，一般通过山花的叠加或涡卷饰、卷边牌匾等的加入形成。

除了巨柱式之外，巴洛克建筑中最常出现的还有一种将古典建筑的立面截断成多块，再有意错动后重新组合在一起的柱式，以及像用软蜡烛螺旋和扭曲之后形成的螺旋柱子形式。这些怪异的柱子本身就极具表现性，展现了巴洛克风格的一种扭曲的美感。

断裂式山花是巴洛克建筑风格最具代表性的特征之一。所谓断裂式的山花，就是指三角形或半圆形山花基部或是顶端部分的中间开设有缺口。并在缺口部分用人物、花朵、徽章等雕饰来进行填充，尤其以一种椭圆形带卷边或涡卷的镶板形式最为多见。这种断裂式山花不但可以使各建筑构件之间留有空隙，而且还为建筑的立面增添了动态感和情趣感。

除了加入更多活泼的装饰之外，巴洛克建筑还寻求戏剧性或音乐性的建筑元素结合。建筑外立面不再是在整体效果上追求统一、平整的感觉，而是利用柱子和壁龛等建筑部分的凹凸变化与平面上的突出、退缩变化相配合，使建筑立面也产生起伏的韵律感。此外，建筑立面中除了对拱券、壁柱和山花的尺度与形象运用得更加自由之外，还加入更多的雕像、涡卷式支架和椭圆形像章图案。因此巴洛克式建筑的正立面并不是平面形式的，而是呈现了变化明确的凹凸感，或者干脆呈现曲伏变化的曲线形平面形式，而与立面构图相配合的是在细部装饰处理上也都充满了变化。

在巴洛克教堂的内部，除了通过随意的开窗和结构上的视觉创新设置来创造独特的空间氛围之外，还要在建筑内部加入大量绘画、雕刻的装

图9-1-11 圣卡罗教堂檐口：起伏和断续的檐口形式，也是巴洛克建筑中常见的立面特色之一，檐口的变化既可以通过整个建筑立面的起伏设置实现，也可以通过单独的雕刻实现。

饰。透视效果明显的绘画与建筑空间的配合，可以营造出极具纵深感的空间效果。而真实的雕刻与绘画的结合，则可以更大程度上模糊真实空间与绘画空间的界限，增加空间的戏剧性效果。因此可以说，绘画、雕刻与建筑等多种艺术形式的紧密结合，也是巴洛克建筑的一大特色。

然而巴洛克建筑风格并不是一种单纯的装饰风格，其中也包含着结构技术上的创新。无论是在建筑的外部还是内部，为了得到新奇的建筑形象和营造独特的空间氛围，人们都会要求在当时的结构形式上要有一些相应的变化。只有这样，才能使巴洛克风格真正不同于以前所出现过的任何一种建筑风格。因此也可以说，巴洛克风格的独特建筑形象的获得，是装饰与结构相互配合的结果。

图 9-1-12 马里诺府邸：巴洛克风格在各种世俗建筑中的表现，就是雕刻装饰的增加，以及柱式、拱券、檐板样式更自由的变化。

巴洛克风格也有一些结构上的创新，这是为了达到特定的建筑形象或空间效果而被建造出来的。比如牧师瓜里诺·瓜里尼（Guarino Guarini）的代表作品、建于意大利都灵的圣尸衣礼拜堂（Chapel of the Goly Shroud），就是一座无论装饰或者结构都极为精致华丽的建筑。传说在这座礼拜堂之中有象征着耶稣身体的圣尸衣的陵墓，因此瓜里尼在教堂的设计上遵循了古典传统，在位于陵墓的上方设置了一个形状极为复杂的阶梯形穹顶。这个穹顶以复杂的肋拱交叉而闻名，显示了高超的结构设计与建造技巧，也是巴洛克时期具有突出代表性的结构创新。这种结构上的创新也在教堂内部被直接表现了出来，复杂的穹顶肋拱与光线和色彩相配合，仍旧获得了异常华丽的结构效果。

洛可可风格纯粹是一种纤弱、华丽的装饰风格。在建筑结构方面并没有多大创新，而只是一种炫耀财富与营造奢靡氛围的装饰。洛可可风格的装饰中很少用直线，而是以 S 形和其他形式的曲线为主，到了后期则以波浪形的贝壳饰、火焰饰与扭曲变化的植物、水果和怪诞的人物形象相结合，构成更为刺激的视觉形象。这些手法不仅被应用在建筑的装饰上，还被应用在家具、壁画、铺地、壁龛的装饰上。以凡尔赛宫镜厅为建筑范例，各地也都开始兴建起一种由大窗、镜子与精细装饰相配合的居室。这种居室中不仅铺满装饰，而且通常还要用金色、银色和各种鲜艳的色彩与之相配合，由此营造出一种富丽堂皇、充满幻想的空间氛围。

图 9-1-13 圣尸衣礼拜堂穹顶：巴洛克建筑风格更注重建筑结构本身，以及结构所提供的光影变化对内部空间形象的影响，因此使建筑内部空间极具感染力。

巴洛克和洛可可风格，尤其是洛可可风格，是一种专注于装饰和炫耀的建筑风格。这两种风格更多地表现出将建筑、雕刻、绘画等多种艺术形式相

299

结合的方法与技巧，而不是在建筑结构和功能上的创新。在盛期的巴洛克与洛可可风格的建筑中，甚至还出现了因为过于注重装饰而部分牺牲建筑使用功能的现象。而且巴洛克与洛可可的建筑风格是一种供宗教和王权所享用的装饰风格，不仅需要有一定的技术性，还需要较高的建造成本。因此这两种奢侈的风格必然随着权贵势力的消退而结束。

图 9-1-14　带椭圆形开窗的锦底饰：在天花板四周设置厚重的灰墁框装饰风格之后，建筑内部装饰重新回到精巧富丽的风格上来，图示的这种雕刻成马赛克效果的锦底窗来自凡尔赛宫。

巴洛克和洛可可这两种风格流行的时间较短，只有1个世纪左右，但这两种艺术风格受到了罗马教廷和法国、西班牙等地王室的推崇，因此结出了非常丰硕的建筑成果。这两种风格虽然流行的时间很短，而且此后很快就被古典主义风格所取代，但这两种风格所带来的更自由的古典建筑元素组合的方式，以及更具感观性的建筑形象特点，却被以后的建筑艺术部分地继承了。

图 9-1-15　叶卡捷琳娜宫立面细部：叶卡捷琳娜宫以白、蓝为主色调的建筑立面，搭配金色的雕刻装饰，呈现出明丽、华贵的建筑形象，富有俄国地区特色。

巴洛克与洛可可这两种建筑风格不像历史上出现的其他建筑风格那样，能够导致建筑结构和面貌上的巨大变革，但却也对此后的建筑发展具有很重要的启发作用。巴洛克与洛可可两种风格，是以享乐和炫耀的目的为其建筑基础的，虽然在建筑结构和理念方面并无太突出的贡献，但其对长期以来古典建筑中所存在的一些规范与传统，进行了大胆的创新与突破。因此，这种扎根于豪华的建筑风格虽然发展的范围不大，但其对后世建筑发展的影响却不可小视。

第二节　意大利的巴洛克建筑

一、手法主义时期

巴洛克建筑是由文艺复兴后期的手法主义建筑逐渐发展而来的，而手法主义建筑风格的最早起源，则可以上溯到文艺复兴盛期，尤其以米开朗琪罗的设计为代表。米开朗琪罗在罗马卡皮托山上负责整建的市政厅建筑项目中，就通过使用通层的巨柱、梯形的平面布局与椭圆形铺地相配合，形成了一种更自由和灵活的轴线对称形式。米开朗琪罗也尝试通过柱式和外立面装饰构图的改变，达到突出市政厅主体建筑和使整个建筑群呈

图9-2-1　罗马市政广场平面示意图：米开朗琪罗在市政广场的设计中，运用了不规则的建筑平面设置，获得了对称的建筑组群效果，而且在梯形的广场上设置了椭圆形的铺地，这种对于不规则几何体的运用手法，在此后为巴洛克建筑师所广泛使用。

现出明确的主次关系的目的。

在米开朗琪罗设计的圣洛伦佐圣器室和图书馆阶梯的建筑项目中，这位大师将建筑的外部立面形象应用到室内的装饰中，同时将人物雕塑与建筑形象相结合。这些做法不仅加强了建筑室内装饰的气势，同时使平面的建筑形象更具立体感和表现力，而且这些做法在此后都为巴洛克时期的建筑师所借鉴。

将手法主义建筑风格演绎得最为出奇的作品位于曼图亚，那里有著名的手法主义建筑师朱里奥·罗马诺（Giulio Romano）为贡查加（Gonzaga）公爵及其家族所设计的德特宫（Palazzo del Te）。这座宫殿是由四面建筑围绕一个方形庭院构成的，虽然建筑立面都采用粗石面与光滑壁柱相组合的形式，而且四个立面都为单层建筑形象，但实际上这座宫殿建筑的立面并不像初看时的印象那样简单。

首先是宫殿四个方向上的立面都不相同，而且在窗形、壁柱和入口的设置上都有较大变化；其次是建筑虽然借由巨大的壁柱显示出只有一层，但实际上在内部却存在两层空间；最后在建筑内部，借由同时代画家曼特尼亚（Andrea Mantegna）运用透视原理所绘制的模糊空间的绘画衬托，室内呈现奢华、离奇的空间效果。总之，德特宫整个建筑的外部形象和内部处理都存在一些与古典建筑规则明显

图9-2-2　德特宫：这座建筑庭院内部的建筑立面虽然布满了各种雕刻装饰，但因为巨柱式的壁柱与统一檐板的配合，为整个宫殿奠定了庄重的古典基调。

不符的设置,这种自由的建筑风貌与其本身作为宫廷享乐建筑的功能相符。同时,建筑师在尝试新手法的同时,也不知不觉地创造出了一种不同于文艺复兴的新建筑风格。

就像是曼图亚地区的发展一样,比文艺复兴的古典风格更自由的手法主义建筑风格的变化,首先出现在府邸等私人建筑上。如卡普拉罗拉地区著名的法尔内塞别墅(Castello Farness)。这座别墅最早是由文艺复兴时期曾经担任过圣彼得大教堂建设工作的建筑师小桑加洛(Antonio da Sangallo, the Younger)设计的一座平面为五边形的堡垒式宫殿。在16世纪后半期,这座建筑经由维诺拉改造后彻底建成,并成为手法主义的又一代表作。

图9-2-3 德特宫内部:德特宫内部的装饰为了突出豪华的享乐主题,将绘画、雕塑与建筑装饰充分融合,营造出华美、轻松的空间氛围。

法尔内塞别墅是一座由五面建筑体围合的堡垒式建筑,但在内部的中心区却开设有一个圆形平面的中心广场。这个广场由粗石拱券层与带双壁柱的拱券层构成,与建筑外部的折线形楼梯以及不规则窗形分布的立面一样,构成了一种既严肃又活泼的建筑形象,是从文艺复兴向手法主义风格过渡的突出建筑代表。

图9-2-4 法尔内塞别墅平面、立面示意图:这座堡垒式的别墅建筑,虽然有着简洁规则的立面形象,但其立面是将多种古典建筑风格及表现手法相混合的结果,因此在很多细部处理方面具有创新性。

除了私人府邸以外,随着手法主义的普及使用,更自由的表现手法和建筑形象开始出现在教堂建筑之中。罗马的第一座手法主义风格向巴洛克风格转变过程中的建筑作品,是耶稣会教堂(Church of Jeusus)。这座教堂也是由设计了法尔内塞别墅的建筑师维诺拉设计的,但其立面是由波塔(Giacomo della Portas)设计的。

耶稣会教堂是由一座平面为长方形的巴西利卡式大厅在后部另加入一块半圆形的空间构成的。在内部隐含着一个拉丁十字形,而且在十字交叉处还以穹顶覆顶形成内部中

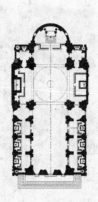 

图 9-2-5　左图：耶稣会教堂平面：这座教堂采用天主教传统的拉丁十字平面，而且在很大程度上恢复了早期的巴西利卡空间形式。

右图：耶稣会教堂立面：耶稣会教堂的立面创造性地采用层叠壁柱组合的形式，明确地将柱式作为一种装饰形象用于建筑立面中，开创了柱式应用的新局面。

心空间。教堂内部以中厅为主，两边是矮而窄的侧厅。建筑的立面是手法主义的一个最著名的标本，也是将古典式立面引向巴洛克风格的开端。

耶稣会教堂的立面延续了文艺复兴早期阿尔伯蒂在佛罗伦萨圣母堂立面中的设计，采用向上收缩的两层立面形式，而且在上层两边的底部设置双向反曲涡卷的支架装饰以作为边饰。教堂正立面的上下两层都采用双壁柱分隔立面的做法，只是下层入口两边的双壁柱采用圆柱与方柱相组合的形式，而且圆柱明显突出墙面较多，加强了入口的气势。在建筑上层与入口相对处设置拱窗，而在这个入口与拱窗形成的中轴之外，则分别设置辅助入口和壁龛。

耶稣会教堂的立面处采用很浅的方壁柱与入口处突出的圆柱形成对比，同时在上下两层和入口之上都设置了山花和椭圆形的巴洛克标志性装饰图案。这种利用柱子形象，并在立面设置多重装饰物的做法，在此后成为一种反映新时期宗教形象与精神的象征，而且也被教廷尊为优秀的天主教堂形式予以推广，影响了罗马相当一批教堂的形象。

耶稣会教堂新颖的立面，以及以此为模本陆续兴建的几座此类教堂立面，是展现建筑风格从手法主义过渡到巴洛克轨迹的一个缩影。而在罗马之外，新兴的这种突破传统建筑规则和添加了大量雕刻装饰的建筑风格，更多的被用在私人府邸建筑中。

由于委托人的不同审美趣味以及建筑师的喜好，

图 9-2-6　圣苏珊娜教堂：圣苏珊娜教堂的立面形象设计，明显受到了耶稣会教堂立面形象的影响，但不同的是其立面的凹凸感更强，预示一种新建筑风格将要产生。

各个不同时期的建筑元素被更自由甚至是颇具玩味性地组合在一起,再加上雕刻装饰,使此时期出现了许多颇具特色的建筑形象。如阿曼纳蒂(Bartolomeo Ammannati)在卢卡设计的普若文夏拉府邸(Palazzo Provinciale),在其外立面中,不仅同时表现了梁柱和拱券结构,还创新性地在两根立柱上的墙面上各设置了一个柱头,仿佛是将上部的柱头与底部的柱身隔离开来一样。

图9-2-7 普若文夏拉府邸:除了入口处富于戏谑性的柱头设置之外,这座建筑的另一大特色,在于建筑立面丰富的凹凸组合与变化。

文艺复兴中后期的这种更自由化的建筑风格发展,实际上已经使早期建立在严谨建筑规则基础上的建筑风格发展方向发生了偏离,也向人们预示了新建筑风格的产生。此后,预示巴洛克风格来临的标志性事件,是17世纪初圣彼得大教堂的改建。

二、巴洛克风格的两位建筑大师

17世纪初,在教廷的授意下,建筑师玛德诺(Carlo Maderno)拆除了由米开朗琪罗设计的圣彼得大教堂的9开间柱廊式入口,并在教堂前兴建了长方形的巴西利卡式大厅,使教堂从穹顶集中式的希腊十字形平面,最终又变成了拉丁十字的平面,而且新大厅的立面采用了当时流行的壁柱形式。

除了这个加建项目之外,圣彼得大教堂最大的改观来自对新内部空间的装饰和对外部广场的加建,而这一系列建筑设计的主导者,就是建筑史上最著名的巴洛克建筑师伯尼尼。伯尼尼也像文艺复兴的许多著名艺术大师一样,是一个多才多艺的人,他最具代表性的作品是为罗马圣彼得大教堂所做的一系列设计。

伯尼尼生于一个雕刻世家,他从很早就跟随父亲来到罗马并受雇于教皇,此后伯尼尼的才华被教皇所赏识,因此委托他担任圣彼得大教堂的多项整修工作。伯尼尼直接领导和参与新加建的巴西利卡大厅的内部装修工作,他不仅为大厅绘制壁画,而且设计了主祭坛圣彼得墓上的华盖。在这个巨大的铜铸华盖上,伯尼尼大胆采用4根呈螺旋状扭曲的柱子来支撑华丽顶盖,而且无论是柱子还是顶盖上,还有镶金的叶子、天使等装饰物,使整个顶盖

图9-2-8 圣彼得大教堂立面:17世纪初,圣彼得大教堂立面的改建工程完成,新加建的巴西利卡式大厅和立面遮挡住了后部的穹顶,削弱了穹顶对整个教堂的统领作用。

图 9-2-9　圣彼得大教堂内的祭坛华盖：伯尼尼在教堂的祭坛华盖部分，创造了一种大尺度的扭曲柱式形象，并通过与内凹的弧形檐口相配合，增强了整个华盖的律动感。

图 9-2-10　圣彼得大教堂广场：圣彼得教堂椭圆形广场的兴建，不仅满足了教堂本身的需求，还带动了新的城市广场兴建热潮，使城市广场的重要性重新受到人们的重视。

成为教堂内部当之无愧的焦点。

除了圣彼得大教堂的内部装饰之外，伯尼尼最重要的作品还有他为圣彼得大教堂所设计的椭圆形广场。大教堂前面原本有两段内收柱廊组成的梯形广场，但这个广场面积有限，不仅不足以容纳众多的教众，也不能衬托大教堂的气势。为此伯尼尼在梯形广场之前又设计了一个椭圆形的广场。

这座广场的采用两段弧形柱廊围合成椭圆形的平面形式是前所未有的。弧形柱廊采用四柱平面形式，而且都采用简单的塔司干柱式，四排柱子密集排列，并形成中间宽两边窄的三条信道，让信众在其中通行时感到一种强烈的空间感。广场中心设置了一个带方尖碑的中心，而在这个中心的两边，也就是广场的横轴上，还各设有一座喷泉，强化了广场的横轴。

伯尼尼设计的这座半开敞的椭圆形广场，由两截在平面上为弧形的柱廊相对围合组成。按照伯尼尼自己的说法，这两边的柱廊犹如一副张开的臂膀，深深地将广大信众拥入宗教的怀中。因此无论从建筑造型还是寓意上来说，这个广场都极富象征意味。

伯尼尼特别注重对诸如透视、戏剧化等绘画特色的引入，以及通过柱子和雕刻等元素的组合来营造不同的、极具情境性的空间氛围。这种将雕刻与建筑的紧密结合，也成为巴洛克建筑风格最突出的特色。他

图 9-2-11　圣彼得教堂与教皇宫之间的通道：伯尼尼顺应楼梯地面的升高，设置高度逐渐缩短的柱列，同时通过被柱列遮挡住的外墙开窗，使通道内充满光的变化，增强了透视感。

在为圣彼得教堂与教皇宫之间的通道做设计时，利用向上逐渐缩小的柱子和柱外开窗的配合，营造出了一种具有深远透视效果的空间，既解决了整个通道空间向上逐渐缩小的不规则问题，又营造出比实际空间深远得多的大纵深空间效果。

伯尼尼除了是一位杰出的建筑设计师和画家之外，还是巴洛克时期著名的雕塑家。他雕刻的充满戏剧性的组雕《阿波罗与达芙尼》（Apollo and Daphne），以其对瞬间变化的捕捉和极具动感的表现，而成为巴洛克时期的代表性作品。此外，伯尼尼还受教皇委托，在罗马城设计制作了诸如《四河喷泉》（The Fountain of the Four Rivers）等气势庞大的喷泉。伯尼尼在建筑设计中不仅加入很强的雕塑性，而且也很注重对不规则图形与平面形式的营造。

图9-2-12　科尔纳罗家族祭坛：伯尼尼在祭坛的设计中，突破了传统祭坛较为严肃、沉重的基调，通过雕刻和彩色大理石的配合，营造出了一种舞台般的热烈气氛。

他在17世纪中期为科尔纳罗（Cornaro）家族设计的家族祭坛中，不仅将科尔纳罗家族成员都塑造成了身处包厢中的观众形式、在主祭坛中雕刻了著名的《狂喜的特雷萨》（Ecstasy of Theresa）组雕，还为这组雕刻设计了一个由大理石制作而成的、中间断裂的建筑式壁龛形式。

这个祭坛上的巨大壁龛，底部的柱子与上部断裂的山花相配合，呈现出一种弧线形平面轮廓形式。此后在伯尼尼为法国人设计的卢浮宫立面中，这种艺术形式被表现得淋漓尽致。伯尼尼为卢浮宫所设计的新立面呈起伏的波浪形，而且立面上还搭配包括断裂的山花在内的各种巴洛克雕刻装饰。但也是因为这种立面的造型太过张扬和华丽，最后没有得到崇尚古典素雅风格的法国人的认同，因此没有建成。

在罗马，除了伯尼尼之外还有一位天才的建筑师名叫波洛米尼（Francesco Borromini）。波洛米尼出生于1599年，他是罗马晚期巴洛克建筑的代表性建筑师，早年曾经在伯尼尼手下工作，其夸张、变形的风格比伯尼尼有过之而无不及。波洛米尼的代表作品是位于罗马的圣卡罗教堂（Church of St. Carlo alle Quatro Fontane），这座建筑在处理形式上十分具有想象力。

圣卡罗教堂的外立面极具巴洛克的自由、随意风格，充满起伏变化。整个立面构图分上下两层，而且每层都被4根立柱分割成三部分，其中部突出，两边的部分则内凹，并通过起伏的曲线状檐口和顶部带椭圆形饰的山花在上部形成引人注目的视觉中心。立面上开设诸多壁龛，底层壁龛设置人物雕像和椭圆形开

图9-2-13　圣卡罗教堂：圣卡罗教堂是最能够综合体现意大利巴洛克建筑特色的建筑。

窗，上部壁龛则留空。由于建筑正处于街边的转角处，因此在临街的一个侧立面也设置了罗马式的拱券和雕像。

建筑内部同样是以一个椭圆形的空间为主，它的外部充满了难以理解的变化。内部椭圆形的空间虽然暗含一个拉丁十字，但以穹顶为主的集中式空间形式却明显带有东方传统，而非像其他教堂那样采用规则的巴西利卡式大厅。室内由于采用椭圆形穹顶，因此底部墩柱的设置也不规则，再加上连接各柱子的、拥有连续曲线形状的檐口，更突出了内部空间的凹凸变化感。椭圆形穹顶上除中部饰有代表圣灵飞鸽的盾之外，满布以圆形、八边形、六边形和十字形的图案，再加上穹顶周边一圈隐含开窗透进的自然光，形成新奇的带藻井的穹顶形象。

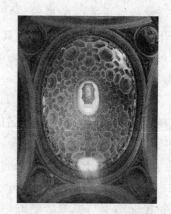

图 9-2-14　圣卡罗教堂穹顶：圣卡罗教堂的屋顶采用奇特的椭圆形穹顶形式，而且通过穹顶底部开窗的阳光照亮藻井，更增加了建筑内部空间的变化感。

伯尼尼长期受罗马教廷指派担任主要建筑设计者与建筑总体统筹和领导工作，他本人像文艺复兴时期的多位艺术大师一样，同时在建筑设计、雕塑等诸多艺术领域都取得了非凡的成就。波洛米尼由于建筑设计过于怪异和早夭等原因，并不像伯尼尼那样，凭借在多个艺术领域取得的诸多成就而成为罗马巴洛克的领军人物。但波洛米尼却是具有开创性的艺术家，他在设计上的奇思妙想和大胆创新，使巴洛克向着更自由的方向发展，并因此对之后的建筑师有很大影响。

图 9-2-15　菲力皮尼派祈祷室立面：这个祈祷室立面，是波洛米尼在原有建筑基础上设计改建而成的，整个立面的设计延续了圣卡罗教堂立面的做法，但整体形象显得更加含蓄。

伯尼尼和波洛米尼二人的设计，只是 17 世纪罗马和各地诸多巴洛克建筑师以及一系列建筑活动中的突出代表。处于巴洛克风格之下的罗马，无论是世俗的民众还是高高在上的教职人员，都被这种极具动态和感染力的风格所感染了，因此除了像圣卡罗教堂这样新建的教堂建筑采用巴洛克风格之外，一些以前建设的教堂也纷纷开始改建建筑的外立面或内部，以追赶这股新建筑潮流。人们现在看到的许多带有巴洛克风格的教堂形象，都是在当时进行重新设计和改建后形成的。

三、罗马的城市建设

17 世纪的罗马正值发展的鼎盛时期，因此除了以伯尼尼为代表的建筑师对各种教堂建筑的兴建与改建之外，一定规模的城市改建工程也继文艺复兴时期之后在继续进行着。这种城市改建的最突出特点，是在城市中开辟出了更多的公共广场，尤其是在与教堂毗邻的区域开设广场，而且在广场上还要设置雕塑和喷泉。

比如纳温纳广场（Piazza Navona）是由古罗马竞技场改建的，也是伯尼尼著名的喷泉雕塑作品《四河喷泉》的所在地。

而位于圣三位一体山上的教堂和带有大台阶的西班牙广场（Piazza di Spagna）则是此时兴建的最具特色也是罗马城最著名的广场。西班牙广场的著名来自广场上由伯尼尼的父亲设计的《破船喷泉》（Barcaccia）、带宽大台阶的西班牙大阶梯、山上的三位一体教堂等多个艺术作品的集中展现。尤其是宽大的西班牙阶梯，不仅连通了三圣山教堂及教堂广场与山下的西班牙广场，还由此在城市中形成了一处非常开阔的景观。

图 9-2-16　纳温纳广场：这座广场是罗马广场改建热潮中形成的封闭式广场之一，并以集中了波洛米尼设计的教堂和伯尼尼设计的喷泉而闻名。

由于雄厚的资金支持以及巴洛克建筑风格的全面铺开，使得罗马几乎在整个 17 世纪的建筑活动都很兴盛。也是借由这次全面的整修，罗马城开辟了几条主要的大道以及数量众多和面积不等的广场。这些大道和广场的设计虽然是以保证人们顺利地到达城市中散布的教堂建筑作为主导思想兴建的，但却有效地达到了统合城市空间的目的。也是较早在有规划和设计的前提下对罗马城所做的大范围改造。

这场改造罗马城的活动使整个城市得到了一次大的整修。增添的主要放射形大道和整建的一些原有道路之间的联系更为紧密，而在道路交叉处和教堂前面形成的广场和喷泉都极大地美化了城市环境，同时也为城市中居住的人们提供了充足的公共交流空间。这种在道路交叉处和教堂前兴建广场和喷泉以美化城市环境，以及将广场作为多条放射形道路的端点的做法，此后被许多国家和地区的城市建设活动所借鉴。

除了整个城市的整建之外，罗马城此时兴建和改建的诸多教堂都以巴洛克风格为主，而且连同私人府邸和一些公共机构的建筑中，巴洛克风格也占据着主流。以罗马建筑为代表的巴洛克风格是建立在古典建筑传统基础上所产生的最具叛逆性的一种建筑风格，虽然巴洛克建筑仍以柱式系统和壁龛、拱券、三角山墙等古老的建筑结构和元素为基础，但实际上的发展却很大程度上是在对这个古典体系进行反向研究的基础上进行的，

图 9-2-17　西班牙广场：这座广场因西班牙阶梯而闻名，宽大的阶梯与底部广场相连接，呈现出很强的开放性，是罗马城最著名的广场之一。

图 9-2-18　描绘罗马城 16 世纪末期城市景观的壁画

图 9-2-19　卡里尼阿纳诺府邸：这座府邸建筑的沿街立面采用了起伏的立面形式，并配以壁龛和雕刻装饰，显示出华丽和独特的建筑面貌。

这种反叛与创新的程度之深，是文艺复兴时期也未曾达到的。

然而，以罗马为中心的巴洛克风格的流行，是一种被罗马天主教廷所推崇的、追求异化和装饰性为主的风格，需要雄厚的资金与技术做保障，因此巴洛克风格的影响扩大与应用也受到了限制。

巴洛克风格在罗马和意大利其他一些地区的兴盛和发展只有大约 1 个世纪的时间。此后其影响虽然散播到了欧洲各地，但巴洛克风格的建筑在很多地区都没能像在罗马和西班牙城市中被真正广泛采纳。此后，巴洛克风格除了在法国和德国的宫廷文化氛围中得到一些发展，并衍生出更加华丽、精细的洛可可风格之外，无论影响范围还是程度在欧洲其他地区，都不是很深，并不像其他建筑风格那样在地区的覆盖和时间的发展上呈现过较强的连续性。但是，巴洛克和洛可可建筑风格的一些做法和原则，却几乎在之后的整个欧洲流行，它们被人们作为一种建筑的有效调剂和装饰手法所沿用，甚至直到 18 世纪的新古典复兴建筑时期，巴洛克的影响还时有所见。

第三节　法国的巴洛克与洛可可建筑

一、混合风格发展特色

17 世纪到 18 世纪前期的法国，先后由路易十三和路易十四统治，尤其在路易十四统治的时期为其发展的鼎盛时期。由于此时的法国处于完全王权为主导的统治时期，而且社会各方面的发展基本良好，因此王室大规模地兴建宫殿建筑，并追求奢华、享乐的生活。法国因为地理上与意大利毗邻，加上曾几度侵入意大利地区的关系，因此从很早就开始全面引入意大利的建筑发展体系，并在此后引入的巴洛克建筑风格的基础上创造出了一种矫揉造作、极具妖媚风情的风格——洛可可风格。

法国从文艺复兴时期就开始全面引入意大利的古典复兴式建筑，但是与意大利本土建筑风格在此后转向巴洛克风格的历史所不同的是，法国人此后在漫长的时间内都保持着对简洁、优雅的古典建筑风格的喜爱。也是这种对古典建筑风格的热衷，使法国在17世纪一方面全面接受意大利巴洛克建筑风格的同时，一方面也还在实施的建筑活动中保持着严肃的古典主义建筑的风格。对于活泼、多变和富于装饰性的巴洛克风格，法国人在与华丽的风格相结合之后，将其大规模地应用于建筑内部的装饰上。

图 9-3-1　巴黎圣艾蒂安·迪蒙教堂：这座教堂在哥特风格的建筑立面上加入巴洛克风格装饰的做法，在讲究装饰的巴洛克、洛可可时期非常流行。

大约在17世纪60年代开始扩建的凡尔赛宫，曾是路易十三打猎的行宫，此后路易十四在原有的这座三合院式砖构宫殿的基础上开始加建。路易十四本着建造一座庞大、华丽的，堪与西班牙埃斯科里尔那样的宫殿相媲美的庞大宫殿建筑群的目标，将许多著名的画家、雕刻家、建筑师等艺术家都召集在一起，来作为这座巨大建筑群的设计、营造与装饰设计团队。凡尔赛宫因为规模庞大，虽然路易十四的宫廷在1682年就正式迁入了凡尔赛宫，但实际上整个宫殿的建筑、园林等各个方面的建筑并未完成。其营造计划被分为几个时期段，几乎在此后的历任法国国王时期都在进行着建造。

图 9-3-2　凡尔赛宫平面示意图：凡尔赛宫是一座经过长时间细致设计与建设的宫殿与园林的结合体，也是综合体现西方古典建筑思想的展示所，许多欧洲国家的皇室宫殿建筑都是参照凡尔赛宫修建而成的。

凡尔赛宫在路易十四统治时期奠定了中轴对称和以中轴路线为起点的放射形道路为网络的总体布局，以及在主体宫殿群之前设置各种几何形古典花园的建筑特色。从轴线上来说，凡尔赛宫由主要宫殿区、几何庭园区、十字形大水渠和水渠另一端通过放射形道路与主轴相连的一片附属宫殿区等部构成。这座凡尔赛宫是经历了漫长的时间和集中了法国及欧洲各国的各种优秀人才，并征用了大量劳动力才兴建起来的。但对整个宫殿贡献最大的设计者，是在路易十四当政时期奠定整个宫殿规划、建筑和装修基调的安德里·勒·诺特（Andre le Notre）、路易斯·勒沃（Louis le Vau）、勒布朗（Charles le Brun）和朱里斯·哈杜安·芒萨尔（Jules Hardouin Mansart）。

法国以凡尔赛宫为代表的建筑发展，虽然在很大程度上受到意大利建筑风格的影响，但却没有迷失在意大利规则之中。法国人一直以来都对文艺复兴风格基调的严整古典建筑风格情有独钟，因此在宫殿和府邸建筑方面，也依然遵循着古典的建筑基调。但路易十四时期王权的鼎盛不仅需要利用古典建筑形象来彰显威严，还需要华丽、精美的装饰来彰显盛世和文化艺术活动的兴盛，因此凡尔赛宫中全面引入了多种风格，呈现出很强的混合性建筑特色。

当巴洛克这种极具表现力和装饰性的风格从意大利传入法国时，它的代表性建筑不再是贡献给神的教堂，而是贡献给人的宫殿建筑。因此，为了展现帝国气魄和帝国形象的法国巴洛克风格，多了一种大气磅礴的震撼性和稳重的华丽感，而少了一种小情调的娇美与甜蜜感。此外，巴洛克风格基调在法国的发展特色，还更多地表现在装饰手法和材料的变化上。意大利巴洛克风格的那种以石质雕刻与建筑相配合的做法，在法国有很大变化。

图 9-3-3　大翠安农宫柱廊：爱奥尼克柱式构成的宽敞柱廊，显示出浓郁的古典意味，双列柱的形式，则是巴洛克时期的标志性手法之一，显示出古典与创新的结合。

在凡尔赛宫的建筑中，除了公共大厅要彰显气势而仍旧按照古典原则大面积采用大理石材料饰面之外，一些普通用途的议事厅和寝宫，也都采用木质的护壁板和带有壁纸背景的大幅绘画，而不是采用雕刻手法来装饰墙面。墙体与屋顶结合的檐部通常都被做成不同形状的画框，并在其中饰以绘画装饰。而且墙体顶端与屋顶并不严格分开，有时借助窗、画框和另外加入的一些具有标志性的雕刻装饰来进行连接，室内多设置独立的雕塑艺术品装饰，使室内的雕塑、绘画和装饰体现出很强的一体性。

在凡尔赛宫中，这种新的装饰手法最突出的代表就是凡尔赛宫主翼建筑中面对花园的镜厅。镜厅实际上是连接国王寝殿和王后寝殿的一段狭长的露台，芒萨尔将其设计成相对封闭的长廊，并用镜子和华丽的装饰使其变成了一座富于纪念意义的大厅，也在此后成为重要公共活动的举办地。

镜厅的得名，是因为在长廊内侧的一条长的墙面上设置了 17 面巨大的拱券形大镜子。而与镜子相对的另一面是建筑外墙，则相应设置了 17 扇高大的拱窗。这种设置使镜厅的空间格外明亮。每当太阳升起的时候，从窗口照射到大镜子上的阳光经过反射照亮了整个大厅，再加上厅内所使用的是由白银铸成的桌子，烛台和吊灯也是由金、银和水晶等材料制成的，因此整个大厅可说是光芒璀璨。

图 9-3-4　凡尔赛宫维纳斯厅：这座大厅是通向凡尔赛宫正殿的必经之路，整个大厅屋顶和墙壁上的绘画都采用透视法描绘远景，增强了大厅本身的宽敞感。

除此之外，大厅的镜间和窗间都由带镀金柱头的大理石壁柱和带花纹的大理石饰面装饰，在屋顶上则由密集浮雕花边的金灿灿的画框分隔，30 幅由勒布朗（Charles le Brun）及其学生绘制的作品被分别用不同形状的相框框住，满饰在镜厅狭长的拱顶上。

311

外国古代建筑史

图 9-3-5　凡尔赛宫镜厅：镜厅采用落地拱窗与玻璃相对应的设置方法，此后也成为了一种较为固定的内厅装修方法，并由此演变出了独特的沙龙建筑形式。

图 9-3-6　镜厅拱门：镜厅带拱门的外立面正对着宽阔的凡尔赛宫花园，因此当宽大的拱门打开时，人们可以在镜厅俯瞰整个花园的美景。

镜厅的建成，开创了一种全新的室内装饰格调，它融宏大、华丽和细腻于一体，此后被各国的宫殿建筑所借鉴。

在凡尔赛宫中有多种用于接待室的客厅，这些客厅的装饰题材各不相同，比如镜厅两端就各有一座分别以战争与和平为主题的待客厅。在这些客厅中，四壁也都由彩色大理石贴面装饰，墙壁通过镀金的灰泥饰过渡到屋顶，屋顶则同镜厅一样，也都由符合客厅名称为主题的绘画装饰。在这些小客厅中，有许多也都设置着几面巨大的镜子，这既是实用的设置，也是当时法国玻璃工业技术高超的象征。

一座凡尔赛宫，因其长期连续的建造工作和兼收并蓄的建造原则，使其成为一座包括了多种建筑风格，同时又极具地区特色的建筑代表作品。凡尔赛宫及各组成部分建筑的建造完成，使其成为此时期能够代表整个欧洲建筑技术与艺术发展水平的代表性建筑作品，也成为此后多个国家和地区宫殿建造的理想模本。

二、洛可可风格的发展特色

勒布朗是凡尔赛宫内部巴洛克和洛可可风格装饰的主导者，他与在后期接管宫殿建筑管理工作的芒萨尔(Jules Hardouin Mansart)一同发展了一种源自皇室儿童房的装饰风格。这种风格最早起源于为路易十四长孙的幼年新娘兴建的宫殿建筑。为了迎合儿童的特性，当时的画家与室内装饰设计者共同设计了一种利用灰泥雕饰，再镀金装饰的镜框、家具装饰手法，以动植物、天使、乐器、贝壳等图案和曲线形轮廓为主的呈现出纤细、柔弱但富丽的洛可可装饰风格。

洛可可一词是由法文"Rocaille"而来，这个词的本意指岩石、贝壳和贝类的动物，

图 9-3-7　路易十五初期风格的边饰：在路易十五统治初期，凡尔赛宫中的装饰仍旧延续了之前扭曲、繁复的风格，但在此之后发展出的路易十五装饰风格，则逐渐趋于简化和理性。

也就暗示了这种新的装饰风格主要以贝壳、泡沫、海草等动感和婉转的形象为主。在此后的不断完善中，洛可可风格的装饰题材也主要来自自然界，如柔软的枝蔓、涡卷以及早期出现的乐器、天使和其他小动物，以及累累硕果，如葡萄和其他水果的形象等，有时还加入一些回教题材的图案。

洛可可风格中出现的这些装饰题材，主要通过镀金的灰泥饰、金属材料雕刻或绘制而成，在颜色上可以统一于一种调子，也可以由黄、红、蓝等多种色调营造出多彩的氛围。除了纯粹的金色之外，在色彩运用上还较多使用飘逸、温婉的色调，如桃红、嫩粉、天蓝、鹅黄等。

图 9-3-8　放置供品的祭坛：注重华丽装饰的风格不仅影响到建筑的内外装饰，还促使一些实用器物在样式上发生了变化，不仅大量应用装饰，还开始追求更加玲珑的外观效果。

与各种正式的会客厅和大厅那种华丽中带有肃穆基调的装饰不同，在国王和其他王室成员的寝殿里，巴洛克，尤其是洛可可风格的装饰变得柔和，也更细碎得多了。这种细碎、纤弱和华丽的装饰尤其在王后及太子妃们的寝殿中表现得最为突出。

在洛可可风格时期，早期的那种大型豪华的居室被分隔成面积更小的串联在一起的套间。在一间标准的洛可可式的室内，整个墙面会被壁板分为上中下三个部分。底下的基部和上面的檐部面积较小，中央的墙面较大。墙面不再大面积地贴饰大理石，而是用满饰花纹并且镶有金银丝线的锦缎或挂毯装饰，还有用木壁板的形式。

图 9-3-9　洛可可风格的护壁板：洛可可风格的护壁板追求护壁板本身的不规则形状与突出壁板的装饰相结合，通常在雕刻装饰上还要进行镀金处理。

大片的木壁板表面被涂以白、淡黄等底色并进行浮雕，最后在上面再饰满王室或其他主题的镶金装饰。比如在路易十四寝殿的第二候见室，墙面上部就设置了一圈以镀金花边为框、以菱形格为背景、表面饰有一圈金色舞蹈天使的装饰。

在这些建筑的室内，除了建筑的装修有统一的花纹和主题之外，连同桌子的样式与装饰花纹，床上的华盖、窗帘和椅子的靠背与坐面等，也都是采用相同花纹的织物做成的。因此，可以说整个凡尔赛宫的不同房间都有着各自不同的装饰主题与色调。在这些建筑室内，人们大量用贵重的大理石、木材、金、银和锦缎、丝绸作为装修材料。同时与纤细的、枝蔓相连或富丽堂皇的植物纹样相结合。淡雅和粉嫩的鲜艳色彩以及各种题材的绘画、通透的水晶吊灯、大面积镜框与开窗的有机配合，使室内如同神话中的天堂一样，反映了追求奢靡的宫廷生活情趣。

图 9-3-10　凡尔赛宫王室起居室：在巴洛克与洛可可风格的室内空间，装修图案、色彩都要与家具、灯饰等的装饰纹样和色彩相配合，因此室内的装饰具有很强的统一性。

图 9-3-11　凡尔赛宫中的小教堂：小教堂将古典的肃穆与宫廷华丽的装饰趣味相结合，同时利用柱廊加高的空间营造出具有神圣感的宗教空间氛围。

洛可可装饰风格自路易十四时期起源于宫闱装饰，在路易十四之后的宫廷中被广泛采用。从 17 世纪末路易十四去世之后，这位被称为太阳王的法国君主在 17 世纪所树立的以国王为绝对权威的专制制度就开始动摇了。由于同时面对着之前庞大的建筑工程所造成的国家经济危机，以及对外战争的失败，法国国内的资产阶级革命势头暗潮汹涌。在这种情况下，包括贵族和王室在内的统治阶层开始荒废政务而转向小宫廷享乐生活。因此路易十四时期那种既奢华又豪放的巴洛克风格被温婉、精致和娇媚的洛可可风格所代替。

但法国的洛可可风格不像其他地区那样独立发展。虽然在路易十五和路易十六时期洛可可风格有一百多年的发展历史，但在很多时候都是与古典风格相结合而使用的，并向着越来越简化的古典风格方向转化。洛可可装饰风格经由凡尔赛等法国宫殿建筑的影响而传播到周边的其他各国中,并被作为一种宫廷文化而使其发展局限于统治阶层,因此这种风格也必然会随着宫廷势力的衰落而消失。

洛可可风格主要表现于室内的装饰上,而几乎不表现于建筑的外观上,更不涉及建筑的结构创新等更深入的工程技术层面。洛可可风格摒弃了古典式的硬朗与严肃,它所追求的是一种女性化的柔美温雅、轻巧细致和活泼多变的装饰氛围。建筑师们运用了夸张和浪漫主义的手法,注重于对一些建筑细部,诸如门框、镶板之类构件的巧妙装饰设计。而且往往还要对构件加以水晶、金银和纺织品等贵重的材料与之相配合。

洛可可风格起源于凡尔赛宫华丽的装饰,它的装饰主题除了西方传统的装饰主题之外,还加入了阿拉伯花式、中国花式及石贝装饰等新鲜和充满异域风情的图案形式。洛可可的装饰通常分布于门、窗、墙面和天花上,材料多为木材或是灰泥,最后作镶金处理。纹样以贝壳、珊瑚、花卉,阿拉伯花式中的C形、S形的涡卷以及多枝蔓类的植物为主。

图9-3-12 托架装饰:将建筑中的托架或桌椅的腿部雕刻成天使或半裸女像的形式,是巴洛克装饰风格中的一种常见做法。

法国洛可可风格的装饰除了以上元素之外,还大量加入了来源于古典神话中的人物形象,如赫耳墨斯(Hermes)头像、斯芬克司(Sphinx)像和头戴面具的各种人像。此外,最具特色的法国洛可可装饰物,还有一种主题图案直接与王室有关的喻义丰富的组合纹样形式。比如最常见到的是以王室成员名字的缩写字母经美化形成的标志性图案。此外还有大奖杯、箭袋、战盔和武器等形象与不同植物和动物纹样组合在一起形成的象征胜利、正义等不同内涵的图案形式。这种图案不仅起到了一种装饰美化的作用,还是皇室专用的标志。

洛可可风格是一种集中了雕刻、绘画与建筑等多种艺术形式的装饰风格。在雕刻装饰方面,这一时期多使用浅浮雕的形式,原来古典风格建筑中的壁龛、圆雕和高浮雕已经很少或基本不再被使用了。在洛可可风格装饰的室内,大量使用各种形式的线脚和花边。这些线脚与花边的运用,使房间各处的装饰连为一体,整体效果也更加完美。

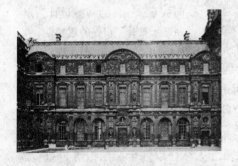

图9-3-13 卢浮宫立面:除了凡尔赛宫之外,包括法国王室和贵族的许多宫殿和府邸建筑,都在建筑中加入了大面积的雕刻装饰,图示为采用浅浮雕装饰的卢浮宫立面。

此后,洛可可主要被一些宫廷和教廷所使用,其共同的突出特点就是对金、银、宝石等贵重材料的大量应用和对装饰纹样的堆砌。但除此之外，法国的巴洛克和洛可可风格中更自由地组合和运用各种古典元素，并掺入了更多的异域化装饰元素的做法，也带给其他国家以启发，各地都在奢华而繁多的装饰基调中显示出不同的地区特色。作为一种纯粹的装饰风格，洛可可风格本身就是在特定的历史条件下才产生的，因此其强烈的地域性与奢华的特色，都限制了这种风格大规模向外扩散和发展。

第四节　巴洛克与洛可可建筑风格的影响

一、在西班牙和德语区的发展

巴洛克建筑风格是一种发源于天主教廷中心罗马的、讲求装饰性与叛逆性的建筑新风格。而洛可可风格则是一种发源于当时最强大的君权国家宫廷的纯粹装饰性风格。总的来说，这两种建筑风格都是通过装饰来改变建筑的形象，都追求一种世俗的享乐之风。因此这两种风格的特性，也使它们无法像以往的建筑风格那样可以迅速普及并深入影响到更多的国家和地区的建筑风格发展。而且，巴洛克和洛可可建筑风格受其所代表的宗教与君权体制以及奢华的风格等原因的限制，甚至还受到了一些国家和地区的有意抵制，但即使如此，这两种建筑风格仍然刺激了一些国家和地区的建筑发展方向，使其向着更华丽的方向转变。

图 9-4-1　圣彼得大教堂内的祭坛：利用绘画与雕塑的配合，营造了异常华丽的祭坛空间。上部开窗的巧妙设计，则使祭坛具有了很强的震撼性。

西班牙建筑风格发展与意大利建筑风格的发展贴合最近，这在很大程度上是由于西班牙对罗马教廷的狂热崇拜造成的。西班牙此时期的建筑发展已经脱离了早期以埃斯科里尔为代表的冷漠风格，而是转向以复杂而且繁多装饰物为主的巴洛克风格。

16 世纪后期到 17 世纪，菲利浦二世领导的西班牙面临海外殖民地频繁革命的困扰，对英国和尼德兰的战争失败，更使得西班牙内外交困。但直到 18 世纪上半期，西班牙王室在独享殖民地财富的特权之下，仍旧延续着奢华的建筑风格。罗马巴洛克建筑风格是最容易被西班牙王室所接纳的艺术形式。西班牙人往往以纯金、白银等贵重金属作为装饰材料，并与繁琐的雕刻装饰、怪异的建筑形象相配合，这一特点尤其体现在教堂建筑中。

这一时期罗马教廷正在大兴土木修建和改建各种教堂建筑，并且全面采用巴洛克风格。受其影响，西班牙地区也开始对教堂和宫殿建筑实施采用巴洛克风格的更新改造，但西班牙巴洛克艺术最突出的特色在于雕刻的堆砌。

图 9-4-2　布尔戈斯大教堂内的祭屏细部：西班牙将巴洛克和洛可可风格中的装饰特色发挥到了极致，这座祭屏采用木髹金着色技术制成，以精细而生动的雕刻而闻名。

图 9-4-3　圣地亚哥·德·贡姆波斯特拉教堂(Santiago de Compostela)：这座教堂在巴洛克流行风潮中，利用一种黄色大理石对立面进行了改建，加入了密集的壁龛和各种雕刻装饰。

在此时猛烈的巴洛克之风的影响之下，一些早期兴建的教堂被改建，其中最著名的就是圣地亚哥·德·贡姆波斯特拉教堂。这座教堂的所在地是中世纪时著名的基督教圣地，因此这里很早就有兴建教堂的历史了。这座教堂原是一座罗马风的建筑，此后在中世纪的哥特风格热潮中重新整修了西立面，只保留了立面入口处的罗马风式大门。另外，人们还在正立面两边加建了两座高塔，将立面改建成了哥特式的教堂立面形象。

到了 18 世纪之后，随着从罗马传播来的巴洛克之风席卷西班牙，人们又在这个哥特式立面的基础上继续改建。重新用一种金黄色的大理石材料来覆盖原有的正立面，虽然仍保留了哥特式的立面形象，但整个建筑的前部外表都被密集的雕刻装饰所占据。

强烈的巴洛克精神尤其体现在两侧的高塔建筑上，塔身上都有细窄的壁柱和拱券装饰，而且这些繁复的线脚都很深，使高塔的外表呈现出很强的凹凸感。随着塔体向上退缩，塔身上连续的檐线也和栏杆一路曲折、断裂着上升，直至小穹顶的尖端才结束。在塔基、塔身和中央的建筑部分上都布满了拱券、柱式、涡卷和人物雕刻装饰，显示出西班牙巴洛克的那种过度热情地堆叠雕刻装饰的特色。

除了西班牙之外，巴洛克和洛可可风格在以德国、奥地利为主的日耳曼语系地区也发展得十分活跃，而且取得了很高的成就。德国地区仍旧维持着早先诸侯分立的政治局面，虽然在 1648 年结束的 30 年战争之后，德国各地的经济衰退，

图 9-4-4　圣地亚哥·德·贡姆波斯特拉教堂立面细部

但大规模的破坏也给新建筑的营造提供了基础。在大约半个世纪的恢复期之后，各国各地区的社会总体局势相对于之前的动荡不安有所改观。此时的德国仍处于诸多邦国分立的状态，君主专制制度的普鲁士是其中实力最强的邦国。普鲁士所建立的军事集权专政体系，大力保护农业生产，并通过限制和禁止原材料出口来发展国内的现代化工业生产，同时坚持对外扩张政策。因此到18世纪时，普鲁士已经发展成为欧洲强国之一。

图9-4-5　18世纪中期的欧洲：欧洲政治权力向地区化集中的过程中，在各地区都产生了文化经济相对繁荣的王权统治中心，这些中心城市也是豪华建筑风格的主要发展区域。

随着国家实力的增强，大规模的建筑活动的计划被提上了日程，尤其以豪华的城堡和宫廷建筑为代表。

首先吸取巴洛克和洛可可的新风格建造起来的是府邸建筑和人们的别墅，这些建筑多以法国的凡尔赛宫为建造范本，不同的是普鲁士的建筑内外都被装饰得十分华丽。德国著名的建筑师诺伊曼（Balthasar Neumann）设计的维尔兹堡主教宫（Wurzburg Residenz），是此时期奢华建筑的代表。维尔兹堡是原神圣罗马帝国的一个主教区，虽然神圣罗马帝国的许多领地在此时都被各地方政权统治，处于名存实亡的状态，但维尔兹堡却真正是由主教掌握教权与政权的地区，因此在18世纪

图9-4-6　维尔兹堡主教宫大厅：主教宫楼梯大厅建成于18世纪，通过开敞的楼梯与屋顶具有视觉拉伸功能的壁画一起，营造出高敞的空间感。

初作为主教宫邸兴建的维尔兹堡宫，就直接引入了罗马的巴洛克艺术风格进行建造。

维尔兹堡宫是德国最著名的巴洛克建筑群，以精美的宫殿和花园著称。维尔兹堡宫是一座精美的巴洛克风格建筑，通过建筑与装修的配合，在内部营造了多种梦幻般的空间形象。尤其是在这座宫殿的楼梯处，设计师将巴洛克和洛可可的那种将多种艺术混合在一起而造成华丽室内景观的做法发挥到极致。在人们走上一段通向上层楼梯的折返处之后，会呈现宫殿内部最具震撼性的部分。

诺伊曼在大厅中设置了一个呈"Z"形的楼梯，底部的楼梯采用拱廊支撑，开敞的楼梯将底层与上部大厅连为一体，加大了大厅的纵深感。大厅楼梯的栏杆

图 9-4-7　维尔兹堡主教宫白厅：这座大厅以精美的屋顶壁画著称，整个屋顶以希腊神话为主题的精美绘画与起伏的拱顶相配合，获得了更真实动感的空间气势。

上有立体的奖杯和人物雕塑，大厅两边的墙面上也都布满了镶板、山花、天使和花环装饰并与真实的门窗相配合。与大厅顶部用彩色表现的神话题材的绘画手法不同，底部的装饰都以纯粹的色彩为主，并不像法国的洛可可宫廷那样镶金镶银以光泽色为主。因此既突出了华丽的屋顶，也与恢宏的建筑空间相配合，构成了有主次、相辅相成的空间形象。

维尔兹堡宫与花园的建造共持续了40多年，因此既有早期的巴洛克风格，又融入了此后流行

图 9-4-8　无忧宫：无忧宫的底部由多层阶梯形的葡萄温室构成，这些温室既美化了宫殿的形象，又在宫殿区与园林区之间形成自然的过渡。

的洛可可风格。德国另一座充满浓郁巴洛克和洛可可风情的宫殿，是位于普鲁士首都柏林不远的波茨坦地区的无忧宫（Sanssouci Palace）。

无忧宫是德国历史上最著名的腓特烈大帝（Frederick the Great）为自己在郊外修建的一座离宫，也是他的经常居住地。无忧宫所在地原是皇室的一处葡萄园温室，从1744年起，历时3年为腓特烈大帝建造了一些主要宫殿。后世从1763年起还一直在这块基址上不断添建新宫和整建花园。

整个宫殿外部被涂刷成以亮黄色为主基调的墙面在形象上与大拱窗相配合，入口处采用带科林斯柱的半圆形柱廊形式，既显示出灵活的巴洛克特色，又暗示了古典建筑风格的回归。最富有特色的宫殿立面是对着阶梯形温室葡萄园的宫殿北立面。这个建筑立面也是墙面与拱窗相间而组成的构图形

图 9-4-9　酒神雕像：无忧宫面对阶梯形葡萄温室的北墙上，雕刻着各种姿态的酒神，这些形象与简洁的拱窗相配合，营造出既精美又不繁缛的宫殿形象。

式，由于拱窗上无装饰，所以整个建筑立面很简洁。最令人惊叹的地方在拱窗之间的墙面上，设计师成对地设置了36尊圆雕的酒神形象。这些酒神呈现不同的醉态，并与花朵、葡萄等图案相组合，使整个宫殿立面极富神话色彩。

由于无忧宫是作为腓特烈大帝过退隐式的宁静生活而建造的，因此整个宫殿只有12间宫室，而且所有宫室的面积都不大。也因为各个宫室的建筑面积不大，因此建筑内部的总体装饰都以温馨、华丽和甜美的巴洛克与洛可可风格为主，少了大型宫殿的宏大气势，却多了一种小巧、精致与优雅的格调。

图9-4-10　温格尔别墅：装饰华丽的温格尔别墅保留着一些中世纪的装饰特色，并且在内部提供温馨奢华的使用空间。

在大型宫殿建筑华丽风格的带动之下，德国各地的府邸建筑也取得了较大的成就。18世纪初在德累斯顿建成的温格尔别墅中，建筑师将主体建筑呈现出通透的造型特色。在两层高的建筑立面上都设置了大面积的拱形开窗。同时也通过包含大量曲线和其他装饰元素的雕刻装饰的形象，向人们展示了一种德国人学习过程中的巴洛克风格。整个立面中出现的半身人像托座、断裂的拱券等形象要素，都明显是来自法国和罗马地区的巴洛克发展过程中的某些做法。

图9-4-11　亚玛连堡阁：法国的镜厅在普鲁士转化为堡阁的建筑形式，这种装饰精美的堡阁大多突出地设置在城堡建筑的一侧，具有相对独立的空间特色。

在府邸建筑中，最能够体现出洛可可精神的是位于慕尼黑的宁芬堡中的亚玛连堡阁（Amalienburg Pavilion）。这座堡阁是由德国本土建筑师设计的。因为这座建筑的设计师是被送到巴黎学习的建筑，因此亚玛连堡阁显示出与凡尔赛宫镜厅极强的联系性。这座平面接近圆形的大厅内部，也被带拱券的长窗和镜子相间设置的方式占满了墙面。其余的墙壁、镜子四周、屋顶以淡蓝色为主色调，其上如蛛网般布满镀金的纤细装饰。屋子中间的顶部设置有多枝的水晶吊灯，其布满细碎装饰的室内空间比法国宫廷的洛可可风格室内更加华丽。

这种在建筑中设置突出的圆形或多边形平面空间的形式，在许多大型府邸建筑中都有所体现。这种面积不大但却装饰奢华的小厅，多作为

图9-4-12　圣约翰尼斯·尼波姆克教堂：阿萨姆兄弟（Egid Quirin Asam & Cosmas Damian Asam）设计建造的这座教堂，通过建筑、绘画与雕塑的结合，为人们带来了一种虚幻的空间体验，显示出这对设计师兄弟高超的技艺。

演奏音乐或人们畅谈诗文的风雅之所，是从法国的一种同类功能的室内建筑转化而来的。到德国则演化为此时的一种十分特别的建筑形式，这种建筑形式在后来被称为沙龙。

除了府邸建筑之外，德国最能够体现洛可可装饰的那种近乎失去理智的装饰特色的，还有著名的巴洛克和洛可可建筑师阿萨姆兄弟的设计作品。这对兄弟最突出的作品，也堪称德国洛可可建筑的顶峰之作，是位于慕尼黑的圣约翰尼斯·尼波姆克教堂（Church of St. Johannes Nepomuk）。

圣约翰尼斯·尼波姆克教堂与阿萨姆兄弟的住宅连为一体，因为处于住宅区中，所以室内空间不规则。但阿萨姆兄弟正是利用这种向内缩小又狭长的不规则地形，创造了一座梦幻般的教堂建筑。教堂内部被纵向分为两层，以绿色大理石为主色调，墙壁和祭坛等处都铺满了镶金的人物形象和花饰。主祭坛之上设置了四根扭曲的柱子，再加上绘制了带有绘画透视建筑形象的天顶画的巧妙设置，不仅使祭坛部分的空间深度在视觉效果上得到了极大的提升，也由此得到了一个具有强烈升腾之势的魔幻空间氛围。

作为哈布斯堡王朝的首都，维也纳当时是奥地利王室的居住地，因此也成为巴洛克和洛可可风格的集中发展地之一。

在维也纳的巴洛克与洛可可建筑之中，尤其以卡尔斯克切（Karlkskirche）教堂最为著名。它的设计者是奥地利著名的本土建筑师约翰·伯恩哈德·菲舍尔·冯·埃拉（Johann Bernhard Fischer von Erlach）。

图9-4-13　维也纳美景宫：美景宫直到18世纪中期才全部建成，但仍是欧洲著名的巴洛克风格宫殿建筑之一，由上宫和下宫两座宫殿和大面积的园林组成。

卡尔斯克切教堂可以说将巴洛克自由的风格演绎到了极致。这座教堂是集中了历史上诸多著名建筑元素所构成的，这一特点从教堂立面上就可以看出。从正面看，处于中

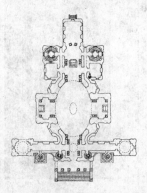

图9-4-14　左图：卡尔斯克切教堂平面：教堂内部以长椭圆形的大厅为中心，在大厅的椭圆形屋顶内部绘制有透视感很强的画面，极大增加了教堂内部的视觉高度。

右图：卡尔斯克切教堂：在组合多种不同时期的特色建筑形象方面，卡尔斯克切教堂建筑是做法最为大胆的特例，也是奥地利最著名的巴洛克教堂。

心位置的是位于建筑后部的集中式大穹顶，正立面真正的中心是一个参照古罗马万神庙设计的6柱柱廊。在这个柱廊的两边各立有一根记功柱。这也是从古罗马图拉真广场记功柱的形式发展而来的，柱身上设置着螺旋状的雕刻带，并在顶端以一个带穹顶的小亭结束。这种神庙式立面和记功柱的加入，给教堂增添了些许的异教色彩。

图9-4-15　维也纳圣彼得教堂：这座18世纪建造的教堂，集中了当时多位著名的巴洛克艺术家进行装饰，因此无论是外观还是内部，都洋溢着浓厚的巴洛克艺术格调。

但整个正立面的构图设计到此并未结束，在记功柱之后，教堂正立面的两边还各设有一座钟塔。钟塔的样式更为特别，底部带有拱券，向上则逐渐退缩，在第二层设置了半圆形的山墙和方窗，顶部又收缩，以一个类似法式屋顶的小方尖端屋顶结束。在教堂内部，设置了一个椭圆形的大厅空间，其形象明显来自波洛米尼设计的圣卡罗教堂(Church of St. Carlo alle Quatro Fontane)。

建筑师在这座教堂中综合了来自古典和中世纪的多种建筑形象，这种富于新意的立面组合方式本身就是对传统建筑理念的反叛。如果说意大利以外的其他地区的巴洛克建筑更多的是在装饰方面有所突破的话，那么卡尔斯克切则是一座在艺术造型上具有巴洛克创新精神的建筑。

除了卡尔斯克切教堂之外，像法国主要表现在宫廷建筑上的情况一样，维也纳最具代表性的巴洛克与洛可可建筑风格蕴含在皇家的丽泉宫(Schonbrunn Palace)中。丽泉宫本身就是17世纪时奥地利王室依照法国凡尔赛宫的样式修建的皇家宫殿，在18世纪中期的扩建工程中，其内部又开始比照凡尔赛宫中装饰风格开始改造。

图9-4-16　维也纳丽泉宫大厅：丽泉宫大厅是欧洲诸多地区仿照凡尔赛宫镜厅修建的华丽大厅之一，至今仍被作为国家重要会议和接待活动的主要场所。

图9-4-17　丽泉宫内部装饰：小厅内部华丽的护壁板上采用了东方风格的花纹和样式，同时搭配瓷器装饰，营造出一种具有异域格调的巴洛克空间氛围。

丽泉宫中也仿照凡尔赛宫的镜厅建造了大回廊厅，厅内的装饰同样采用洛可可风格，由拱窗与镜子相对应设置的形式构成了通透明亮的大厅空间。厅内设置了大幅的、外框为椭圆形的绘画。室内加入了许多镀金的线脚和雕饰，只是整体风格较凡尔赛宫的镜厅更素雅一些。而在另一间中国厅中，则学习德国建筑师的做法，将洛可可风格与圆厅形式相配合，营造出独特的空间氛围。

这种将古典主义建筑风格与巴洛克和洛可可装饰风格相结合的做法，在此后维也纳夏宫（Belvedere）的修建中更为明确地表现出来。而且无论在建筑的外面还是内部空间，自由的巴洛克式的雕塑元素被更多地用来装饰建筑的各处。

二、在英国的发展

除了上述这些极力推崇豪华、奢丽建筑风格之外，欧洲还有一个地区的建筑风格发展却显得保守得多，那就是英国。此时英国的皇权统治正值上升期，但建筑设计领域却并未大范围地接受巴洛克风格，而只是将巴洛克艺术作为一种有效活跃建筑气氛的手段，在有限的建筑上进行了小规模的尝试。

英国接受巴洛克艺术的时间较晚，大约是从17世纪晚期才开始的。当时它只是被作为一种有效地调剂建筑氛围的手段而被有节制地使用。更重要的原因则在于，英国是新教国家，而巴洛克风格起源于天主教中心罗马，因此这种带有明显象征性的风格当然不能被英国人所接受。

英国直到17世纪末时才谨慎地引入了巴洛克风格，而这种风格在英国的发展则与一位著名的英国

图9-4-18　圣保罗大教堂钟塔：英国历来对新建筑风格的使用都呈现出很强的本土化特色，在巴洛克风格的引入和使用方面也是如此。

本土建筑师的名字联系在一起，他就是克里斯托夫·雷恩（Christopher Wren）。雷恩在1666年发生席卷全城的伦敦大火灾之后受命设计了城内的许多教堂建筑，其中规模最大也最著名的作品，就是圣保罗大教堂。

圣保罗大教堂是按照传统的英国教堂形式建造的，其平面为拉丁十字形，西部的正立面横向拉宽。但这座教堂在传统模式上有所创新，在后部十字交叉处的上部不再设尖塔，而是设置了一座大穹顶。正立面不再是以往的那种屏风式的立面，而是两层带柱廊和三角山花的神庙式立面与两座哥特式钟塔相组合的特殊形式。

图9-4-19　圣保罗大教堂最初设计模型：在最初的设计中，圣保罗大教堂采用穹顶集中式的古典建筑形式，显示出对于意大利建筑传统的遵从。

教堂西立面的中部是由双柱组成的两层门廊，门廊上的山花雕刻着圣保罗皈依基督教的故事场景，在山花之上则分别放置着圣保罗、圣彼得和圣约翰的雕像。在主立面的两边，有两座哥特式的钟塔建筑，但钟塔上无论是底部开设的拱券还是立面上浅浅的壁柱，都使它带有浓厚的古典特色。而钟塔收缩的上部设置的圆窗、带凹凸柱廊的鼓座和带支架的尖顶形式，则呈现出更灵活的建筑表现手法特色。

在这个立面上，像罗马城那样的巴洛克风格被很有节制地借鉴了，无论是整个立面的组合方式还是双柱的形式，抑或是钟塔的形象和钟塔上部起伏的檐口设置，都显示出与古典规则不同的风格特色。雷恩以更多的直线和严肃手法诠释了巴洛克自由的建筑特色，使圣保罗教堂的西立面显示出庄严而不呆板的全新面貌。

图 9-4-20　圣保罗大教堂结构示意图：圣保罗大教堂的四壁采用一种近似拜占庭式的扁拱顶覆盖，穹顶则由于采用多层结构使整体重量大大减轻，这也使得教堂内部的空间更显通透。

圣保罗大教堂最值得人们关注的还有穹顶部分。圣保罗教堂的穹顶在形式上借鉴了罗马圣彼得教堂的穹顶形式，采用高高的鼓座将尖拱顶凸显出来，但圣保罗教堂的穹顶并不像以往的教堂那样采用内外两层结构。雷恩在设计圣保罗教堂的穹顶时，为了使穹顶看起来更加高大、雄伟，因此将尖拱形的穹顶设置在两层退缩的柱廊鼓座之上，并在穹顶上再设采光亭。但实际上这个最外层的穹顶是采用木结构外覆铅皮而制成的，这个木结构穹顶是无法承受上部石造采光亭的重量的，因此实际上采光亭并不修建在外层的木架构上，而主要由木穹顶内层的砖砌圆锥形的结构承重。这个砖结构的圆锥体从底部建筑十字交叉处升起，到外层木构架顶端的高度结束，是穹顶的主要承重部分。这个外部看不到的结构是建筑师的真正智慧所在。

但这种圆锥形的屋顶形式从室内看就并不美观了，因此雷恩又在锥形顶的内部加建了另外一层半圆形的穹顶作为室内的装饰性屋顶。这三层相套的穹顶的端部都在同一位置开设了天窗，因此来自穹顶采光亭的光线也可以部分照射进穹顶所在的室内。雷恩所设计的这个穹顶，利用多层的结构解决了复杂的技术问题，而且无论在建筑内外都获得了良好的视觉效果，可以说是从结构与形象两方面继承了巴洛克自由灵活的建筑风格。

图 9-4-21　圣保罗大教堂穹顶：大教堂穹顶仿照罗马坦比哀多小神殿的样式，由于采用木结构外覆铅皮的做法，因此既获得了饱满的造型，又可最大限度地避免雷电对屋顶的破坏。

除了圣保罗教堂之外，雷恩还为大火后的伦敦城设计了几十座新的教堂，而且在这些新的教堂建筑中,雷恩采用了更为自由多变的设计。在不同的教堂中分别试验了哥特式、巴洛克式、古典式等多种风格的混合,可以说是开创了一种混合的新折中建筑风格。

英国的巴洛克风格节制的发展状态不仅体现在教堂建筑上,还体现在此时兴建的公共建筑、宫殿及私人府邸建筑上。尤其在私人府邸建筑的设计中,虽然古典风格的严谨基调仍然被保留着,但巴洛克风格的创新与装饰性也被更大程度地引用了。

此时许多动人的府邸建筑是由非专业的建筑师建造的。在这一时期的代表人物是曾经在雷恩工作室工作过的尼古拉斯·霍克斯摩尔(Nicholas Hawksmoor)与约翰·范布勒(John Vanbrough)。他们二人合作设计了许多华丽的府邸建筑,这些建筑中往往有被设计成具有强烈凹凸感的动态造型部分。另外,他们在建筑基本风格与装饰性设置的尺度把握上极具特色,经常能使建筑物既有活泼的动感形式,又保有凝聚力和典雅气势。

范布勒早年曾去过法国,这使人们推测他们设计的布兰希姆府邸(Blenheim Palace)可能是模仿了凡尔赛宫的设计,因为府邸的平面同凡尔赛宫一样,呈倒"凹"字形。主体建筑的四角都设置了一座方形塔楼,在前立面的方形塔楼之前,又在两边伸出一段柱廊,由此在建筑前面围合出一片广大的广场。整个府邸最动人的是各种柱子的设计,庭院两边的柱廊采用多立克柱式,而立面带三角山花的门廊部分则由两边方形的科林斯对柱与中间的两根科林斯圆柱构成。而且这些柱子的尺度高大、粗壮,使整个立面显得有些拥挤,凸显出明确的巴洛克建筑的风格倾向。

图9-4-22 圣保罗大教堂正立面:教堂建成后,为了平衡立面与穹顶的形象,因此在立面两端各加建了一座哥特式钟楼,从钟楼顶部曲折的檐口设计可以看出巴洛克风格的影响。

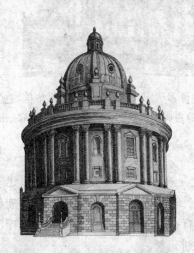

图9-4-23 拉德克里夫图书馆:位于牛津的图书馆采用文艺复兴时期坦比哀多的造型模式,但通过更富装饰性的巴洛克风格予以表现,是较为著名的巴洛克风格的建筑作品。

在这个立面与两边塔楼建筑的相接处外部立面,则仍旧采用带壁柱的弧形建筑立面形式,这里的壁柱与建筑底层层高的尺度相当,因此与立面高大的立柱之间形成了鲜明的对比。整个府邸的建筑面貌虽然以古典风格为主,但通过这些不同高度的柱式的配合,以及四角塔楼上耸立的尖塔形式,极大地活跃了建筑的氛围。

这一时期英国各地的府邸建筑,虽然也体现出受到装饰无度的巴洛克与洛可可建筑风格的影

图9-4-24　布兰希姆府邸：将古典样式与巴洛克装饰手法相结合，是英国18世纪许多贵族府邸的共同特色。这些府邸建筑追求古典审美意趣与宏伟的建筑形象，但内部空间往往并不实用。

响，但更多的是回到风格更为严谨的早期帕拉弟奥建筑风格的复兴道路上去了。此时大型府邸的拥有者，大都是借助君主立宪的改革而新近上升的资产阶层和新贵族。因此他们急切需要通过建筑来体现一种传统的权威性，这种权威性显然不适宜用来自罗马教廷所推崇的巴洛克风格，或是用绝对君权下所产生的洛可可风格，因此象征早期文化觉醒的文艺复兴时期的建筑风格，成为府邸业主们的首选。

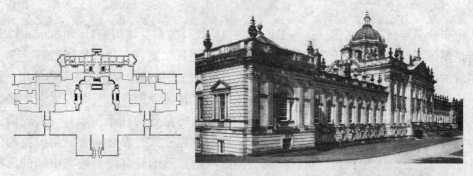

图9-4-25　霍华德城堡及其平面示意图：18世纪兴建的许多英国贵族府邸，都同霍华德城堡一样，虽然很重视装饰性，但主体形象和平面却遵循着严谨的古典建筑规则，暗示出古典建筑风格的回潮。

巴洛克风格在英国的发展显得谨慎而含蓄。无论是在教堂建筑还是私人府邸建筑中，巴洛克自由组合建筑元素的设计思路和诸如断裂、转折等的一些具体的手法都被英国建筑师们所应用，但繁多的雕刻装饰和曲线等却被有意摒除了。因此英国的不纯粹巴洛克风格，可以说是保留在古典建筑基调上的一种调剂元素。

但不事张扬的英国府邸建筑也存在问题，即建筑师和委托人一味追求建筑外在宏大的气势和象征性，因此忽略了建筑空间的实用性功能。这种内部功能性空间设计的缺失，使得这些府邸内部的实用性往往不高，因此给内部采光、保暖、遮阳和就餐等带来诸多不便。

霍克斯摩尔在另一座霍华德城堡陵墓建筑的设计中，明确地借鉴了文艺复兴时期布拉曼特设计的坦比哀多。墓地上的一座圆形小庙表达了一种纪念性。这座平面为圆形的水上神庙建在两层台基之上，在这个台基之下也是庞大的带拱顶墓室。小庙外部采用极其简洁的多利克柱式和带三陇板的檐口，但柱子上面与之对应的三陇板的数量被明显加多了，而且顶部退缩处也不再是尖拱顶，而是成了饱满的半圆穹顶形式。这种设计既避免了与此前常见的

图 9-4-26 霍华德城堡陵墓：这座家族陵墓建筑，也是当时英国在古典建筑规则基础上创新形成的建筑形象之一，其设计者霍克斯摩尔是英国古典建筑风格的代表建筑师之一。

建筑形式的雷同，又借助密柱式营造出了坚固感，加之内敛的半圆顶的配合，营造出一种肃穆、庄重的氛围。

总　　结

不管是产生巴洛克风格的罗马，还是将巴洛克精神演绎得近乎疯狂的西班牙，以及在巴洛克风格基础上创造出洛可可风格的法国，还有在建筑上紧跟法国时尚的奥地利与德国，抑或是对这两种风格采取保守性接受的英国，可以说，巴洛克和洛可可风格在17世纪深入影响了欧洲许多国家的建筑艺术发展，而且这种影响一直延续到了18世纪。

巴洛克和洛可可两种建筑风格，从严格意义上说在建筑结构方面的贡献较小。洛可可风格就是一种纯粹的装饰风格，这种缺乏建筑创新性的特点和对享乐风气的突出，也是导致这两种建筑风格流行时间较短而且影响范围和程度极其有限的主要原因。但同时，巴洛克和洛可可建筑风格也可以说是最具有创新精神的建筑风格。这两种建筑风格的发展，不仅在于为人类历史创造了诸多富于视觉欣赏性的建筑作品，还在于为此后的建筑界打开了一种更加自由和随意的建筑设计思路，并鼓励人们全面和大胆地应用所有以往的建筑风格及细部要素，在此基础上形成具有个性化特色的建筑形式。

第十章 新古典主义建筑

第一节 新古典主义建筑概况

一、历史背景概况

整个欧洲社会从 18 世纪中后期到 19 世纪这一时期，无论是在政治方面还是经济方面都发生了巨大的变化。原本强大的意大利和西班牙在这时期呈现出了颓势，取而代之的是法国、英国和德国北部普鲁士以及俄国的崛起和兴盛。

这一时期也不仅是欧洲各地资本主义制度与王权和神权相抗争的时期，也是继文艺复兴以来更大规模的思想启蒙运动兴起的时代。欧洲政治文化的中心由传统的意大利向北部转移，形成以法、英、普鲁士和俄国为主的新发展区。上述各国因为王权与资产阶级的矛盾激化，以及革命的爆发，也处于政治、经济、文化等各方面思想杂陈交织的发展状态之下。

图 10-1-1　皇家楼阁：英国皇室 19 世纪初改造完成的皇家楼阁，是混合建筑风格的代表，建筑最具异域特色的葱头顶建筑部分，是内部的文化沙龙。

欧洲许多国家内部的发展都不平静，因为欧洲各国都在经历着思想、经济、政治等各方面的社会变革。法国是这一时期社会政治变革最为频繁和复杂的地区。从 1789 年法国大革命开始，革命中心巴黎经历了多次政权上的共和制与帝王制的反复，一时间成为欧洲社会斗争最为激烈的地区。除了这种社会内部的变革之外，还有以拿破仑为代表的对外扩张。此之前以伏尔泰、卢梭为代表的思想家，在他们的著作中所大力倡导的诸如加强对民众的教育、建立民主政治制度等思想，越来越多地得到了社会各界的肯定和重视。在这场规模宏大的启蒙运动思想的激励之下，人们开始向往古代希腊和罗马时期的民众教育与共和体系，因此也在各个领域展开了一场打着复兴古典大旗的新古典主义运动。

与法国相比，英国的社会革命运动比较平静。早在 17 世纪后期就已经确立了以世袭贵族组成的贵族院与以新兴资产阶级为主体的众议院为基础的内阁制。这种内阁制虽然也是以社会上层阶级为主体构成的，但国家的权力处于王权与国会相互制约的一种均衡状态之中。因此，除了在 18 世纪后期发生了新兴的资产阶级争取权力的一些斗争之外，英国的社会革命进行得相对稳定。

英国真正的革命是发生在生产领域的产业革命。从 18 世纪下半叶一直持续到 20 世纪初的产业革命，使英国完成了从传统工业向现代化工业发展的生产方式上的转变，同时也使得影响整个社会的主导力量从早期的封建贵族阶层转变为广大的资产阶级。

图 10-1-2　大英博物馆：希腊复兴风格的大英博物馆在建设过程中有两项工程创新，即对混凝土和铸铁大梁的使用，暗示着新工业技术对传统建筑影响的扩大。

由于资产阶级的构成中既有来自旧有封建贵族转化而来的组成部分，也有新兴的贵族组成部分，因此也使得资产阶级内部的革命性存在一些分化力。此外，英国作为初期产业革命的发源地，其社会生活和经济随着产业革命而迅速发展。这种产业革命带来的社会发展，也在很多方面迫使英国社会面临变革。因此，这种社会政治、经济等诸多方面的复杂社会发展背景，使得英国的古典建筑复兴在一种多样化的复杂状态下发展。

图 10-1-3　克里夫登吊桥：混凝土和铁结构相结合的建筑材料形式，早期只被结构工程师在大桥、工厂等建筑中应用，但逐步创造了新的建筑美学标准。

在英、法两国之外，作为西欧最主要构成部分的德国仍处在邦国分立的发展状态，但这一时期也兴起了以柏林为中心的普鲁士、以慕尼黑为中心的巴伐利亚等几个邦国为主导的状态的产生。直到 19 世纪前半叶，德国地区因为各邦国分立，导致信息、文化和经济发展闭塞，仍停留在早期的农业经济社会阶段。

从 19 世纪前期开始，工业革命的风潮开始从英国蔓延到法国和其他更广泛的欧洲国家，各国的经济也都先后经历了从农业经济向现代工业经济的转变。最迟发展的德国，也已经在 19 世纪末期时成为工业强国。因此可以说，18 世纪和 19 世纪是欧洲尤其是西欧在政治、经济和文化等社会生活的各方面都经历变革的时代。在这一系列变革之中，产生了诸如浪漫主义、古典主义、现代主义等多种新的思潮和风格，更促进了社会各方面的变革性的产生，而此时期建筑艺术的发展，也突出地反映了这一社会发展特点。

二、新建筑理论的出现

18 世纪，尤其是从中期之后，是一个各种新理念和新思潮频繁出现的时期。此时在艺术领域出现的对各种艺术形式影响较大的是浪漫主义。浪漫主义最早在文学和绘画艺术中表现出来，在19世纪的欧洲十分流行。这种艺术风格强调个性的表现，因此创作手法更加自由。虽然浪漫主义是以对中世纪的信仰与崇拜为基础发展起来的，但人们在其中加入了更多的想象力和个人情感的表达。有时更是可以因为这种个性化的表达，而采用非古典的传统，因此开创出了一种符合时代发展的新风格。

图10-1-4　带古典拱桥的花园：在花园的角落兴建古典式样的小亭或桥梁建筑，是英国浪漫主义运动中最具特色的建筑做法。

除了浪漫主义之外，古典主义风格也重新兴起。从18世纪中叶的时候，人们发现了由于火山突然爆发而被火山灰完整覆盖的古罗马庞贝城，由此引发了人类的考古热。由于庞贝城所处的特殊位置，使这座被发掘的城市不仅为人们展现了早期古罗马的街道布局、住宅形式以及巴西利卡和公共浴场等这些大型的公共建筑。还因为当时意大利南部就有许多来自希腊的移民，因此被发掘出来的建筑又有着浓厚的希腊建筑风格，这些优秀建筑古迹刺激了人们的仿古意愿。

此时的西欧各国正处于新兴资产阶级与封建势力相抗衡的社会发展状态之下，古希腊和古罗马共和时期的社会模式、工艺美术品和建筑设计作品，被新兴的资产阶级当做理想的社会形式而被大加赞扬，由此也带动了新古典主义文化复兴运动的展开。

图10-1-5　维也纳议会大厦：由于新兴资产阶级以追求和恢复古希腊和古罗马早期的共和体制为旗号，因此各新兴政权的建筑，都采用新古典主义风格。

配合古典文化的复兴热潮，许多古代不同时期的建筑测绘图集、建筑理论书籍等开始被各地的建筑师所重视，这些建筑典籍的流行和新建筑学说的不断出现，对新古典主义建筑运动的发展起到了极大的推动作用。

在英国，包括文艺复兴时期帕拉弟奥所著的《建筑四书》、英国建筑师琼斯在早年对文艺复兴建筑风格的介绍与理论书籍，以及诸如1715年出版的由苏格兰建筑师科伦·坎贝尔（Colen Campbell）所著的《不列颠的维特鲁威》（Vitruvius Britannicus）等新老著作，都对英国建筑师们产生了巨大的影响力。

这种情况在其他国家也同样存在。由于此时社会财富积累已经到了一定程度，许多国家都已经形成了以城市生活为主的社会发展模式，因此新古典主义建筑的发展虽然仍旧以教堂和宫殿建筑为主，但这些建筑已经不再是新风格发展的唯一象征。各种新古典主义风格的建筑，已经开始与私人住宅、连排住宅、各种公共机构建筑相结合，成为一种被全社会的各阶层进行不同演绎的基础建筑风格。

在这种混乱的建筑风格发展时期，一方面，出现了一些将各种建筑元素混合运用的、奇特的建筑形象。从建筑历史的发展角度来看，这种万花筒式的建筑形式只是对以往各时期建筑成果的拼凑，因此并没有对建筑的发展起到推动作用，反而是一种建筑创新枯竭的表现。

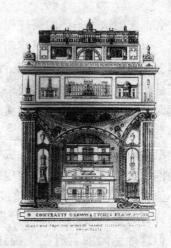

图 10-1-6 《建筑比较》封面：英国建筑师普金在 1836 年出版的这本建筑专著中，提倡回复中世纪的生活，他本人是著名的哥特复兴设计师。

另一方面，此时期也出现了一些意识到建筑发展所遇到的新问题的建筑师和理论家。比如威尼斯建筑师罗多利（Carlo Lodoli）已经明确指出建筑应该是材料特性的表现，而另一位意大利人皮拉内西（Giambattista Piranesi）则大胆指出了古希腊建筑过于注重诸如柱式和比例之类的程式化而产生的弊端。注重建筑功能性的设计理念趋势也是此时许多建筑师和理论者所体现出来的共同特征。来自法国的修士洛吉埃（Jesuit Laugier）在 1753 年发表的专著《论建筑》（Essaisur l'Arctritecture）一书中，不仅勾勒出以梁柱结构为主构成的建筑的最早雏形，还提倡当时的建筑设计应该学习这种纯净的建筑构造，让建筑回复到单纯的梁柱体系中来，他认为建筑甚至可以摒弃墙体。

图 10-1-7 维克托·艾曼纽二世纪念碑：这座位于罗马城的纪念碑，直到 1911 年才建成，是古典主义发展后期极度混合和夸张的折中主义的建筑代表，也暗示着此时古典主义建筑创作的枯竭。

图 10-1-8 新门监狱：18 世纪末期兴建的新门监狱吸收了皮拉内西的建筑理念，厚实、封闭的石墙形式既满足了特殊的功能需求，又体现出了严肃、压抑的监狱气氛。

洛吉埃的这种单纯的梁柱理念在当时看来可能是种空想，但它与现代主义建筑初期人们所倡导的纯净化建筑理念是一样的，现代建筑提倡以梁架建筑结构为主，尤其是在现代化的高层摩天楼中，主要的承重结构就是采用网格等形式设置的柱列与横梁，而墙体不过是作为一种空间围合与分隔物而存在。这种框架建筑结构与几个世纪之前的洛吉埃的建筑想法可说是不谋而合。

但洛吉埃的这种纯净化的建筑风格在他所处的时期却不能变为现实，因为古典建筑主要以砖石材料为主，虽然砖石材料的穹顶结构可以提供较大跨度的使用空间，但这种空间的营造在一幢建筑中往往是单一存在的，而且造价昂贵。因此砖石这两种材料都无法提供价格低廉、结构简单、适于普及的较大跨度空间形式。这种结构、材料上的特性也直接限制了古典建筑的进一步发展。

图 10-1-9　《论建筑》插图：洛吉埃在这本书的卷首插图中，向人们展现了他理想中的最早建筑的形式，即梁柱结构形式。

除了关于建筑设计上的一系列新理论的出现之外，在城区和城市规划方面也出现了一些全新的探索。比如随着工业化的深入，传统的封建城市逐渐向着现代化工业城市的功能转变，迅速而大量涌入城市的工人对城市居住、交通、生活保障和城市公共设施等各方面都带来了严峻的压力。一时间，在各国的工业城市都形成了以工厂、公共和政府建筑为主的高大建筑为中心，周围密集分布着大片贫苦工人简易住宅的景象。由于大量的人口造成城市压力，使城市变成了环境、卫生和治安都很差的中心，因而也引发了一些学者对现代工业化城市规划的探索。

在诸多工业化城市规划和改造中，尤其以 18 世纪末的巴黎城市改建最具代表性。巴黎城的改建主要是由两种因素引起的：一是长期过度的人口聚集使巴黎老城不堪重负，在原有古典建筑的周围形成了诸多密集的贫民居住区，这些地区因缺乏公共基础设施而肮脏并成为火灾和疾病的主要源头，因此也严重影响了富人区的生活环境；二是大革命期间，这些拥挤、混乱的贫民区为革命者提供了天然的屏障，给政府军队的调动和大炮的运用带来了极大的障碍。

图 10-1-10　凯旋门周围的城市景观：围绕教堂和著名建筑形成的广场，设置各种道路和建筑的做法，是巴黎城区的一大特色。

为此，在拿破仑三世当政期间，他委托霍斯曼（Georges Eugene Haussmann）进行了一场以公共和基础设施建设为主的城市改建运动。首先是将巴黎城周围的多个郊区并入市区，使巴黎达到 20 个区。同时展开以主要交通干道和重点街区的改造、公共设施和绿化为主的改建。在这次改建之后，巴黎城形成了宽阔的城市主干道、整齐的建筑面貌和优美的公园与广场。虽然整个改建计划是以牺牲贫民区的建筑为前提，并且主要是针对改善富人区和主要街道的面貌为主，对贫民区的生活无太大改观，但此次城市改建仍具有重大意义。

巴黎城的改建，从微观上看，其预先建设的发达地下排水系统，不仅在当时解决了城市排水问题，还为以后电力、通讯电缆等公共设施的铺设预留了通道。从宏观上看，城市主要干道的开辟和拓宽，有利于军队和大型兵器的转移，可以有效地对各种革命活动进行制约。同时，这种城市的改建使之更适应现代工业城市的需要，为之后城市人口和交通流量的增加都进行了预先设计。因此，巴黎城的大改建，在此后也成为欧洲各国现代城市改建所参照的重要蓝本，并在现代城市布局与规模方面进行了积极的探索。

图 10-1-11　巴黎歌剧院附近的城市干道：巴黎剧院面对的拿破仑大道，是霍斯曼巴黎大改建计划中被作为城市主干道而兴建的重点工程之一，今已改名为歌剧院大道。

三、建筑特色综述

在 18 世纪的新古典建筑复兴热潮中，由艺术家、建筑师组成的考古队对古希腊和古罗马的遗迹进行了全面的考察，将古典历史上著名的建筑进行了细致和广泛的记录。对于不同国家中古希腊和古罗马建筑的复兴，因为每个国家的政治、历史背景而各不相同。比如最早兴起的新古典建筑风格是以回复到文艺复兴风格为主的，此后随着考古热潮所提供的研究结果的增多，各地的建筑开始真正回复到以古罗马和古希腊为主的古典风格复兴上来。

图 10-1-12　维多利奥·伊曼纽美术馆：作为古典主义建筑发源地的意大利，也开始逐渐接受新工业化所带来的便利，利用金属框架和玻璃板的形式，对一些老建筑进行改造。

这种对古典建筑风格的复兴在各国所呈现的形式不是统一不变的，而是随着社会政治、经济、文化以及其他因素的发展而不断变化的。最初，欧洲各国的古典复兴几乎都以古罗马建筑风格为主，但随着拿破仑对外侵略的开始，被拿破仑所欣赏的罗马风格，以及由此衍生出的帝国建筑风格则开始被其他各国所反感甚至抛弃。再加上此时各国资产阶级革命的进行，古希腊民主城邦的建筑形式作为一种反抗暴政的强烈宣言，开始成为人们竞相模仿的对象。除了古典风格的复兴之外，在英国和德国等地还兴起了哥特复兴风格，这是浪漫主义思潮所倡导的中世纪宗教情结在建筑上最直接的反映。

这也使得新古典主义时期古典建筑风格的复兴，与二百年前文艺复兴时期的古典建筑风格复兴不同。新古典主义时期不仅仅是建立在对古希腊与古罗马建筑的认识更加深入的基础上的复兴，它还包括对以往所有流行过的建筑风格的重新审视与混合运用。此外还有两方面更加复杂的社会因素影响此时建筑的发展：一方面这一时期各国的政治体系与社会形态的发展错综复杂，既有像处于绝对君权统治盛期的俄国，也有资产阶级逐渐兴起而封建贵族逐渐没落的英国，更有革命频发的法国和崇尚进步思想的普鲁士，因此各地区的古典复兴受各自社会生活状态的影响而有所不同。

另一方面，受工业革命的影响，以铁为代表的新材料在建筑中的大规模应用给建筑结构形式带来了更多的可能性，新材料催生出了新建筑结构的探索，虽然没能立即改变古典的建筑面貌，但也开始对建筑造型产生一定的影响。

图 10-1-13　草莓山庄园：在英国的浪漫怀古建筑风潮中，许多具有哥特风格的私人庄园在没落贵族的大片封嗣土地上被兴建起来。

图 10-1-14　英国的纺织车间：工业革命的深入给传统的城市生活带来一系列新的矛盾，其中最突出的矛盾是生产车间、工人住宅、车站等新建筑需求与古典建筑形式之间的矛盾。

工业革命的影响，使得此时欧洲各主要城市都处于工业化所带来的城市规模和人口迅速膨胀阶段。与不断扩大的城市相配合，一些大型的城市公共工程也在各地展开。比如巴黎城的规模不断处于扩大之中，虽然从路易十四时期就开始在巴黎城仿照罗马城的做法设置一些不同几何形状的广场，但直到19世纪，巴黎城在面积和城市风貌上仍旧与现在人们看到的样子相差很多。比如，直到拿破仑统治时期，现在巴黎著名的香榭丽舍（Champs-Elysees）大街，仍旧是城中贵族们休闲、游玩的郊外胜地，而非像现在那样，被古典式的建筑所围合着。

1720年建成的八角形的旺多姆广场（Place Vendome），是新广场形式的一种有益探索。这座广场周围被统一形象设计的联排楼房所围绕，此后这种由围绕广场建造联排住宅的形式，也成为一种经典的建筑做法被广为普及。另一座在1779年建成，此后又经不断改建的著名广场是协和广场（Place de la Concorde）。除了特别规划建造的广场之外，巴黎在19世纪的城市大改建之前就已经有许多大型建筑建

图 10-1-15　奥尔良廊：位于巴黎旧王宫内的奥尔良廊建于19世纪初，是新建筑工艺与古典建筑传统的组合之作。

成，其中有将古典建筑发展演绎至极端的先贤祠，也有保持着古典式的外观但拥有钢和玻璃结构圆屋顶的新式建筑。

到19世纪中叶之后，在古典主义建筑与现代主义建筑发展的过渡时期，建筑界开始出现更为丰富的新建筑形式。这种新建筑形式的出现是适应工业化城市需求与新结构材料的结果。许多建筑师在逐渐接受混凝土、铁等新建筑结构材料的同时，又将其与古典的建筑传统相结合，因此出现了一些转型时期的特殊建筑形式。可以说，在这些建筑中所出现的古典元素和建筑形象，是以新结构材料为基础构成的现代建筑，在寻找和确定全新的现代建筑形式过程中所经历的一个阶段。在新古典主义建筑发展后期经历了混乱的风格之后，古典主义建筑被现代主义建筑所取代了。但古典建筑并未完全退出历史的舞台，甚至直到现在，古典风格还在不断给予现代建筑师以新的设计思路和灵感。

图10-1-16 巴黎国家图书馆阅览室：国家图书馆于1867年建成，阅览室拱顶及多层藏书架均采用铸铁和金属材料，展现了新结构材料的优越性。

第二节 法国的罗马建筑复兴

一、古典建筑传统

古典主义建筑风格在法国的发展起源很早，从意大利文艺复兴晚期开始法国全面地接受古典主义建筑风格。至17世纪中叶进入强盛的"太阳王时代"之后，以凡尔赛宫为代表的一系列大型古典风格宫殿的兴建，将古典主义建筑风格的发展推向第一个高潮。

17世纪中后期，法国虽然受意大利的巴洛克风格影响，也请来了罗马著名的巴洛克建筑大师伯尼尼来为已建成的巴黎卢浮宫设计新的东立面，但法国人并不能接受伯尼尼所带来的拥有起伏立面和诸多装饰的建筑立面形象，因此最后采用了另外由本国建筑师设计的古典式立面形象。

卢浮宫的东立面整体仍采用古

图10-2-1 伯尼尼设计的卢浮宫东立面：伯尼尼设计的建筑立面有着较大幅度的凹凸变化，是意大利巴洛克建筑风格的生动体现。

典建筑规则，除了严格遵守古典的三分式立面设置规则之外，还十分注重比例与尺度的搭配。比如由于东立面长达172米，因此在建筑中部和两端各设置了一段凸出的建筑体，正立面凸出部分宽28米，两边凸出体的宽度为24米。立面上设置的双柱形式很富于巴洛克精神，这些巨大的双柱中心线大约6.69米，正好是柱子高度的一半。在总体上，建筑底部1/3处被设置成拥有连续高拱窗的基座层，但整个基座层总体上形象十分封闭，再加上与立面上的高大双柱形式相配合，呈现出一种高耸和封闭的冷漠之感，突出了皇家建筑的威严。

图10-2-2 卢浮宫东立面：最终建成的卢浮宫东立面，仍旧延续了以往宫殿建筑规则的古典形式，但也通过立面总体上的起伏变化设置，避免了统一立面构图的单调感。

除卢浮宫的东立面改建成为新古典主义的风格之外，法国最突出的古典风格的典型作品是凡尔赛宫中的主要建筑部分。凡尔赛宫的建筑虽然也在很大程度上吸取了巴洛克的建筑风格，但总体基调并未脱离古典建筑沉稳、典雅的特点。18世纪末期到19世纪初的十几年里，法国大革命及一系列政党的纠结虽然造成一定程度的社会动乱，但最终结果却是推翻了封建君主的统治，因此在这种浓厚的民主氛围之下也催生了一些优秀的建筑成果。

二、新时代的创新

这种建筑成果反映在真实的建筑设计探索与大胆的建筑理论探索两个方面。在真实建筑的探索方面，以索夫洛（Jacques Germain Soufflot）设计的巴黎先贤祠为代表。先贤祠最早是为纪念巴黎圣女圣几内维芙（St. Genevieve）所修造的纪念性教堂，此后改名为万神庙（Panthenon，国内通常译为先贤祠）作为一处国家重要人物的公墓使用。

也许是建筑本身特殊的纪念功能性，因此索夫洛设计的希腊十字形建筑平面得以被有关部门通过。先贤祠是平面为四壁等长的十字形、西立面设置神庙式柱廊并在十字交叉处的上方设置了大穹顶的一座独特的建筑。入口处的柱廊没有高大的台

图10-2-3 先贤祠结构示意图：包括穹顶支撑墩柱在内的先贤祠内部支撑柱，都比此前穹顶建筑中的支撑柱细，再加上拱顶跨度较大，因此整个教堂内部空间通透、高敞。

基，只通过很矮的台阶与地面层相连，但柱廊内19根科林斯柱子高达18米，因此在入口处首先制造出了慑人的庞大气势。

穹顶是建筑中最重要的结构部分。在先贤祠穹顶的营造上，索夫洛采用了伦敦圣保罗教堂穹顶的结构，而且将穹顶的墙面砌筑得非常薄，因此穹顶的侧推力和重力都大大减小了。在最初的设计中，不仅建筑内部都设置细柱承重，十字形建筑的墙面上还开设了大开窗。在当时，像先贤祠这样有通透的造型和通敞的内部空间的建筑是很少见的。但是好景不长，这种牺牲结构的承重能力带来的后果是建筑出现裂缝和变形。因此，人们不得不把墙面上的窗口堵上，把柱子加粗。

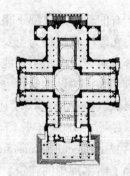

图10-2-4 先贤祠平面：先贤祠采用希腊十字形平面与大穹顶相结合的形式建成，这种希腊建筑风格与罗马建筑样式的结合，也是此时法国古典复兴建筑的特色之一。

由于在造型比例上的成功推敲，即使是在因为结构问题而将建筑内部支撑穹顶的细柱变成了墩柱，而且将墙面上的窗户封死之后，先贤祠的纤巧感觉和通透意趣仍然不减。先贤祠的内部主要由柱子支撑的结构相当宽敞，而且建筑内部不像巴洛克教堂那样设置过多的雕饰，因此梁柱和拱券的结构表现得非常明确，使整个室内空间显得更加神圣和空敞，纪念性十分突出。

在先贤祠建筑中，将希腊十字的集中平面形式与中世纪哥特式的尖拱顶相组合，并运用先进的三层穹顶结构，获得了新颖的建筑形象效果。在建筑结构设置上，抛弃了巴洛克的那种对装饰的堆砌和曲线、断裂等装饰手法，取而代之的是一种庄严和简洁的建筑形象，展示了古典主义建筑风格的回归。

在大胆的理论探索方面，以布雷（Etienne-Louis Boullée）和勒杜（Claude-Nicolas Ledoux）两位法国建筑师为代表。布雷和勒杜的共同特点是都追求更简化的建筑形象和超尺度的庞大建筑形体，在他们的设计之中，建筑已经远远超出了"雄伟"的标准，往往以超大的尺度带给人一种骇人的尺度压迫感。

图10-2-5 先贤祠穹顶结构：巴黎先贤祠的穹顶仿照伦敦圣保罗教堂的穹顶而建，从内到外分为三层，最外层采用砖砌结构建成。

在两位建筑师中，布雷的设计特点在于将纯净化的几何形体与大尺度结合起来，形成种明显的纪念性建筑特质。布雷最著名的牛顿纪念馆设计方案，是要建造一个直径达150米的球体。这个球体拟建造在一个逐层上升的圆形基座上，再在每层上升的基座上种植树木，这种高台式建筑的设计与古老的两河流域高台式建筑相似。届时，牛顿的灵柩就计划被停放在巨大的圆球内，而且圆球只在底部设有很小的入口，此外顶部还要开设密集的洞，使内部如同一个人造的宇宙空间。

布雷的这种利用简化几何体构成的建筑形象，与以往所有的建筑形象都不相同。而且其巨大的建筑尺度要在以砖石材料为主要结构件的当时建成，无论从哪方面来说都是不可能的。与布雷相比，另一位建筑师勒杜的设计虽然也追求庞大的气势和新的建筑形象，但无论从尺度还是结构上都显得更加实际。勒杜在1804年曾经出版了一本名为《幻想建筑》（L'architecture Consideree）的书，他在这本书中勾勒了诸多理想的建筑，以及对新兴的工业化城市的憧憬，但这本书中所勾勒的理念化建筑大多没有建成。勒杜在1773年被选为皇家建筑师，虽然他很快就因为法国大革命的爆发而卸任，并因为为统治阶级服务的罪名而遭到囚禁，但在短暂的皇家建筑师任职期间，他还是有一些实际的、富于纪念性的建筑被建成。

图10-2-6　牛顿纪念馆设计方案：牛顿纪念馆，是在18世纪后期法国兴起的简化古典建筑风格背景下被创作出来的，但它突破了古典规则的限制，体现出较强的现代设计意识。

图10-2-7　巴黎税收关卡：勒杜在巴黎设计了诸多税收关卡建筑，这些作品是18世纪晚期简化古典建筑风格的代表，以简洁的形体和动人的内部空间形式著称。

勒杜最具代表性的设计，是他为一座盐场所做的理想城市构想及总体规划。整个理想城的布局以圆形为基础。在中心的圆形广场中，以主管住宅为中心向两边一字展开的管理用房形成圆形广场的直径。在这个圆形广场之外，隔一定距离用绿化带分隔出多圈同心圆的环形带。城镇的种植用地、职工住宅、医院、托儿所、教堂甚至坟墓，都分别设置在不同的环形带中。在多层的环形地带之间，还设置了以中心广场为起点的多条放射形道路，以方便人们的出入。这个盐场规划最后只有主管住宅和入口等几座建筑建成。在这些建筑中，勒杜抛弃了装饰，采用粗面石、简化立柱与希腊式平屋顶的形式，显示出他对于纯净化和纪念性建筑体量的追求。

三、帝国风格的古典复兴

这种对纪念性和庞大建筑气势的追求，在此后随着拿破仑在1799年的掌权和1804年的封帝而达到发展高潮。法国的新古典主义建筑风格开始转向一种以罗马建筑风格为主的新发展阶段，这阶段的建筑出现了一种被称为帝国风格的形象。所谓帝国风格，是一种在古罗马帝国风格的建筑基础之上产生的，为拿破仑的专制帝国服务，并彰显帝国权威的建筑风格。这种风格在发展的前期，以高大和富于纪念性的古罗马建筑形式和极其简化的装饰相结合，力在突出强大的政权，在其发展的后期则逐渐转向了追求装饰性和异域趣味的华丽风格。

帝国风格最突出的建筑代表，是一些特别为此而建的纪念性建筑，比如凯旋门。已经同古罗马帝国时期的广场建筑一样，是为当时强大皇权歌功颂德而建造的。拿破仑时期在巴黎兴建的凯旋门，最早是完全按照古罗马的凯旋门形制而建造的，但很快就在原有建筑造型基础上形成了新的风貌。

1836年建成的巴黎凯旋门（Arc de Triomphe），就是拿破仑下令兴建的一座帝国风格的全新凯旋门形式。这座凯旋门不再采用古罗马的三门洞形式，而是单门洞形式，但在建筑的四个立面上都各开有一个门洞。建筑立面上不再设置壁柱，也不再有雕塑装饰，而只是由简单的凸出线脚分划出基座、主体上部和一个平屋顶几个部分。建筑基座无装饰，上部拱券两边分别设置一些不同主题的浮雕装饰，整个凯旋门的雕刻重点集中

图10-2-8 巴黎凯旋门：虽然凯旋门的造型来自古典形式，但极大地简化了传统凯旋门的样式和装饰，主要以高大的体量感获得宏伟的建筑气势。

在平屋顶上，但屋顶的雕刻并不繁复，没有破坏凯旋门整体的庄严感觉。

为了突出凯旋门的威严，还以凯旋门为中心设置了圆形广场，并以广场为中心在四周设置放射形的道路，这种以广场为中心设置放射形道路，并在道路之间穿插建筑的做法，以其很强的向心性与方向性，而在此后被许多国家的工业城市改造所引用。

巴黎城另一座拿破仑帝国风格的著名建筑，是为存放和展览对外征战所俘获战利品而建的战功神庙（The Temple of Glory），又称为马德琳教堂。这座教堂是一座仿希腊围廊式神庙的建筑，整个建筑坐落在一个长方形台基上，长约101米、宽约45米，是一座8×18柱的科

图10-2-9 凯旋门上的雕刻装饰：巴黎凯旋门最著名的雕刻装饰，是位于拱门一侧墙体上的以马赛曲为主题的组雕。

林斯式建筑。整座建筑除柱头和之上的檐部及山花有雕刻装饰之外，包括柱子和柱子之内的墙面都无装饰。再加上19米高的柱子，其底径与柱高之比不足1：10，因此柱身显得粗壮，整个神庙给人无比威严的感觉。

尤其值得一提的是教堂的屋顶采用了当时较为先进的结构，它不是石砌拱顶或木结构屋顶，而是在内部采用3个铸铁结构的穹顶形式。虽然这种先进的金属结构穹顶在建筑内外都被传统的形象很好地掩盖了起来，但它的建成是现代结构与传统建筑样式相组合的最早尝试。

法国在18世纪末到19世纪初的新古典主义建筑

图10-2-10 马德琳教堂：马德琳教堂是按照古希腊帕提农神庙的样式兴建的，最初是为了陈列和展示拿破仑的战利品而建的。

发展，是在以拿破仑所提倡的帝国风格的主导下进行的。各种建筑借助庞大的体量和古典建筑所具有的典雅气质，表现出统一帝制和王权的强大力量。拿破仑倡导下的法国古典建筑的复兴，主要以罗马帝国时期的风格为主，以此来彰显他将法国再造成为欧洲霸主的决心，因此法国的新古典主义建筑不可避免地显示出一种强大气势。

在法国的新古典建筑风潮之中出现的以布雷和勒杜为代表的建筑师，虽然在当时看来其大胆的想象和设计具有很强的幻想性，但其设计所透露出来的两个特点却给后世建筑的发展带来很重要的启发。布雷和勒杜的设计都以超尺度和简化的古典建筑形象来表达强大的权力性，这也成为此后营造纪念性建筑所遵循的一项重要原则。此外，尤其以布雷为代表的建筑设计中将建筑形体简化到纯净的几何体组合的形式，也给后来现代主义建筑思想的萌芽提供了先兆。

图 10-2-11　马德琳教堂内部：马德琳教堂内部覆盖屋顶的三个穹顶采用铁框架建成，并因此得到了高敞的内部使用空间。

第三节　英国的希腊建筑复兴

一、帕拉弟奥式复兴

英国虽然无论在地缘文化还是宗教上，与欧洲大陆有着千丝万缕的联系，但作为与欧洲本土隔海相望的新教国家，也始终与欧洲本土的建筑有着不同的发展轨迹。英国在17世纪末确立了君主立宪制度，因此其社会出现了以国王为代表的封建贵族与资产阶级同时存在的景象。此时无论是复辟的王室贵族还是得到国家治理权的资产阶级，都开始以营造建筑来作为其庆祝胜利与保有统治权的主要方式。

在建筑风格方面，英国执政的两方力量都不约而同地选择了古典建筑风格的回归，只是各方势力所倾向回归的古典建筑风格各有不同。因此英国的建筑在此时也呈现出多种风格流派纷繁变化共存的发展状态，这在欧洲各国中是较为少见的。

18世纪初，英国国内的古典复兴之风渐盛。但与欧洲其他国家和地区首先回复到古罗

图 10-3-1　苏格兰皇家学院：苏格兰皇家学院所处的爱丁堡地区，正是古希腊建筑风格复兴的中心。在建筑屋顶设置狮身人面像的做法，显示了此时较为自由的建筑发展氛围。

马和古希腊的发展趋势不同的是，英国建筑首先回复的古典风格是文艺复兴时期的帕拉弟奥风格。帕拉弟奥是文艺复兴晚期的著名建筑师，他以对古典建筑的大胆改造而著称，是文艺复兴晚期将古典建筑风格与时代建筑风貌结合得最为紧密的建筑师。

英国早在17世纪时经由伊尼戈·琼斯的介绍，已经在国内掀起过一阵文艺复兴建筑热潮，而到了18世纪的这次古典文艺复兴，再次大力推动对文艺复兴风格的重新解读的，是伯灵顿伯爵（Earl of Burlington）和他的建筑师朋友威廉·肯特（William Kent）。

肯特在伯灵顿伯爵的资助下，不仅对许多古典建筑典籍与建筑进行了深入的研究，还与伯爵一起参与了许多大型府邸的设计工作。位于伦敦的齐斯克之屋（Chiswick House），是伯灵顿伯爵和肯特最著名的建筑作品之一。在这座府邸的设计上，主要模仿了帕拉弟奥设计的圆厅别墅，但无论希腊式的柱廊还是圆穹顶，显然都已经做了适应使用功能的修正。而且在柱廊山花与穹顶所占据的主体部分之外，还加入了更多的实用空间。在建筑外部的立面中，立面两边多出来的部分对称设置了两坡的折线形楼梯，这种灵活的楼梯形式是巴洛克时期的产物。

图10-3-2　霍姆俱乐部楼梯：在古典复兴建筑发展过程中，不可避免地将现代结构与传统建筑规则相结合，由罗伯特·亚当设计的楼梯，就显示了现代建筑材料较强的适应力。

图10-3-3　齐斯克之屋：英国早期的新古典主义建筑发展，建立在对文艺复兴风格的学习与再现基础之上，尤其表现在一些私人府邸建筑中。

二、风景画派运动与哥特式复兴

除了文艺复兴风格的府邸之外，此时英国还有另一种被称为风景画派运动的建筑风格也很流行。这种风景画派运动是受浪漫主义思想影响而形成的，主要流行于大型的庄园府邸之中，并以哥特式的复兴建筑风格为主。这些拥有大片土地的庄园及哥特复兴式府邸的所有者，多是没落的旧贵族，他们在新一轮的权力斗争中败给新兴的资产阶级，但仍旧在社会中拥有一定特权和大片的封嗣土地。

随着君主立宪制的确立，受资产阶级革命的影响，此时失势的英国贵族阶层生活重心从政治生活转向乡村生活，因此修建一种带有大片园林的乡村府邸在此时颇为流行，也由此促成了英国风景画派运动的流行。

图 10-3-4　英国议会大厦局部：以英国王室为主导的哥特建筑风格复兴，使英国的新古典主义建筑发展呈现出古希腊复兴风格与哥特复兴风格并行的特色。

图 10-3-5　丘植物园宝塔：以钱伯斯爵士为代表的建筑师，十分热衷于将东方建筑风格引入古典复兴风格的建筑之中，于是出现了这种折中式中国风格的独特建筑形象。

英国的风景画派园林与对称和几何图形组合的法式古典园林不同，它追求一种自然和高雅的情趣，因此园林的设计思路与中国园林"师法自然"的思想十分相近。这种风格的府邸，其建筑往往融入多种造型风格，而且建筑往往与大片的风景园林相组合，风景园林由自然随意的植被与水泊构成。在水边或密林深处，往往还要设置一些小桥、岩洞和古典式小亭，营造出极具古典神话氛围的情境。

在风景画派运动中涌现出许多著名的建筑师，如擅长设计具有古罗马风格室内装修的亚当（Robert Adam）、擅长建造优雅古典园林式景观的布朗（Lancelot Brown）和热衷于将印度和中国等东方风格与西式景观园林相组合的钱伯斯爵士（Sir William Chambers）等。

在风景画派运动中，哥特风格被作为一种富有传统民族特色的风格而得到上层阶级的重视，并将其作为一种能够表达地区文化独立性的标志使用在建筑中。在风景画派的私人庄园府邸和皇室建筑中，哥特式的尖塔等形象就已经得到了应用，而哥特复兴风格的突出建筑代表，是1860年建成的伦敦英国议会大厦（Houses of Parliament）。

议会大厦最早由英国的古典派建筑

图 10-3-6　英国议会大厦：英国国会大厦是新古典复兴时期最具代表性的哥特复兴风格建筑作品。其设计者之一普金，还因对威斯敏斯特宫室内外精美的哥特复兴风格设计而闻名。

师贝里（Charles Barry）设计了一个古典式的平面，平面以上的建筑部分则主要由怀有热情的哥特建筑理想的建筑师普金（Augustus Welby Northmore Pugin）设计完成。议会大厦总体呈宫堡式建筑形象，而且在建筑上还设置有带尖塔的塔楼式建筑，无论是四周的建筑部分还是高塔部分，都通过细长壁柱和开窗突出一种纵向的升腾之势。

三、古典建筑风格的复兴

除了没落贵族的那种追求古典趣味的乡村庄园府邸之外，城市中的建筑也有了更进一步的发展。英国伦敦出现的最具创新性的建筑，是由此时著名的建筑师索恩（John Soane）设计的英格兰银行。索恩在英格兰银行中设计了一种带大穹顶的大厅形式，这种穹顶按照古典式的墩柱经帆拱与穹顶相连接的结构形式设计，但实际上穹顶是采用新的铁和玻璃结构建成的，而且建筑师还在穹顶下设置了一圈来自希腊伊瑞克提翁神庙侧廊中的女像柱形象。

图10-3-7　英格兰银行内部：英格兰银行的各个不同空间采用不同的古典复兴风格建成，其最大的特色在于建筑各部分会不同程度地模仿和再现一些经典的古代建筑形象。

这种借助古典元素进行的创新发展，在位于英国温泉度假胜地巴斯地区的联排住宅中也得到了很好的体现。巴斯地区的联排住宅有两大建筑特色，一是这些住宅都采用弧形平面，二是这些住宅都是由一对建筑师父子设计的。

巴斯最早的一座特色建筑群是由老约翰·伍德（John Wood I）设计的巴斯圆环联排住宅。这组联排住宅由三段弧形联排住宅和由它们围合而成的一个圆形广场构成，其中三段住宅间还设置有放射

图10-3-8　左图：巴斯圆环联排住宅平面示意图：伍德父子设计的联排住宅形式，既富有古典意味又很实用，因此被许多城市引用，以解决工业城市紧张的居住问题。

右图：伦敦街头古典风格的联排住宅。

形的道路与外界相通。弧线形的联排住宅形式本来就十分新颖，而且老伍德在住宅的三层立面中都采用统一的双壁柱与长窗相间而设的形式，楼层之间通过连续的檐口相连，因此整个建筑的形象统一、简洁且气势十足。

在此之后，小约翰·伍德(John Wood Ⅱ)又在这个圆环形建筑的另一端建造了一座更大规模的弧线形平面的皇家弯月住宅(Royal Crescent)。这座皇家弯月联排住宅的建筑规模更大，因此立面不再采用三层平分的形式，而是将单独的壁柱集中于建筑的上部，而通过底部连续开窗和连续的檐线，勾勒出一种构图上的基座层的感觉。

图 10-3-9　苏格兰皇家纪念碑：这座雄心勃勃的仿帕提农神庙式纪念碑建筑，因为资金问题，最后只建成了 12 根柱子，但仍旧是当时最著名的古典复兴建筑之一。

进入 19 世纪之后，英国同其他欧洲国家一样，处于建筑风格的高度混乱之中。在北方的爱丁堡，大量的希腊复兴式建筑被兴建起来，导致爱丁堡甚至获得了"北方雅典"的称号。爱丁堡地区的希腊建筑复兴是多方面的，既有像托马斯·汉密尔顿(Thomas Hamilton)设计并建造于 1825—1829 年的皇家中学(The Royal High School)那样已实现的希腊神庙式建筑，也有像苏格兰国家纪念碑(National Monument)那样具有雄心勃勃的设计构想却最终没能建成的建筑。

此时爱丁堡的希腊建筑复兴，其重点在于对古希腊建筑的那种典雅形体的复兴。因此建筑复兴的重点多集中在形体上，建筑只有很少的装饰或几乎不装饰。希腊建筑复兴也并没有局限于爱丁堡一地，在英国的其他地区，希腊复兴建筑被广泛推广开来，如博物馆、美术馆、教堂、大学、火车站以及乡村别墅等，大都模仿希腊式建筑来进行兴建。

英国的这种建立在对以往多种风格基础上的建筑复兴，是欧洲各国的古典复兴建筑中较为特殊的一种。产生这种现象的根本原因与英国此时处于政治、经济的双重变革期有关。而且这种多种风格的古典复兴建筑发展，虽然占据着此时英国建筑发展的主流，但并不是建筑发展的全部特色。因为随着英国社会工业革命的深入，铁与玻璃已经开始更多地被人们用来建造大型的公共建筑，如市场和展览馆等。这些采用新结构、材料的建筑此时还需要与古典建筑的外部造型形式相结合使用。但由于新材料的特殊性，使这些建筑形式与传统的建筑及古典复兴建筑形象，逐渐产生了较大的差异。虽然这一时期英国的诸如国会和教堂等建筑虽然仍旧采用古典建筑形式，但现代化的新结构材料已经全面地向更深入的建筑领域渗透了。

图 10-3-10　爱丁堡皇家中学：由于皇家中学所在基址不规则，因此建筑师利用类似雅典卫城山门的建筑形式，使各部分建筑获得了形体和功能上的呼应与统一。

第四节 欧洲其他国家古典复兴建筑的发展

一、德国的古典建筑风格复兴

对于新古典主义风格的复兴，除了像法国、英国这样统一国家中出现的大规模建筑活动之外，在其他地区和国家则受其发展状况的影响而情况有所不同。现代意义上的德国虽然在此时还处于分裂状态，但普鲁士作为其中实力最强大的城邦已经发展到帝国时期，而且由于当时的弗里德里希大帝（Frederick the Great）在政治军事上的统治十分英明，普鲁士国家强盛兴旺。

图 10-4-1 柏林国家剧院：作为普鲁士权力中心的柏林，也是德国新古典主义建筑最密集的城市，在 19 世纪大规模的建筑活动中，这里出现了许多新古典主义风格的建筑。

包括统治者在内，普鲁士人都希望通过建造古典复兴风格的建筑，作为显示国家实力的标志。同时，因为有鉴于欧洲其他国家风起云涌的资产阶级革命运动，为保障封建体制稳固，普鲁士的统治者在此时也大力倡导开明统治，因此不仅引入了一些启蒙思想，还同欧洲各国同步地大力倡导复兴古典的文化和艺术活动，使此时期的古典复兴建筑发展十分兴盛。

德国的新古典主义开始于 18 世纪中叶，在德国柏林建造的勃兰登堡城门（Brandenburg Gate）是第一座具有希腊风格的建筑实体。这座建筑是模仿希腊雅典卫城的山门而建造的，它的正立面有 6 根高大挺拔的多立克柱式。在实际兴建中，城门建筑将原来希腊柱廊上部的三角形山墙改为了罗马式的平顶式女儿墙，并在其上设置了铜马车的装饰，其余几乎完全是按照希腊雅典卫城山门的形象而设计的。

这种具有创新性的对古典建筑风格的借鉴，也是德国古典风格复兴建筑最大的看点，而且这一特点在普鲁士才华横溢的建筑师——卡尔·弗里德里希·辛克尔（Karl Friedrich Schinkel）的手中变得更加突出了。他是 19 世纪德国希腊复兴最伟大的建筑师。除了建筑师这个职业，他还是一位绘图员、舞台设计师和画家。他的建筑设计既能够发挥古典建筑典雅、肃穆的形象特征，又能够

图 10-4-2 勃兰登堡门：这座堡门是将希腊式门廊与罗马式平屋顶相结合的建筑佳作，是德国创新性地运用古典建筑风格的代表之作。

外国古代建筑史

适应新时期的使用需要，营造出清晰实用的内部使用空间，显示出他对于古典建筑风格的独特领悟和完美诠释能力。

辛克尔设计建造的阿尔特斯博物馆（The Superb Altes Museum）是普鲁士国家的伟大象征。这座建于1823—1830年的伟大建筑，坐落于德国柏林。博物馆的平面呈长方形，其中心部分包括一个带穹顶的圆形通层大厅。这个大厅既是内部各展览室的交通中心，也在建筑内部提供了一个休息和放松的空间。

图10-4-3　阿尔特斯博物馆：阿尔特斯博物馆是德国最著名的古典复兴风格建筑，它将古典建筑所具有的文化内涵与实用功能相结合，是此时期形式与功能兼顾的少数成功建筑之一。

建筑外部采用18根爱奥尼克柱式所组成的长廊作为主要立面，屋顶上与柱子对应雕饰着18只鹰的雕塑，这是普鲁士国家的象征。博物馆的名称就写在柱子与鹰之间长长的檐板上。建筑主立面后部的平屋顶上额外升起了一段两端带有雕塑的山墙，这是为了遮盖穹顶而设计的，这样从建筑外部看不到穹顶，既保持了外部肃穆建筑形象的完整性，又可以令人们在进入建筑之后获得意外的惊喜。

辛克尔在这座博物馆建筑中所显示出来的对古典建筑比例、形象与内部空间的综合协调与设置，显示出一种全新的对待古典复兴建筑设计的态度。这种态度是在既保持建筑古典基调的同时，也保证其使用功能的便利性。建筑中虽然也保持着雕刻与雕塑的装饰，但这些装饰元素明显被附属于建筑，成为调剂建筑形象的必要设置，而不是为了让建筑呈现出某种华丽效果而做的有意掩饰。

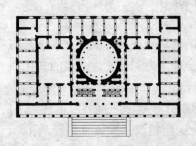

图10-4-4　阿尔特斯博物馆平面示意图：辛克尔在这座博物馆设计中以圆形公共大厅为中心的布局特色，被许多博物馆所采用，成为一种相对固定的展览类建筑布局形式。

在欧洲南部，意大利作为古典建筑文化起源的重要中心之一，此时因为还处于分裂中，尚未形成统一的国家。由于意大利的经济发展落后于中西欧地区，其领域内的古典建筑资源丰富，仍可以作为文化资本而使其感到自豪，因此新古典主义建筑风格的发展并不明显。相对于意大利，希腊在新古典主义建筑方面颇有建树，这与希腊1830年因脱离土耳其统治而发生独立战争有关。

二、雅典和俄国的古典建筑风格复兴

雅典在1830年独立之后，兴建古希腊复兴风格的建筑成为重振和增强整个地区民族自豪感的重要途径，其中以雅典大学兴建的一组建筑最具代表性。这组以古希腊神庙造型为基础，经不同变化设计的建筑组群一字排开，包括图书馆、大学与学院三座建筑。这三座建筑的共同特点在于，在保持希腊神庙的总体建筑特色之外又各有变化，图书馆建筑前加入的巴洛克式楼梯、大学建筑横向的建筑设计以及学院建筑那种三合院式的闭合建筑形象,在统一中又蕴含变化,显示出此时创新性地应用古典建筑风格的总趋势。

图 10-4-5　雅典三部曲:这组被称为三部曲的建筑群,由雅典大学、图书馆和学院三座建筑组成,全部采用古希腊建筑风格,具有很强的古典精神象征性。

这种创新和混合地对待古典建筑风格的新建筑思想,在欧洲北部的俄国表现得更为突出。俄国很早就形成了以对欧洲内陆地区各国的文化借鉴为基础的社会文化发展模式,各个时期的沙皇几乎都邀请过来自意大利、法国、英国等各地区的建筑师来对本土的教堂与宫殿建筑进行设计,但俄国真正的古典建筑大发展时期,可以说是进入 18 世纪之后才开始的。

18 世纪初俄国在彼得大帝的西方化改革中发展工业等各方面经济,国力逐渐强盛起来。也是从 18 世纪初开始,彼得大帝开始下令修建新的城市——圣彼得堡。彼得大帝死后,俄国王室虽然经过了一段政权更迭频繁的混乱期,但从叶卡捷琳娜二世(Catherine Ⅱ)在 1762 年继位之后,俄国开始进入其历史上发展最为兴盛的时期。也是在此时期,在王室的积极支持之下,大批规模宏大的新古典风格宫殿建筑纷纷落成。

从彼得大帝时期起,历任俄国沙皇都有从意大利、法国等地聘请建筑师来俄国设计建筑,或者将国内的建筑师送往以上各国学习建筑设计的传统。因此俄国的建筑发展同意大利和法国,尤其是和法国的宫殿建筑具有非常相似的特点,即建筑外部都以肃穆的古典风格为主要建筑基调,华丽的装饰则主要位于宫殿内部。

圣彼得堡在 18 世纪初期和中期修建的建筑与意大利建筑师拉斯特雷利(Count Bartolomeo Rastreli)密不可分,在他的主持设计之下,此时的圣彼得堡在涅瓦河边形成了最初的、带有广场和建筑的冬宫建筑群,也就是今天世界上最大的博物馆艾尔米塔什博物馆(Hermitage Art Gallery)的前身。

图 10-4-6　彼得宫花园:俄国的现代化社会改革在时间上要晚于中西欧地区,18 世纪时期的宫殿兴建主要以法国凡尔赛宫为蓝本建成,显示出很强烈的古典特色。

18世纪兴建的最具巴洛克风格的建筑是拉斯特雷利为伊丽莎白皇后(The Queen of Elizabeth)设计的一座教堂和一座位于皇村的大宫殿建筑。位于圣彼得堡的斯莫尔尼教堂(Smolny Cathedral)从1748年左右开始兴建，此后经历了近100年才建成。教堂采用退缩式建筑立面，将哥特式钟塔、穹顶和断裂的山花、双柱等形象与蓝色立面和白色立柱相结合，十分具有俄国建筑特色。

另一座大宫殿最早也是拉斯特雷利为伊丽莎白皇后兴建的，此后经历代不断修复，最终形成了近300米长的宫殿立面形式。这座宫殿同教堂建筑一样，也是一座极具巴洛克与洛可可风格的建筑。立面上的柱子一律是白色的，而建筑立面则粉刷成蓝色，包括窗楣、柱头和窗间等处又设置金色的装饰物，其建筑立面形象也依照

图10-4-7 冬宫广场上的拱门：它很大程度上模仿了凯旋门的样式，单拱与屋顶铜车马的雕塑，使拱门气势十足。

法国卢浮宫的东立面，由高高的基座与带巨柱的上层构成。这种宫殿形象不仅仅气势十足，还具有华丽而明朗的建筑形象。

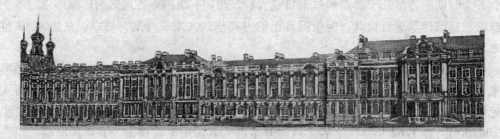

图10-4-8 叶卡捷琳娜宫：叶卡捷琳娜宫同卢浮宫一样，有着绵长的建筑立面，但与卢浮宫不同的是整个宫殿立面统一设置了高浮雕的装饰，显示出浓郁的巴洛克格调。

而在此之后，俄国的建筑开始同欧洲同步，转向严肃的古典建筑风格。比如彼得大帝主持兴建的夏宫(Peter the Great's Summer Palace)，这座庞大的宫殿和花园是比照法国的凡尔赛宫而建的。虽然建筑外部有气势庞大的花园，内部也有巴洛克和洛可可式的奢华装饰，但建筑外部形象却十分简洁，在淡黄色的立面上除了白色的柱子之外就是不带任何装饰的拱窗，显示出典雅、简洁的建筑特色。

在这种全面学习欧洲内陆地区古典建筑的风潮之下，俄国也兴建了一批极具模仿性的建筑，比如一系列与皇家建筑同步的公共建筑。此时仅圣彼得堡就有多座仿法国新古典风格的公共性建筑建成。大约在1788年的美术学院大楼由本国建筑师设计，其立面形象明显是来自改建后的卢浮宫东立面，只是大部分柱廊都改为了浅壁柱形式，更增加了建筑立面的庄严之感。

但圣彼得堡最重要的此类建筑并不是美术学院大楼，而是直到19世纪初才由本国建筑师沃洛尼辛(Andrei Voronikhin)设计建成的喀山大教堂(The Cathedral of Virgin of

图 10-4-9　圣彼得堡美术学院大楼：简洁的立面与层叠式突出的主入口形成对比，既突出了入口的主体地位，又避免了简化建筑立面可能产生的呆板。

Kazan)。这座教堂直接模仿罗马圣彼得大教堂及其广场的样式建造，主教堂采用拉丁十字形的平面形式由中心大穹顶和六柱六廊构成，在入口门廊两边则分别建造了一段弧形的柱廊，围合成半圆形的广场。原本计划还要在这个半圆形广场的对面再修建一个同样半圆形的柱廊，以便围合出一个半开敞的圆形广场，但后来这个计划并未实施。

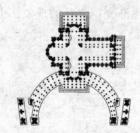 

图 10-4-10　左图：喀山大教堂平面示意图：受所在地形限制，在侧立面设置半圆形平面的柱廊广场，使侧立面成为人们进入教堂的主入口。

右图：喀山大教堂：原设计方案计划在教堂广场的另一侧也加建一座半圆形的柱廊，使两段柱廊之间形成椭圆形的广场，但最后这个计划并未实施，只留下半圆形的广场形式。

在经历了长时间的学习与借鉴之后，俄国在 19 世纪早期诞生了由本土建筑师扎哈洛夫 (Adrian Dmitrievitch Zakharov) 设计的最具震撼性的本土新古典主义代表作——新海军部大楼 (The New Admiralty)。新海军部大楼所在的连续建筑立面长达 480 米。与之相适应，这座拱门的尺度也非常大。它底部的拱门部分以大面积的墙面为主，并设置了一些浮雕装饰，以使大楼与两边的建筑形象相协调。

真正具有标志性的形象是拱门上部的塔楼，这个塔楼底部是带有爱奥尼克柱的围廊形式，再向上通过一个近似的穹顶与上部的尖锥形顶相连。这个塔楼的形象是由古典式的柱廊与独特的尖锥形顶构成的，其形象与此前俄国流行的洋葱圆顶的教堂形象截然不同。新海军部大楼有超大的建筑规模与体量，坐落在涅瓦河边，并且与中心广场群连接着，形成一连串古典风格建筑与广场构成的庞大建筑群的一部分。

由于圣彼得堡是一座事先经过规划的城市，而且其中的大部分宫殿和公共建筑都是采用新古典主义风格建造的，因此整座城市虽然在19世纪和20世纪仍有所增建，但总体典雅、气势磅礴的建筑氛围已经产生了。俄国在新古典主义建筑时期产生的建筑作品，虽然广泛采纳了巴洛克、洛可可等多种风格，并与当地的建筑传统相结合，但由于其所借鉴的古典风格主要来源于意大利和法国，而且这些建筑都是为彰显强大帝国的实力与王权的绝对统治为目的而建造的，因此总体上在建筑外部都保持着超大的比例尺度与相对简洁和严肃的建筑基调。与建筑搭配的无论是广场还是园林，也都秉承着严整的古典规则，不仅同样拥有超大的尺度，广场和园林中还设置诸如记功柱、雕塑之类的点缀物以增加古典氛围。

图10-4-11 新海军部大楼：这座大楼是古典建筑风格在俄国发展成熟，并形成本土化新古典建筑风格的标志性建筑。

除了以上提及的几个国家之外，此时在欧洲的其他地区和国家里，以古典主义复兴为主的建筑热潮也正在兴起。而新古典主义建筑风格的再次兴起，除了是伴随着资产阶级革命而产生的一种现象之外，此时古典建筑风格的发展逐渐变得混乱的现象，也表明了此时在古典建筑创新方面的匮乏。

第五节　美国新古典主义建筑

一、杰弗逊的建筑实践

18世纪之后，一股源于欧洲但独立于欧洲的新的政治力量开始在美洲北部强大起来，并最终在18世纪下半叶赢得了独立战争，建立起一个与欧洲文化血脉相连的新政权，这就是美利坚合众国。美国在建国之初并未在国内形成统一的建筑风格，而是在各地都呈现出来自欧洲不同地区的移民从家乡带来的建筑风格。

图10-5-1 弗吉尼亚大学图书馆：杰弗逊非常喜欢古罗马万神庙的建筑形象，在他设计的多座建筑中都采用了这一造型主题。

美国建国后，各州和联邦都开始兴建包括政府办公、学校在内的各种公共机构，而在这些大型的标志性建筑的营造风格上，则开始向欧洲各国学习，全面引入新古典主义复兴风格的建筑模式。在这场新古典主义建筑风格的引用方面，最具代表性的是美国的第三任总统托马斯·杰弗逊（Thomas Jefferson）。

杰弗逊很早就热衷于建筑学的学习与研究工作，他在美国建国之初曾经作为大使被派驻到法国，在法国的几年时间里他深受法国新古典主义建筑风格的影响，因此也转向了以古罗马建筑风格为基础的古典建筑复兴风格。杰弗逊较早设计的古典复兴式建筑，是为自己设计的住宅。这座住宅可能是杰弗逊参考了文艺复兴大师帕拉弟奥的圆厅别墅建造的，其平面为八边形，中心是带穹顶的大厅，立面为希腊神庙式门廊，这些元素相组合的形式，又明显与古罗马的万神庙十分相似。

图 10-5-2　杰弗逊住宅：杰弗逊为自己设计的住宅经历了多次改建和扩建，才形成了现在的建筑面貌，住宅不仅有着古典式的外观，还以内部杰弗逊的诸多小发明而闻名。

这座别墅在杰弗逊晚年又经他不断改建和加建，在其外部形态上逐渐使装饰和一些有可能影响到建筑整体形象效果的分划都削减到了最低。比如这座建筑在内部实际上有三层，但为了保持统一、稳健的建筑形象，因此在外部看只有一层，整个立面以简洁、素雅的造型取胜。建筑的入口、门廊等虽然有着较大的建筑尺度，但其通过柱式、穹顶、开窗的配合，使整个立面的形象显得非常协调，丝毫没有高大建筑的压迫感，因此只有人们真正走近这座建筑时，才能够感受到庞大建筑尺度带来的震撼。

除了自宅的设计与不断改建之外，杰弗逊还积极参加各种公共建筑的设计。杰弗逊与法国建筑师克拉苏(Clerisseau)合作设计的弗吉尼亚州议会大厦(The Virginia State Capital)，就是美国最早建立的古典复兴样式的政府办公建筑。这组州厅办公建筑由一座主体建筑与两座辅助建筑组合而成，主体建筑采用古罗马神庙的建筑形式，在主立面上设置8柱门廊，后部的主体建筑部分则采用方形壁柱形式。主体建筑两侧的附属建筑在后部通过一段连接建筑与主体建筑连通。在主立面的部分不再设出入口，而是加入了带三角山墙的柱廊装饰性立面。附属部分的主要入口设置在两侧，并且在那里也同样设置有带希腊神庙式柱廊的入口。

在杰弗逊所设计的弗吉尼亚州议会大厦的成功经验的带动下，美国许多州的办公机构都采用了这种古典复兴式的建筑，但各地在对古典建筑形式的引用方面又各不相同，一时间使古典建筑风格的复兴在美国呈现十分多样的面貌。除了政府建筑之外，杰弗逊还致力于对大型组群建筑的设计，并且将他对于建筑与教育的构想借助对弗吉尼亚大学的规划与建设表现了出来。

图 10-5-3　弗吉尼亚议会大厦：在选择古典建筑样式作为国家权力机构与公共、纪念性建筑的主要形式方面，美国紧紧跟随欧洲的这一建筑传统。

杰弗逊设计的弗吉尼亚大学最初由两部分组成，即校区和图书馆。校区以在一片规整的平面之内规则设计的两排单栋建筑为中心，以连接各单栋建筑之间的长廊为围合标准，形成一个具有中心庭院和两边建筑的中心教学区。

这个教学区的两边共有10座单栋建筑，这些建筑也是给各专业教授建造的居所，每栋居所中都带有公共教学空间。杰弗逊通过这种以导师为中心的个性化教学空间的设置，表明了针对教学和小班化授课的教育观点。

在这个教学中心之外，同样由绿化带相隔的是围绕在四周的学生宿舍建筑，由此形成教学园区。在教学园区的尽端是一座以罗马万神庙般的建筑为开头的庞大建筑，这座建筑是学校的图书馆。图书馆建筑前部是一个模仿古罗马万神庙式的阅览室。杰弗逊对于这种集中穹

图10-5-4　弗吉尼亚大学整体规划：以杰弗逊为主导兴建的弗吉尼亚大学总体规划，不仅集中使用了新古典建筑样式，还借此建筑形式表达一种新的理想化教育模式。

顶式建筑的设置在他早年兴建的个人住宅中也可以看到，他对于此建筑形式的热衷由此可见。

二、华盛顿的布局与建筑特色

杰弗逊的这种对于古典建筑风格的热爱并不是个人现象，庄严、典雅而又不失亲切的古典建筑风格在当时甚至是现在，都被普遍认为是一种塑造权力和纪念性建筑类型的最佳选择。因此除了单体建筑之外，小到一个学院、大到一座城市的规划，也都普遍地采用古典形式，在这方面，尤其以美国首都华盛顿的哥伦比亚特区的规划最具代表性。

哥伦比亚特区也是集中了美国国会大厦、白宫、林肯纪念堂等权力机构和诸多国家级博物馆的所在地，因此对这片土地的规划人们始终怀着谨慎的态度。早在1791年，在乔治·华盛顿（George Washington）和杰弗逊的双重肯定之下，由法国建筑师皮埃尔·朗方（Pierre L'Enfant）设计的一个以规则网格形道路和放射形道路为分脉络，以大片绿地为分隔手段的、轴线明确的总体布局，就已经为以后建筑的兴建奠定了基础。

图10-5-5　华盛顿中轴线景观：华盛顿是按照古典法则进行规划和建设的权力中心城市，由于在早先的建筑设计中，中轴线及附近区域被设定为文化区，因此这里只允许兴建博物馆建筑。

华盛顿特区最具标志性的建筑，也是最具美国新古典主义建筑特色的建筑，就是位于特区主轴线起点端的美国国会大厦。它最早的设计师是威廉·托恩顿（William Thornton），托恩顿最早设计的国会大厦同杰弗逊的设计思路很像，是在一个长长的如同巴黎卢浮宫式的立面中间加入一个类似万神庙的中心构成的。但真正建筑的修建并未按照这个设计顺利地完成，在建造过程中因为战争和经济等原因使国会大厦的修建工作断续进行。其间还先后经历了发明了烟叶柱式与玉米柱式的拉特罗比（Benjamin Henry Latrobe）对建筑室内的修建，以及布尔芬奇

(Charles Bulfinch)在原设计基础上对建筑装饰性的设置等阶段。

而接任国会大厦建筑工程的最后一任建筑师华特(Thomas Ustick Walter),也是让国会大厦拥有现在人们所看到形象的设计师。华特不仅扩建了建筑的两端,更重要的是他利用现代化的铁结构重新设计了穹顶,并且借鉴新材料的优越性将穹顶立于双层的高大鼓座上。

虽然国会大厦建筑早在1793年就开始兴建,但直到1867年才彻底建成。其间经历了漫长的施工期,

图 10-5-6　华盛顿中心区建筑:华盛顿中心区的大部分建筑都以古典建筑风格和样式为主,当代虽然也兴建了一些新风格的博物馆,但仍然呈现沉稳、内敛的古典基调。

但这座建筑也由此拥有了更多的创新。无论是建筑师综合本地特色发明的烟叶柱式还是玉米柱式,抑或是利用现代钢铁结构得到的穹顶形式,都体现出人们对于欧洲传统古典主义建筑规则的创新。这种在古典建筑风格基础上的创新风格,也成为此后华盛顿特色建筑的一种共同的建筑特色。

比如建造于1829年的白宫(华盛顿特区的总统府),首次建造的时间是1792年,设计师是爱尔兰人詹姆斯·霍班(James Hoban)。这个设计受到帕拉弟奥建筑风格的影响。建筑外观是乔治风格的,立面的上下左右被分为三段式,像是一座

图 10-5-7　美国国会大厦:这座建筑在造型上采用新古典主义的风格加以营造,在结构上则加入了钢铁等现代的框架材料,并采用了创新型的柱式。

18世纪中期典型的美国府邸。1807年,建筑师拉特鲁比(Benjamin Henry Latrobe)又加建了希腊式的北门廊。这座扩建的白宫较之早先在建造规模上大了许多,霍班设计的南立面又被加上了平面为半圆形的外廊,整座建筑具有浓郁的文艺复兴风格。

随着南北战争的展开,美国在19世纪上半叶的时候,宣扬奴隶解放的北方地区掀起了希腊复兴式建筑的热潮。这种风格的建筑大多集中在纽约、华盛顿、波士顿及费城等城市中,既有严格遵照古希腊建筑兴建的建筑形式,也有在古希腊建筑基础上的变体。而且这种以古典建筑为基调的建筑风格,在此后很长时间里都影响着美国大型公共和纪念性建筑的兴建。比如20世纪初在华盛顿特区兴建的林肯纪念堂,不仅建筑本身设置在国会大厦

图 10-5-8　美国白宫:白宫采用简化古典建筑风格建成,总体设计受英国新古典主义风格的府邸形象影响,在兴建过程中还借鉴了法国古典建筑的一些做法。

所在轴线上，而且采用革新的希腊围廊建筑形式。在林肯纪念堂中，整个建筑都由一种白色大理石建成，只是希腊式的两坡屋顶和山花被罗马式的平顶所代替，呈现出新时代的一种纪念性建筑的新形象。

美国文化与欧洲文化有着非常紧密的联系性，这种联系性尤其通过18世纪和19世纪的许多古典复兴风格的建筑体现出来，而且直到20世纪现代主义建筑出现之后，这种古典风格对建筑的影响也一直存在。但同时，美国也像许多欧洲国家一样，在对古典主义建筑风格的引用与复兴的同时，带有很强的再创造性和创新精神。而且美国古典复兴过程中的这种创新精神，已经显示出与欧洲不同的简化特色。

图10-5-9 林肯纪念堂：林肯纪念堂位于华盛顿中心区主轴线末端，采用希腊神庙的围廊形式与平顶相结合，通过简化的建筑形象和白色大理石的配合，突出了神圣的纪念性。

总　　结

虽然直到19世纪末和20世纪初，新古典主义建筑风潮仍然在很大程度上影响着欧洲和美国的建筑发展，但这种风潮已经显示出衰败的迹象，其突出表现就是在19世纪末和20世纪初的历史阶段，欧洲和美洲的古典复兴建筑正处于一种异常混乱的折中风格之中。

各地的建筑不再像以往那样，是单纯地以古罗马、希腊或哥特等一个时期的建筑风格作为复兴的标本，而是在新结构材料所提供的更自由的创作平台上，将以往的多种建筑风格相互混合，因此产生了一批形象怪异、风格新颖的建筑形式。在这些建筑中既有像巴黎圣心教堂（Sacre-Coeur）和罗马艾曼纽二世纪念碑（Victor Emmanuel II Monument）这样被赋予新奇面貌的古老建筑类型，也有像巴黎国家图书馆（The Bibliotheque Nationale）和伦敦水晶宫（Crystal Palace）这样依靠新结构技术，并大胆表现新结构技术的全新建筑形式。

这两种建筑类型在建筑发展史上所代表的，可以说是现代与古典两种对立的建筑理念，虽然新结构材料的建筑在形式上还呈现出对古典建筑传统很强的依赖性，还处于新形式的探索阶段，但旧有的混合建筑形式无论在使用功能还是外观形式上，却已经显然呈现出与新时代的不协调。

新古典主义风格与文艺复兴风格一样，都是建筑艺术发展到一定阶段以后，人们对于古典风格的怀念与回归，并明显表现出建筑艺术的发展是呈螺旋式上升的这样一种规律。但是，无论是文化复兴还是新古典主义，都不是一种绝对的复古，而是在采用新技术并吸收之前各种建筑风格优点基础上的创新性的古典回归。还有一点，就是文艺复兴艺术成就大的地区，新古典主义成就也相对较小。这也说明建筑艺术的发展在不同地区的步履是不相同的。但是人们将古典风格作为一种正统、正宗、严肃和令人尊重的艺术的态度是毋庸置疑的。

包括新古典主义、哥特复兴和其他折中风格在内的混合建筑风格发展阶段，也是古典建筑发展史的最后阶段。虽然在新古典主义建筑时期所产生的简化建筑装饰、追求结构材料真实性等特点，是符合建筑发展潮流要求的，但以砖石为主要材料的古典式梁柱结构不仅十分沉重，而且建造速度慢、建筑使用空间有限，显然已经不适应现代工业化生产的需要。

随着欧、美各国工业化革命的深入以及城市的兴起，旧有的以广大农村为基础的封建土地经济发展模式被新的城市化工业社会发展模式所取代，这也直接导致了社会形态、生活、文化艺术等各方面的变化。这种变化使建筑发展从以往以教堂和宫殿两种类型为主的特点，转入到以市场、学校、车站等更广泛的社会公共建筑为主的新发展阶段上来。

伴随着新社会形态和新需求的产生，古典主义建筑明显无法满足这些日益增加的对新建筑的需求，这就促成了新建筑材料、结构与古典建筑外观相结合的新建筑形式的产生。这种新型的建筑虽然仍具有浓郁的古典建筑特色，但新结构材料与新使用需求的设置，也必然会使其在很大程度上突破传统规则，形成适应新结构材料特性的新风格特色。

因此可以说，这种新结构材料与传统的古典主义建筑形象的组合，既是古典主义建筑影响的延续，也是新建筑形式逐渐产生的基础。古典建筑已经不只是在建筑形式与风格的层面上与社会需求脱节，而是其建筑基本性质不符合社会的需要，因此传统的古典建筑风格被现代建筑风格所取代，是一种历史的必然。但由于古典主义建筑是人类历史长期文化积累的产物，因此无论从文化传承还是从人们的情感方面来说，都具有很深刻的影响，因此虽然古典主义建筑风格的发展从19世纪末和20世纪初开始衰落，并逐渐被现代主义建筑所取代，但其对人类社会和建筑的影响，却是始终存在的。

参 考 书 目

[1] 王其钧，郭宏峰. 图解西方古代建筑史[M]. 北京：中国电力出版社，2008.
[2] 王其钧. 欧洲著名建筑[M]. 北京：机械工业出版社，2007.
[3] 陈志华. 外国古建筑二十讲[M]. 北京：生活·读书·新知三联书店，2002.
[4] 陈志华. 外国建筑史[M]. 第2版. 北京：中国建筑工业出版社，1997.
[5] 同济大学、清华大学、南京工学院、天津大学. 外国近现代建筑史[M]. 北京：中国建筑工业出版社，1982.
[6] 王文卿. 西方古典柱式[M]. 南京：东南大学出版社，1999.
[7] 罗小未，蔡琬英. 外国建筑历史图说[M]. 上海：同济大学出版社，1988.
[8] 陈平. 外国建筑史：从远古至19世纪[M]. 南京：东南大学出版社，2006.
[9] 傅朝卿. 西洋建筑发展史话[M]. 第1版. 北京：中国建筑工业出版社，2005.
[10] 叶渭渠. 日本建筑[M]. 上海：上海三联书店，2005.
[11] 姚介厚，等. 西欧文明[M]. 北京：北京社会科学出版社，2002.
[12] 洪洋. 哥特式艺术[M]. 石家庄：河北教育出版社，2003.
[13] 吴小欧. 图说文艺复兴[M]. 长春：吉林人民出版社，2008.
[14] 中华世纪坛《世界文明系列》编委会. 神秘的玛雅[M]. 北京：北京出版社，2001.
[15] 钟纪刚. 巴黎城市建设史[M]. 北京：中国建筑工业出版社，2002.
[16] 王瑞珠. 世界建筑史：古埃及卷[M]. 北京：中国建筑工业出版社，2002.
[17] 王瑞珠. 世界建筑史：希腊卷[M]. 北京：中国建筑工业出版社，2003.
[18] 王瑞珠. 世界建筑史：西亚古代卷[M]. 北京：中国建筑工业出版社，2005.
[19] 王瑞珠. 世界建筑史：拜占庭卷[M]. 北京：中国建筑工业出版社，2006.
[20] 王瑞珠. 世界建筑史：罗曼卷[M]. 北京：中国建筑工业出版社，2007.
[21] 王瑞珠. 世界建筑史：哥特卷[M]. 北京：中国建筑工业出版社，2008.
[22] 建筑园林城市规划编委会. 中国大百科全书：建筑园林城市规划[M]. 北京：中国大百科全书出版社，1988.
[23] 罗世平，齐东方. 波斯和伊斯兰美术[M]. 北京：中国人民大学出版社，2004.
[24] [英]安格斯·麦迪森. 世界经济千年史[M]. 伍晓鹰等译. 北京：北京大学出版社，2003.
[25] [英]彼得·阿克罗伊德. 血祭之城[M]. 周继岚译. 北京：生活·读书·新知三联书店，2007.

[26] 西班牙派拉蒙出版社. 罗马建筑[M]. 崔鸿如等译. 济南：山东美术出版社，2002.

[27] [英]派屈克·纳特金斯. 建筑的故事[M]. 杨惠君等译. 上海：上海科学技术出版社，2001.

[28] [英]大卫·沃特金. 西方建筑史[M]. 傅景川等译. 长春：吉林人民出版社，2004.

[29] [英]约翰·史蒂文森. 彩色欧洲史[M]. 董晓黎译. 北京：中国友谊出版公司，2007.

[30] [英]约翰·萨莫森. 建筑的古典语言[M]. 张欣玮译. 杭州：中国美术学院出版社，1994.

[31] [英]约翰·史蒂文森. 彩色欧洲史[M]. 董晓黎译. 北京：中国友谊出版公司，2007.

[32] [英]欧文·琼斯. 世界装饰经典图鉴[M]. 梵非译. 上海：上海人民美术学院出版社，2004.

[33] [英]彼得·默里. 文艺复兴建筑[M]. 王贵祥译. 北京：中国建筑工业出版社，1999.

[34] [英]埃米莉·科尔. 世界建筑经典图鉴[M]. 陈镱等译. 上海：上海人民美术出版社，2003.

[35] [南斯拉夫]乔治·奥斯特洛格尔斯基. 拜占庭帝国[M]. 百志强译. 西宁：青海人民出版社，2006.

[36] [法]罗伯特·杜歇. 风格的特征[M]. 司徒双，完永祥译. 北京：生活·读书·新知三联书店，2004.

[37] [法]罗伯特·福西耶. 剑桥插图中世纪史[M]. 陈志强等译. 济南：山东画报出版社，2006.

[38] [法]让-皮埃尔·里乌，让-弗朗索瓦·西里内利. 法国文化史(1-4卷)[M]. 钱林森等译. 上海：华东师范大学出版社，2006.

[39] [法]路易格罗德茨基. 哥特建筑[M]. 吕舟，洪勤译. 北京：中国建筑工业出版社，1999.

[40] [意]阿尔贝托·西廖蒂. 古埃及：庙·人·神[M]. 彭琦等译. 北京：中国水利水电出版社，2005.

[41] [意]弗里奥·杜兰多. 古希腊：西方世界的曙光[M]. 马铭，卢永真译. 北京：中国水利水电出版社，2005.

[42] [意]贝纳多·罗格拉. 古罗马的兴衰[M]. 宋杰，宋玮译. 济南：明天出版社，2001.

[43] [美]迈克尔·卡米尔. 哥特艺术[M]. 陈颖译. 北京：中国建筑工业出版社，2004.

[44] [美]朱迪斯·M.本内特，C.沃伦·霍利斯特. 欧洲中世纪史[M]. 杨宁，李韵

译. 上海：上海社会科学院出版社，2007.

[45] [美]亨德里克·威廉·房龙. 房龙讲述建筑的故事[M]. 谢伟译. 成都：四川美术出版社，2003.

[46] [美]罗伊·C. 克雷文. 印度艺术简史[M]. 王镛等译. 北京：中国人民大学出版社，2003.

[47] [美]斯塔夫里阿诺斯. 全球通史：从史前史到21世纪[M]. 董书慧等译. 第7版. 北京：北京大学出版社，2005.

[48] [美]罗伯特·C. 拉姆. 西方人文史[M]. 张月，王宪生译. 天津：百花文艺出版社，2005.

[49] 英国多林肯德斯林有限公司编. 彩色图解百科（汉英对照）[M]. 邹映辉等译. 北京：外文出版社、上海：上海远东出版社、贝塔斯曼国际出版公司，1997.

[50] Fred S. Kleiner, Christin J. Mamiya. Gardner's Art Through the Ages[M]. U.S.A.: Thomson Corporation, 2006.

[51] Spiro Kostof. A History of Architecture: Settings and Rituals[M]. Oxford: Oxford University Press, Inc.

[52] John Malam, Mark Bergin. An ancient Greek temple[M]. London: Hodder Wayland, 2001.

[53] Kenneth Gouwens. The Italian Renaissance: The Essential Sources[M]. Wiley-Blackwell, 2003.

[54] Liz James. Art and Text in Byzantine Culture[M]. London: Cambridge University Press, 2007.

[55] Rolf Toman. Neoclassicism and Romanticism: Architecture, Sculpture, Painting, Drawings: 1750-1848[M]. Cologne: Ullmann & Könemann, 2007.

[56] Edwin S Gaustad, Leigh Eric Schmidt. The religious history of America[M]. San Francisco: Harper San Francisco, 2002.